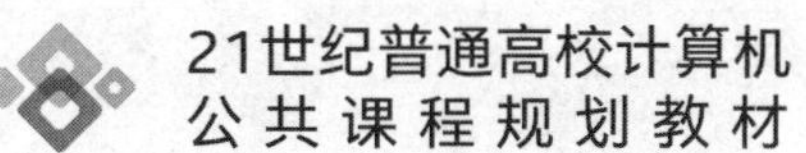

计算机应用基础

◎ 刘世勇 罗立新 主 编
许维芳 李岱玫 刘 颜 副主编
孟芳鑫 宋雪婷 陈桂宇 欧正辉 金培勋 王小娟 张开成 参编

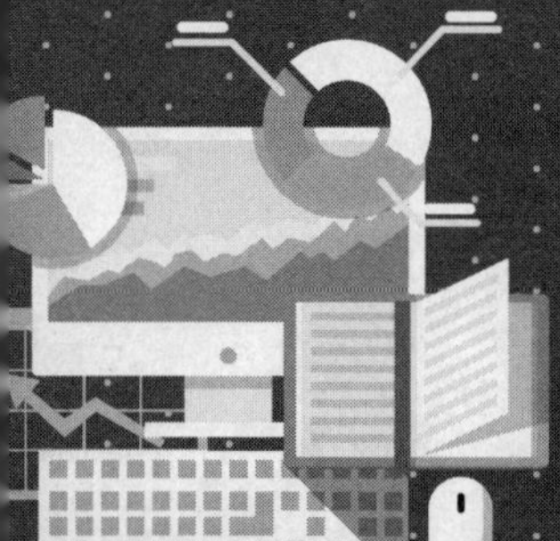

清華大学出版社
北京

内 容 简 介

本书根据教育部《关于进一步加强高等学校计算机基础教学的意见》和《高等学校非计算机专业计算机基础课程教学基本要求》中的有关规定，并结合计算机的最新技术以及高等学校计算机基础课程深入改革的最新趋势编写而成。

书中主要内容包括计算机基础知识、Windows 7 操作系统、Word 2010 文字处理、Excel 2010 电子表格处理、PowerPoint 2010 演示文稿、计算机网络概述与网络安全、多媒体技术基础与应用。本书概念清楚、层次清晰、注重实践、实用性强。本书还有配套的《计算机应用基础实验指导教程（Windows 7＋Office 2010）》作为教学参考用书，用于指导学生上机操作和自主学习。

本书不仅可以作为高职院校各专业计算机基础科目的教材、教学参考书，全国计算机等级考试一级和相关培训的教材，还可以作为广大计算机爱好者的自学用书。

图书在版编目（CIP）数据

计算机应用基础/刘世勇，罗立新主编. —北京：清华大学出版社，2018（2021.9 重印）
（21 世纪普通高校计算机公共课程规划教材）
ISBN 978-7-302-51158-8

Ⅰ. ①计… Ⅱ. ①刘… ②罗… Ⅲ. ①Windows 操作系统－高等学校－教材 ②办公自动化－应用软件－高等学校－教材 Ⅳ. ①TP316.7 ②TP317.1

中国版本图书馆 CIP 数据核字（2018）第 206459 号

责任编辑：贾 斌
封面设计：刘 键
责任校对：胡伟民
责任印制：沈 露

出版发行：清华大学出版社
网 址：http://www.tup.com.cn，http://www.wqbook.com
地 址：北京清华大学学研大厦 A 座　　**邮 编**：100084
社 总 机：010-62770175　　**邮 购**：010-83470235
投稿与读者服务：010-62776969，c-service@tup.tsinghua.edu.cn
质量反馈：010-62772015，zhiliang@tup.tsinghua.edu.cn
课件下载：http://www.tup.com.cn，010-83470236
印 装 者：三河市龙大印装有限公司
经 销：全国新华书店
开 本：185mm×260mm　　**印 张**：18.5　　**字 数**：462 千字
版 次：2018 年 8 月第 1 版　　**印 次**：2021 年 9 月第 8 次印刷
印 数：26101～27100
定 价：45.00 元

产品编号：081219-01

FOREWORD 前言

按照教育部《关于进一步加强高等学校计算机基础教学的意见》和《高等学校非计算机专业计算机基础课程教学基本要求》的有关规定，并结合全国计算机基础课程教学内容的特点和考试模式深化改革的要求，我们组织编写了这本书。本书可以与同期出版的《计算机应用基础实验指导教程(Windows 7＋Office 2010)》配套使用，也可单独使用。

本书主要内容包括：计算机基础知识、Windows 7 操作系统、Word 2010 文字处理、Excel 2010 电子表格处理、PowerPoint 2010 演示文稿、计算机网络概述与网络安全、多媒体技术基础与应用。各章内容相对独立，读者可根据实际情况有选择地学习。

本书的主要特点包括：

- 内容新颖，涵盖计算机应用基础课程及全国计算机等级考试(一级)MS Office 考试大纲所要求的基本知识点，注重反映计算机发展的新技术，体现高等教育教学改革的新思路，内容具有先进性。
- 体系完整、结构清晰、内容全面、讲解细致、图文并茂。
- 面向应用，突出技能，理论部分简明，应用部分翔实。书中所举实例都是编者从多年积累的教学中精选出来的，具有很强的实用性和可操作性。
- 本书将"计算机基础操作和汉字录入"列入第 1 章，其目的是在进行第 1 章理论教学的同时便可进入实验，使讲课内容与教材内容相一致，从而克服了过去为了上机操作先讲第 2 章操作系统使得讲课内容和教材内容不一致的矛盾。

限于编者的水平，且时间仓促，书中难免有不妥之处，恳请读者不吝赐教。

编　者

2018 年 2 月

CONTENTS 目录

计算机基础知识

计算机是20世纪人类最伟大的科技发明之一，是现代科技史上最辉煌的成果，它的出现标志着人类文明已进入一个崭新的历史阶段。如今，计算机的应用已渗透到社会的各个领域，它不仅改变了人类社会的面貌，而且正改变着人们的工作、学习和生活方式。在信息化社会中，掌握计算机的基础知识及操作技能，是人们应具备的基本素质。本章将从计算机的发展起源讲起，介绍计算机的特点、分类、组成、基础操作与汉字录入等。

学习目标：

- 了解计算机发展史及其应用；理解计算机系统组成、计算机的性能和技术指标。
- 熟悉计算机基础操作与汉字录入。

1.1 计算机概述

计算机是一种能够在其内部指令控制下运行的，并能够自动、高速和准确地处理信息的现代化电子设备。它通过输入设备接收字符、数字、声音、图片和动画等数据；通过中央处理器进行计算、统计、文档编辑、逻辑判断、图形缩放和色彩配置等数据处理；通过输出设备以文档、声音、图片或各种控制信号的形式输出处理结果；通过存储器将数据、处理结果和程序存储起来以备后用。1946年世界上第一台计算机诞生，迄今已有70多年，计算机技术得到了飞速发展。目前，计算机应用非常广泛，已应用到工业、农业、科技、军事、文教卫生和家庭生活等各个领域，计算机已成为当今社会人们分析问题、解决问题的重要工具。

1.1.1 计算机的起源与发展

计算机最初是为了计算弹道轨迹而研制的。世界上第一台计算机ENIAC于1946年诞生于美国宾夕法尼亚大学，该机主要元件是电子管，质量达30t，占地面积约$170m^2$，功率为150kW，运算速度为5000次/秒。尽管它是一个庞然大物，但由于是最早问世的一台数字式电子计算机，所以人们公认它是现代计算机的始祖。在ENIAC计算机研制的同时，另外两位科学家冯·诺依曼与莫尔还合作研制了EDVAC，它采用存储程序方案，即程序和数据一样都存储在内存中，此种方案沿用至今。所以，现在的计算机都被称为以存储程序原理为基础的冯·诺依曼型计算机。

半个多世纪以来，计算机的发展突飞猛进。从逻辑器件的角度来看，计算机已经历了四个发展阶段。

第一代（1946—1958年）电子管计算机，其主要标志是逻辑器件采用电子管。内存为磁鼓，外存为磁带，机器的总体结构以运算器为中心，使用机器语言或汇编语言编程，运算速度为几千次/秒。这一时期的计算机运算速度慢、体积较大、质量较重、价格较高、应用范围小，主要应用于科学和工程计算。

第二代（1959—1964年）晶体管计算机，其主要标志是逻辑器件采用晶体管。内存为磁心存储器，外存为磁盘，运算速度为几万次/秒到几十万次/秒，使用高级语言（如FORTRAN、COBOL）编程。在软件方面还出现了操作系统。这一时期的计算机，运算速度大幅度提高，质量、体积也显著减小，功耗降低，提高了可靠性，应用也愈来愈广。其主要应用领域为数值运算和数据处理。

第三代（1965—1970年）集成电路计算机，其主要特征是逻辑器件采用集成电路。内存除了磁心外，还出现了半导体存储器，外存为磁盘，运算速度为几千万次/秒，机器种类标准化、模块化、系列化已成为研制计算机的指导思想。采用积木式结构及标准输入/输出接口，使用高级语言编程，用操作系统来管理硬件资源。这一时期的计算机，体积减小，功耗、价格等进一步降低，而速度及可靠性则有更大的提高。其主要应用领域为信息处理（如处理数据、文字、图形图像等）。

第四代（1971年至今）大规模和超大规模集成电路计算机，其主要特征是逻辑器件采用大规模和超大规模集成电路，从而实现了电路器件的高度集成化。内存为半导体集成电路，外存为磁盘、光盘，运算速度可达几亿次/秒。第四代计算机的出现，使得计算机的应用进入一个全新的领域，也正是微型计算机诞生的时代。

从20世纪80年代开始，各发达国家都先后开始研究新一代计算机，其采用一系列全新的高新技术，将计算机技术与生物工程技术等边缘学科结合起来，是一种非冯·诺依曼体系结构的、人工神经网络的智能化计算机系统，这就是人们常说的第五代计算机。

1.1.2 工业计算机的发展趋势及展望

1. 计算机的发展趋势

目前，以超大规模集成电路为基础，未来的计算机正朝着巨型化、微型化、网络化、智能化及多媒体化方向发展。

1）巨型化

科学和技术不断发展，在一些科技尖端领域，要求计算机有更高的速度、更大的存储容量和更高的可靠性，从而促使计算机向巨型化方向发展。

2）微型化

随着计算机应用领域的不断扩大，对计算机的要求也越来越高，人们要求计算机体积更小、重量更轻、价格更低，能够应用于各种领域、各种场合。为了迎合这种需求，出现了各种笔记本式计算机、膝上型和掌上计算机等，这些都是向微型化方向发展的结果。

3）网络化

网络化指将计算机组成更广泛的网络，以实现资源共享及信息通信。

4）智能化

智能化指使计算机具有类似于人类的思维能力，如推理、判断、感知等。

5）多媒体化

数字化技术的发展能进一步改进计算机的表现能力，使人们拥有一个图文并茂、有声有色的信息环境，这就是多媒体计算机技术。多媒体技术是使现代计算机集图形、图像、声音、文字处理为一体，改变了传统的计算机处理信息的主要方式。传统的计算机是人们通过键盘、鼠标和显示器对文字和数字进行交互，而多媒体技术使信息处理的对象和内容发生了变化。

媒体(media)是指承载或传递信息的载体。根据国际电信联盟(ITU)的定义，媒体可分为表示媒体、感觉媒体、存储媒体、显示媒体和传输媒体五大类，如表1-1所示。

表1-1 媒体的表现形式

媒体类型	媒体特点	媒体形式	媒体实现方式
表示媒体	信息的处理方式	计算机数据格式	ASCII码、图像、音频、视频编码等
感觉媒体	人们感知客观环境的信息	视、听、触觉	文字、图形、图像、动画、视频和声音等
存储媒体	信息的存储方式	存取信息	内存、硬盘、光盘、纸张等
显示媒体	信息的表达方式	输入、输出信息	显示器、投影仪、数码摄像机、扫描仪等
传输媒体	信息的传输方式	传输介质	电磁波、电缆、光缆等

人类利用视觉、听觉、触觉、味觉和嗅觉感受各种信息。其中通过视觉得到的信息最多，其次是听觉和触觉，三者一起得到的信息，达到了人们感受到信息的95%。因此感觉媒体是人们接受信息的主要来源，而多媒体技术则充分利用了这种优势。

多媒体一词译自英语"Multimedia"，其基本元素主要有文本、图形、图像、音频、动画、视频等。它是多种媒体信息的载体，信息借助载体得以交流传播。多媒体是指信息的多种表现形式的有机结合，即利用计算机技术把文字、图形、图像、声音等多种媒体信息综合为一体，并进行加工处理，即录入、压缩、存储、编辑、输出等。广义上的多媒体概念中，不但包括了多种的信息形式，也包括了处理和应用这些信息的硬件和软件。

多媒体技术是一种基于计算机技术处理多种信息媒体的综合技术，包括数字化信息的处理技术、多媒体计算机系统技术、多媒体数据库技术、多媒体通信技术和多媒体人机界面技术等。多媒体技术具有多样性、集成性、交互性、实时性、非线性和数字化等特点，多媒体技术的应用产生了许多新的应用领域。多媒体技术融合了计算机硬件技术、计算机软件技术以及计算机美术、计算机音乐等多种计算机应用技术。多种媒体的集合体将信息的存储、传输和输出有机地结合起来，使人们获取信息的方式变得丰富，引领人们走进了一个多姿多彩的数字世界。

多媒体的关键技术包括数据压缩技术、大规模集成电路制造技术、大容量光盘存储器、实时多任务操作系统以及多种多媒体应用软件等。

多媒体计算机(multimedia personal computer，MPC)实际上是对具有多媒体处理能力的计算机系统的统称。多媒体计算机系统建立在普通计算机系统基础之上，涉及的科学技术领域除了计算机技术之外，还有声、光、电磁等相关学科，是一门跨学科的综合技术。它是应用计算机技术和其他相关学科的综合技术，将各种媒体以数字化的方式集成在一起，从而使计算机具有处理、存储、表现各种媒体信息的综合能力和交互能力。

在多媒体计算机中，关键技术主要有以下几项。

(1) 视频和音频数据的压缩和解压缩技术。视频信号和音频信号数据量大得惊人，这是制约多媒体技术发展和应用的最大障碍。一帧中等分辨率(640×480)真彩色(24 位)数字视频图像的数据量约占 0.9MB 的空间，如果存放在容量为 650MB 的光盘中，以每秒 30 帧的速度播放，只能播放约 20s；双通道立体声的音频数字数据量为 1.4MBps，一个容量为 650MB 的光盘只能存储约 7min 的音频数据；一部放映时间为 2h 的电影或电视，其视频和音频的数据量共约占 208800MB 的存储空间，这是现代存储设备根本无法解决的。所以说一定要把这些信息压缩后存放，并且在播放时解压缩。所谓图像压缩是指图像从以像素存储的方式，经过图像转换、量化和高速编码等处理转换成特殊形式的编码，从而大大降低计算机所需存储和实时传输的数据量。

(2) 专用芯片。由于多媒体计算机要进行大量的数字信号处理、图像处理、压缩和解压缩及解决多媒体数据之间关系等有关问题，需要使用专用芯片。这种芯片包含很多功能，集成度可达上亿个晶体管。

(3) 大容量存储器。目前，CD 光盘得到广泛应用，但其容量日益不能满足多媒体应用的需求，发展大容量光盘存储格式是目前迫切需要解决的问题。

(4) 研制适用于多媒体的软件。多媒体操作系统，为多媒体计算机用户开发应用系统而设置的具有编辑功能和播放功能的创作系统软件，以及各种多媒体应用软件。

2. 重要硬件配置

多媒体计算机(MPC)的主要硬件配置，除了必须包括 CD-ROM 外，还必须包括音频卡和视频卡，这方面既是构成 MPC 的重要组成部分，也是衡量一台 MPC 功能强弱的基本标志。

1) 音频卡

音频卡又称为声卡，是 MPC 的标准配件之一，主要作用是对声音信息进行获取、编辑、播放等处理，为话筒、耳机、音箱、CD-ROM 以及乐器数字接口(musical instrument digital interface, MIDI)键盘、合成器等音乐设备提供数字接口和集成能力。声卡可以集成在主板上也可以是单独部件，通过插入扩展槽中供用户使用，其主要性能指标如下。

(1) 采样频率。采样频率是单位时间内的采样次数。一般来说，语音信号的采样频率是语音所必需的频率宽度的 2 倍以上。人耳可听到的频率为 20Hz～22kHz，所以对声频卡，其采样频率为最高频率的 22kHz 的 2 倍以上，即采样频率应在 44kHz 以上。较高的采样频率能获得较好的声音还原。目前声频卡的采样频率一般为 44.1kHz、48kHz 或更高。

(2) 采样值编码位数。采样值编码位数是记录每次采样值使用的二进制编码位数。而二进制编码位数直接影响还原声音的质量。当前声卡有 16 位、32 位和 64 位等。编码位数越长声音还原效果越好。

2) 视频卡

计算机处理视频信息需要使用视频卡，它是对所有用于输入输出视频信号的接口功能卡的总称。目前常用的视频卡主要有 DV 卡和视频采集卡等。DV 卡的作用是将数字摄像机或录像带中的数字视频信号用数字方式直接输入到计算机中。视频采集卡先将录像带或电视中模拟信号变成数字信号,再输入到计算机中。

3. 对未来计算机的展望

按照摩尔定律,每过 18 个月,微处理器硅芯片上晶体管的数量就会翻一番。随着大规模集成电路工艺的发展,芯片的集成度越来越高,然而硅芯片技术的高速发展同时也意味着硅技术越来越接近其物理极限。为此,世界各国的科研人员正在加紧研究开发新型计算机,计算机从体系结构的变革到器件与技术的革新都要产生一次量的乃至质的飞跃。由此,新型的量子计算机、光子计算机、生物计算机、纳米计算机等将会在 21 世纪走进人们的生活,遍布各个领域。

1) 量子计算机

量子计算机是指利用处于多现实态下的原子进行运算的计算机,这种多现实态是量子力学的标志。量子计算机以处于量子状态的原子作为中央处理器和内存,利用原子的量子特性进行信息处理。在某种条件下,原子在同一时间可以处于不同位置,可以同时表现出高速和低速,可以同时向上或向下运动。这样一来,无论从数据存储还是处理的角度,量子位的能力都是晶体管电子位的两倍。对此,有人曾经做过这样一个比喻:假设一只老鼠准备绕过一只猫,根据经典物理学理论,它可以从左边过,或是从右边过,而根据量子理论,它却可以同时从猫的左边和右边绕过。

由于量子计算机利用了量子力学违反直觉的法则,能够实行量子并行计算,它们的潜在运算速度将大大超过电子计算机。一台具有 5000 个左右量子位的量子计算机可以在大约 30s 内解决传统超级计算机需要 100 亿年才能解决的素数问题。事实上,它们速度的提高是没有止境的。

目前,正在开发中的量子计算机有三种类型:核磁共振(NMR)量子计算机、硅基半导体量子计算机、离子阱量子计算机。科学家们预测 2030 年将普及量子计算机。

2) 光子计算机

光子计算机利用光作为信息的传输媒体,是一种由光信号进行数字运算、逻辑操作、信息存储和处理的新型计算机。光子计算机的基本组成部件是集成光路,要有激光器、透镜和核镜。它以不同波长的光代表不同的数据,以大量的透镜、棱镜和反射镜将数据从一个芯片传送到另一个芯片。

光计算机的工作原理与电子计算机的工作原理基本相同,其本质区别在于光学器件替代了电子器件。电子计算机采用冯·诺依曼方式,用电流传送信息,电子计算机运转时的大部分时间并非花在计算机上,而是耗费在电子从一个器件到另一个器件的运动中,在运算高速并行化时,往往会使运算部分和存储部分之间的交换产生阻塞,从而造成"瓶颈"。光计算机采用非冯·诺依曼方式,它是以光作为信息载体来处理数据的,运算部分通过光内连技术直接对存储部分进行高速并行存取。由于光子的速度为 300 000km/s,光速开关的转换速度要比电子高数千倍,甚至几百万倍。另外,光信号之间可毫无干扰地沿着各自通道或并行的通道传递,因此,光计算机的各级都能并行处理大量数据,并且能用全息的或图形的方式存储信息,从而大大增加了容量,它的存储容量是现代计算机的几万倍。

1990 年初,美国贝尔实验室制成世界上第一台光子计算机。目前,许多国家都投入巨资进行光子计算机的研究。随着现代光学与计算机技术、微电子技术的结合，在不久的将来，光子计算机将成为人类普遍应用的工具。

3）生物计算机

生物计算机主要是以生物电子元件构成的计算机。生物计算机的主要原材料是生物工程技术产生的蛋白质分子，并以此作为生物芯片，利用有机化合物存储数据。在这种生物芯片中，信息以波的方式传播。当波沿着蛋白质分子链传播时，引起蛋白质分子链中单键、双键结构顺序的变化，它们就像半导体硅片中的载流子那样来传递信息。生物计算机的运算过程就是蛋白质分子与周围物理化学介质的相互作用过程。计算机的转换开关由酶来充当，而程序则在酶合成系统本身和蛋白质的结构中极其明显地表示出来。

用蛋白质制造的计算机芯片，它的一个存储点只有一个分子大小，所以存储容量大，可以达到普通计算机的10亿倍；它构成的集成电路小，其大小只相当于硅片集成电路的十万分之一；它的运转速度更快，比当今最新一代计算机快10万倍，它的能量消耗低，仅相当于普通计算机的十亿分之一；具有生物体的一些特点，具有自我组织、自我修复功能；还可以与人体及人脑结合起来，听从人脑指挥，从人体中吸收营养。

生物计算机将具有比电子计算机和光学计算机更优异的性能。现在世界上许多科学家正在研制，不少科学家认为，有朝一日生物计算机出现在科技舞台上，就有可能彻底实现现有计算机无法实现的人类右脑的模糊处理功能和整个大脑的神经网络处理功能。

4）纳米计算机

“纳米”是一个计量单位，一个纳米等于10^{-9} m，大约是氢原子直径的10倍。应用纳米技术研制的计算机内存芯片，其体积不过数百个原子大小，相当于人的头发丝直径的千分之一，内存容量大大提升，性能大大增强，几乎不需要耗费任何能源。

目前，在以不同原理实现纳米计算机方面，科学家们提出四种工作机制：电子式纳米计算机技术、基于生物化学物质与DNA的纳米计算机、机械式纳米计算机、量子波相干计算机。它们有可能发展成为未来纳米计算机技术的基础。

展望未来，计算机的发展必然要经历很多新的突破。从目前的发展趋势来看，未来的计算机将是微电子技术、光学技术、超导技术和电子仿生技术相互结合的产物。第一台超高速全光数字计算机，已由英国、法国、德国、意大利和比利时等国的70多名科学家和工程师合作研制成功，光子计算机的运算速度比电子计算机快1 000倍。在不久的将来，超导计算机、神经网络计算机等全新的计算机也会诞生。届时计算机将发展到一个更高、更先进的水平。

1.1.3 计算机的特点、分类与应用

1. 计算机的特点

计算机是一种可以进行自动控制、具有记忆功能的现代化计算工具和信息处理工具。计算机之所以具有很强的生命力，并得以飞速的发展，是因为计算机本身具有诸多特点。具体体现在以下几个方面：

1）运算速度快

运算速度是标志计算机性能的重要指标之一。计算机的运算速度指的是单位时间内所能执行指令的条数，一般以每秒能执行多少条指令来描述。现代的计算机运算速度已达到

每秒万亿次，使得许多过去无法处理的问题都能得以解决。例如，卫星轨道的计算、大型水坝的计算、24 小时天气预报的计算等。过去人工计算需要几年、十几年完成的工作，而现在用计算机只需要几小时或几分钟甚至几秒钟就可完成。

2）计算精度高

计算机采用二进制数字运算，其计算精度随着表示数字的设备增加而提高，再加上先进的算法，一般可达十几位，甚至几十位、几百位有效数字的精度。

实际上，计算机的计算精度在理论上不受限制，通过一定技术手段可以实现任何精度要求。例如，有人用计算机把圆周率(π)算到小数点后 100 万位，这样的计算精度是任何其他计算工具所不可能达到的。

3）存储容量大

计算机具有完善的存储系统，可以存储和"记忆"大量的信息。计算机不仅提供了大容量的主存储器，存储计算机工作时的大量信息；同时，还提供各种外存储器来保存信息，如移动硬盘、闪存(俗称闪存盘)和光盘等，实际上存储容量已达到海量。另外，计算机还具备了自动查询功能，只需几秒就能准确无误地找出用户想要的信息。

4）具有逻辑判断能力

计算机不仅能进行算术运算和逻辑运算，而且还能对各种信息(如语言、文字、图形、图像、音乐等)通过编码技术进行判断或比较，进行逻辑推理和定理证明，并根据判断的结果自动地确定下一步该做什么，从而使计算机能解决各种不同的问题。

5）自动化

计算机是由程序控制其操作过程的。在工作过程中不需人工干预，只要根据应用的需要，事先编制好程序并输入计算机，计算机就能根据不同信息的具体情况做出判断，能自动、连续地工作，完成预定的处理任务。利用计算机这个特点，人们可以让计算机去完成那些枯燥乏味、令人厌烦的重复性劳动，也可让计算机控制机器深入到人类躯体难以胜任的、有毒有害的场所作业。

6）具有通用性

计算机能够在各行各业得到广泛的应用，原因之一就是具有很强的通用性。它可以将任何复杂的信息处理任务分解成一系列的基本算术运算和逻辑运算，反映在计算机的指令操作中。按照各种规律要求的先后次序把它们组织成各种不同的程序，存入存储器中。在计算机的工作过程中，这种存储指挥和控制计算机进行自动、快速的信息处理，并且十分灵活、方便、易于变更，这就使计算机具有极大的通用性。同一台计算机，只要安装不同的软件或连接到不同的设备上，就可以完成不同的任务。

2. 计算机的分类

计算机的分类方法有很多种，按计算机处理的信号特点可分为数字式计算机和模拟式计算机；按计算机的用途可分为通用计算机和专用计算机；按计算机的规模可分为巨型机、中型机、小型机和微型机。

随着计算机科学技术的发展，各种计算机的性能指标均会不断提高，因此对计算机分类的方法也会有多种变化。本书将计算机分为以下 4 类：

1）超级计算机

超级计算机(Supercomputers)通常是指由数百数千甚至更多的处理器(机)组成的、能计算普通PC机和服务器不能完成的大型复杂课题的计算机。超级计算机是计算机中功能最强、运算速度最快、存储容量最大的一类计算机，是国家科技发展水平和综合国力的重要标志。超级计算机拥有最强的并行计算能力，主要用于科学计算。在气象、军事、能源、航天、探矿等领域承担大规模、高速度的计算任务。在结构上，虽然超级计算机和服务器都可能是多处理器系统，二者并无实质区别，但是现代超级计算机较多采用集群系统，更注重浮点运算的性能，可看作是一种专注于科学计算的高性能服务器，而且价格非常昂贵，如图1-1所示。

2）网络计算机

(1) 服务器。专指某些高性能计算机，能通过网络对外提供服务。相对于普通电脑来说，稳定性、安全性、性能等方面都要求更高，因此在CPU、芯片组、内存、磁盘系统、网络等硬件上和普通电脑有所不同(见图1-2)。服务器是网络的节点，存储、处理网络上80%的数据、信息，在网络中起到举足轻重的作用。它们是为客户端计算机提供各种服务的高性能的计算机，其高性能主要表现在高速度的运算能力、长时间的可靠运行、强大的外部数据吞吐能力等方面。服务器的构成与普通电脑类似，也有处理器、硬盘、内存、系统总线等，但因为它是针对具体的网络应用特别制定的，因而服务器与微机在处理能力、稳定性、可靠性、安全性、可扩展性、可管理性等方面存在很大差异。服务器主要有网络服务器(DNS、DHCP)、打印服务器、终端服务器、磁盘服务器、邮件服务器、文件服务器等。

图1-1　超级计算机

图1-2　服务器

(2) 工作站。是一种以个人计算机和分布式网络计算为基础，主要面向专业应用领域，具备强大的数据运算与图形、图像处理能力，为满足工程设计、动画制作、科学研究、软件开发、金融管理、信息服务、模拟仿真等专业领域而设计开发的高性能计算机(见图1-3)。工作站最突出的特点是具有很强的图形交换能力，因此在图形图像领域特别是计算机辅助设计领域得到了迅速应用。典型产品有美国Sun公司的Sun系列工作站。

图1-3　工作站

无盘工作站是指无软盘、无硬盘、无光驱连入局域网的计算机。在网络系统中，把工作站端使用的操作系统和应用软件全部放在服务器上，系统管理员只要完成服务器上的管理和维护，软件的升级和安装也只需要配置一次，整个网络中的所有计算机就都可以使用新软件。所以无盘工作站具有节省费用、系统的安全性高、易管理性和易维护性等优点，这对网络管理员来说具有很大的吸引力。

无盘工作站的工作原理是由网卡的启动芯片(Boot ROM)以不同的形式向服务器发出

启动请求，服务器收到后，根据不同的机制，向工作站发送启动数据，工作站下载完启动数据后，系统控制权由 Boot ROM 转到内存中的某些特定区域，并引导操作系统。

(3) 集线器。集线器(HUB)是一种共享介质的网络设备，它的作用可以简单理解为将一些机器连接起来组成一个局域网，HUB 本身不能识别目的地址。集线器上的所有端口争用一个共享信道的宽带，因此随着网络节点数量的增加，数据传输量的增大，每节点的可用带宽将随之减少。另外，集线器采用广播的形式传输数据，即向所有端口传送数据。如当同一局域网内的 A 主机给 B 主机传输数据时，数据包在以 HUB 为架构的网络上是以广播方式传输的，对网络上所有节点同时发送同一信息，然后再由每一台终端通过验证数据包头的地址信息来确定是否接收。其实接收数据的一般来说只有一个终端节点，而对所有节点都发送会很容易造成网络堵塞，而且绝大部分数据流量是无效的，这样就造成整个网络数据传输效率相当低。另一方面由于所发送的数据包每个节点都能侦听到，容易给网络带来一些安全隐患。

(4) 交换机。交换机(Switch)是按照通信两端传输信息的需要，用人工或设备自动完成的方法把要传输的信息送到符合要求的相应路由上的技术统称。广义的交换机就是一种在通信系统中完成信息交换功能的设备，它是集线器的升级换代产品，外观上与集线器非常相似，其作用与集线器大体相同。但是两者在性能上有区别：集线器采用的是共享带宽的工作方式，而交换机采用的是独享带宽方式。即交换机上的所有端口均有独享的信道带宽，以保证每个端口上数据的快速有效传输，交换机为用户提供的是独占的、点对点的连接，数据包只被发送到目的端口，而不会向所有端口发送，其他节点很难侦听到所发送的信息，这样在机器很多或数据量很大时，不容易造成网络堵塞，也确保了数据传输安全，同时大大提高了传输效率，两者的差别就比较明显了。

(5) 路由器。路由器(Router)是一种负责寻径的网络设备，它在互联网络中从多条路径中寻找通信量最少的一条网络路径提供给用户通信。路由器用于连接多个逻辑上分开的网络，为用户提供最佳的通信路径。路由器利用路由表为数据传输选择路径，路由表包含网络地址以及各地址之间距离的清单，路由器利用路由表查找数据包从当前位置到目的地址的正确路径。路由器使用最少时间算法或最优路径算法来调整信息传递的路径。路由器产生于交换机之后，就像交换机产生于集线器之后，所以路由器与交换机也有一定联系，并不是完全独立的两种设备。路由器主要克服了交换机不能向路由转发数据包的不足。

交换机、路由器是特殊的网络计算机，它的硬件基础包括 CPU、存储器和接口，软件基础是网络互联操作系统 IOS。

交换机、路由器和 PC 机一样，有中央处理单元 CPU，而且不同的交换机、路由器，其 CPU 一般也不相同，CPU 是交换机、路由器的处理中心。

内存是交换机、路由器存储信息和数据的地方，CISCO 交换机、路由器有以下几种内存组件：

ROM(Read Only Memory)存储交换机、路由器加电自检(POST：Power-On Self-Test)、启动程序(Bootstrap Program)和部分或全部的 IOS。交换机、路由器中的 ROM 是可擦写的，所以 IOS 是可以升级的。

RAM(Random Access Memory)与 PC 机上的随机存储器相似，提供临时信息的存储，同时保存着当前的路由表和配置信息。

NVRAM(Nonvolatile Random Access Memory)存储交换机、路由器的启动配置文件。NVRAM是可擦写的,可将交换机、路由器的配置信息复制到NVRAM中。

FLASH闪存是可擦写的,也可编程,用于存储CISCO IOS的其他版本,用于对交换机、路由器的IOS进行升级。

接口用来将交换机、路由器连接到网络,可以分为局域网接口和广域网接口两种。由于交换机、路由器型号的不同,接口数目和类型也不尽相同。常见的接口主要有以下几种:

高速同步串口,可连接DDN、帧中继(Frame Relay)、X.25、PSTN(模拟电话线路)。

同步/异步串口,可用软件将端口设置为同步工作方式。

AUI端口,即粗缆口。一般需要外接转换器(AUI-RJ45),连接10/100Base-T以太网络。

ISDN端口,可以连接ISDN网络(2B+D),可作为局域网接入Internet。

AUX端口,该端口为异步端口,主要用于远程配置,也可用于拨号备份,可与MODEM连接。支持硬件流控制(Hardware Flow Control)。

Console端口,该端口为异步端口,主要连接终端或运行终端仿真程序的计算机,在本地配置交换机、路由器。不支持硬件流控制。

3) 工业控制计算机

是一种采用总线结构,对生产过程及其机电设备、工艺装备进行检测与控制的计算机系统总称。简称工控机(见图1-4)。它由计算机和过程输入输出(I/O)通过两大部分组成。计算机是由主机、输入输出设备和外部磁盘机、磁带机等组成。在计算机外部又增加一部分过程输入/输出通道,用来将工业生产过程的检测数据送入计算机进行处理;另一方面将计算机要行使的对生产过程控制的命令、信息转换成工业控制对象的控制变量的信号,再送往工业控制对象的控制器去。由控制器对生产设备进行运行控制。工控机的主要类别有:IPC(PC总线工业电脑)、PLC(可编程控制系统)、DCS(分散型控制系统)、FCS(现场总线系统)及CNC(数控系统)五种。

图1-4 工业控制计算机

4) 个人电脑

(1) 台式机(Desktop)。台式机也叫桌面机,是一种独立相分离的计算机,跟其他部件无联系,相对于笔记本和上网本,它体积较大,主机、显示器等设备一般都是相对独立的,需要放置在电脑桌或者专门的工作台上。因此得名为台式机。它是非常流行的微型计算机,多数人家里和公司用的机器都是台式机。台式机的性能相对较笔记本电脑要强。台式机具有如下特点:

散热性。台式机具有笔记本计算机所无法比拟的优点。台式机的机箱具有空间大、通风条件好的因素而一直被人们广泛使用。

扩展性。台式机的机箱方便用户硬件升级,如光驱、硬盘。如台式机箱的光驱驱动器插槽是4~5个,硬盘驱动器插槽是4~5个。非常方便用户日后的硬件升级。

保护性。台式机全方面保护硬件不受灰尘的侵害。而且防水性就不错;在笔记本中这项发展不是很好。

明确性。台式机机箱的开关键、重启键、USB、音频接口都在机箱前置面板中，方便用户的使用。

但台式机的便携性差，相比而言笔记本非常方便。

(2) 电脑一体机。电脑一体机，是由一台显示器、一个电脑键盘和一个鼠标组成的电脑。它的芯片、主板与显示器集成在一起，显示器就是一台电脑，因此只要将键盘和鼠标连接到显示器上，机器就能使用，如图 1-5 所示。随着无线技术的发展，电脑一体机的键盘、鼠标与显示器可实现无线链接，机器只有一根电源线。这就解决了一直为人诟病的台式机线缆多而杂的问题。有的电脑一体机还具有电视接收、AV 功能，也整合专用软件，可用于特定行业专用机。

(3) 笔记本电脑(Notebook 或 Laptop)。笔记本电脑也称手提电脑或膝上型电脑，是一种小型、可携带的个人电脑，通常重 1-3 公斤。笔记本电脑除了键盘外，还提供了触控板(TouchPad)或触控点(Pointing Stick)，提供了更好的定位和输入功能，如图 1-6 所示。

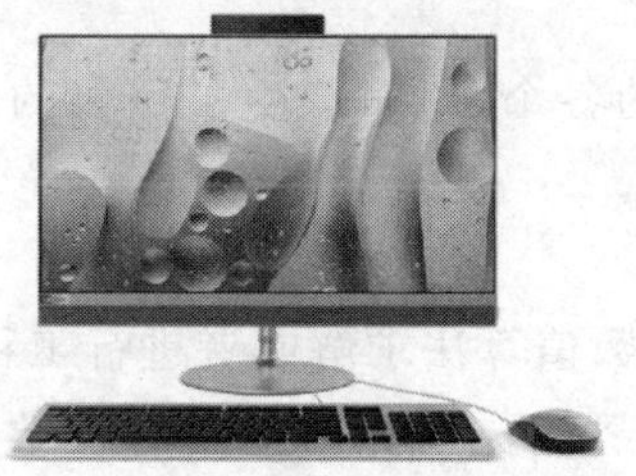
图 1-5　电脑一体机

图 1-6　笔记本电脑

笔记本电脑大体上可以分为 6 类：商务型、时尚型、多媒体应用型、上网型、学习型、特殊用途型。商务型笔记本电脑一般可以概括为移动性强、电池续航时间长、商务软件多；时尚型外观主要针对时尚女性；多媒体应用型笔记本电脑则有较强的图形、图像处理能力和多媒体的能力，尤其是播放能力，为享受型产品。而且，多媒体笔记本电脑多拥有较为强劲的独立显卡和声卡(均支持高清)，并有较大的屏幕。上网本(Netbook)就是轻便和低配置的笔记本电脑，具备上网、收发邮件以及即时信息(IM)等功能，并可以流畅播放流媒体和音乐。上网本比较强调便携性，多用于在出差、旅游甚至公共交通上的移动上网。学习型机身设计为笔记本外形，采用标准电脑操作，全面整合学习机、电子词典、复读机、点读机、学生电脑等多种机器功能。特殊用途的笔记本电脑是服务于专业人士，可以在酷暑、严寒、低气压、高海拔、强辐射、战争等恶劣环境下使用的机型，有的较笨重，例如奥运会前期在"华硕珠峰大本营 IT 服务区"使用的华硕笔记本电脑。

(4) 掌上电脑(PDA)。掌上电脑是一种运行在嵌入式操作系统和内嵌式应用软件之上的小巧、轻便、易带、实用、价廉的手持式计算设备(见图 1-7)。它无论在体积、功能和硬件配备方面都比笔记本电脑简单轻便。掌上电脑除了用来管理个人信息(如通讯录、计划等)，上网浏览页面，收发 E-mail，甚至还可以当作手机来用外，还具有录音机功能、英汉汉英词典功能、全球时钟对照功能、提醒功能、休闲娱乐功能、传真管理功能等。掌上电脑的电源通常采用普通的碱性电池或可充电锂电池。掌上电脑的核心技术是嵌入式操

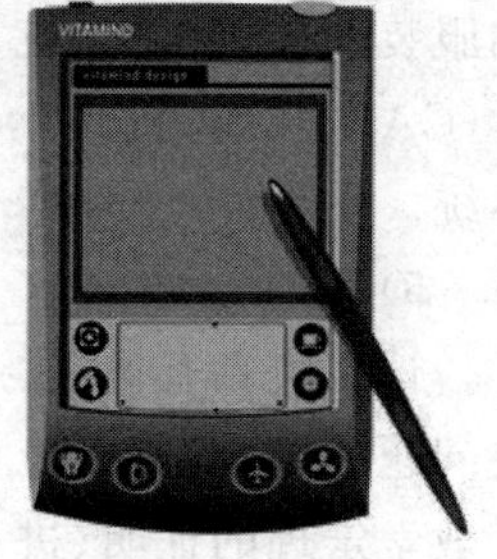

图 1-7　掌上电脑

作系统,各种产品之间的竞争也主要在此。

在掌上电脑基础上加上手机功能,就成了智能手机(Smartphone)。智能手机除了具备手机的通话功能外,还具备了PDA分功能,特别是个人信息管理以及基于无线数据通信的浏览器和电子邮件功能。智能手机为用户提供了足够的屏幕尺寸和带宽,既方便随身携带,又为软件运行和内容服务提供了广阔的舞台,很多增值业务可以就此展开,如股票、新闻、天气、交通、商品、应用程序下载、音乐图片下载等。

(5) 平板电脑。平板电脑是一种无须翻盖、没有键盘、大小不等、形状各异,却功能完整的电脑。其构成组件与笔记本电脑基本相同,但它是利用触笔在屏幕上书写,而不是使用键盘和鼠标输入,并且打破了笔记本电脑键盘与屏幕垂直的J型设计模式。它除了拥有笔记本电脑的所有功能外,还支持手写输入或语音输入,移动性和便携性更胜一筹。平板电脑由比尔盖茨提出,至少应该是X86架构,从微软提出的平板电脑概念产品上看,平板电脑就是一种无须翻盖、没有键盘、小到足以放入女士手袋,但却功能完整的PC。

3. 计算机的应用

目前,计算机的应用非常广泛,遍及社会生活的各个领域,产生了巨大的经济效益和社会影响。概括起来可以归纳为以下几个方面:

1) 科学和工程计算

在科学实验或者工程设计中,利用计算机进行数值算法求解或者进行工程制图,我们称之为科学和工程计算。它的特点是计算量比较大,逻辑关系相对简单。科学和工程计算是计算机的一个重要应用领域。

2) 自动控制

根据冯·诺依曼原理,利用程序存储方法,将机械、电器等设备的工作或动作程序设计成计算机程序,让计算机进行逻辑判断,按照设计好的程序执行。这一过程,一般会对计算机的可靠性、封闭性、抗干扰性等指标提出要求,这样计算机就可以应用于工业生产的过程控制,如炼钢炉控制、电力调度等。

3) 数据处理与信息加工

数据和信息处理是计算机的重要应用领域,数据是指能转化为计算机存储信号的信息集合,具体指数字、声音、文字、图形、图像等。利用计算机可对大量的数据进行加工、分析和处理,从而实现办公自动化。例如,财政、金融系统数据的统计和核算,银行储蓄系统的存款、取款和计息,企业的进货、销售、库存系统,学生管理系统等。

4) 计算机辅助系统

计算机辅助系统是计算机的另一个重要应用领域。主要包括计算机辅助设计(CAD),如服装设计CAD系统;计算机辅助制造(CAM),如电视机的辅助制造系统;计算机辅助教学(CAI);计算机辅助测试(CAT);计算机辅助工程(CAE)等。这些统称为计算机辅助系统。

5) 人工智能

计算机具有像人一样的推理和学习功能,能够积累工作经验,具有较强的分析问题和解决问题的能力,所以计算机具有人工智能。人工智能的表现形式多种多样,如利用计算机进行数学定理的证明、进行逻辑推理、理解自然语言、辅助疾病诊断、实现人机对话、密码破译等。

6）网络应用

计算机网络是计算机技术和通信技术互相渗透、不断发展的产物，利用一定的通信线路，将若干台计算机相互连接起来，形成一个网络以达到资源共享和数据通信的目的，是计算机应用的另一个重要方面。各种计算机网络，包括局域网和广域网的形成，无疑将加速社会信息化的进程，目前应用最多的就是因特网（Internet）。例如，电子商务就是计算机网络的一个重要应用，它是指在计算机网络上进行的商务活动。它是涉及企业和个人各种形式的、基于数字化信息处理和传输的商业交易。它包括电子邮件、电子数据交换、电子转账、快速响应系统、电子表单和信用卡交易等电子商务的一系列应用。

1.2 计算机系统组成及工作原理

在了解了计算机的产生、发展、分类及应用的基础上，先讨论计算机系统的基本组成，然后介绍微型计算机的硬件系统、软件系统及系统的性能指标。

1.2.1 计算机系统的基本组成

一个完整的计算机系统通常由硬件系统和软件系统两大部分组成。其中，硬件系统是指实际的物理设备，主要包括控制器、运算器、存储器、输入设备和输出设备五大部分，如图 1-8 所示；软件系统是指计算机中各种程序和数据，包括计算机本身运行时所需要的系统软件和用户设计的、完成各种具体任务的应用软件。

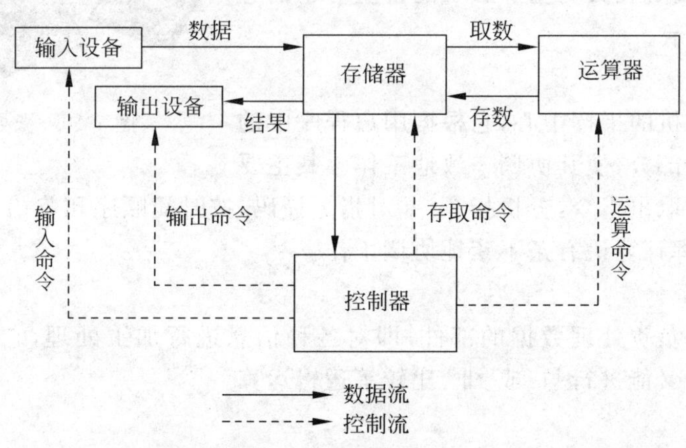

图 1-8 计算机硬件系统工作示意图

计算机的硬件和软件是相辅相成的，二者缺一不可。只有硬件和软件齐备并协调配合，才能发挥出计算机的强大功能，为人类服务。

1.2.2 计算机硬件系统

计算机硬件系统是由控制器、运算器、存储器、输入设备和输出设备等 5 部分组成的。其中，控制器和运算器又合称中央处理器（CPU），在微型计算机中又称微处理器（MPU）。CPU 和存储器又统称为主机，输入设备和输出设备又统称为外部设备。随着大规模、超大规模集成电路技术的发展，计算机硬件系统中将控制器和运算器集成在一块微处理器芯片上，通常称为 CPU 芯片。随着芯片的发展，在其内部又增添了高速缓冲寄存器，以更好地发挥 CPU 芯片的高速度和提高对多媒体的处理能力。

因此，计算机硬件系统主要由 CPU、存储器、输入设备、输出设备和连接各个部件以实现数据传送的总线组成。这样构成的计算机硬件系统又称微型计算机硬件系统，简称微机计算机硬件系统，如图 1-9 所示。

- 微机硬件系统
  - 主　　机
    - 中央处理器(CPU)
      - 控制器
      - 运算器
      - 寄存器
    - 内存储器
      - 随机存储器(RAM)
      - 只读存储器(ROM)
  - 外围设备
    - 输入设备
    - 输出设备
    - 外存储器
      - 硬盘
      - 光盘
      - 闪存
  - 输入/输出接口
  - 总线

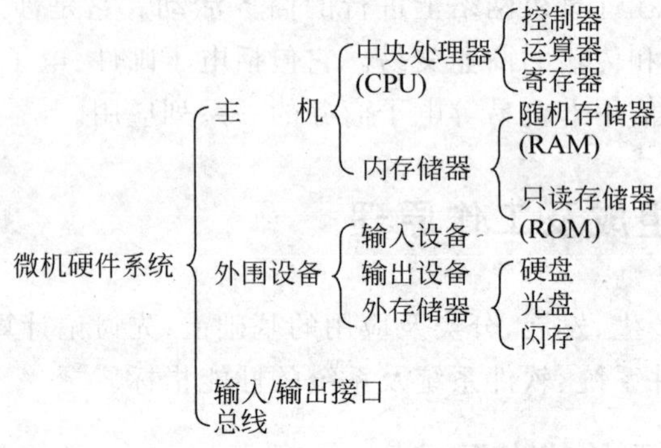

图 1-9　微型计算机硬件系统组成

1. 微处理器

微处理器是计算机硬件系统的核心，它主要包括控制器、运算器和寄存器等部件。一台计算机速度的快慢，CPU 的配置起着决定的作用。微型计算机的 CPU 安置在大拇指那么大的甚至更小的芯片上，如图 1-10 所示。

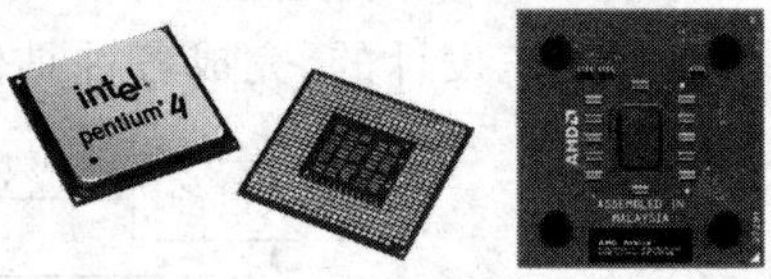

图 1-10　微处理器芯片

1）控制器

控制器是计算机的指挥中心，它根据用户程序中的指令控制机器的各部分，使其协调一致地工作。其主要任务是从存储器中取出指令，分析指令，并对指令译码，按时间顺序和节拍，向其他部件发出控制信号，从而指挥计算机有条不紊地协调工作。

2）运算器

运算器是专门负责处理数据的部件，即对各种信息进行加工处理，它既能进行加、减、乘、除等算术运算，又能进行与、或、非、比较等逻辑运算。

3）寄存器

处理器内部的暂时存储单元，用来暂时存放指令、即将被处理的数据、下一条指令地址及处理的结果等。它的位数可以代表计算机的字长。

2. 存储器

存储器是专门用来存放程序和数据的部件。按其功能和所处位置的不同，存储器又分为内存储器和外存储器两大类。随着计算机技术的快速发展，在 CPU 和内存储器（主存）之间又设置了高速缓冲存储器。

1）内存储器

内存储器简称内存，又称主存，主要用来存放 CPU 工作时用到的程序和数据以及计算后得到的结果。内存储器芯片又称内存条，如图 1-11 所示。

图 1-11　内存储器芯片

计算机中的信息用二进制表示，常用的单位有位、字节和字。

- 位(bit)：计算机中表示信息的最小的数据单位，是二进制的一个数位，每个 0 或 1 就是一个位。它也是存储器存储信息的最小单位，通常用“b”表示。
- 字节(byte)：计算机中表示信息的基本数据单位。1 个字节由 8 个二进制位组成，通常用“B”表示。1 个字符的信息占 1 个字节，1 个汉字的信息占 2 个字节。

在计算机中，存储容量的计量单位有字节(B)、千字节(KB)、兆字节(MB)以及十亿字节(GB)等。它们之间的换算关系如下：

1B＝8bit

1KB＝2^{10}B＝1024B

1MB＝2^{10}KB＝1024KB＝1024×1024B

1GB＝2^{10}MB＝1024MB＝1024×1024×1024B

1TB＝2^{10}GB＝1024GB＝1024×1024×1024×1024B

因为计算机用的是二进制，所以转换单位是 2 的 10 次幂。

- 字(word)：指在计算机中作为一个整体被存取、传送、处理的一组二进制信息。一个字由若干个字节组成，每个字中所含的位数，是由 CPU 的类型所决定的，它总是字节的整数倍。例如，64 位微型计算机，指的是该微型计算机的一个字等于 64 位二进制信息。通常，运算器以字为单位进行运算，一般寄存器以字为单位进行存储，控制器以字为单位进行接收和传递。

内存容量是计算机的一个重要技术指标。目前，计算机常见的内存容量配置为 512MB、1GB、2GB、4GB、8GB 等。内存通过总线直接相连，存取数据速度快。

内部存储器按读/写方式又可分为两类：

- 随机存取存储器(RAM)：允许用户可以随时进行读/写数据的存储器，称为随机存取存储器，简称 RAM。开机后，计算机系统把需要的程序和数据调入 RAM 中，再由 CPU 取出执行，用户输入的数据和计算的结果也存储在 RAM 中。只要关机或断电后，RAM 中的程序和数据就立即全部丢失。因此，为了妥善保存计算机处理后的数据和结果，必须及时将其转存到外存储器中。根据工作原理不同，RAM 又可分为静态 RAM(SRAM)和动态 RAM(DRAM)。
- 只读存储器(ROM)：指只允许用户读取数据，不能写入数据的存储器，称为只读存储器，简称 ROM。ROM 常用于存放系统核心程序和服务程序。开机后，ROM 中就有程序和数据；断电后，ROM 中的程序和数据也不丢失。根据工作原理的不同，ROM 又可分为掩模 ROM(MROM)、可编程 ROM(PROM)、可擦除可编程 ROM(EPROM)。

2）高速缓冲存储器

随着计算机技术的高速发展，CPU 主频的不断提高，对内存的存取速度要求越来越高；然而，内存的速度总是达不到 CPU 的速度，它们之间存在着速度上的严重不匹配。为了协调二者之间的速度差异，在这二者之间采用了高速缓冲存储器技术。高速缓冲存储器又称 Cache。

Cache 采用双极型静态 RAM，即 SRAM，它的访问速度是 DRAM 的 10 倍左右，但容量比内存相对要小，一般为 128KB、256KB 或 512KB 等。Cache 位于 CPU 和内存之间，通常将 CPU 要经常访问的内存内容先调入到 Cache 中，以后 CPU 要使用这部分内容时可以快速地从 Cache 中取出。

Cache 一般分为两种：L1 Cache（一级缓存）和 L2 Cache（二级缓存）。L1 Cache 和 L2 Cache 集成在 CPU 芯片内部，目前主流 CPU 的 L2 Cache，其存储容量一般为 1～12MB。新式 CPU 还具有 L3 Cache（三级缓存）。

3）外存储器

外存储器简称外存，也称辅存，主要用来存放需长期保存的程序和数据。开机后用户根据需要将所需的程序或数据从外存调入内存，再由 CPU 执行或处理。外存储器是通过适配器或多功能卡与 CPU 相连的，存取数据速度比内存储器慢，但存储容量一般都比内存储器大得多。目前，微型计算机系统常用的外存储器有硬磁盘（简称硬盘）、光盘和闪存盘。光盘又可分为只读光盘和读/写光盘等。

- 硬盘：硬盘是微型计算机系统中广泛使用的外部存储器设备。硬盘是由若干个圆盘组成的圆柱体，若干张盘片的同一磁道在纵方向上所形成的同心圆构成一个柱面，柱面由外向内编号，同一柱面上各磁道和扇区的划分，与早期曾使用过的软盘基本相同，每个扇区的容量也与软盘一样，通常是 512B。所以，硬盘是按柱面、磁头和扇区的格式来组织存储信息的。硬盘格式化后的存储容量可按以下公式计算：

硬盘容量＝磁头数×柱面数×扇区数×每扇区字节数

例如，某硬盘格式化后磁头有 16 个，柱面 3184 个，每柱面有扇区 63 个，则该硬盘容量＝16×3184×63×512B＝1 643 249 664B＝1 604 736KB，即 1.6GB。

硬盘常被封装在硬盒内，固定安装在机箱里，难以移动。因此，它不能像软盘那样便于携带，但它比软盘存储信息密度高、容量大，读/写速度也比软盘快。所以，人们常用硬盘来存储经常使用的程序和数据。硬盘的存储容量一般为几百个吉字节，甚至更大。硬盘实物图和工作原理图如图 1-12 所示。

(a) 硬盘实物图

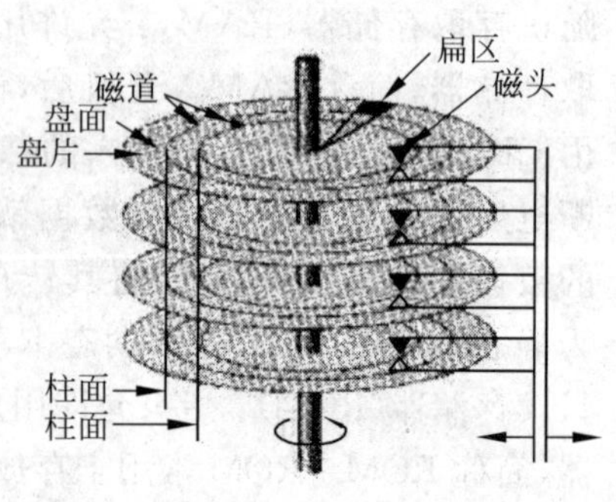

(b) 硬盘工作原理图

图 1-12　硬盘

- 光盘：利用光学方式读/写信息的外部存储设备，利用激光将硬塑料片上烧出凹痕来记录数据。目前，计算机上使用的光盘大体可分三类：只读光盘(CD-ROM)、一次性写入光盘(WO)和可擦写型光盘(MO)。常用的CD-ROM型光盘上的数据，是在光盘出厂时就记录存储在上面，用户只能读取，不能修改；WO型光盘允许用户写入一次，可多次读取；MO型光盘允许用户反复多次读/写，就像对硬盘操作一样，故也称为磁光盘。
- 闪存：一种近些年才发展起来的新型移动存储设备，小巧玲珑，可用于存储任何数据，并与计算机方便地交换文件。闪存结构采用闪存存储介质和通用串行总线接口，具有轻巧精致、使用方便、便于携带、容量较大、安全可靠等特征。从容量上讲，闪存的容量从512MB到4GB、16GB、32GB，甚至更大。从读/写速度上讲，闪存采用USB接口标准，读/写速度大大提高。从稳定性上讲，闪存没有机械读/写装置，避免了移动硬盘容易因碰伤等原因造成的损坏。闪存盘外形小巧，更容易携带。闪存使用寿命主要取决于存储芯片寿命，存储芯片至少可擦写10万次以上。

闪存由硬件部分和软件部分组成。其中，硬件部分包括Flash存储芯片、控制芯片、USB端口、PCB电路板、外壳和LED指示灯等。闪存实物图如图1-13所示。

图1-13 闪存

3. 输入设备

输入设备是人们向计算机输入程序和数据的一类设备。目前，常见的微型计算机输入设备有键盘、鼠标、光笔、扫描仪、数码照相机、语音输入装置等。其中，键盘和鼠标是两种最基本的、使用最广泛的输入设备。为避免重复，关于键盘和鼠标的详细内容在1.3节"基础操作与汉字录入"中讲述。

4. 输出设备

输出设备是计算机向人们输出结果的一类设备。目前，常见的微型计算机输出设备有显示器、打印机、绘图仪等。其中，显示器和打印机是最基本的、使用最广泛的输出设备。

1) 显示器

显示器是微型计算机必备的输出设备，它既可显示人们向计算机输入的程序和数据等可视信息，又可显示经计算机计算处理后的结果和图像。显示器通常可分为单色显示器、彩色显示器和液晶显示器，按显示器大小又可分为14in、15in、17in、21in等规格。显示器显示图像的细腻程度与显示器分辨率有关，分辨率愈高，显示图像愈清晰。所谓分辨率是指屏幕上横向、纵向发光点的点数。一个发光点称为一个像素。目前，常见显示器的分辨率有800×600像素、1024×768像素、1920×1080像素等。彩色显示器的像素由红、绿、蓝三种颜色组成，发光像素的不同组合可产生各种不同的图形。液晶显示器如图1-14所示。

2) 打印机

打印机是微型计算机打印输出信息的重要设备，它可将信息打印在纸上，供人们阅读和长期保存。目前，常用的打印机有针式、喷墨式和激光式三类。针式打印机是通过一排排打印针(常有24根针)冲击色带而形成墨点，组成文字或图像，它既可在普通纸上打印，又可打印蜡纸，但打印字迹比较粗糙；喷墨式打印机是通过向纸上喷射出微小的墨点来形成文字或图像，打印字迹细腻，但纸和墨水耗材比较贵；激光式打印机的工作原理类似于静电复印机，打印机速度快，且字迹精细，但价格高。打印机实物外观如图1-15所示。

图 1-14 液晶显示器

图 1-15 打印机

5. 主板和总线

每台微型计算机的主机箱内部都有一块较大的电路板，称为主板。微型计算机的处理器芯片、内存储器芯片(又称内存)、硬盘、输入/输出接口以及其他各种电子元器件都是安装在这个主板上的。主板实物和主板分区如图 1-16 所示。

(a) 主板实物

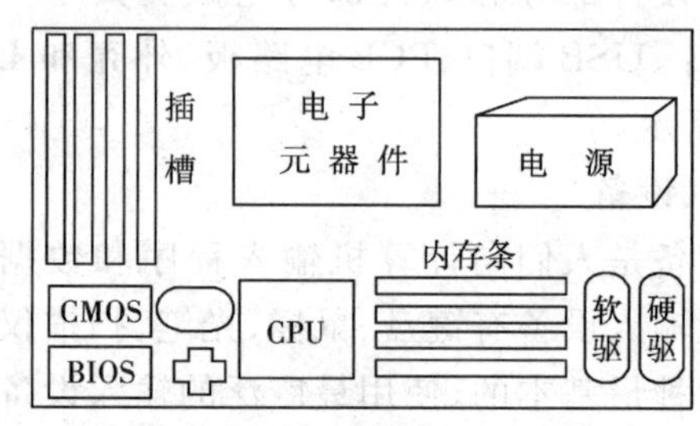

(b) 主板分区

图 1-16 主板

为了实现微处理器、存储器和外部输入/输出设备之间信息连接，微型计算机系统采用了总线结构。所谓总线，又称 BUS，是指能为多个功能部件服务的一组信息传送线，是实现微处理器、存储器和外部输入/输出接口之间相互传送信息的公共通路。按功能不同，微型计算机的总线又可分为地址总线、数据总线和控制总线三类。

- 地址总线是微处理器向内存、输入/输出接口传送地址的通路，地址总线的根数反映了微型计算机的直接寻址能力，即一个计算机系统的最大内存容量。例如，早期的 Intel 8088 计算机系统有 20 根地址线，直接寻址范围为 220B～1MB；后来的 Intel 80286 型计算机系统，地址线增加到了 24 根，直接寻址范围为 224B～16MB；再后来使用的 Intel 80486、Pentium(奔腾)计算机系统有 32 根地地址线，直接寻址范围可达 232B～4GB。
- 数据总线是用于微处理器与内存、输入/输出接口之间传送数据。16 位的计算机，一次可传送 16 位数据；32 位的计算机，一次便可传送 32 位的数据。
- 控制总线是微处理器向内存及输入/输出接口发送命令信号的通路，同时也是内存或输入/输出接口向微处理器回送状态信息的通路。

通过总线，把微型计算机中的处理器、存储器、输入设备、输出设备等各功能部件连接起来，组成了一个整体的计算机系统。需要说明的是，上面介绍的功能部件仅仅是计算机硬件系统的基本配置。随着科学技术的发展,计算机已从单机应用向多媒体、网络应用发展,相应的声卡、调制解调器、网络适配器等功能部件也是计算机系统中不可缺少的硬件配置。总线结构如图1-17所示。

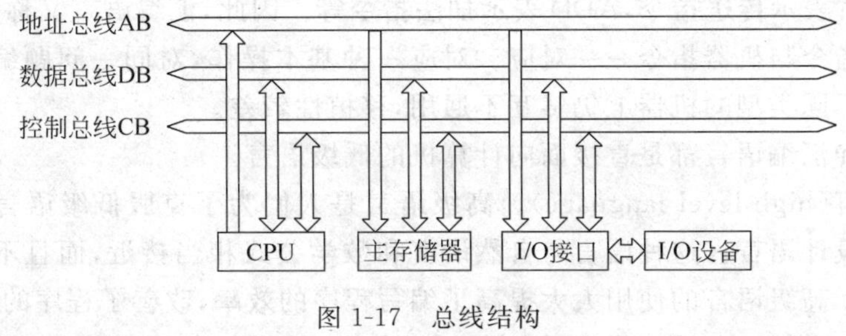

图1-17 总线结构

1.2.3 计算机软件系统

只有硬件而没有软件的计算机称为“裸机”,它是无法进行工作的。只有配备一定的软件,才能发挥其功能。计算机软件按用途分为系统软件和应用软件两大类。

1. 系统软件

系统软件是用户操作、管理、监控和维护计算机资源(包括硬件和软件)所必需的软件,一般由计算机厂家或软件公司研制。系统软件分为操作系统、支撑软件、语言处理程序、数据库管理系统等。

1) 操作系统

操作系统(operating system,OS)是直接运行在计算机硬件上的最基本的系统软件,是系统软件的核心。它负责管理和控制计算机的软件、硬件资源,它是用户与计算机之间的一个操作平台,用户通过它来使用计算机。常用的操作系统有DOS、Windows、UNIX、Linux和OS/2等。

操作系统的功能十分丰富,从资源管理角度看,操作系统具有处理器管理、作业管理、存储器管理、设备管理、文件管理五大功能。

操作系统的种类繁多,根据用户使用的操作环境和功能特征,可分为批处理操作系统、分时操作系统和实时操作系统等;根据所支持的用户数目,可分为单用户操作系统和多用户操作系统;根据硬件结构,可分为分布式操作系统、网络操作系统和多媒体操作系统等。

2) 支撑软件

支撑软件是支持其他软件的编制、维护的软件,是对计算机系统进行测试、诊断和排除故障,对文件夹进行编辑、传送、显示、调试以及进行计算机病毒检测、防治等的程序集合。常见的有Edit、Debug、Norton、Antivirus等。

3) 语言处理程序

人与计算机交流时需要使用相互理解的语言,以便将人的意图转达给计算机。人们把同计算机交流的语言称为程序设计语言。程序设计语言分为机器语言、汇编语言和高级语言三类。

- 机器语言(machine language)。机器语言是最低层的计算机语言,是直接用二进制代码表示指令的语言,是计算机硬件唯一可以直接识别和执行的语言。与其他程序设计语言相比，机器语言执行速度最快、执行效率最高。

- 汇编语言(assemble language)。为了克服机器语言编程的缺点，人们发明了汇编语言。汇编语言是采用人们容易识别和记忆的助记符号代替机器语言的二进制代码，如 MOV 表示传送指令，ADD 表示加法指令等。因此，汇编语言又称为符号语言，汇编语言指令与机器指令一一对应。对应一种基本操作，对同一问题编写的汇编语言程序在不同类型的机器上仍然互不通用，移植性较差。

机器语言和汇编语言都是直接面向计算机的低级语言。

- 高级语言(high level language)。高级语言是人们为了克服低级语言的不足而设计的程序设计语言。这种语言与自然语言和数学公式相当接近，而且不依赖于计算机的型号。高级语言的使用大大提高了编写程序的效率，改善了程序的可读性、可维护性、可移植性。目前，常用的高级语言有 C、C++、FORTRAN、Visual Basic、Visual C++、Java 等。

语言处理程序是用来将利用各种程序设计语言编写的程序，“翻译”成机器语言程序(称为目标程序)的翻译程序。常用的有两种翻译程序，“编译程序”和“解释程序”。

编译程序是将利用高级语言编写的程序作为一个整体进行处理，编译后与子程序库连接，形成一个完整的可执行程序。FORTRAN、C 语言等都采用这种编译方法。解释程序是对高级语言程序逐句解释执行，执行效率较低。BASIC 语言属于解释型。所以，高级语言程序有两种执行方式，即编译执行方式和解释执行方式。

4) 数据库管理系统

数据库管理系统是一种操纵和管理数据库的大型软件，用于建立、使用和维护数据库，对数据库进行统一的管理和控制，以保证数据库的安全性和完整性。常见的数据库管理系统有 Access、SQL Server、Visual FoxPro、Oracle 等。

2. 应用软件

应用软件是用户为了解决实际应用问题而编制开发的专用软件。应用软件必须有操作系统的支持，才能正常运行。应用软件的种类繁多，例如，财务管理软件、办公自动化软件、图像处理软件、计算机辅助设计软件、科学计算软件包等。

1.2.4 计算机的工作原理

1946 年，美籍匈牙利数学家冯·诺依曼教授提出了以“存储程序”和“程序控制”为基础的设计思想，即“存储程序”的基本原理。迄今为止，计算机基本工作原理仍然采用冯·诺依曼的这种设计思想。

1. 冯·诺依曼设计思想

冯·诺依曼设计思想如下：

- 计算机应包括运算器、存储器、控制器、输入设备和输出设备五大基本部件。
- 计算机内部采用二进制表示指令和数据。
- 将编好的程序(即数据和指令序列)存放在内存储器中，使计算机在工作时能够自动高速地从存储器中取出指令并执行指令。

1949 年，EDVAC 诞生在英国剑桥大学，这是冯·诺依曼与莫尔小组合作研制的离散变量自动电子计算机，它是第一台现代意义的通用计算机，遵循了冯·诺依曼设计思想，在程序的控制下自动完成操作。这种结构一直延续至今，所以现在一般计算机都被称为冯·诺依曼结构计算机。

2. 指令与程序

1）指令

指令是控制计算机完成某种特定操作的命令，是能被计算机识别并执行的二进制代码。一条指令包括两部分：操作码和操作数。操作码指明该指令要完成的操作，如取数、做加法或输出数据等。操作数指明操作对象的内容或所在的存储单元地址（地址码），操作数在大多数情况下是地址码，地址码可以有0～3个。

2）程序

程序是指一组指示计算机每一步动作的指令，就是按一定顺序排列的计算机可以执行的指令序列。程序通常用某种程序设计语言编写，运行于某种目标体系结构上，要经过编译和连接来成为一种人们不易理解而计算机理解的格式，然后运行。

3. 计算机的工作过程

计算机的工作过程就是执行程序的过程。根据冯·诺依曼的设计，计算机能自动执行程序，而执行程序又归结为逐条执行指令。执行一条指令的过程如下：

(1) 取出指令：从存储器某个地址中取出要执行的指令送到CPU内部指令寄存器暂存。

(2) 分析指令：将保存在指令寄存器中的指令送到指令译码器，译出该指令对应的操作。

(3) 执行指令：根据指令译码器向各个部件发出控制信号，完成指令规定的各种操作。

(4) 为执行下一条指令做好准备，即形成下一条指令地址。

所以，计算机的工作过程就是执行指令序列的过程，也就是反复地取出指令、分析指令和执行指令的过程。

1.2.5　计算机系统的配置与性能指标

计算机系统的性能评价是一个很复杂的问题。下面着重介绍一个微型计算机系统的基本配置与性能指标。

1. 微型计算机系统的基本配置

微型计算机系统可根据需要灵活配置，不同的配置有不同的性能和不同的用途。目前，微型计算机的配置已经相当高级。例如：

处理器：六核　2.8GHz；

内存储器：8GB；

硬盘：1TB；

光驱：DVD刻录；

显示器：22 in彩色显示器；

操作系统：Windows 7或Windows 8。

除了上述基本配置外，其他外部设备，如打印机、扫描仪、调制解调器等，可以根据需要选择配置。

2. **微型计算机系统的性能指标**

如何评价计算机系统的性能指标,是一个很复杂的问题。在不同的场合依据不同的用途有不同的评价标准。但微型计算机系统有许多共同的性能指标,是我们必须要熟悉的。目前,微型计算机系统主要考虑的性能指标有如下几点:

1) 字长

字长指计算机处理指令或数据的二进制位数。字长愈长,表示计算机硬件处理数据的能力越强。通常,微型计算机的字长有 16 位、32 位以及 64 位等。目前流行的微型计算机字长是 32 位。

2) 速度

计算机的运算速度是人们最关心的一项性能指标。通常,微型计算机的运算速度以每秒钟执行的指令条数来表示,经常用每秒百万条指令数(MI/S)为计数单位。例如,一般的 Pentium 处理器的运算速度可达 300MI/S,甚至更高。

由于运算速度与处理器的时钟频率密切相关,所以人们也经常用处理器的主频来表示运算速度。主频用兆赫(MHz)为单位,主频愈高,计算机运算速度愈快。例如,Pentium Ⅱ 处理器的主频为 233～450MHz,Pentium Ⅲ 处理器为 450～1000MHz,Pentium 4 处理器的主频可达 3.4GHz,甚至更高。

3) 容量

容量是指内存的容量。内存储器容量的大小,不仅影响存储信息的多少,而且影响运算速度。内存容量常有 1GB、2GB、4GB、8GB 等。容量越大,所能运行软件的功能就越强。

4) 带宽

计算机的数据传输速率用带宽表示,数据传输速率的单位是每秒位(bit/s),也常用 kbit/s、Mbit/s、Gbit/s 表示每秒传输的位数。带宽反应了计算机的通信能力。例如,调制解调器速率为 33.6kbit/s 或 56kbit/s。

5) 版本

版本序号反映计算机硬件、软件产品的不同生产时期,通常序号越大,性能越好。例如,Windows xp 就比 Windows 98 好,而 Windows 8 又比 Windows 7 功能更强,性能更好。

6) 可靠性

可靠性是指在给定的时间内,微型计算机系统能正常运行的概率。通常用平均无故障时间(MTBF)来表示。MTBF 的时间越长,表明系统的可靠性越好。

1.3 基础操作与汉字录入

本节从启动计算机开始,介绍打开与关闭计算机的正确方法,同时介绍键盘与鼠标的使用及汉字的录入方法。大家知道,熟练的键盘与鼠标操作技能是学习计算机的钥匙,是实现汉字快速录入的基础。认识键盘结构,掌握正确的键盘操作指法,是提高录入速度和录入质量的可靠保证。

1.3.1 计算机的启动与关闭

一个计算机用户，在使用计算机时，必须掌握正确的计算机启动与关闭方法。例如，在Windows 7 操作系统中，当需要关机时，为了防止数据丢失，系统会自动关闭所有应用程序进程。但为了加快关机速度，减少系统负荷，建议用户关机前先结束所有应用程序。

1. 启动计算机

对于笔记本电脑，开机时只需打开它，然后按下电源键即可。对于台式机，因它分主机和显示器两部分，所以在开机时应遵循一定的顺序。

在启动台式机之前，首先应确保主机和显示器与通电的电源插座接通，然后先按显示器电源开关，再按主机电源开关，从而启动计算机系统。下面以安装有 Windows 7 操作系统的计算机系统为例来简单地介绍计算机的启动过程。

(1) 按下显示器的电源开关，一般标有 Power 字样。当显示器的电源指示灯亮时，表示显示器已经开启。

(2) 按下主机箱上的标有 Power 字样的电源按钮。当主机箱上的电源指示灯亮时，说明计算机主机已经开始启动。

(3) 主机启动后，计算机开始自检并进入操作系统。

(4) 如果系统设置有密码，将进入输入密码界面；如果没有设置密码，则会显示欢迎界面，如图 1-18 所示，然后直接进入 Windows 7 系统桌面。

图 1-18 进入 Windows 7 的欢迎界面

(5) 输入密码后，按下 Enter 键，即可进入 Windows 7 系统桌面，如图 1-19 所示。

图 1-19 进入 Windows 7 桌面

2. 关闭计算机

关闭计算机电源之前一定要先正确退出 Windows 7，否则系统就认为是非正常关机，等下次开机时系统将会自动执行磁盘扫描程序使系统稳定。但这样做有可能会破坏一些未保存的文件和正在运行的程序，甚至可能会造成硬盘损坏或启动文件缺损等致命错误，导致系统无法再次启动。

在 Windows 7 中，关闭计算机的正确操作步骤如下：

(1) 关闭所有打开的应用程序和文档窗口。

(2) 单击“开始”按钮，在弹出的如图 1-20 所示的列表中，选择“关机”命令，Windows 7 开始注销操作系统。

(3) 如果系统检测到了更新，则会自动安装更新文件。

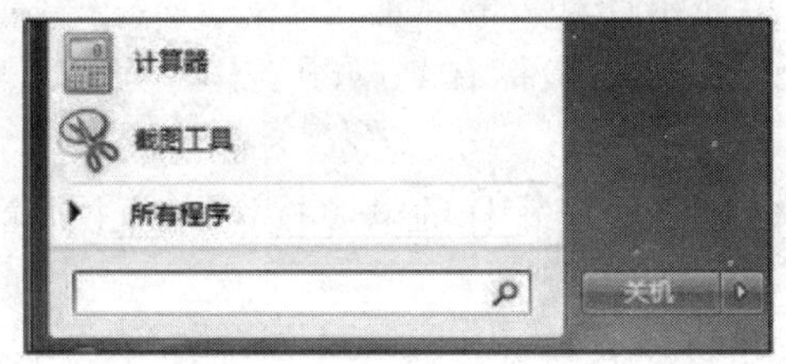

图 1-20 “开始”按钮的部分列表

(4) 安装完更新后将自动关闭操作系统，如图 1-21 所示为正在关机界面。

(5) 在主机电源被自动关闭之后，再关闭显示器和其他外部设备的电源。

图 1-21 “正在关机”界面

【说明】 单击“关机”按钮右侧的 按钮，会打开一个上拉列表，如图 1-22 所示。这个列表包含“切换用户”“注销”“锁定”“重新启动”“睡眠”和“休眠”6 个选项。单击“切换用户”选项，可切换用户；单击“注销”选项，可注销当前登录的用户；单击“锁定”选项，可将计算机锁定到当前状态，并切换至用户登录界面；单击“重新启动”选项，可重新启动操作系统；单击“睡眠”或“休眠”选项，可使计算机处于睡眠或休眠状态。

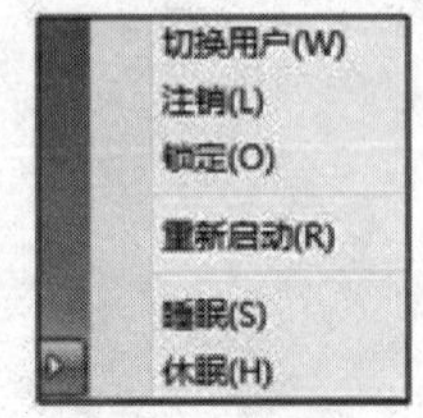

图 1-22 上拉列表

3. 计算机的重启

所谓计算机的重启，是指在计算机突然进入“死机”状态时，重新启动计算机的一种方法。“死机”是指对计算机进行操作时，计算机既没有任何反应，也不执行任何命令的一种状态，经常表现为鼠标无法移动、键盘失灵。

出现“死机”情况时，需按以下步骤操作：

(1) 热启动：按 Ctrl＋Alt＋Delete 组合键，系统会自动转入一个包括“锁定该计算机”“切换用户”“注销”“更改密码”和“启动任务管理器”等五个选项的新页面，单击“启动任务管理器”选项，则打开“Windows 任务管理器”对话框，如图 1-23 所示，选择“结束任务”或“结束进程”，即可关闭当前应用程序窗口，结束死机状态。

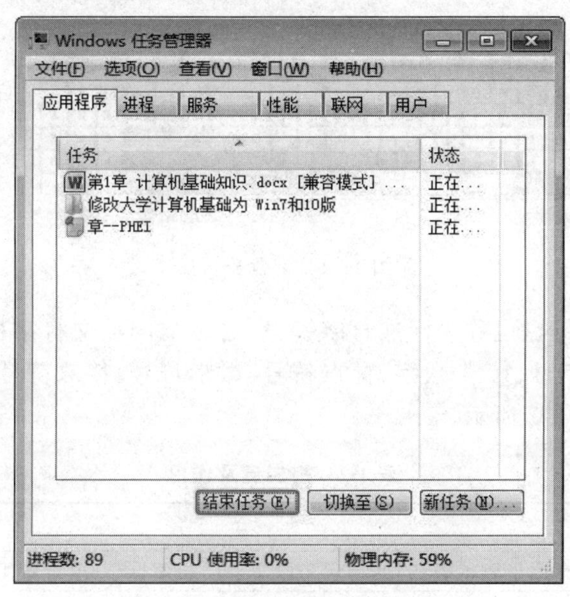

图 1-23　Windows 任务管理器

(2) 当采用热启动不起作用时，可使用复位按钮 RESET 进行启动，操作方法：按下此按钮后立即释放，就完成了复位启动。这种复位启动也被称作热启动。

(3) 如果使用前两种方法都不行，就直接长按 POWER 电源按钮直到观察到显示器黑屏了就表示关机成功，即可松开电源按钮。再稍等片刻后，再次按下 POWER 按钮启动计算机。这种启动属于冷启动。

1.3.2　键盘与鼠标的操作

键盘与鼠标都是计算机中最基本最重要的输入设备，它们是人和计算机之间沟通的桥梁，通过对它们的操作，使得用户很容易地控制计算机进行工作。在操作时，将键盘与鼠标结合起来使用，会大大提高工作效率。

1. 键盘的基本操作

键盘是人们用来向计算机输入信息的一种输入设备，其中数字、文字、符号及各种控制命令都是通过键盘输入到计算机中的。

1）键盘分区

键盘的种类繁多，常用的有 101 键、104 键和 108 键键盘。104 键键盘比 101 键键盘多了 Windows 专用键，包含两个 Win 功能键和一个菜单键。菜单键就相当于右击鼠标。Win 功能键上面有 Windows 旗帜标志，按它可以打开"开始"菜单，与其他键组合也可完成相应的操作。例如，Win＋E 组合键：打开资源管理器；Win＋D 组合键：显示桌面；Win＋U 组合键：辅助工具。

108 键键盘比 104 键键盘又多了三个与电源管理有关的键，如开关机、休眠和唤醒等。在 Windows 的电源管理中可以设置它们。

按照键盘上各键所处位置的基本特征，键盘一般被划分为 4 个区，如图 1-24 所示。

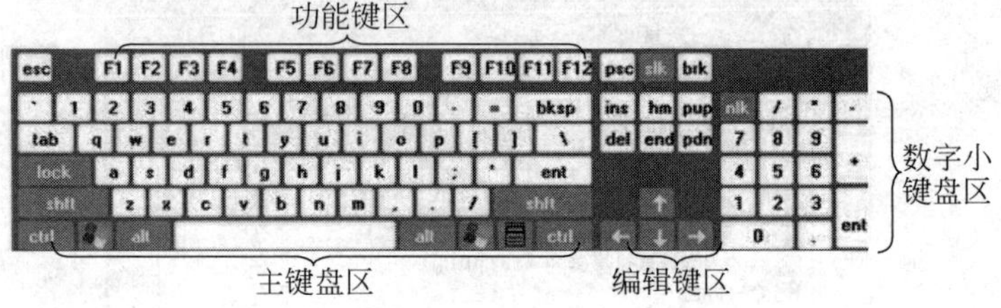

图 1-24　键盘分区图

- 主键盘区：主键盘也称为标准打字键盘，与标准的英文打字机键盘的键位相同，包括 26 个英文字母、10 个数字、标点符号、数学符号、特殊符号和一些控制键。控制键及作用如表 1-2 所示。

表 1-2　控制键及作用

控　制　键	功　　能
Enter	回车键。常用于表示确认，如输入一段文字已结束，或一项设置工作已完成
Space	空格键。键盘下方最长的一个键。按下此键光标右移一格，即输入一个空白字符
CapsLock	大写字母锁定键。控制字母的大小写输入。此键为开关型，按下此键，位于指示灯区域中的 CapsLock 指示灯亮，此时输入字母为大写；若再次按下此键，指示灯灭，输入字母为小写
BackSpace	或标记为"←"，退格键。按下此键，删除光标左侧的字符，并使光标左移一格
Shift	上挡键。用于输入双字符键的上档字符，方法是按住此键的同时，再按下双字符键。若按住【Shift】键的同时，再按下字母键，则输入大写字母
Tab	跳格键。用于快速移动光标，使光标跳到下一个制表位
Ctrl	控制键。不能单独使用，必须与其他键配合构成组合键使用
Alt	转换键。与控制键一样，不能单独使用，必须与其他键配合构成组合键使用

- 数字小键盘区：也称为辅助键区，该区按键分布紧凑，适于单手操作，主要用于数字的快速输入。NumLock 数字锁定键：用于控制数字键区的数字与光标控制键的状态。它是一个切换开关，按下该键，键盘上的"NumLock"指示灯亮，此时作为数字键使用；再按一次该键，指示灯灭，此时作为光标移动键使用。
- 功能键区：位于键盘最上端，包括 F1～F12 功能键和 Esc 键等，如表 1-3 所示。

表 1-3　功能键及作用

功能键	功能
Esc	释放键,也称强行退出键。用于退出运行中的系统或返回上一级菜单
F1～F12	功能键。不同的软件赋予它们不同的功能,用于快捷下达某项操作命令
PrintScreen	屏幕打印键。抓取整个屏幕图像到剪贴板,简写为 PrtScr
ScrollLock	滚动锁定键。功能是使屏幕滚动暂停(锁定)/继续显示信息。当锁定有效时,"ScrollLock"指示灯亮,否则,此指示灯灭
Pause/Break	暂停/中断键。按下此键可暂停系统正在运行的操作,再按下任意键可以继续

• 编辑键区:又称光标控制键区,主要用于控制或移动光标,如表 1-4 所示。

表 1-4　编辑键及作用

编辑键	功能
Insert	插入键。插入字符,编辑状态下用于插入/改写状态切换,简写为 Ins
Delete	删除键。删除光标右侧的字符,同时光标后续字符依次左移,简写为 Del
PageUp/PageDown	上/下翻页键。文字处理软件中用于上/下翻页
↑、↓、←、→	方向键或光标移动键。编辑状态下用于上、下、左、右移动光标

2) 组合键

在 Windows 环境中,所有的操作都可以使用键盘来实现,除了上面介绍的各单键的功能外,还经常使用一些组合键来完成一定的操作。Windows 7 的常用组合键如表 1-5 所示。

【说明】 Ctrl、Alt、Shift 三个键与其他键组合使用时,应先按住该键后,再按其他键。例如,Ctrl+Alt+Delete 组合键,应先按住 Ctrl 和 Alt 键不放,然后再按 Delete 键。

表 1-5　常用组合键及功能

组合键	功能	组合键	功能
Ctrl+Alt+Delete	打开 Windows 任务管理器	Alt+F4	关闭当前窗口
Ctrl+Esc	打开开始菜单	Alt+Tab	在打开的程序之间选择切换
Alt+PrintScreen	抓取当前活动窗口或对话框图像到剪贴板	Alt+Esc	以程序打开的顺序切换

3) 键盘操作指法

(1) 键盘基准键位与手指分工。键盘基准键位是指主键盘上的 A、S、D、F、J、K、L 和";"这八个键,用以确定两手在键盘上的位置和击键时相应手指的出发位置。各个手指的正确放置位置如图 1-25 所示。

图 1-25　键盘基准键位和手指定位图

在键盘的基准键位中,F 键和 J 键表面下方分别有一个凸起的小横杠,它们是左右手指的两个定位键,用于使操作者在手指脱离键盘后,能够迅速找到该基准键位。为了实现“盲打”,提高录入速度,10 个手指的击键并不是随机的,而是有明确的分工,如图 1-26 所示。

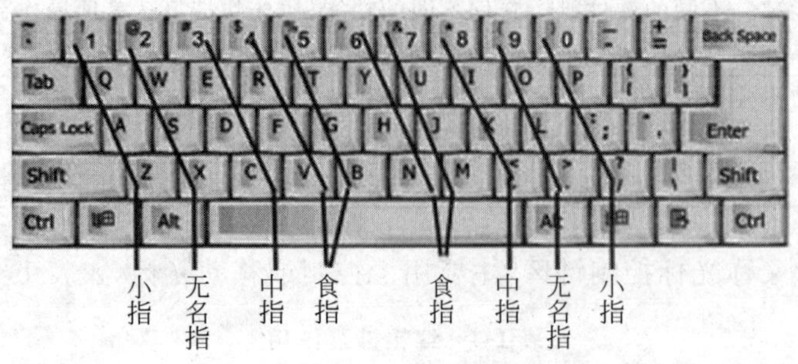

图 1-26 键盘上的手指分工图

其中,小指负责的键位比较多,常用的控制键分别由左右手的小指负责,这些键需要按住不放,同时另一只手再敲击其他键。两个拇指专门负责空格键。

(2) 正确姿势与击键方法。

键盘操作的正确姿势:

- 坐姿要端正,腰要挺直,肩部放松,两脚自然平放于地面。
- 手腕平直,手指弯曲自然适度,轻放在基准键上。
- 输入文稿前,先将键盘右移 5 cm,文稿放在键盘左侧以便阅读。
- 座椅的高低应调制适应的位置,以便于手指击键;眼睛同显示器呈水平直线且目光微微向下,这样使得眼睛不容易疲劳。

键盘击键的正确方法:

- 击键前,两个拇指应放在空格键上,其余各手指轻松放于基准键位。
- 击键时,各手指各负其责,速度均匀,力度适中,不可用力过猛,不可按键或压键。
- 击键后,各手指应立刻回到基准键位,恢复击键前的手形。
- 初学者,首先要求击键准确,再求击键速度。

2. 鼠标的基本操作

在 Windows 环境中,用户的绝大部分操作都是通过鼠标完成的,它具有体积小、操作方便、控制灵活等诸多优点。常见的鼠标有两键式、三键式及四键式。目前,最常用的鼠标为三键式,包括左键、右键和滚轮,如图 1-27 所示。通过滚轮可以快速上下浏览内容及快速翻页。

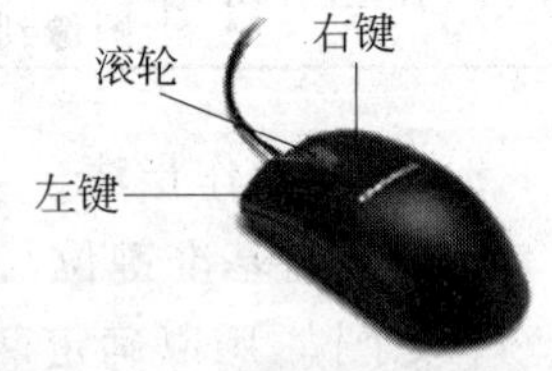

图 1-27 鼠标结构图

鼠标的基本操作包括以下五种方式:

- 指向:把鼠标指针移动到某对象上,一般用于激活对象或显示工具提示信息。如鼠标指针指向工具栏中的“新建”按钮时,“新建空白文档”提示信息显示于该按钮的右下方。
- 单击:鼠标指针指向某对象,再将左键按下、放开,常用于选定对象。
- 右击(右键单击):将鼠标右键按下、放开,会弹出一个快捷菜单或帮助提示,常用于完成一些快捷操作。在不同位置针对不同对象右击,会打开不同的快捷菜单。

- 双击：鼠标指向某对象，连续快速地按动两次鼠标左键，常用于打开对象、执行某个操作。
- 拖动：鼠标指向某对象，按住鼠标左键或右键不放，同时移动鼠标，当到达指定位置后再释放。常用于移动、复制、删除对象，右键拖动还可以创建对象的快捷方式。

随着用户操作的不同，鼠标指针会呈现不同的形状，常见的鼠标指针形状及含义如表1-6所示。

表1-6 鼠标指针常见形状及含义

指针形状	含义	指针形状	含义	指针形状	含义
	正常状态		文本插入点		沿对角线方向调整
	帮助选择		精确定位		沿水平或垂直方向调整
	后台操作		操作无效		可以移动
	忙，请等待		超链接		其他选择

1.3.3 汉字录入

汉字是一种拼音、象形和会意文字，本身具有十分丰富的音、形、义等内涵。经过许多中国人多年的精心研究，形成了种类繁多的汉字输入码，迄今为止，已有几百种汉字输入码的编码方案问世，其中广泛使用的有30多种。按照汉字输入的编码规则，汉字输入码大致可分为以下几种类型。

- 拼音码：简称音码。它是直接由汉字拼音作为汉字编码，每个汉字的拼音本身就是输入码。这种编码方案的优点是不需要其他的记忆，只要会拼音，就可以掌握汉字输入法。但是，汉语普通话发音有400多个音节，由22个声母、37个韵母拼合而成，因此用音码输入汉字，编码长且重码多，即音同字不同的字具有相同的编码，为了识别同音字，许多编码方案都通过屏幕提示，前后翻页查找所需汉字。
- 字形码：简称形码。这种编码是根据汉字的字形、结构和特征组成的编码。这类编码方案的主要特点是将汉字拆分成若干基本成分(字根)，再用这些基本成分拼装组合成各种汉字的编码。这种输入方法速度快，但要会折字并记忆字根。常用的字形码输入方法有五笔字型输入法、首尾码输入法等。
- 音形码：既考虑汉字的读音，又考虑汉字结构特征的一类汉字输入编码。它以汉字发音为基础，再补充各个汉字字形结构属性的有关特征，将声、韵、部、形结合在一起编码。这类输入法的特点是字根少，记忆量小，输入速度快。常用的音形码输入法有自然码输入法、大众码输入法和钱码输入法等。
- 流水码：使用等长的数字编码方案，具有无重码、输入快的特征，尤其以输入各种制表符、特殊符号见长。但流水码编码无规律，难记忆。常用的流水码输入法有区位码输入法等。

经常使用的汉字输入法有拼音和五笔两种。当 Windows 7 操作系统在安装时，就装入一些默认的汉字输入法,例如,微软拼音输入法、智能 ABC 输入法、全拼输入法等。用户可以选择添加或删除输入法,也可以装入新的输入法。目前,比较流行的汉字输入法还有拼音加加、搜狗拼音、王码五笔型、极点五笔、陈桥智能五笔、五笔加加输入法等。

1. 拼音输入法

拼音输入法分为全拼、智能 ABC、双拼等,其优点是知道汉字的拼音就能输入汉字。拼音输入法除了用"V"代替韵母"ü"外,没有特殊的规定。

例如,"世界和平"="shi jie he ping"。

1) 输入法的使用

下面就以"微软拼音-简捷 2010"输入法为例,说明输入法的调出、切换与输入。

(1) 从任务栏调出输入法。单击任务栏右侧的图标,打开输入法菜单,如图 1-28 所示。单击"微软拼音-简捷 2010"命令,即可调出此输入法,或用 Ctrl+Shift 组合键切换各种输入法,在任务栏将显示某输入法的状态条,如图 1-29 所示。

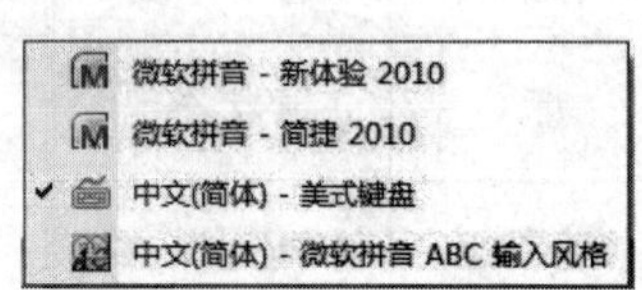

图 1-28 输入法菜单

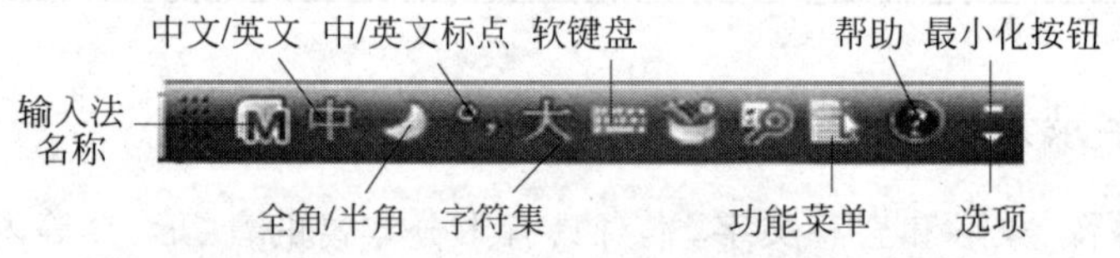

图 1-29 "微软拼音-简捷 2010"输入法状态条

"微软拼音-简捷 2010"是一种在全拼输入法的基础上加以改进的拼音输入法,它可以用多种方式输入汉字。例如,"中国人民"可以输入全部拼音 zhongguorenmin,也可以输入简拼即声母 zgrm,还可以全拼与简拼混合输入 zhonggrm。

【说明】 在全拼与简拼混合输入中,当无法区分是一个字还是两个字时,可使用单引号作隔音符号,如 xi'a("西安"或"喜爱",而不是"下");min'g("民歌"或"民工")。

"微软拼音-简捷 2010"具有智能词组的输入特点。例如,中国人民解放军 zgrmjfj。

(2) 中英文状态切换。在输入汉字时,切换到英文状态通常有以下两种方法:

- 用 Ctrl+Space 组合键快速切换中英文状态。
- 在输入法状态条中单击"中文/英文"图标,即将中文转换成英文,反之亦然。

(3) 全角/半角状态切换。在输入汉字时,切换全角与半角状态通常用以下两种方法:

- 用 Shift+Space 组合键快速切换"全角/半角"状态。
- 单击输入法状态条中的"半角"图标,可转换到"全角"状态,反之亦然。

在全角状态下,输入的字符和数字占一个汉字的位置;而在半角状态下,输入的字符和数字仅占半个汉字的位置。

例如,在"写字板"中,使用"微软拼音-简捷 2010",在半角和全角状态下分别输入 1~5,如图 1-30 所示。

(4) 中英文标点切换。在输入汉字时,切换中英文标点通常用以下两种方法:

- 用 Ctrl+. 组合键快速切换中英文标点。

- 单击输入法状态条中的“中文标点”图标，可转换至“英文标点”图标，反之亦然。

2）软键盘

软键盘(soft keyboard)是通过软件模拟的键盘，可以通过单击输入需要的各种字符。一般在一些银行的网站上，要求输入账号和密码时很容易看到。使用软键盘是为了防止木马记录键盘的输入。Windows 7 系统提供了 13 种软键盘布局，如图 1-31 所示。

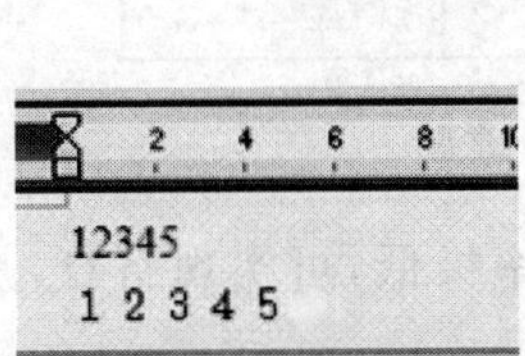

图 1-30 半角/全角输入

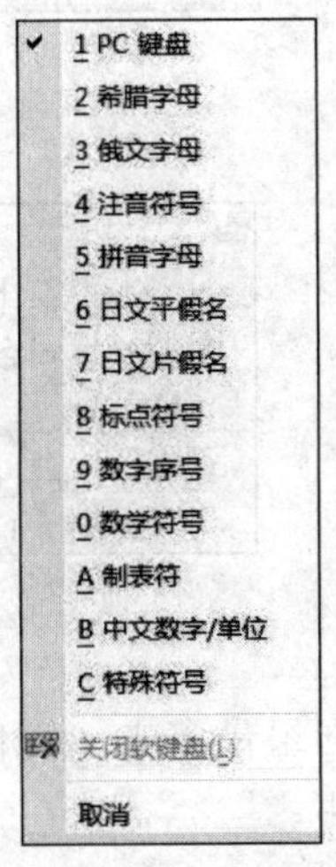

图 1-31 软键盘布局

（1）激活与选择软键盘。单击输入法状态条中的“软键盘”图标，即可激活软键盘；单击软键盘图标，可打开 13 种键盘布局，可选择其中任何一种。

（2）使用软键盘：

- 通过“PC 键盘”输入汉字，如图 1-32 所示。例如，用拼音输入汉字“你”，操作如下：

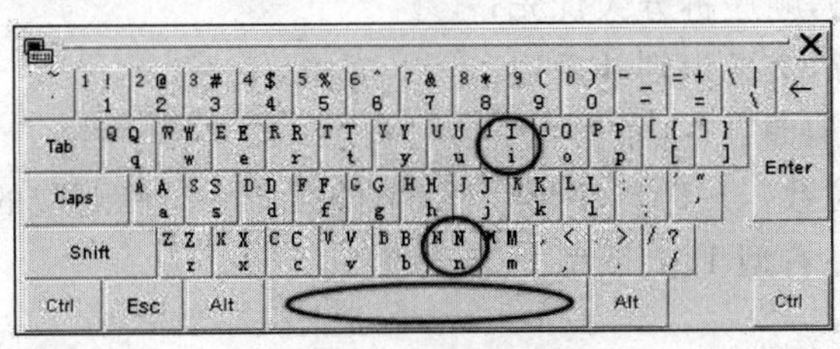

图 1-32 PC 键盘

单击“PC 键盘”上的 n、i 键，然后单击 Space 键，在弹出的文字列表中选择“你”，即可以输入“你”字。

- 通过“数学符号”键盘输入“＞”“＝”“÷”和“∑”等运算符号，如图 1-33 所示。
- 通过“特殊符号”键盘输入“☆”“◇”“→”“&”等符号，如图 1-34 所示。

2. 五笔字型输入法

五笔字型输入法是我国的王永民教授发明的，所以又称为“王码”，现在已被微软公司收购，微软公司经过升级后提供 86 和 98 两种版本，常用的是 86 版。

五笔字型输入法的优点是无须知道汉字的发音，编码规则是指一个汉字由哪几个字根

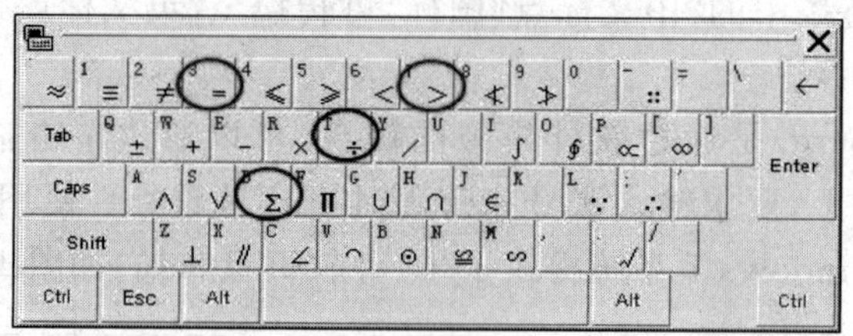

图 1-33 数学符号键盘

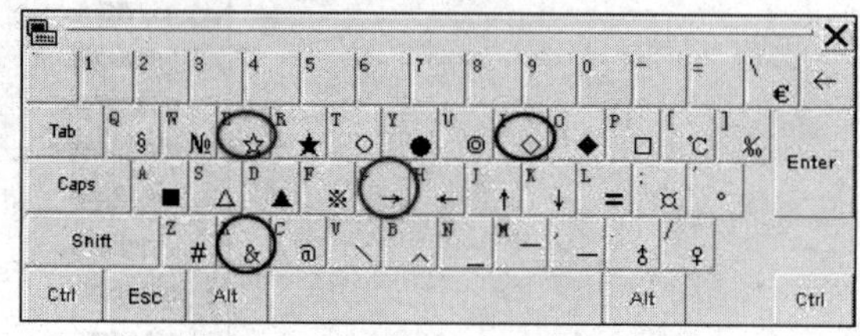

图 1-34 特殊符号键盘

组成。每个汉字或词组最多击 4 键便可输入，重码率极低，可实现盲打，是目前输入汉字速度较快的一种输入法。

五笔字根是指组成汉字的最常用笔画或部首，共归纳了 130 个基本字根，分布在 25 个英文字母键位上(Z 键除外)，这些字根是组字和拆字的依据。

汉字有五种笔画：横、竖、撇、捺、折，它们分布在键盘上的 5 个区中，为了便于记忆，把每个区各键位的字根编成口诀。

- 五笔字型均直观，依照笔顺把码编；
- 键名汉字打四下，基本字根请照搬；
- 一二三末取四码，顺序拆分大优先；
- 不足四码要注意，交叉识别补后边。

末笔字型交叉识别码是：

末笔画的区号(十位数，1～5)＋字形代码(个位数，1～3)＝对应的字母键

其中，字形代码为左右型 1、上下型 2、杂合性 3。

1) 键名汉字

连击四次。例如，月(eeee)、言(yyyy)、口(kkkk)。

2) 成字字根

键名＋第一、二、末笔画，不足 4 码时按空格。例如，雨(fghy)、马(cnng)、四(lh 空格)。

3) 单字

操(rkks)、鸿(iaqg)、否(gik 空格)、会(wfcu)、位(wug 空格)。

4) 词组

- 两字词：每字各取前两码。例如，奋战(dlhk)、显著(joaf)、信息(wyth)。
- 三字词：取前两字第一码、最后一字前两码。例如，计算机(ytsm)、红绿灯(xxos)、实验室(pcpg)。
- 四字词：每字各取其第一码。例如，众志成城(wfdf)、四面楚歌(ldss)。

• 多字词：其第一、二、三及最末一个字的第一码。例如，中国共产党(klai)、中华人民共和国(kwwl)、百闻不如一见(dugm)。

习题

1. **单项选择题**

(1) 下列叙述中，正确的是(　　)。

A. CPU 能直接读取硬盘上的数据

B. CPU 能直接存取内存储器

C. CPU 由存储器、运算器和控制器组成

D. CPU 主要用来存储程序和数据

(2) 1946 年首台电子数字计算机 ENIAC 问世后，冯·诺依曼(Von Neumann)在研制 EDVAC 计算机时，提出两个重要的改进，它们是(　　)。

A. 引进 CPU 和内存储器的概念

B. 采用机器语言和十六进制

C. 采用二进制和存储程序控制的概念

D. 采用 ASCII 编码系统

(3) 汇编语言是一种(　　)。

A. 依赖于计算机的低级程序设计语言

B. 计算机能直接执行的程序设计语言

C. 独立于计算机的高级程序设计语言

D. 面向问题的程序设计语言

(4) 假设某台式计算机的内存储器容量为 128MB，硬盘容量为 10GB。硬盘的容量是内存容量的(　　)。

A. 40 倍　　B. 60 倍　　C. 80 倍　　D. 100 倍

(5) 计算机的硬件主要包括：中央处理器(CPU)、存储器、输出设备和(　　)。

A. 键盘　　B. 鼠标　　C. 输入设备　　D. 显示器

(6) 根据汉字国标 GB2312-80 的规定，二级次常用汉字个数是(　　)。

A. 3000 个　　B. 7445 个　　C. 3008 个　　D. 3755 个

(7) 在一个非零无符号二进制整数之后添加一个 0，则此数的值为原数的(　　)。

A. 4 倍　　B. 2 倍　　C. 1/2 倍　　D. 1/4 倍

(8) Pentium(奔腾)微机的字长是(　　)。

A. 8 位　　B. 16 位　　C. 32 位　　D. 64 位

(9) 下列关于 ASCII 编码的叙述中，正确的是(　　)。

A. 一个字符的标准 ASCII 码占一个字节，其最高二进制位总为 1

B. 所有大写英文字母的 ASCII 码值都小于小写英文字母 a 的 ASCII 码值

C. 所有大写英文字母的 ASCII 码值都大于小写英文字母 a 的 ASCII 码值

D. 标准 ASCII 码表有 256 个不同的字符编码

(10) 在 CD 光盘上标记有“CD-RW”字样，此标记表明这光盘(　　)。

A. 是只能写入一次,可以反复读出的一次性写入光盘

B. 是可多次擦除型光盘

C. 是只能读出,不能写入的只读光盘

D. RW 是 Read and Write 的缩写

(11) 一个字长为 5 位的无符号二进制数能表示的十进制数值范围是(　　)。

A. 1~32　　B. 0~31　　C. 1~31　　D. 0~32

(12) 计算机病毒是指“能够侵入计算机系统并在计算机系统中潜伏、传播,破坏系统正常工作的一种具有繁殖能力的(　　)”。

A. 流行性感冒病毒　B. 特殊小程序　　C. 特殊微生物　　D. 源程序

(13) 在计算机中,每个存储单元都有一个连续的编号,此编号称为(　　)。

A. 地址　　B. 位置号　　C. 门牌号　　D. 房号

(14) 在所列出的①字处理软件、②Linux、③UNIX、④学籍管理系统、⑤Windows 7 和⑥Office2010 这 6 个软件中,属于系统软件的有(　　)。

A. ①、②、③　　B. ②、③、⑤　　C. ①、②、③、⑤　　D. 全部都不是

(15) 在下列字符中,ASCII 码值最小的一个是(　　)。

A. 空格字符　　B. 0　　C. A　　D. a

(16) 十进制数 100 转换成二进制数是(　　)。

A. 0110101　　B. 01101000　　C. 01100100　　D. 01100110

(17) 在下列设备中,不能作为微机输出设备的是(　　)。

A. 打印机　　B. 显示器　　C. 鼠标　　D. 绘图仪

(18) 世界上公认的第一台电子计算机诞生的年份是(　　)年。

A. 1943　　B. 1946　　C. 1950　　D. 1951

(19) 构成 CPU 的主要部件是(　　)。

A. 内存和控制器　　B. 内存、控制器和运算器

C. 高速缓存和运算器　　D. 控制器和运算器

(20) 二进制数 110001 转换成十进制数是(　　)。

A. 47　　B. 48　　C. 49　　D. 51

2. 练习鼠标的使用方法,能够灵活地使用鼠标进行选定和拖动操作。

3. 熟悉键盘的布局,记住常用功能键的位置。

4. 熟悉键盘上常用组合键的使用方法。

5. 将常用输入法设置为系统的默认输入法。

6. 自选题目进行中文打字练习、英文打字练习以及中英文打字练习。

第 2 章

Windows 7操作系统

学习目标：

- 理解操作系统的基本概念。
- 掌握构成 Windows 7 的基本组成元素和基本操作。
- 掌握 Windows 7 资源管理器和文件/文件夹的常用操作。
- 掌握 Windows 7 的系统设置的基本方法。

2.1 什么是操作系统

操作系统是计算机系统中非常重要的系统软件，没有操作系统，任何应用软件都无法运行。只有在计算机硬件平台上加载相应的操作系统后，才能构成一个完整的计算机系统；只有在操作系统的支撑下，其他软件才能运行。通常，没有操作系统的计算机被称为“裸机”。

2.1.1 操作系统的介绍

操作系统（Operating System，OS）是最重要的系统软件，它控制和管理计算机系统软件和硬件资源，提供用户和计算机操作界面，并提供软件的开发和应用环境。计算机硬件必须在操作系统的管理下才能运行，人们借助操作系统才能方便、灵活地使用计算机，而Windows 则是微软公司开发的基于图形用户界面的操作系统，也是目前使用最为广泛的操作系统。

操作系统是为用户便捷使用计算机而提供的一组控制和管理计算机软硬件资源的程序集合。操作系统是计算机软件系统的核心，是计算机发展的产物。引入操作系统主要有两个目的：一是方便用户使用计算机，用户输入一条简单的指令就能自动完成复杂的功能，操作系统启动相应程序，调度恰当的资源输出结果；二是统一管理计算机系统的软硬件资源，合理组织计算机工作流程，以便更有效地发挥计算机的效能。

操作系统是用户和计算机之间的界面，是为用户和应用程序进入硬件而提供的接口。如图 2-1 所示为计算机硬件、操作系统、其他系统软件、应用软件以及用户之间的层次关系。

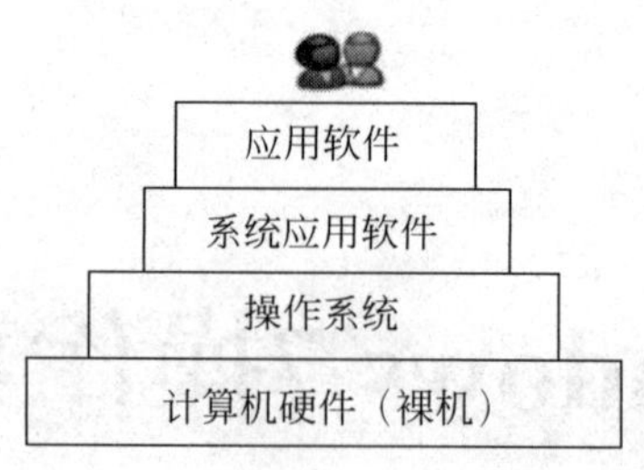

图 2-1 计算机系统层次结构

2.1.2 操作系统的功能

操作系统是用户和计算机硬件系统之间的界面，为用户提供良好的接口来使用计算机。因此操作系统的功能主要有 5 个方面。

1. 任务管理

主要包括进程管理、分时管理和并行处理。操作系统的主要任务是管理和控制计算机中所有软硬件资源，使它们协调一致，有条不紊地工作。

2. 存储管理

存储管理就是对内存进行管理，包括对内存资源的分配和回收。主要任务是为程序提供良好的环境，方便用户使用存储器，提高存储器的利用率。

3. 文件管理

计算机中的信息是以文本形式存放的，文件管理就是对用户使用的程序和数据进行各种管理，实现按名存取，并且为用户提供良好的界面，使用户方便、安全地使用它们。

4. 设备管理

设备管理是指对除 CPU 和内存外的所有 I/O 设备的管理。在 Windows 中，对设备进行管理的系统是设备管理器和控制面板。

5. 作业管理

作业管理就是对各用户提交的作业进行组织和协调，使作业能高效、准确地完成。

2.1.3 操作系统的类型

一般可以把操作系统分为 3 种基本类型，即批处理系统、分时系统和实时系统。随着计算机体系结构的发展，又出现了许多类型的操作系统，它们是网络操作系统、分布式操作系统。

(1) 批处理就是将作业按照它们的性质分组（或分批），然后再成组（或成批）地提交给计算机系统，由计算机自动完成后再输出结果，从而减少作业建立和结束过程中的时间浪费，无须用户干预。多个作业同时执行，共享系统资源，从而大大提高了系统效率。

(2) 分时系统是指在一台主机上连接了多个终端，使多个用户共享一台主机，是一个多用户系统。用户交互式地向系统提出命令请求，系统接收每个用户的命令，采用时间片轮转方式处理服务请求，并通过交互方式在终端上向用户显示结果。用户根据上步结果发出下道命令。

(3) 实时系统是以加快响应时间为目标，对随机发生的外部事件作出及时的响应和处理，并控制所有实时设备和实时任务协调一致工作的操作系统。实时操作系统要追求的目标是：对外部请求在严格时间范围内做出反应，有高可靠性和完整性。

(4) 计算机网络操作系统是将一些具有独立处理能力的计算机通过传输媒体把它们互联起来，能够实现通信和相互合作的系统。其目的是相互通信及资源共享。

(5) 分布式操作系统是指大量的计算机通过网络连接在一起，可以获得极高的运算能力及广泛的数据共享。它与网络操作系统相比更着重于任务的分布性，即把一个大任务分为若干个子任务，分派到不同的处理站点上去执行。

2.1.4　常用操作系统

在计算机的发展过程中出现过许多不同的操作系统，其中最为常用的有 DOS、Mac OS、Windows、Linux、Free BSD、UNIX/Xenix、OS/2 等。

(1) DOS(Disk Operating System)是 Microsoft 公司研制的安装在 PC 机上的单用户命令行界面操作系统，曾经得到广泛应用和普及。其特点是简单易学、硬件要求低、存储能力有限。

(2) Windows 是指微软公司开发的"视窗"操作系统，是目前世界上用户最多的操作系统。其特点是图形用户界面、操作简便、生动形象。目前使用较多的版本有 Windows XP 、Windows Server 2003、Windows 7、Windows 8 等。

(3) UNIX 发展早，优点是较好的可移植性，可运行于不同的计算机上，较好的可靠性和安全性，支持多任务、多处理、多用户、网络管理和网络应用；缺点是缺乏统一的标准，应用程序不够丰富，不易学习，这些都限制了它的应用。

(4) Linux 的源代码开放，用户可通过 Internet 免费获取 Linux 及生成工具的源代码，然后进行修改，建立一个自己的 Linux 开发平台，开发 Linux 软件。其特点是从 UNIX 发展而来，与 UNIX 兼容，继承了 UNIX 以网络为核心的设计思想，是一个性能稳定的多用户网络操作系统，支持多用户、多任务、多进程和多 CPU。

(5) Mac OS 是运行在 Apple 公司的 Macintosh 系列计算机上的操作系统。它是首个在商用领域获得成功的图形用户界面。其优点是较强的图形处理能力；缺点是与 Windows 缺乏较好的兼容性，影响了它的普及。

2.2　Windows 7 操作系统

2.2.1　Windows 7 常见版本介绍

Windows 7 包含 6 个版本，这 6 个版本分别是：

1. Windows 7 Starter(初级版)

这是功能最少的版本，主要用于类似上网本的低端计算机。

2. Windows 7 Home Basic(家庭普通版)

这是简化的家庭版，支持多显示器，它仅在中国、印度、巴西等新兴市场投放。

3. Windows 7 Home Premium(**家庭高级版**)

面向家庭用户,满足家庭娱乐需求。

4. Windows 7 Professional(**专业版**)

面向爱好者和小企业用户,满足办公开发需求。

5. Windows 7 Enterprise(**企业版**)

面向企业市场的高级版本,满足企业数据共享、管理、安全等需求。需通过与微软有软件保证合同的公司进行批量许可出售。

6. Windows 7 Ultimate(**旗舰版**)

拥有所有功能,与企业版基本是相同的产品,仅仅在授权方式及其相关应用及服务上有区别,面向高端用户和软件爱好者。

2.2.2 Windows 7 的新特性

Windows 7 是微软继 Windows XP、Vista 之后的操作系统,它比 Vista 性能更高、启动更快、兼容性更强,具有很多新特性和优点。

(1) 提高了屏幕触控支持和手写识别,支持虚拟硬盘,改善了多内核处理器、开机速度和内核,快速最大化,窗口半屏显示,跳转列表,系统故障快速修复等。

(2) Windows 7 将会让搜索和使用信息更加简单,包括本地、网络和互联网搜索功能,直观的用户体验将更加高级,还会整合自动化应用程序提交和交叉程序数据透明性。

(3) Windows 7 中,系统集成的搜索功能非常强大,只要用户打开"开始"菜单并开始输入搜索内容,无论要查找应用程序、文本文档等,搜索功能都能自动运行,给用户的操作带来极大的便利。

(4) Windows 7 的小工具没有了像 Windows Vista 的边栏,这样,小工具可以单独在桌面上放置。

(5) Windows 7 系统资源管理器的搜索框在菜单栏的右侧,可以灵活调节宽窄。

2.3 Windows 7 系统的基本操作

作为一个全新的操作系统,Windows 7 和以前版本的 Windows 相比,基本元素仍由桌面、窗口、对话框和菜单等基本部分组成,但对于某些基本元素的组合做了精细、完美与人性化的调整,整个界面发生了较大的变化,更加友好和易用,使用户操作起来更加方便和快捷。

2.3.1 系统启动与退出

1. Windows 7 **的启动**

当用户在计算机中安装了 Windows 7 操作系统,启动计算机的同时也就启动了 Windows 7 操作系统。只要打开计算机开机按钮就可以启动 Windows 7。启动过程中可能会出现登录窗口,如图 2-2 所示,要求用户进行登录,此时用户只需输入用户名和登录密码即可登录。这样做除了可提高安全性外,还可以使 Windows 7 能够保存个人设置。

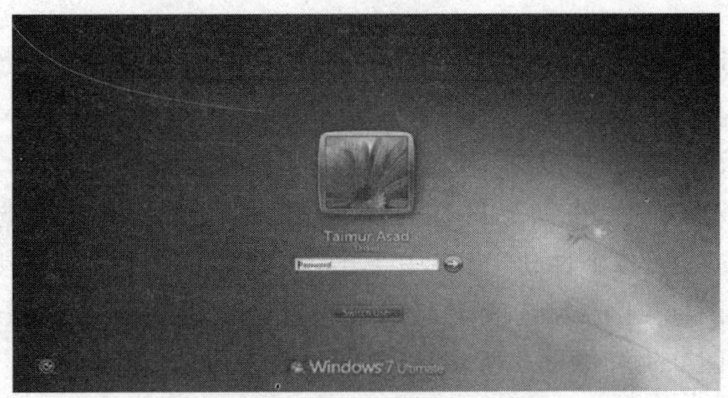

图 2-2 用户登录界面

2. Windows 7 的退出

要退出 Windows 的使用，应该正确关机，这样可以保存全部的工作并不对系统造成损害。关机的步骤如下：

单击任务栏上的“开始”菜单按钮（在屏幕左下角）。单击菜单中的“关机”按钮，即可关闭计算机。

有时候单击“关机”按钮后，计算机不会马上关机，而会出现“请不要关闭计算机和电源，系统正在更新中”，此时请不要再去关闭计算机，等其更新完毕后会自动关机。

2.3.2 Windows 7 的桌面、窗口、对话框及开始菜单

1. Windows 7 桌面

Windows 7 的整个计算机的屏幕就是桌面，是用户的工作区，计算机用户通过桌面操作与机器进行交互。用户向系统发出的各种操作命令都是通过桌面来操作和处理的，如图 2-3 所示。

图 2-3 Windows 7 桌面

1）桌面图标与桌面背景

桌面上的图标是代表程序、文件、打印信息和计算机信息等的图形，它为用户提供在日常操作下弹出程序或文档的简便方法，这些图标包括“计算机”“回收站”“网络”“用户的文

件”“控制面板”等。

Windows 7 为我们提供了丰富多彩的桌面,用户可以根据自己的需要,发挥自己的特长,打造极富个性的桌面。

(1) 隐藏或显示“计算机”“网络”和“回收站”等桌面图标。

Windows 7 刚安装好后,桌面上只有一个“回收站”图标。用户可选择桌面快捷菜单中的“个性化”命令,在打开的“个性化”窗口中单击“更改桌面图标”超链接,弹出“桌面图标设置”对话框,在“桌面图标”组中勾选或不勾选这些复选框以显示或隐藏这些常用图标,然后单击“应用”按钮,如图 2-4 和图 2-5 所示。

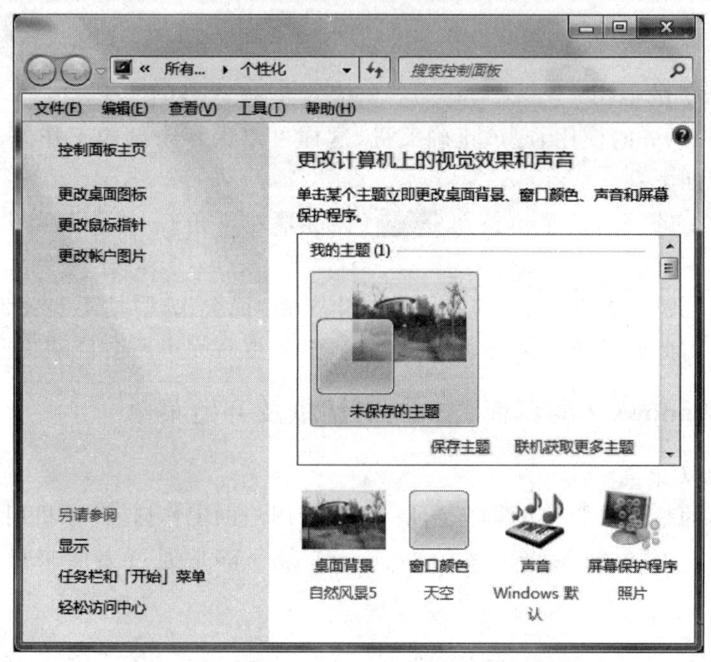

图 2-4 “个性化”窗口

图 2-5 “桌面图标设置”对话框

（2）桌面图标的排列。

用户可以对桌面上的图标进行排列，自动排列的顺序可按名称、大小、项目类型、修改日期等；也可取消自动排列后手动拖动桌面图标。取消自动排列图标的操作是在桌面的快捷菜单中选择“查看”命令，在弹出的下一级子菜单中取消“自动排列图标”选项的选中，如图 2-6 所示。

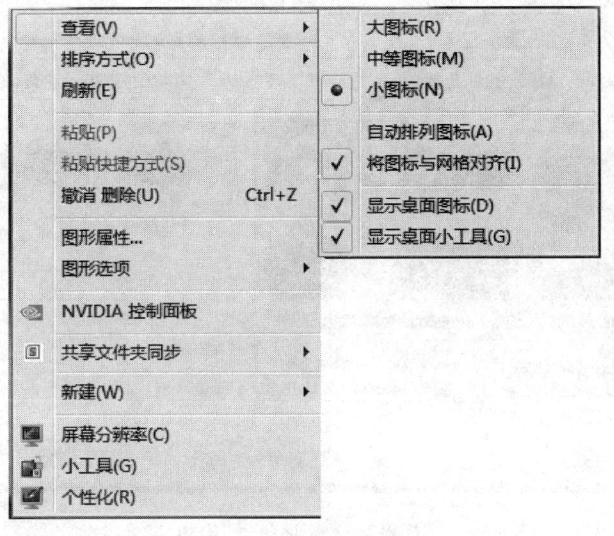

图 2-6　桌面快捷菜单

（3）桌面图标的添加与删除。

用户可以根据需要删除桌面图标，也可以通过程序安装、在桌面新建文件或文件夹、创建快捷方式、复制等方法添加桌面图标。

（4）桌面背景的设置。

桌面背景是 Windows 7 系统桌面的背景图案，是用户最常用的一种美化桌面的方法。启动 Windows 7 后，桌面背景采用的是系统安装时的默认设置。为了使桌面的外观更加美丽、更具个性化，用户除了可以使用 Windows 7 系统提供的背景之外还可以使用保存于计算机中的图片作为桌面背景。设置桌面背景见下例。

【例 2-1】　桌面背景选用一幅自己喜欢的人物照片或自然风景图片，并选用“拉伸”方式覆盖整个桌面。

操作步骤如下：

① 在打开的“个性化”窗口中单击“桌面背景”超链接，打开“桌面背景”窗口。

② 在“桌面背景”窗口中，单击“浏览”按钮选择一幅图片，在“图片位置”下拉列表框中选择“拉伸”选项。然后单击“保存修改”按钮即可，如图 2-7 所示。

2）任务栏

（1）任务栏组成。

任务栏是位于屏幕底部的一个水平长条区域，它由“开始”按钮、快速启动区、活动任务区、语言栏、系统通知区和“显示桌面”按钮组成，如图 2-8 所示。对任务栏的操作包括锁定任务栏、改变任务栏大小、自动隐藏任务栏等。

图 2-7 “桌面背景”窗口

图 2-8 任务栏

① “开始”按钮。

“开始”按钮位于任务栏最左端，单击该按钮可以打开“开始”菜单，用户可以从“开始”菜单中启动应用程序或选择所需要的菜单命令。

② 快速启动区。

用户可以将自己经常需要访问的程序的快捷方式拖入这个区域中。如果用户想要删除快速启动区中的选项，可右击对应的图标，在弹出的快捷菜单中选择“将此程序从任务栏解锁”命令。

③ 活动任务区。

该区显示所有当前运行的应用程序和所有打开的文件夹窗口对应的图标。需要注意的是，如果应用程序或文件夹窗口所对应的图标在“快速启动区”中出现，则其不在“活动任务区”中再出现。此外，为了使任务栏能够节省更多的空间，相同应用程序打开的所有文件只对应一个图标。为了方便用户快速地定位已经打开的目标文件或文件夹，Windows 7 还提供了两个强大的功能，即实时预览功能和跳跃快捷菜单功能。

a. 实时预览功能：使用该功能可以快速地定位已经打开的目标文件或文件夹。移动鼠标指向任务栏中打开程序所对应的图标可以预览打开的多个窗口界面，如图 2-9 所示，单击预览的窗口界面即可切换到该文件或文件夹。

图 2-9 实时预览功能

b. 跳跃快捷菜单功能：右击“快速启动区”或“活动任务区”中的图标，弹出“跳跃”快捷菜单，使用“跳跃”快捷菜单可以访问经常被指定程序打开的若干个文件。需要说明的是，不同图标所对应的“跳跃”快捷菜单会略有不同。

④ 语言栏。

“语言栏”主要用于选择汉字输入方法或切换到英文输入状态。在 Windows 7 中，语言栏可以脱离任务栏，也可以将其最小化融入任务栏中。

⑤ 系统通知区。

系统通知区用于显示音量、时钟及一些告知特定程序和计算机设置状态的图标，单击系统通知区中的“显示隐藏的图标”按钮▲，会弹出常驻内存的项目。

⑥“显示桌面”按钮。

单击该按钮可以在当前窗口与桌面之间进行切换。当移动鼠标指向该按钮时可预览桌面，单击该按钮时则可显示桌面。

(2) 任务栏设置。

① 锁定任务栏。

锁定任务栏就是将任务栏锁定，使其不能移动或改变大小，锁定任务栏的操作如下：

a. 右击任务栏的空白区域，在弹出的快捷菜单中选择“属性”命令。

b. 在打开的“任务栏和「开始」菜单属性”对话框中单击“任务栏”选项卡，在“任务栏外观”组中勾选“锁定任务栏”复选框，如图 2-10 所示。

c. 单击“确定”或“应用”按钮。

② 改变任务栏大小和位置。

当打开很多程序时任务栏将显得特别拥挤，此时可以通过调整任务栏的大小来解决。方法是在打开的“任务栏和「开始」菜单属性”对话框的“任务栏”选项卡中取消勾选“锁定任务栏”复选框，然后将鼠标指针指向任务栏的边缘，当指针变为双箭头时拖动边框将任务栏调整为所需大小。改变任务栏的位置只需在该对话框的“屏幕上的任务栏位置”下拉列表框中选择某选项，如图 2-11 所示，或拖动任务栏到屏幕上的任意位置。

③ 隐藏任务栏。

“任务栏和「开始」菜单属性”对话框的“任务栏”选项卡如图 2-11 所示，勾选“自动隐藏任务栏”复选框，单击“确定”或“应用”按钮即可。

2. Windows 7 的窗口

窗口是在运行程序时屏幕上显示信息的一块矩形区域。Windows 7 中的每个程序都具

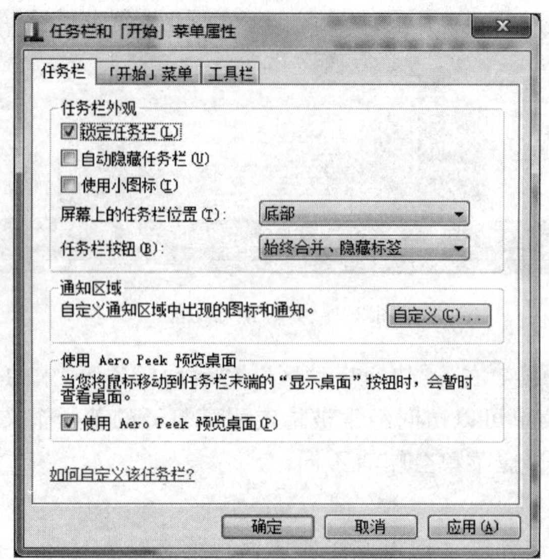

图 2-10 锁定任务栏

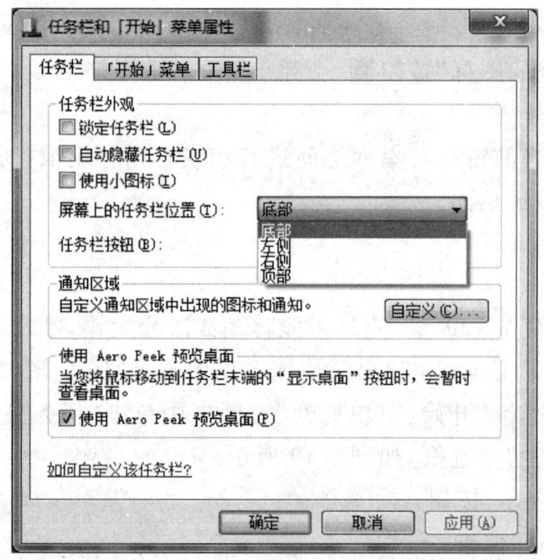

图 2-11 改变任务栏大小和位置

有一个或多个窗口用于显示信息。在 Windows 7 中有两种窗口，一种是文件夹窗口，也就是资源管理器窗口，如图 2-12 所示；另一种是文件窗口，如图 2-13 所示。

如图 2-12 所示，文件夹窗口由标题栏、地址栏、搜索栏、窗口控制按钮、菜单栏、工具栏、导航窗格、详细信息面板、窗口工作区、滚动条和状态栏等组成。

如图 2-13 所示，文件窗口由标题栏、控制菜单图标、快速访问工具栏、窗口控制按钮、功能选项卡、功能区、工作区、滚动条、标尺按钮、状态栏和显示比例缩放区等组成。

由图 2-12 和图 2-13 不难看出两种窗口的差异有以下三个方面。

- 虽都有标题栏，但文件夹窗口的标题栏实际上并无标题。

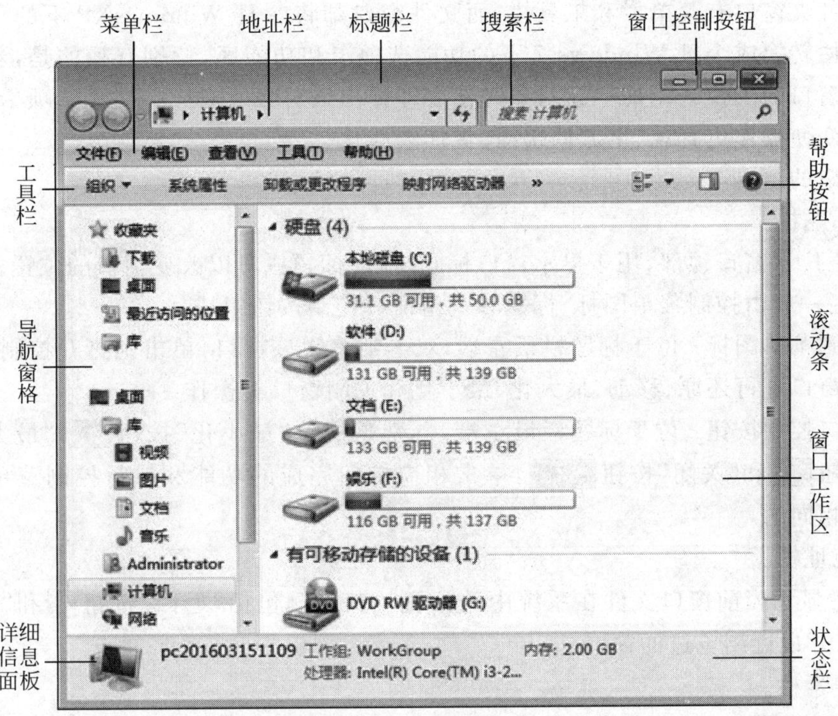

图 2-12　文件夹窗口

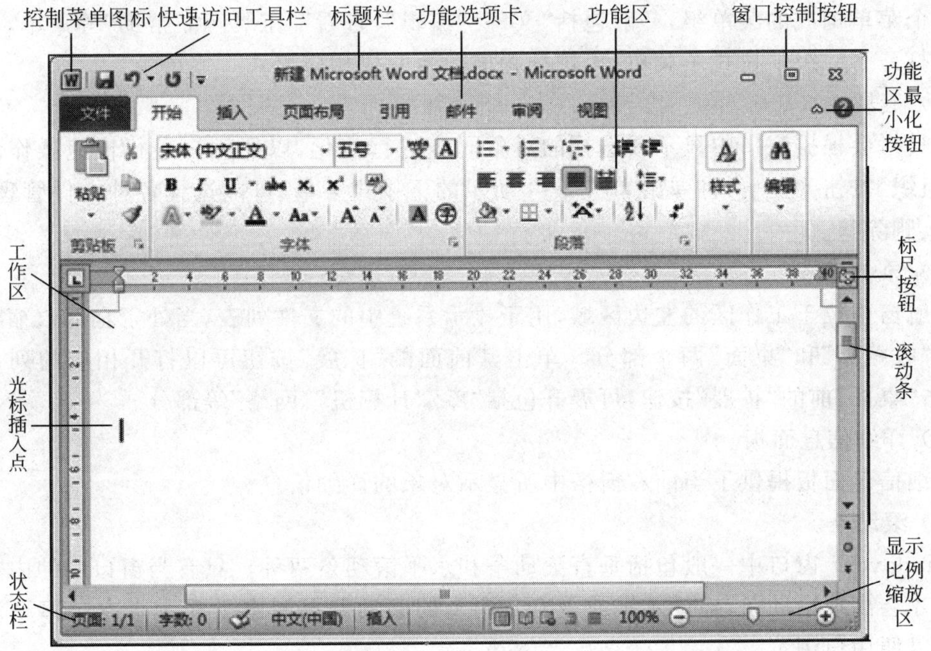

图 2-13　文件窗口

- 文件夹窗口有地址栏和搜索栏，而文件窗口没有。
- 文件夹窗口有菜单栏和工具栏，而文件窗口却将昔日 WindowsXP 下的菜单栏和工具栏转换成今日 Windows 7 下的功能选项卡和功能区，特别有趣的是，当我们在文件窗口的工作区添加一新对象时便立即弹出该对象所对应的功能选项卡，这些重大改变使操作更直观、更方便快捷、更加人性化。

1）窗口的组成

（1）标题栏。

标题栏位于窗口顶部，用于显示窗口标题，拖动标题栏可以改变窗口的位置。

标题栏一般由控制菜单图标、标题和一组窗口控制按钮组成。

- 控制菜单图标：位于标题栏最左端，双击则关闭该窗口，单击则打开控制菜单，用于对窗口进行还原、移动、最大化、最小化和关闭窗口等操作。
- 窗口控制按钮：位于标题栏最右端，分别是窗口“最小化”按钮、“最大化/还原”按钮和“关闭”按钮，单击相应按钮完成的功能和执行控制菜单相应命令是相同的。

（2）地址栏。

地址栏显示当前窗口文件在系统中的位置。其左侧包括“返回”按钮和“前进”按钮，用于打开最近浏览过的窗口。

（3）搜索栏。

搜索栏用于快速搜索计算机中的文件。

（4）菜单栏。

菜单栏又称系统菜单，它集合了对文件夹或应用程序操作的所有命令，按操作类别划分为由多个菜单构成的菜单组，一般包括“文件”“编辑”“查看”“工具”和“帮助”等菜单，单击某菜单会打开下一级下拉式子菜单，再选择相应命令完成相应操作。

（5）工具栏。

工具栏会根据窗口中显示或选择的对象同步进行变化，以便用户进行快速操作。其中单击“组织”按钮 组织▾，将弹出如图 2-14 所示的下拉式菜单，可以选择各种文件管理操作，如复制、删除等。

（6）导航窗格。

导航窗格位于工作区的左边区域，用于显示系统中的文件列表，当处于全部收缩状态时仅显示“收藏夹”和“桌面”两个部分。单击其前面的“扩展”按钮可以打开相应的列表。例如，单击“桌面”前的“扩展”按钮，可展开包括“库”“计算机”“网络”等部分。

（7）详细信息面板。

详细信息面板提供了当前右窗格中所显示对象的详细信息。

（8）滚动条。

Windows 7 窗口中一般包括垂直滚动条和水平滚动条两种。只有当窗口中的内容显示不下时才会出现滚动条，拖动水平或垂直方向上的滚动条可沿水平或垂直方向移动窗口中的内容以便用户浏览。

（9）窗口工作区。

对于文件夹窗口，窗口工作区用于显示当前窗口中存放的文件和文件夹；对于文件窗

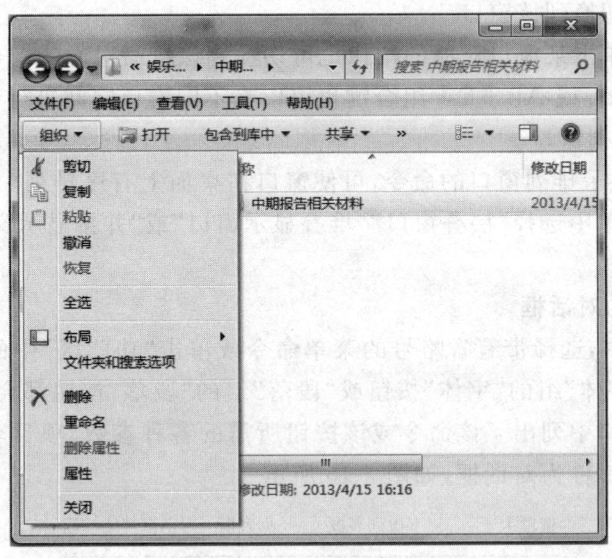

图 2-14 “组织”按钮的下拉式菜单

口,工作区则用于输入和编辑文件内容。

(10) 状态栏。

对于文件夹窗口,状态栏用于显示计算机的配置信息或当前窗口中选择对象的信息;对于文件窗口,状态栏则用于显示输入编辑内容时的状态。

需要说明的是,文件窗口中的“快速访问工具栏”“功能选项卡”“功能区”“标尺”等部分将放在介绍 Office 办公软件时阐述,故在此不再说明。

2) 窗口操作

(1) 打开窗口。

在 Windows 7 中,用户启动一个程序、打开一个文件或文件夹时都将打开一个窗口。打开对象窗口的具体方法有以下几种。

- 双击一个对象图标将打开对象窗口。
- 选中对象后按 Enter 键即可打开对象窗口。
- 在对象图标上右击,在弹出的快捷菜单中选择“打开”命令。

(2) 窗口的最大化/还原、最小化、关闭操作。

单击“最大化”按钮,使窗口充满桌面,当文档窗口已充满所对应的应用程序窗口,此时“最大化”按钮变成“还原”按钮,单击“还原”按钮可使窗口还原;单击“最小化”按钮,将使窗口缩小为任务栏上的按钮;单击“关闭”按钮,将使窗口关闭,即关闭窗口对应的应用程序。

(3) 改变窗口的大小。

当窗口处于还原状态时用鼠标拖动窗口的边框或视窗角即可改变窗口的大小。

(4) 移动窗口。

当窗口处于还原状态时用鼠标拖动窗口的标题栏即可将窗口移动到指定的位置。

(5) 窗口之间的切换。

常用的切换窗口的方法有以下几种:

- 当多个窗口同时打开时,单击要切换的窗口中的某一点或单击要切换到的窗口中的标题栏可以切换到该窗口。

• 在任务栏上单击某窗口对应的按钮也可切换到该按钮对应的窗口。

• 利用 Alt+Tab 或 Alt+Esc 组合键也可以在不同窗口之间进行切换。

(6) 在桌面上排列窗口。

Windows 7 提供了排列窗口的命令,可使窗口在桌面上有序排列。右击任务栏的空白处,在弹出的快捷菜单中选择"层叠窗口""堆叠显示窗口"或"并排显示窗口"命令,可使窗口按要求进行有序排列。

3. Windows 7 的对话框

在 Windows 7 中,选择带有省略号的菜单命令或单击"功能区"中的某功能按钮,如在 Word 窗口中单击"字体"组的"字体"按钮或"段落"组的"段落"按钮都会在屏幕上弹出一个特殊的窗口,在该窗口中列出了该命令或该按钮所需的各种参数、项目名称、提示信息及参数的可选项,这种窗口称为对话框,如图 2-15 所示。

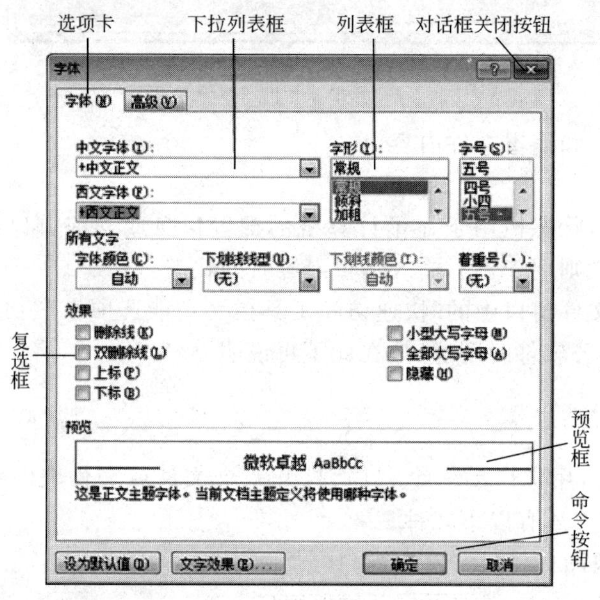

图 2-15 "字体"对话框

对话框是一种特殊的窗口,它没有控制菜单图标、最大/最小化按钮,对话框的大小不能改变,但可以用鼠标将其拖动或关闭。

Windows 7 对话框中通常有以下几种控件。

(1) 选项卡:在更为复杂的对话框中需要在有限的空间内显示更多的信息,这时就设计了多个功能组,每个功能组对应一个主题,每个主题对应一个选项卡,选择某选项卡则可进行一组功能组合操作。

(2) 文本框(输入框):接收用户输入信息的区域。

(3) 列表框:列表框中列出可供用户选择的各种选项,这些选项叫作条目。用户单击某个条目即可将其选中。

(4) 下拉列表框:与文本框相似,右端带有一个下三角按钮,单击该下三角按钮会展开一个列表,在列表框中选中某一条目会使文本框中的信息发生变化。

(5) 单选按钮：一组相关的选项，在这组选项中必须选中且只能选中一个选项。

(6) 复选框：在复选框中给出了一些具有开关状态的设置项，可选中其中一个或多个，也可一个都不选。

(7) 微调框：一般用来接收数字，可以直接输入数字，也可以单击“微调”按钮来增大数值或减小数值。

(8) 预览框：用于预览所选对象或所设置对象的外观效果。

(9) 命令按钮：在对话框中选择了各种参数，在进行各种设置之后，用鼠标单击命令按钮即可执行相应命令按钮的操作。

4. Windows 7 的菜单

菜单主要用于存放各种操作命令，如果要执行菜单上的命令，只需单击相应的菜单项，然后在弹出的菜单中单击某个命令即可。在 Windows 7 中常用的菜单类型主要包括 4 类，即“开始”菜单、系统菜单、控制菜单和快捷菜单。

1) “开始”菜单

“开始”菜单是应用程序运行的总起始点，通过单击“开始”按钮打开该菜单组。在 Windows 7 中，“开始”菜单在原有“开始”菜单基础上进行了许多新的改进，其功能得到了进一步增强，更加方便用户打开经常使用的文件，而且按最近启动的应用程序分门别类显示，还可直接单击打开最近常用的文件。单击“开始”按钮打开左、右两个列表项，分别以垂直排列方式显示。左列表项包括最近启动的程序区域、系统“所有程序”列表按钮和搜索框；右列表项包括“用户账户”按钮、Windows 文件夹、内置功能图标和系统“关机”按钮及关机选项按钮等，如图 2-16 所示。

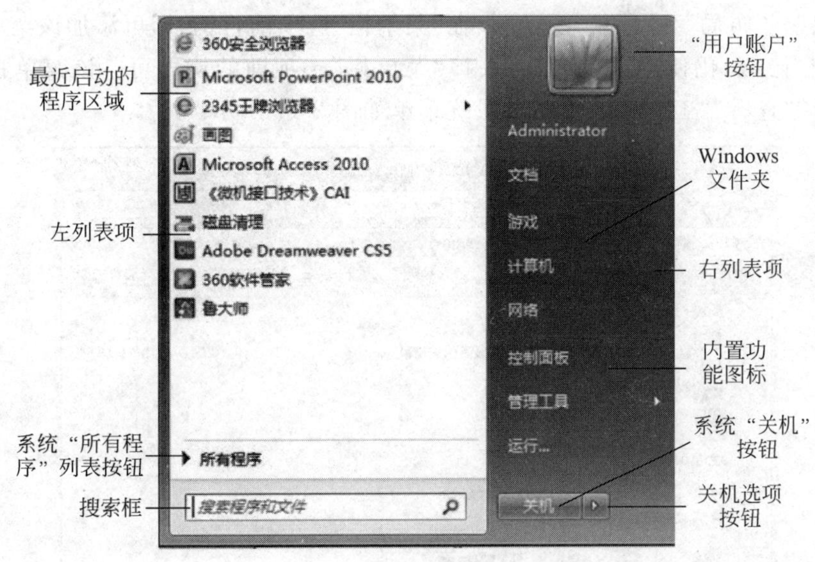

图 2-16 “开始”菜单

(1) 最近启动的程序区域。

在“开始”菜单中，最近启动的程序区域中会显示用户最近打开运行的应用程序，将鼠标指针移至某个程序时在列表右侧即可显示该程序最近打开的文件名称，切换快捷，查看方便。

(2) 系统“所有程序”列表按钮。

单击下方的系统“所有程序”列表按钮可以将系统所有程序列表显示于该按钮的上方。

(3) 搜索框。

利用搜索框可十分方便地查找到想要的程序和文件。在搜索框中输入搜索关键词,系统便立即搜索相应的程序或文件,并显示于搜索框的上方。

(4) “用户账户”按钮。

单击该按钮,可以快速打开用来设置账户的窗口。

(5) Windows 文件夹。

Windows 文件夹包括个人文件夹、文档、图片、音乐、游戏和计算机等。

(6) 内置功能图标。

内置功能图标包含控制面板、设备和打印机、默认程序、帮助和支持等图标,单击某图标即可打开相应的窗口,用于查看或设置相应的内置功能。

(7) 系统“关机”按钮及关机选项按钮。

“开始”菜单提供了用于关闭计算机的按钮,单击右侧的“关机”按钮即可关闭计算机,单击右侧的“关机选项”按钮 ▶ 即可弹出“关机选项”菜单,包括注销、切换、锁定或重新启动计算机系统,也可以使系统处于休眠或睡眠状态。

2) 系统菜单

文件夹窗口中的菜单栏被称为系统菜单。在 Windows 7 环境下该菜单栏默认不显示,为操作方便,用户可设置显示文件夹窗口中的菜单栏,方法是在打开的任意一个文件夹窗口中单击“组织”→“布局”→“菜单栏”选项,在“菜单栏”选项前打钩,即可添加该菜单栏。如果要使该菜单栏隐藏,仍使用以上方法,去掉“菜单栏”选项前的钩即可。该菜单栏主要包括“文件”“编辑”“查看”“工具”和“帮助”,系统菜单如图 2-17 所示。

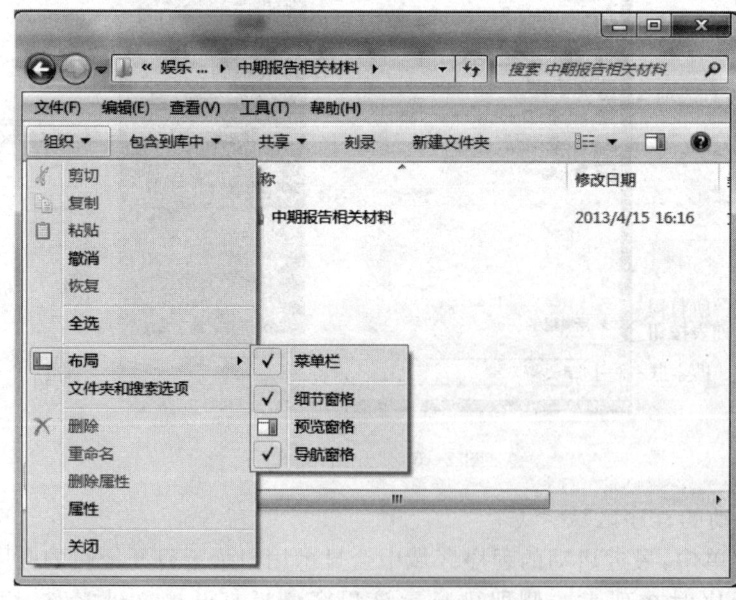

图 2-17 在文件夹窗口中添加或隐藏菜单栏

该菜单栏主要用于在文件夹窗口中对所选对象的操作。值得注意的是，当在某一文件夹窗口中添加了菜单栏后，之后在任何新打开的文件夹窗口中都会包含该菜单栏。

3）控制菜单

每一个打开的文件窗口标题栏最左端都有一个控制菜单图标。控制菜单就是指单击该控制菜单图标打开的菜单，如图 2-18 所示。不难看出，控制菜单主要用于对整个文件窗口的操作，即实现窗口的还原、移动、改变大小、最小化、最大化和关闭操作。

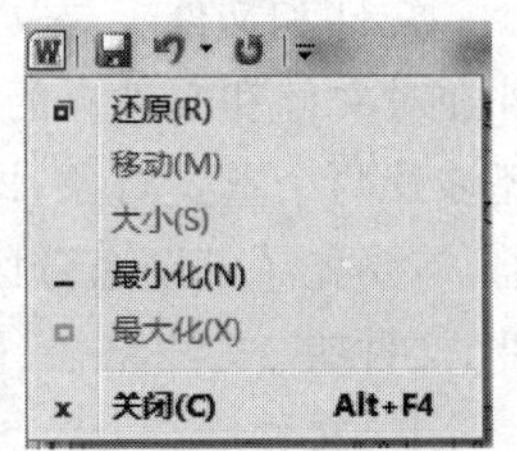

图 2-18　控制菜单

4）快捷菜单

无论是 WindowsXP 还是 Windows 7，用户在使用菜单时最喜欢使用的菜单还是快捷菜单，这是因为快捷菜单方便、快捷。快捷菜单是右击一个项目或一个区域时弹出的菜单列表。图 2-19 和图 2-20 所示分别为右击 D 盘和右击 D 盘空白区域弹出的快捷菜单，可见选择不同对象或不同区域所弹出的快捷菜单是不同的。使用鼠标选择快捷菜单中相应选项即可对所选对象实现“打开”“删除”“复制”“发送”“创建快捷方式”等操作。

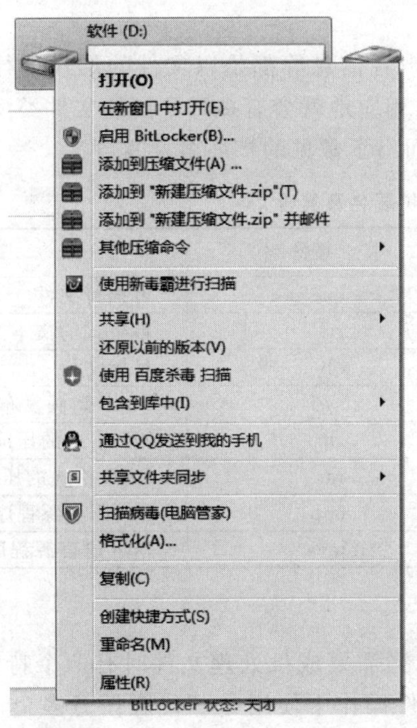

图 2-19　右击 D 盘的快捷菜单

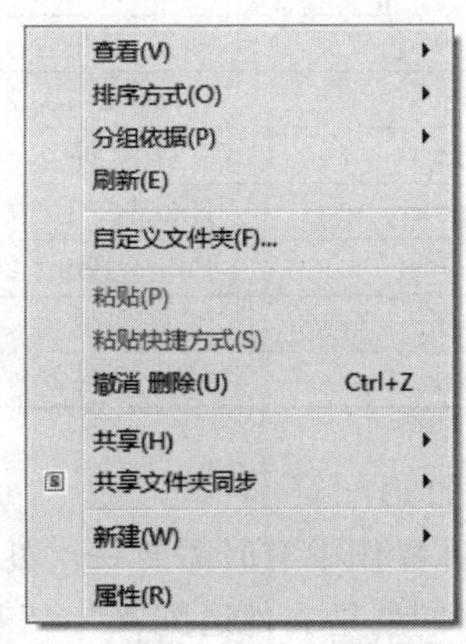

图 2-20　右击 D 盘空白区域的快捷菜单

2.4　Windows 7 的文件和文件夹管理

计算机中所有的程序、数据等都是以文件的形式存放在计算机中的。在 Windows 7 操作系统中，“计算机”与“Windows 资源管理器”都是 Windows 提供的用于管理文件和文件夹的工具,二者的功能类似,都具有强大的文件管理功能。

2.4.1 文件管理的基本概念

文件和文件夹是文件管理中两个非常重要的对象,所以要首先介绍这两个基本概念。另外在对文件和文件夹的操作过程中经常要完成文件和文件夹的复制、移动和删除等操作,这里还涉及两个重要对象,即剪贴板和回收站。文件管理是在“资源管理器”中进行操作,在此之前,需要先了解硬盘分区与盘符、文件、文件夹、文件路径等相关含义。所以本节主要介绍文件、文件夹、文件路径、硬盘分区与盘符、剪贴板和回收站的基本概念及相关知识。

1. 文件

文件是计算机中一个非常重要的概念,它是操作系统用来存储和管理信息的基本单位。在文件中可以保存各种信息,它是具有名字的一组相关信息的集合。编制的程序、文档以及用计算机处理的图像、声音信息等都要以文件的形式存放在磁盘中。

1) 文件命名

每个文件都必须有一个确定的名字,这样才能做到对文件按名存取的操作。通常文件名称由文件名和扩展名两部分组成,而文件名可由最多 225 个字符组成,文件名不能包含“\”“/”“:”“*”“<”“>”“|”“、”等字符。

计算机中所有的信息,如程序、文档、图像、声音信息等都是以文件的形式进行存储的。由于不同类型的信息有不同的存储格式与要求,相应地就会有多种不同的文件类型,这些不同的文件类型一般通过扩展名来标明。表 2-2 列出了常见的扩展名及其含义。

表 2-2 常见的文件扩展名及其含义

扩 展 名	含 义	扩 展 名	含 义
.com	系统命令文件	.exe	可执行文件
.sys	系统文件	.rtf	带格式的文本文件
.docx	Word 2010 文档	.obj	目标文件
.txt	文本文件	.swf	Flash 动画发布文件
.xlsx	Excel 2010 文档	.zip	ZIP 格式的压缩文件
.pptx	PowerPoint 2010 文档	.rar	RAR 格式的压缩文件
.html	网页文件	.cpp	C++语言源程序
.bak	备份文件	.java	Java 语言源程序

2) 文件通配符

在文件操作中有时需要一次处理多个文件,当需要成批处理文件时有两个特殊符号非常有用,它们就是文件通配符“*”和“?”。在文件操作中使用“*”代表任意多个 ASCII 码字符;在文件操作中使用“?”代表任意一个字符。在文件搜索等操作中,灵活使用通配符可以很快地匹配出含有某些特征的多个文件或文件夹。

3) 文件路径

文件所在的盘符和文件夹,即文件在计算机中的位置。如“D:\陈桂宇文件\动态网页:课程作业安排(web 系统设计).docx”。

4) 硬盘分区与盘符

硬盘分区是指将硬盘划分为几个独立的区域;盘符是 Windows 系统对于磁盘存储设

备的标识符，如图 2-21 所示。

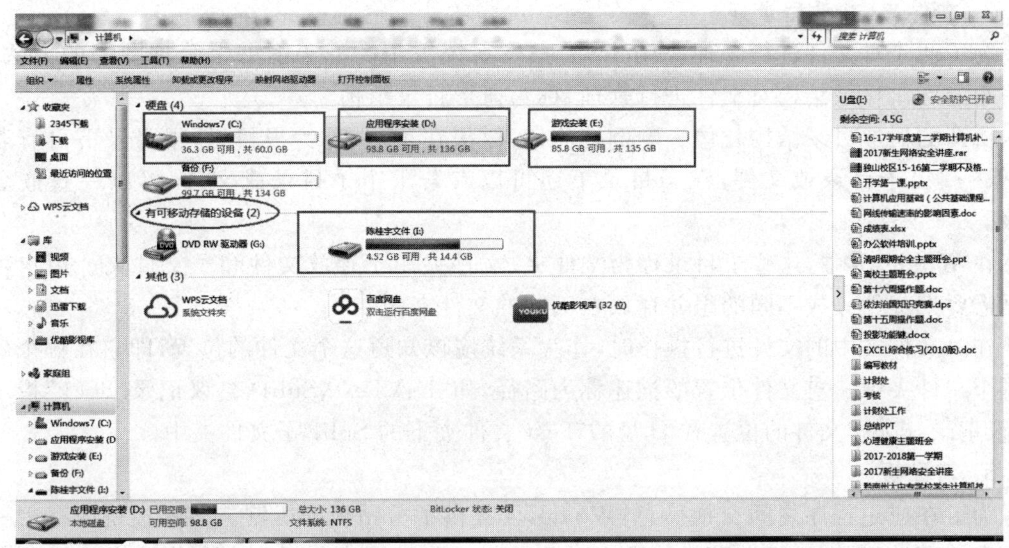

图 2-21　硬盘分区与盘符

5）文件属性

文件属性是用于反映该文件的一些特征的信息，常见的文件属性一般分为以下三类。

（1）时间属性。

- 文件的创建时间：该属性记录了文件被创建的时间。
- 文件的修改时间：文件可能经常被修改，文件修改时间属性会记录文件最近一次被修改的时间。
- 文件的访问时间：文件会经常被访问，文件访问时间属性记录文件最近一次被访问的时间。

（2）空间属性。

- 文件的位置：文件所在的位置，一般包含盘符、文件夹。
- 文件的大小：文件的实际大小。
- 文件所占磁盘空间：文件实际所占的磁盘空间。由于文件存储以磁盘簇为单位，因此文件的实际大小与文件所占的磁盘空间在很多情况下是不同的。

（3）操作属性。

- 文件的只读属性：为防止文件被意外修改，可以将文件设为只读属性，只读属性的文件可以被打开，除非将文件另存为新的文件，否则不能将修改的内容保存下来。
- 文件的隐藏属性：对重要文件可以将其设为隐藏属性，一般情况下隐藏属性的文件是不显示的，这样可以防止文件被误删除、被破坏等。
- 文件的系统属性：操作系统文件或操作系统所需要的文件具有系统属性，具有系统属性的文件一般存放在磁盘上的固定位置。
- 文件的存档属性：当建立一个新文件或修改旧的文件时系统会把存档属性赋予这个文件，当备份程序备份文件时会取消存档属性，这时，如果又修改了这个文件，则它又获得了存档属性。所以，备份文件程序可以通过文件的存档属性识别出该文件是否备份过或做过修改。

2. 文件夹(文件目录)

为了便于对文件进行管理,Windows 操作系统采用类似于图书馆管理图书的方法,按照一定的层次目录结构对文件进行管理,称为树形目录结构。

所谓的树形目录结构就像一颗倒挂的树,树根在顶层,称为根目录,根目录下可有若干个(第一级)子目录或文件,在子目录下还可以有若干个子目录或文件,可以一直嵌套若干级。

在 Windows 中,这些子目录称为文件夹,文件夹用于存放文件和子文件夹。用户可以根据需要把文件分成不同的组并存放在不同的文件夹中。

在对文件夹中的文件进行操作时,作为系统应该知道这个文件的位置,即它在哪个磁盘的哪个文件夹中。对文件位置的描述称为路径,如“D:\Test\Sub1\会议记录.docx”指示了“会议记录.docx”文件的位置在 D 盘的 Test 文件夹下的 Sub1 子文件夹中。

3. 剪贴板

为了在应用程序之间交换信息,Windows 提供了剪贴板的机制。剪贴板是内存中一个临时数据存储区,在进行剪贴板的操作时总是通过“复制”或“剪切”命令将选定的对象送入剪贴板,然后在需要接收信息的窗口内通过“粘贴”命令从剪贴板中取出信息。

虽然“复制”和“剪切”命令都是将选定的对象送入剪贴板,但这两个命令是有区别的。“复制”命令是将选定的对象复制到剪贴板,因此执行完“复制”命令后,原来的信息仍然保留,同时剪贴板中也具有该信息;“剪切”命令是将选定的对象移动到剪贴板,执行完“剪切”命令后,剪贴板中具有该信息,而原来的信息将被删除。

如果进行多次的“复制”或“剪切”操作,剪贴板总是保留最后一次操作时送入的内容。但是,一旦向剪贴板中送入了信息,在下一次“复制”或“剪切”操作之前剪贴板中的内容将保持不变。这也意味着可以反复使用“粘贴”命令,将剪贴板中的信息送至不同的程序或同一程序的不同地方。

在 Windows 7 环境下,几乎打开的所有文件窗口都有一个剪贴板功能组,该功能组一般包括剪切、复制、格式刷和粘贴 4 个按钮,如图 2-22 所示。这 4 个按钮主要用于完成对象的剪切、复制、格式复制和对象的粘贴操作。

图 2-22 “剪贴板”功能组

4. 回收站

回收站是硬盘上的一块存储区,被删除的对象往往先放入回收站,并没有被真正删除,回收站窗口如图 2-23 所示。将所选文件移到回收站中是一个不完全的删除。如果下次需要使用这个被删除的文件,可以从回收站的“文件”菜单中选择“还原”命令将其恢复成正常的文件,自动放回原来的位置;当确定不再需要时可以从回收站的“文件”菜单中选择“删除”命令将其真正从回收站中删除;还可以从回收站“文件”菜单中选择“清空回收站”命令将回收站的全部内容删除。

回收站的存储空间可以调整。在“回收站”图标上右击,在弹出的快捷菜单中选择“属性”命令,打开如图 2-24 所示的“回收站属性”对话框,通过该对话框可以调整回收站的存储空间。

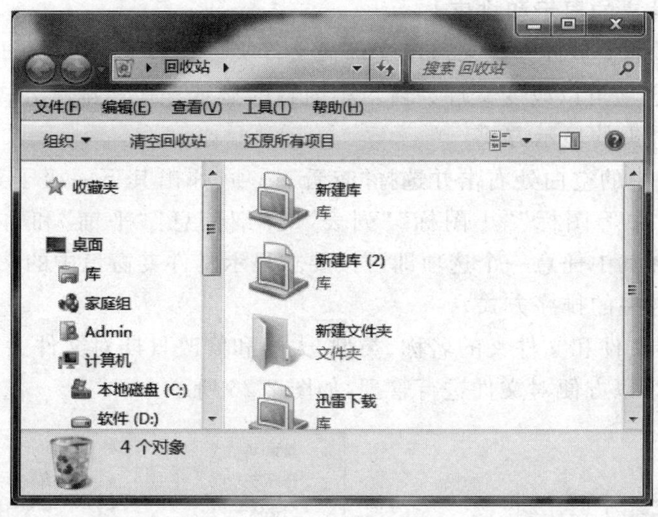

图 2-23 “回收站”窗口

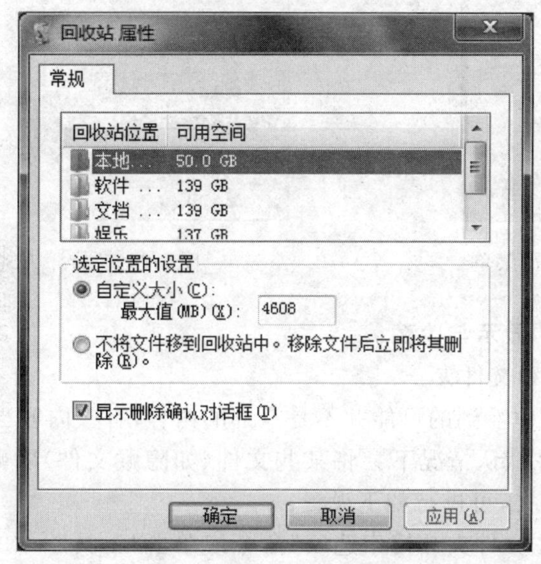

图 2-24 “回收站属性”对话框

2.4.2 文件和文件夹的基本操作

1. 打开文件夹

文件夹窗口可以让用户在一个独立的窗口中对文件夹中的内容进行操作。打开文件夹的方法通常是在桌面双击“计算机”图标，打开“计算机”窗口，再双击窗口中要操作的盘区的图标，打开该盘符图标所对应的窗口，右窗格显示该盘区中的所有文件或者文件夹图标。如果需要对某一文件夹下的内容进行操作，则需要再双击该文件夹打开相应的文件夹窗口。如果需要的话，还可以依次打开其下的各级子文件夹窗口。

2. 文件和文件夹的显示和排序

Windows 7 提供了多种方式来显示文件或文件夹。选择文件夹窗口中的“查看”和“排序方式”快捷菜单选项可以改变文件夹窗口中内容的显示方式和排序方式。

1) 文件和文件夹的显示方式

在文件夹窗口中的空白处右击并选择“查看”选项，弹出其下一级子菜单，主要包括“超大图标”“大图标”“中等图标”“小图标”“列表”“详细信息”“平铺”和“内容”8 种方式，如图 2-25 所示。选择其中任意一个选项即可按要求显示文件夹窗口中的文件和文件夹。

2) 文件和文件夹的排序方式

用户可以按照文件和文件夹的名称、类型、大小和修改日期对文件夹窗口中的文件和文件夹进行排列显示，以方便对文件进行管理，如图 2-26 所示。

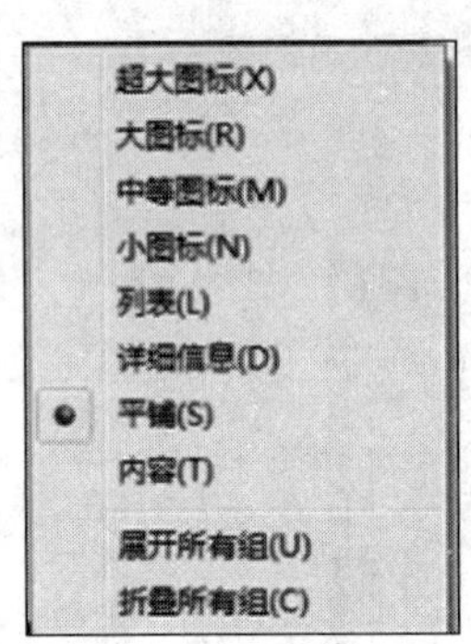

图 2-25 “查看”菜单

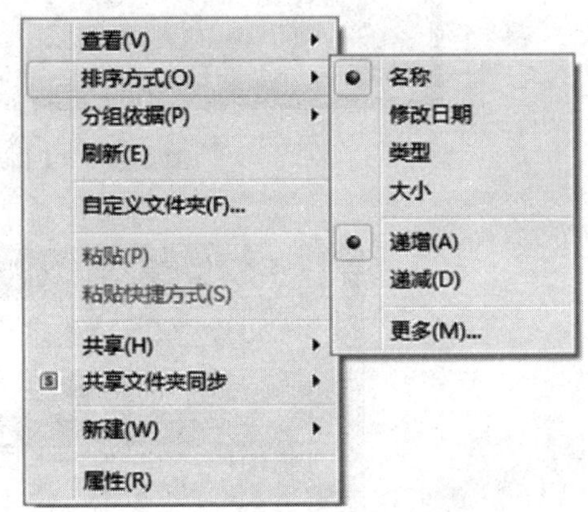

图 2-26 “排序方式”菜单

3. 文件和文件夹的显示与隐藏

1) 显示/隐藏文件和文件夹

用户在文件夹窗口中看到的可能并不是全部的内容，有些内容当前可能没有显示出来，这是因为 Windows 7 在默认情况下会将某些文件(如隐藏文件)隐藏起来不显示。为了能够显示所有文件和文件夹，可进行如下设置：

(1) 选择“组织”→“文件夹和搜索选项”命令或单击“工具”→“文件夹选项”菜单，弹出“文件夹选项”对话框。

(2) 选择“查看”选项卡。

(3) 在“隐藏文件和文件夹”下的两个单选按钮中选中“显示隐藏的文件、文件夹和驱动器”单选按钮，如图 2-27 所示。

【说明】 上述设置是对整个系统而言的，即如果在任何一个文件夹窗口中进行了上述设置后，在之后打开的其他所有文件夹窗口下都能看到所有文件和文件夹。

2) 显示/隐藏文件的扩展名

通常情况下，在文件夹窗口中看到的大部分文件只显示了文件名的信息，而其扩展名并没有显示。这是因为默认情况下 Windows 7 对于已在注册表中登记的文件只显示文件名，而不显示扩展名。也就是说，Windows 7 是通过文件的图标来区分不同类型的文件的，只有那些未被登记的文件才能在文件夹窗口中显示其扩展名。

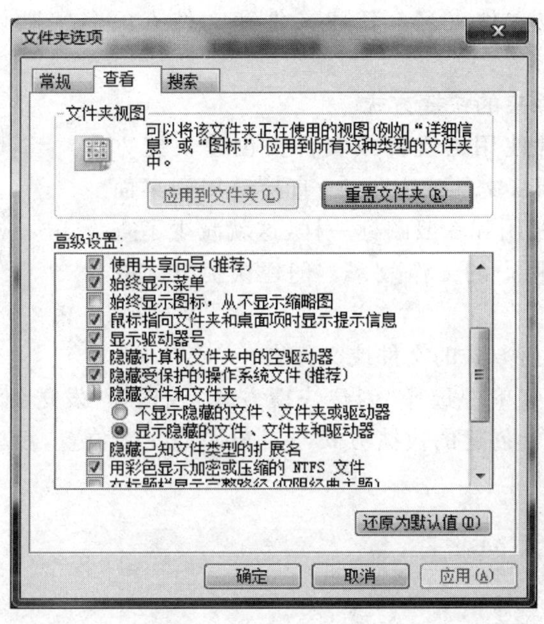

图 2-27　"文件夹选项"对话框

如果想看到所有文件的扩展名，可以选择"组织"→"文件夹和搜索选项"命令，弹出"文件夹选项"对话框，然后在"查看"选项卡中取消选中"隐藏已知文件类型的扩展名"复选框。如图 2-28 所示。

【说明】 该项设置也是对整个系统而言的，而不是仅仅对当前文件夹窗口。

4. 新建文件和文件夹

新建文件和文件夹的最简便的方法如下：

(1) 右击文件夹窗口的空白处或桌面，在弹出的快捷菜单中选择"新建"命令。

(2) 在下一级菜单中选择某一类型的文件或文件夹命令，如图 2-28 所示。

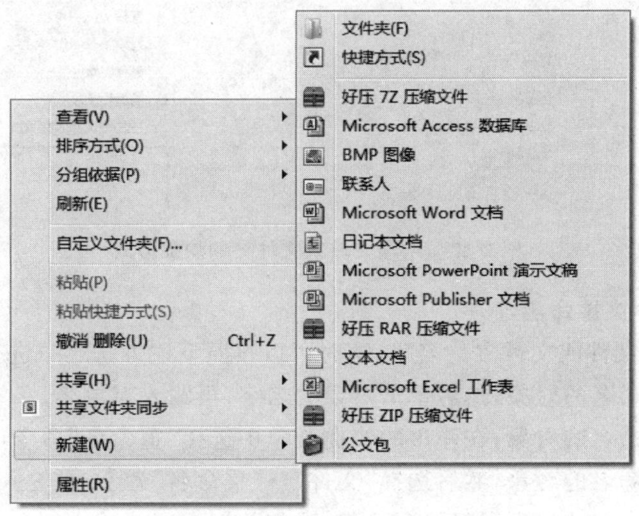

图 2-28　"新建"的下一级菜单

(3) 输入文件名或文件夹名。新建文件和文件夹的名字默认为“新建”,如图 2-29 所示。

5. 创建文件或文件夹的快捷方式

用户可为自己经常使用的文件或文件夹创建快捷方式,快捷方式只是将对象(文件或文件夹)直接链接到桌面或计算机任意位置,其使用和一般图标一样,这就减少了查找资源的操作,提高了用户的工作效率。创建快捷方式的操作如下:

图 2-29 新建文件和文件夹名

(1) 右击要创建快捷方式的文件或文件夹。

(2) 在弹出的快捷菜单中选择“创建快捷方式”或选择“发送到”→“桌面快捷方式”命令,如图 2-30 所示。前者创建的快捷方式与对象同处一个位置,后者创建的快捷方式在桌面上。

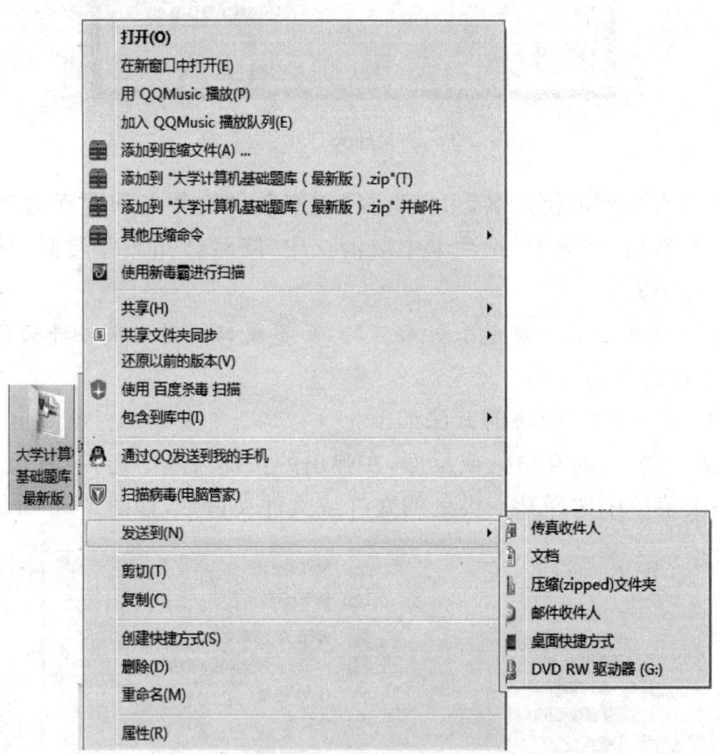

图 2-30 创建文件或文件夹的快捷方式

6. 文件或文件夹重命名

有时需要更改文件或文件夹的名字,这时可以按照下述方法之一进行操作:

(1) 选定要重命名的对象,然后单击对象的名字,再输入对象名。

(2) 右击要重命名的对象,在弹出的快捷菜单中选择“重命名”命令,然后输入对象名。

(3) 选定要重命名的对象,然后选择“文件”→“重命名”命令,再输入对象名。

(4) 选定要重命名的对象,然后按 F2 键,再输入对象名。

【说明】 文件的扩展名一般是默认的,如 Word 2010 文件的扩展名是.docx,当更改文件名时只需更改它的名字部分，而不需要更改扩展名。例如，"计算机应用基础.docx"改名为"大学计算机基础.docx"，只需将"计算机应用基础"改为"大学计算机基础"即可。

7. 选定文件和文件夹

在 Windows 中进行操作，首先必须选定对象，再对选定的对象进行操作。下面介绍选定对象的几种方法。

1) 选定单个对象

单击文件、文件夹或快捷方式图标，则选定被单击的对象。

2) 同时选定多个对象的操作

(1) 按住 Ctrl 键，依次单击要选定的对象，则这些对象均被选定。

(2) 用鼠标左键拖动形成矩形区域，区域内的对象均被选定。

(3) 如果选定的对象连续排列，先单击第一个对象，然后按住 Shift 键的同时单击最后一个对象，则从第一个对象到最后一个对象之间的所有对象均被选定。

(4) 在文件夹窗口中单击菜单"编辑"→"全部选定"命令或按 Ctrl＋A 组合键，则当前窗口中的所有对象均被选定。

8. 移动或复制文件和文件夹

有多种方法可以完成移动和复制文件和文件夹的操作，即利用鼠标右键或左键的拖动以及利用 Windows 的剪贴板。

1) 鼠标右键操作

首先选定要移动或复制的文件或文件夹，按下鼠标右键拖动至目标位置，然后释放按键，此时会弹出菜单提问"复制到当前位置""移动到当前位置""在当前位置创建快捷方式"和"取消"，根据要做的操作选择其一即可，如图 2-31 所示。

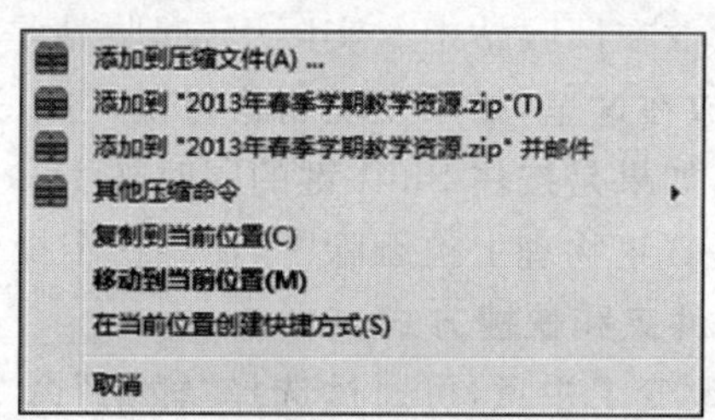

图 2-31 用鼠标右键拖动形成的菜单

2) 鼠标左键操作

首先选定要移动或复制的文件或文件夹，按住鼠标左键不放拖动至目标位置，然后释放按键。左键拖动不会出现菜单，但根据不同的情况所做的操作可能是移动、复制或复制快捷方式。

(1) 对于多个对象或单个非程序文件，如果在同一盘区拖动，例如从 F 盘的一个文件夹拖到 F 盘的另一个文件夹，则为移动；如果在不同盘区拖动，例如从 F 盘的一个文件夹拖到 E 盘的一个文件夹，则为复制。

(2) 在同一盘区，在拖动的同时按住 Ctrl 键则为复制，在拖动的同时按住 Shift 键或不按则为移动。

(3) 如果将一个程序文件从一个文件夹拖动至另一个文件夹或桌面上，Windows 7 会把源文件留在原文件夹中，而在目标文件夹建立该程序的快捷方式。

3）利用 Windows 剪贴板的操作

利用剪贴板进行文件和文件夹的移动或复制的常规操作如下：

(1) 选定要移动或复制的文件和文件夹。

(2) 如果是复制，则选择“复制”命令，或按 Ctrl+C 组合键；如果是移动，则选择“剪切”命令，或按 Ctrl+X 组合键。

(3) 选定接收对象的位置，即打开目标位置的文件夹窗口或切换至桌面。

(4) 选择“粘贴”命令，或按 Ctrl+V 组合键。

9. 撤销与恢复操作

在执行了移动、复制、更名等操作后，如果用户又改变了主意，可选择“编辑”→“撤销”命令，也可选择“组织”→“撤销”命令，还可以按 Ctrl+Z 组合键，这样就可以取消刚才的操作。如果取消了刚才的操作后又想恢复刚才的操作，则可选择“编辑”→“恢复”命令，也可选择“组织”→“恢复”命令，还可以按 Ctrl+Y 组合键，这样又恢复了刚才被撤销的操作。

10. 删除文件或文件夹

删除文件或文件夹最快捷的方法就是用 Delete 键。先选定要删除的对象，再按 Delete 键，然后在弹出的“删除文件”或“删除文件夹”对话框中单击“是”按钮即可删除。此外还可以用如下方法删除：

(1) 右击要删除的对象，在弹出的快捷菜单中选择“删除”命令。

(2) 选定要删除的对象，然后将其直接拖至回收站。

不论采用哪种方法，在进行删除前系统都会给出提示信息让用户确认，确认后系统才将文件或文件夹删除。需要说明的是，在一般情况下，Windows 并不真正地删除文件或文件夹，而是将被删除的项目暂时放在回收站中。实际上，回收站是硬盘上的一块区域，被删除的文件或文件夹会被暂时存放在这里，如果发现删除有误，可以通过回收站恢复。

在删除文件或文件夹时，如果是按住 Shift 键的同时按 Delete 键删除，则被删除的文件或文件夹不进入回收站，而是真正物理上被删除了，在做这个操作时请大家一定要慎重。

11. 恢复删除的文件、文件夹和快捷方式

如果用户在删除后立即改变了主意，可通过选择“撤销”命令来恢复删除。但是对于已经删除一段时间的文件和文件夹，需要到回收站中查找并进行恢复。

1）回收站的操作

双击“回收站”图标，打开“回收站”窗口，在其中会显示最近删除的项目名字、位置、日期、类型和大小等信息。选定需要恢复的对象，此时工具栏会出现“还原此项目”按钮，单击该按钮，或选择“文件”→“还原”命令，即可将文件或文件夹恢复至原来的位置，还可以右击要恢复的对象，在弹出的快捷菜单中选择“还原”命令。如果在恢复过程中，原来的文件夹不存在，Windows 7 会要求重新创建文件夹。

需要说明的是，从 U 盘或网络服务器中删除的项目不保存在回收站中。此外，当回收站中的内容过多时，最先进入回收站的项目将被真正地从硬盘删除。因此，回收站中只能保存最近删除的项目。

2）清空回收站

如果回收站中的文件过多，也会占用磁盘空间。因此，如果某文件确实不需要了，应该将其从回收站中清除（真正删除），这样就可以释放一些磁盘空间。

在“回收站”窗口中选定需要删除的文件，按 Delete 键，在回答了确认信息后就完成了真正删除。如果要清空回收站，单击工具栏上的“清空回收站”按钮或执行“文件”→“清空回收站”命令即可。

12. 设置文件或文件夹的属性

具体操作为右击文件或文件夹，在弹出的快捷菜单中选择“属性”命令，打开其“属性”对话框，图 2-32 和图 2-33 分别为文件夹属性和文件属性对话框，然后在属性对话框中选择需要设置的“只读”属性和“隐藏”属性，若要设置“存档”属性则需要单击“高级”按钮，在打开的“高级属性”对话框中进行相应设置，然后单击“确定”或“应用”按钮。

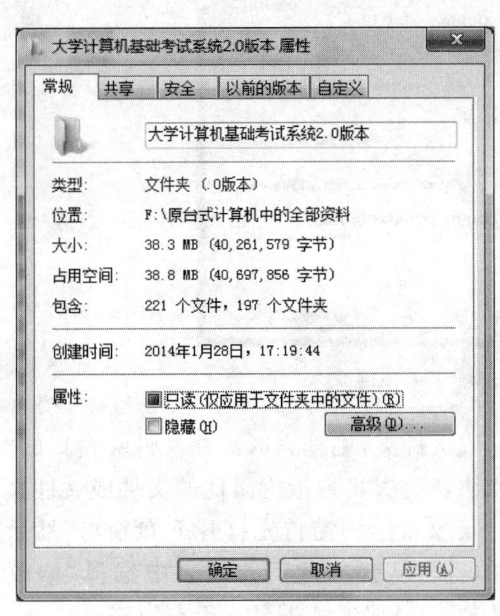

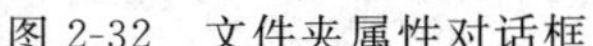
图 2-32　文件夹属性对话框

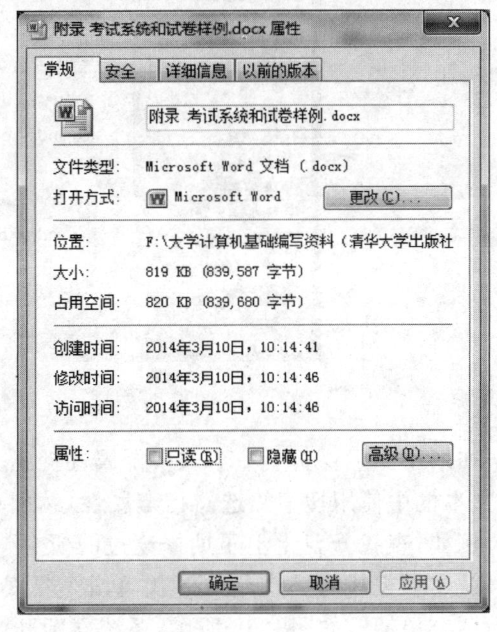

图 2-33　文件属性对话框

从图 2-32 和图 2-33 中可以看出，在属性对话框中还显示了文件夹或文件许多重要的统计信息，如文件的大小、创建或修改的时间、位置、类型等。

13. 文件和文件夹的搜索

当计算机中的文件和文件夹过多时，用户在短时间内难以找到，这时用户可借助 Windows 7 的搜索功能快速搜索到需要及时使用的文件或文件夹。

1）使用“开始”菜单上的搜索框

单击“开始”按钮，在弹出的“开始”菜单中的“搜索程序和文件”文本框中输入想要查找的信息，如想要查找计算机中所有的“图表”信息，只要在文本框中输入“图表”，输入后系统便立即开始查找并将与输入文本相匹配的项都显示在“开始”菜单上。

需要说明的是，通过“开始”菜单进行搜索时搜索结果中仅显示已建立索引的文件。计算机上的大多数文件会自动建立索引。例如，包含在库中的所有内容都会自动建立索引。索引就是一个有关计算机中的文件的详细信息的集合，通过索引可以使用文件的相关信息快速、准确地搜索到想要的文件。

2）使用文件夹窗口中的搜索栏

如果想要查找的文件或文件夹位于某个特定的文件夹中，则可打开某个特定的文件夹窗口，然后在窗口顶部的搜索栏(又称“搜索”文本框)中进行查找。

例如，要在 D 盘中查找所有的文本文件，则需首先打开 D 盘文件夹窗口，然后在“搜索”文本框中输入“*.txt”，系统立即开始搜索并将搜索结果显示于右窗格，如图 2-34 所示。

图 2-34　在 D 盘中搜索文本文件

如果用户想要基于一个或多个属性搜索文件或文件夹，则搜索时可在文件夹窗口的“搜索”文本框中使用搜索筛选器指定属性，从而更加快速地查找到指定属性的文件或文件夹。

例如，查找 F 盘上上星期修改过的所有“*.jpg 文件”，则需首先打开 F 盘窗口，然后在“搜索”文本框中输入“*.jpg”并单击“搜索”文本框，从弹出的下拉列表中选择“修改日期”→“上星期”，如图 2-35 所示，系统立即开始搜索，并将搜索结果显示于右窗格。

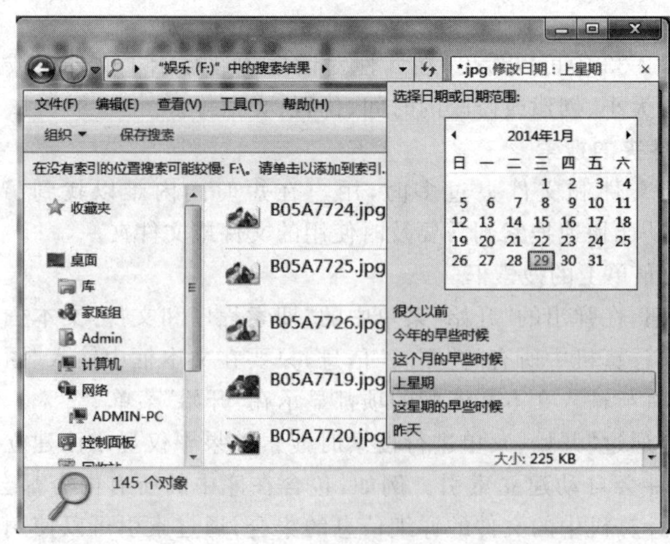

图 2-35　在 F 盘上搜索上星期修改过的.jpg 文件

又如查找“计算机”上所有大于128MB的文件，则应该打开“计算机”窗口，在“搜索”文本框中单击，在弹出的下拉列表中选择“大小”→“巨大(>128MB)”，系统立即开始搜索并将搜索结果显示于右窗格，如图2-36所示。

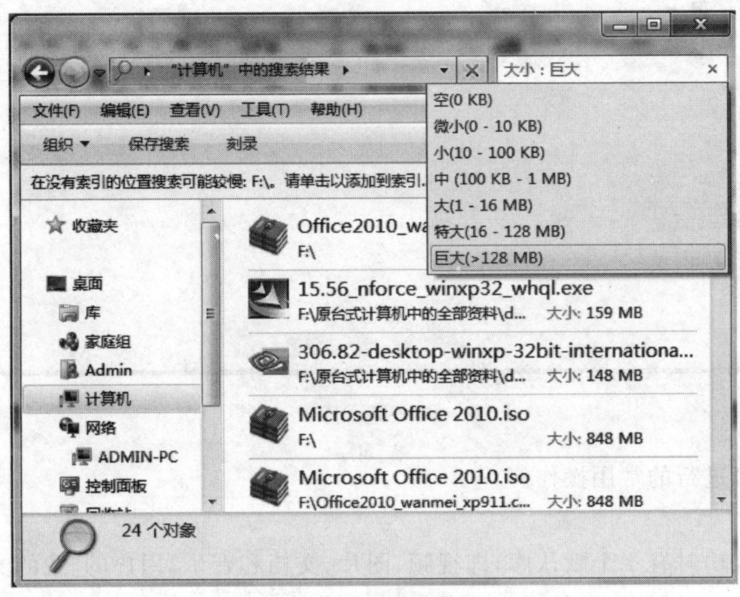

图2-36 查找计算机上所有大于128MB的文件

2.4.3 资源管理器的操作

“文件资源管理器”是Windows系统提供的资源管理工具，我们可以用它查看本台电脑的所有资源，特别是它提供的树形的文件系统结构，使我们能更清楚、更直观地认识电脑的文件和文件夹。另外，在“资源管理器”中还可以对文件进行各种操作，如打开、复制、移动等。在Windows 7操作系统上打开“开始”→“所有程序”→“Windows资源管理器”窗口，可以看到显示“库”，如图2-37所示。

库是Windows 7中的新增功能。所谓“库”，就是专用的虚拟视图，用户可以将磁盘上不同位置的文件夹添加到库中，并在库这个统一的视图中浏览不同文件夹内容。库有点类似于文件夹，当用户打开库时将看到一个或多个文件。与文件夹不同的是，库可以收集存储在计算机多个位置中的文件，并将其显示于一个库集合，而无须从其存储位置移动这些文件。

库的特点如下：

(1) 一个库中可以包含多个文件夹，同时一个文件夹也可以被包含在多个不同的库中。

(2) 库并不存储项目，它好似访问文件的快捷连接，用户可以从库快速访问磁盘上不同文件夹中的文件。例如，如果在磁盘上的多个文件夹中有图片文件，则可以使用图片库同时访问所有文件夹中的图片文件。

(3) 库中链接会随着原始文件夹的变化而自动更新，并且可以以同名的形式存在于文件库中。

(4) 通过库对文件的操作就是对磁盘上的实际文件操作，因此，删除库中文件就是删除磁盘上的对应文件。

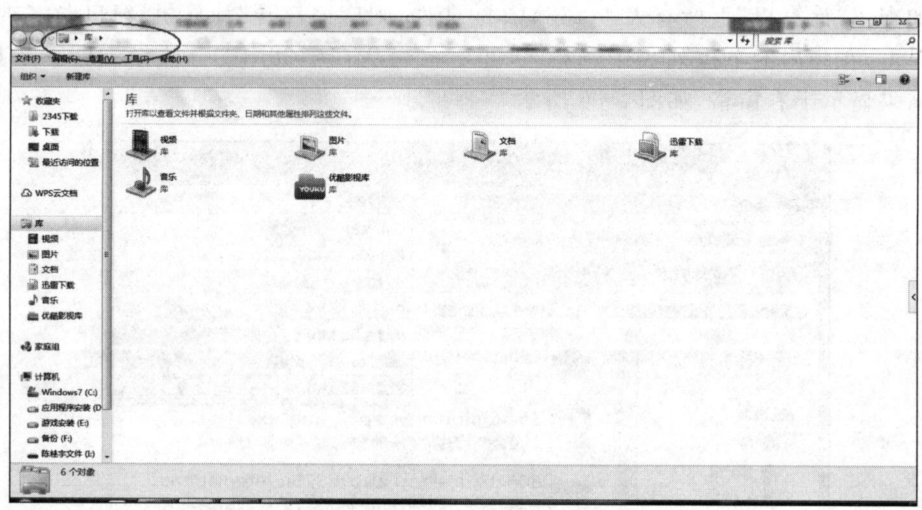

图 2-37 库

以下是对库进行的常用操作。

1. 新建库

系统安装成功时有 4 个默认库，即视频、图片、文档和音乐，用户的“我的文档”文件夹会默认放于文档库中。用户也可以新建库用于其他集合中。

新建库的操作步骤如下：

(1) 打开资源管理器窗口。

(2) 单击导航窗格中的“库”图标打开“库”窗口。

(3) 在“库”窗口的“工具栏”中单击“新建库”按钮，或选择“文件”→“新建”→“库”命令，或在“库”窗口的空白处右击，在弹出的快捷菜单中选择“新建”→“库”命令，则“新建库”图标出现在“库”窗口的右窗格中，如图 2-38 所示。

(4) 为新建库命名。

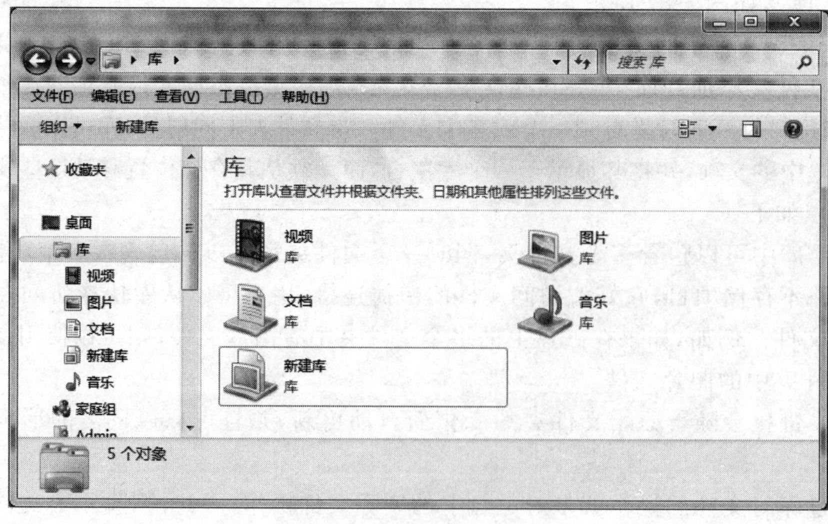

图 2-38 在“库”窗口新建库

2. 库的设置

新建库完成后，就要将文件夹包含到库中，这就是库的设置。

下面以“视频”库的设置为例说明其操作步骤。

(1) 在打开的“库”窗口中，右击“视频”图标，从弹出的快捷菜单中选择“属性”命令，打开“视频属性”对话框，如图 2-39 所示。

(2) 在“视频属性”对话框的“库位置”栏中默认包含有“我的视频”和“公用视频”。单击“包含文件夹”按钮打开“将文件夹包括在‘视频’中”对话框，在左窗格目录树中选中某个目录名，如选择 Admin，则在右窗格显示该目录名下的文件夹，选中某个文件夹，如选择“我的图片”，此时，在“文件夹”文本框中出现了“我的图片”文字，如图 2-40 所示。

(3) 单击“包括文件夹”按钮，则返回到“视频属性”对话框。

(4) 按此方法还可以添加多个文件夹。如图 2-41 所示为添加了“我的图片”“我的音乐”文件夹的“视频属性”对话框。

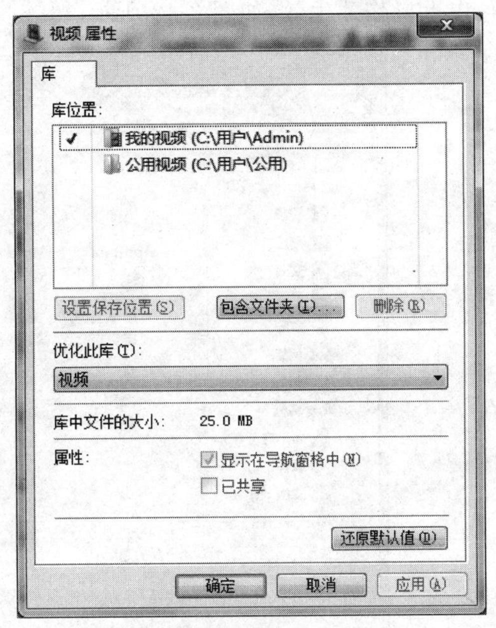

图 2-39　“视频属性”对话框一

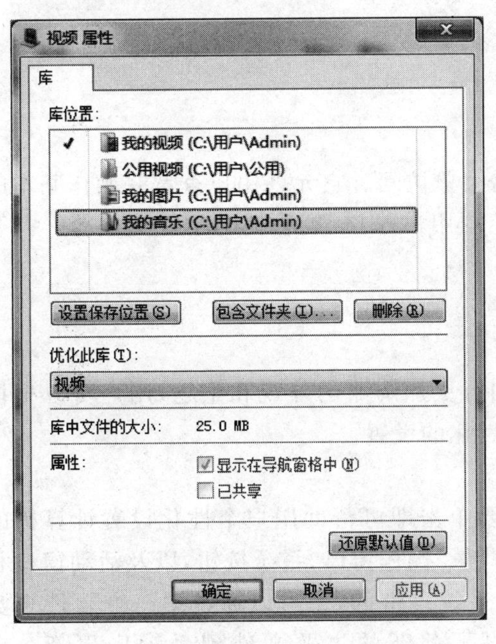

图 2-40　添加“我的图片”文件夹

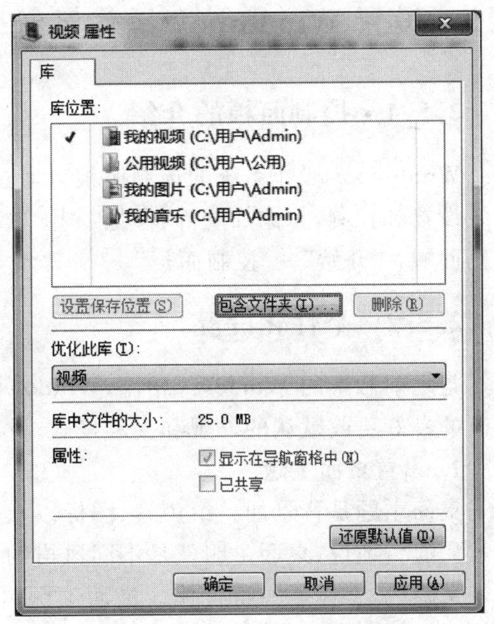

图 2-41　“视频属性”对话框二

(5) 待需要的文件夹全部添加完后单击“确定”或“应用”按钮，最后关闭对话框。

(6) 如果需要对库中的文件夹设置保存位置或移出，则只要在“视频属性”对话框的“库位置"栏选中某个文件夹,然后单击"设置保存位置"或"删除"按钮;如果需要将添加到"库位置:"栏的全部文件夹移出,只需单击"还原默认值"按钮。最后单击"确定"或"应用"按钮,以上操作才生效,如图2-42所示。

图2-42 "视频属性"对话框三

2.5 设置Windows 7操作系统

2.5.1 控制面板的介绍

Windows 7操作系统的控制面板可通过开始菜单访问。它允许用户查看并操作基本的系统设置和控制,如添加硬件,添加/删除软件,控制用户账户,更改辅助功能选项等。打开控制面板:"开始"→"控制面板"。

2.5.2 个性化设置

与之前版本的Windows相比,Windows 7拥有更加绚丽的外观和主题,用户可以根据自己的喜好更改默认的外观和主题样式,进行个性化的设置。

1. 设置桌面主题

桌面主题是背景加一组声音、图标以及只需要单击即可帮助用户个性化设置计算机的元素。通俗地说,桌面主题就是不同风格的桌面背景、操作窗口、系统按钮,以及活动窗口和自定义颜色、字体等的组合体。桌面主题可以是系统自带的,也可以通过第三方软件来实现。当用户对某个第三方主题桌面厌倦时可以下载新的主题文件到系统中更新。在Windows 7中设置桌面主题的方法是右击桌面,并在弹出的快捷菜单中选择"个性化"命令,弹出"个性化"窗口,选择"我的主题"或Aero主题,如图2-43所示,从中选择一个主题即可。

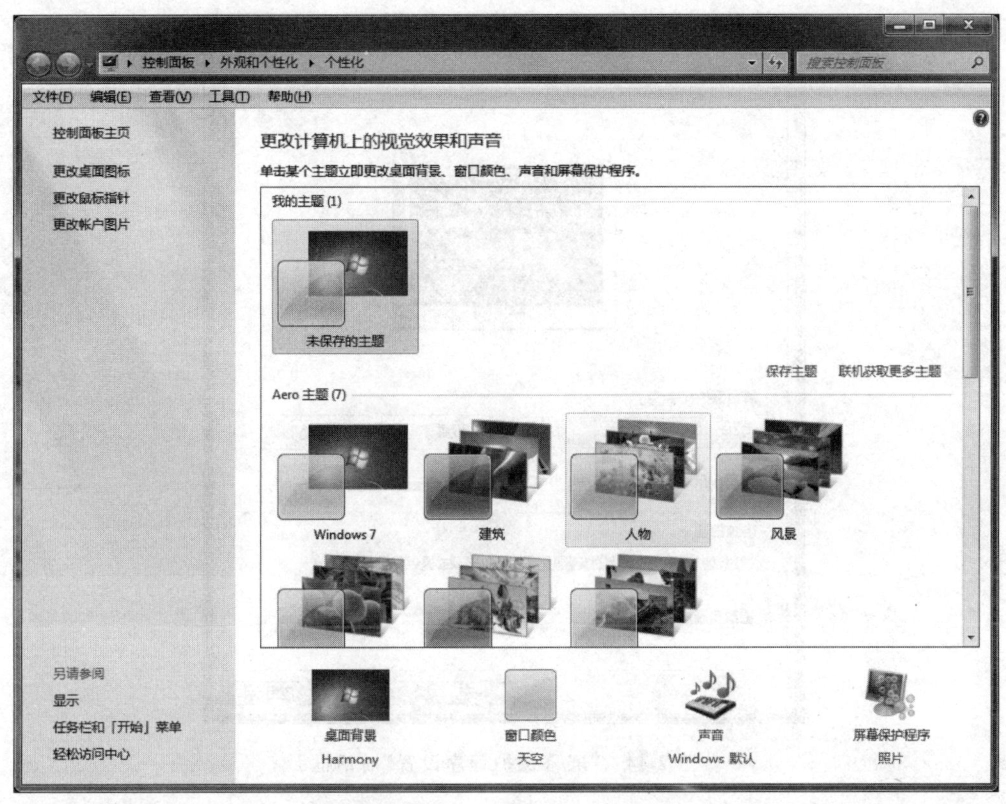

图 2-43 在“个性化”窗口中设置“主题”

2. 设置屏幕保护程序

所谓屏幕保护是指当一定时间内用户没有操作计算机时 Windows 7 会自动启动屏幕保护程序。此时工作屏幕内容被隐藏起来而显示一些有趣的画面，当用户按键盘上的任意键或移动一下鼠标时，如果没有设置密码，屏幕就会恢复到以前的图像，回到原来的环境中。

【例 2-2】 选择一组图片作为屏幕保护程序，幻灯片放映速度为“中速”，等待时间为 1 分钟。

操作步骤如下：

(1) 在“个性化”窗口中单击“屏幕保护程序”超链接，打开“屏幕保护程序设置”对话框，在“屏幕保护程序”下拉列表中选择“照片”选项，将“等待”设置为 1 分钟，如图 2-44 所示。

(1) 单击“设置”按钮，打开“照片屏幕保护程序设置”对话框，在“幻灯片放映速度”下拉列表框中选择“中速”，如图 2-45 所示。

(3) 单击“浏览”按钮，选择预先安排好的一组图片，然后单击“保存”按钮，返回到“屏幕保护程序设置”对话框。

(4) 单击“确定”按钮。

在设置 Windows 7 的屏幕保护程序时，如果同时选中“在恢复时显示登录屏幕”复选框，那么从屏幕保护程序回到 Windows 7 时必须输入系统的登录密码，这样可以保证未经许可的用户不能进入系统。

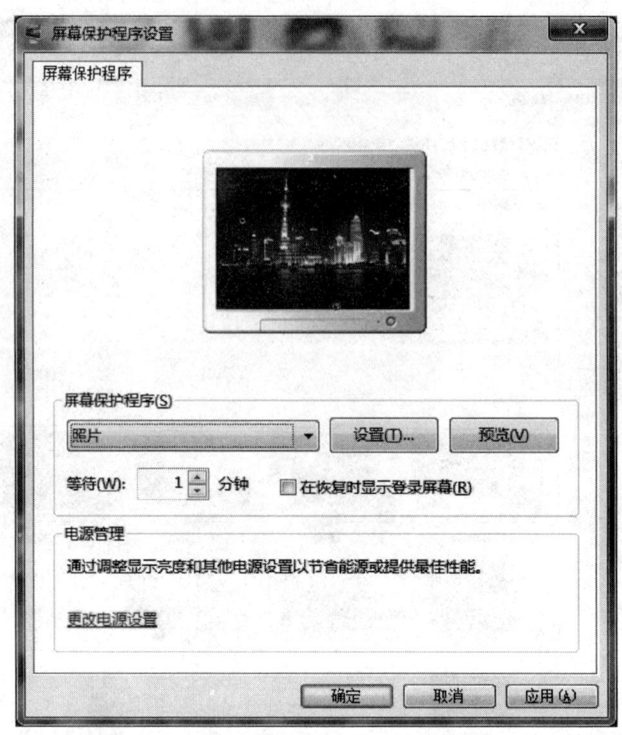

图 2-44 “屏幕保护程序设置”对话框

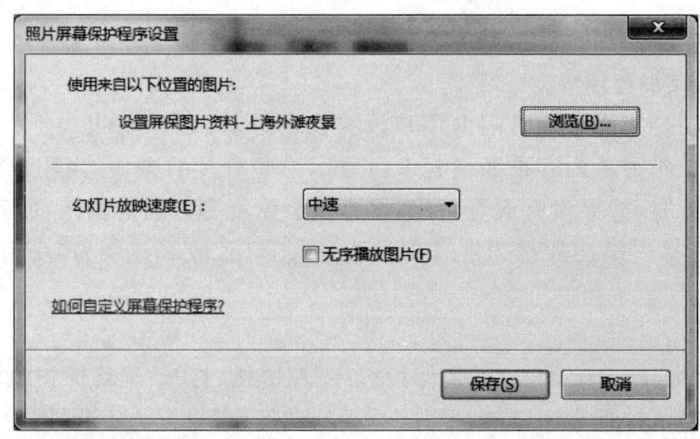

图 2-45 “照片屏幕保护程序设置”对话框

3. 设置颜色和外观

在 Windows 7 中,用户可以随意设置窗口、菜单和任务栏的颜色和外观,还可以调整颜色浓度与透明效果。其操作方法如下:

(1) 在桌面空白处右击,在弹出的快捷菜单中选择“个性化”命令。

(2) 在弹出的“个性化”窗口中单击“窗口颜色”超链接。

(3) 在弹出的“窗口颜色和外观”窗口中选择一种方案,并选择是否“启用透明效果”和对“颜色浓度”进行调整,如图 2-46 所示。

(4) 单击“保存修改”按钮。

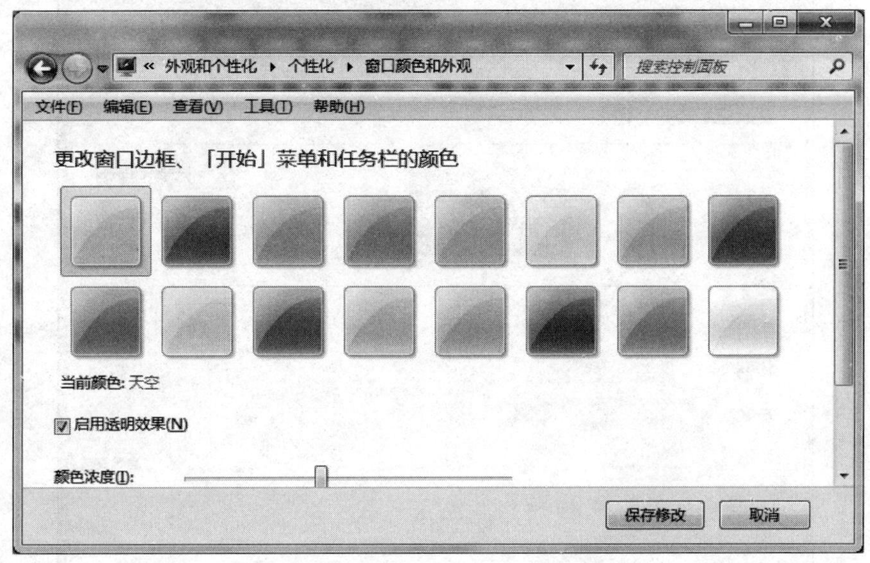

图 2-46 “窗口颜色和外观”窗口

4. 设置显示器

在 Windows 7 中,显示器设置主要涉及显示器的分辨率、刷新频率和颜色等参数,恰当的设置使得显示器的图像更加逼真、色彩更加丰富,同时降低屏幕闪烁给用户视力带来的影响。

1) 设置显示器的分辨率

分辨率是指显示器所能显示的像素的多少。例如,分辨率为 1024×768 表示屏幕上共有 1024×768 个像素。分辨率越高,显示器可以显示的像素越多,画面越精细,屏幕上显示的项目越小,相对也增大了屏幕的显示空间,同样的区域内能显示的信息也就越多,故分辨率是个非常重要的性能指标。

通过桌面快捷菜单选择“屏幕分辨率”命令,打开“屏幕分辨率”窗口,在“分辨率”下拉列表框中进行调整设置,然后单击“确定”按钮即可,如图 2-47 所示。

2) 设置显示器的刷新频率

刷新频率是指图像在屏幕上更新的速度,即屏幕上的图像每秒钟出现的次数,单位为赫兹(Hz)。刷新频率越高,屏幕上图像的闪烁感就越小,稳定性也就越高,对视力的保护也就越好。一般应将刷新频率设置为 75Hz 或 80Hz,而液晶显示器的刷新频率保持默认值。

在“屏幕分辨率”窗口中单击“高级设置”超链接,在打开的“通用即插即用监视器和 Intel(R) HD Graphics3000 属性”对话框中选择“监视器”选项卡,即可看到“监视器设置屏幕刷新频率”,一般为 60Hz,在“颜色”下拉列表框中可设置屏幕颜色为“真彩色(32 位)”或“增强色(16 位)”,如图 2-48 所示。

3) 设置屏幕显示模式

在 Windows 7 中,屏幕显示模式是将屏幕分辨率、颜色和屏幕刷新频率 3 种显示设置为一体的模式,只要选择一种模式就可以对 3 种显示设置同时进行更改。

在“通用即插即用监视器和 Intel(R) HD Graphics3000 属性”对话框中,如图 2-49 所

图 2-47 "屏幕分辨率"窗口

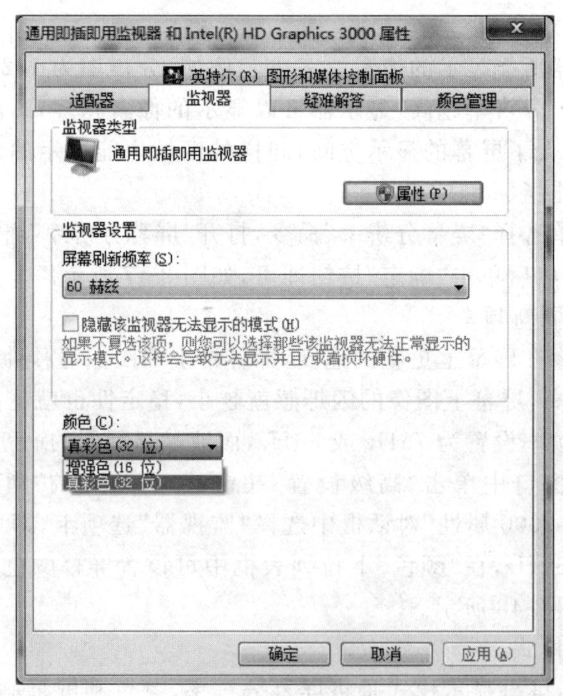

图 2-48 设置屏幕刷新频率的对话框

示，切换到“适配器”选项卡，如图 2-50 所示，单击“列出所有模式”按钮，弹出“列出所有模式”对话框，如图 2-51 所示，在“有效模式列表”列表框中选择需要的显示模式，如选择“1024×768，真彩色(32 位)，60 赫兹”，单击“确定”按钮即可。

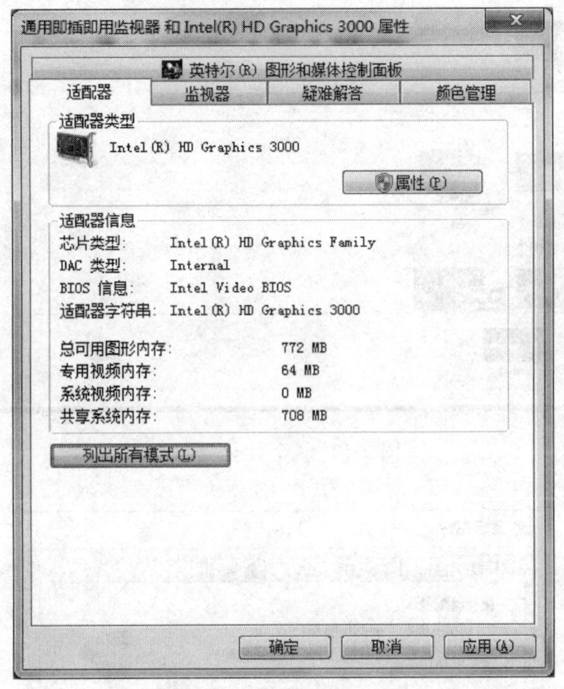

图 2-49 “适配器”选项卡

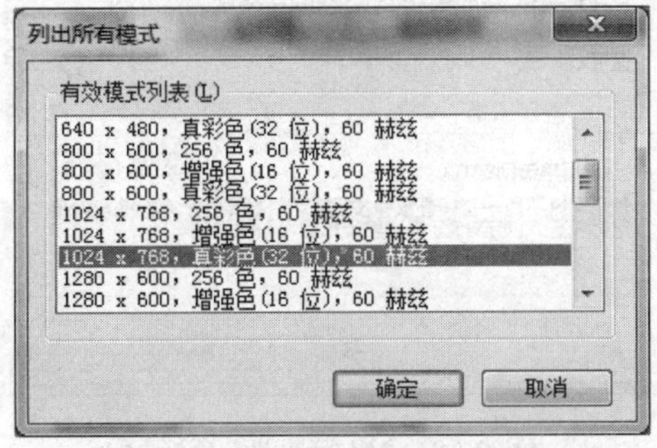

图 2-50 “列出所有模式”对话框

2.5.3 鼠标的设置

在 Windows 7 操作系统的控制面板中可以对鼠标的外观以及灵敏程度进行设置，“开始”→“控制面板”→“个性化”→“更改鼠标指针”，打开“鼠标属性”窗口，如图 2-51、图 2-52 所示。

2.5.4 用户管理

当多个用户同时使用一台计算机时，需要在系统中创建多个账户，不同用户可以在各自

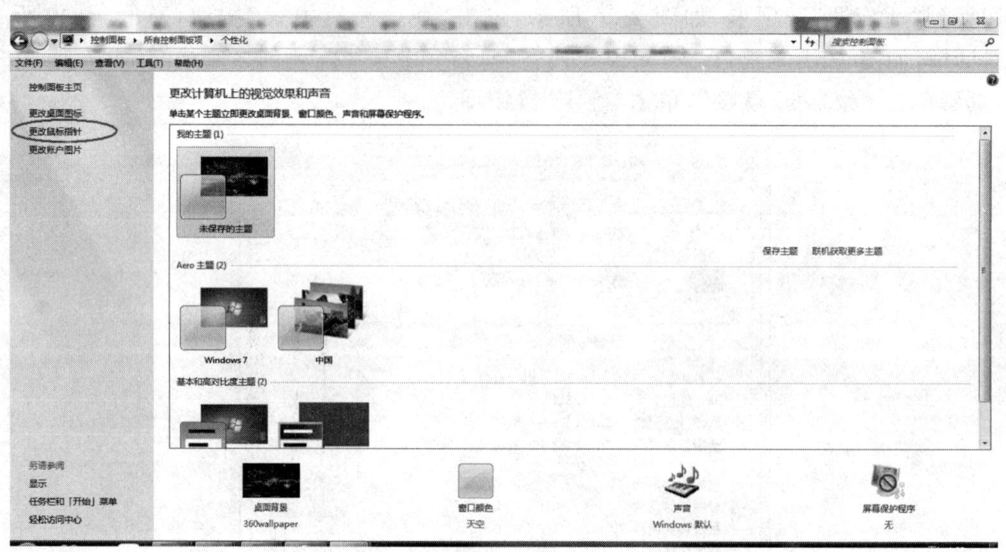

图 2-51 “个性化”窗口

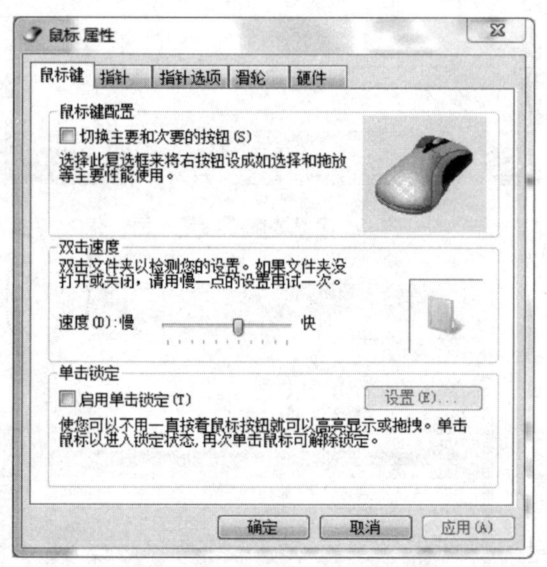

图 2-52 “鼠标属性”对话框

的账户下进行操作，这样更能保证各自文件的安全。Windows 7 支持多用户使用，只需为每个用户建立一个独立的账户，每个用户可以按照自己的喜好和习惯配置个人选项，每个用户可以用自己的账号登录系统，并且多个用户之间的系统设置可以是相对独立、互不影响的。

在 Windows 7 中，系统提供了 3 种不同类型的账户，分别为管理员账户、标准账户和来宾账户，不同的账户使用权限不同。管理员账户拥有最高的操作权限，有完全访问权，可以做任何需要的修改；标准账户可以执行管理员账户下几乎所有操作，但只能更改不影响其他用户或计算机安全的系统设置；来宾账户针对的是临时使用计算机的用户，拥有最低的使用权限，不能对系统设置进行修改，只能进行最基本的操作，该账户默认没有被启用。

1. 建立新账户

创建一个新账户的操作步骤如下：

(1) 单击“开始”按钮，在打开的“开始”菜单的左列表项中选择“控制面板”命令，打开“控制面板”窗口。

(2) 在“控制面板”窗口的“用户账户和家庭安全”组中单击“添加或删除用户账户”超链接，打开“管理账户”窗口，如图 2-53 所示，窗口的上半部分显示的是系统中所有有用账户，当成功创建新用户账户后，新账户会在该窗口中显示。

图 2-53　“管理账户”窗口

(3) 在“管理账户”窗口中单击“创建一个新账户”超链接，打开如图 2-54 所示的“创建新账户”窗口，输入新账户名称，单击“创建账户”按钮，完成一个新账户的创建。

2. 设置账户

在图 2-53 所示的“管理账户”窗口中单击该账户名，如图中的“student”账户，打开如图 2-55 所示的“更改账户”窗口，可进行更改账户名称，创建、修改或删除密码(若该用户已创建密码，则是修改、删除密码)，更改图片，删除账户等操作。

1) 创建密码

单击图 2-55 所示的“更改账户”窗口中的“创建密码”超链接，打开如图 2-56 所示的“创建密码”窗口，输入密码，然后单击“创建密码”按钮即可。

2) 更改账户名称和图片

单击图 2-55 所示的“更改账户”窗口中的“更改账户名称”超链接，打开如图 2-57 所示的“重命名账户”窗口，输入新账户名，然后单击“更改名称”按钮即可。

单击图 2-55 所示的“更改账户”窗口中的“更改图片”超链接，打开如图 2-58 所示的“选择图片”窗口，选择要更改的图片，然后单击“更改图片”按钮即可。

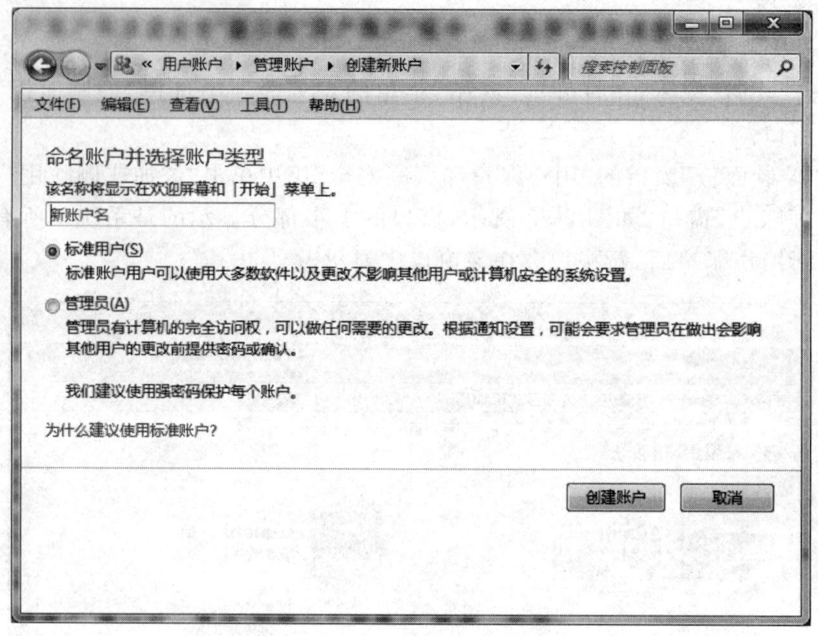

图 2-54 “创建新账户”窗口

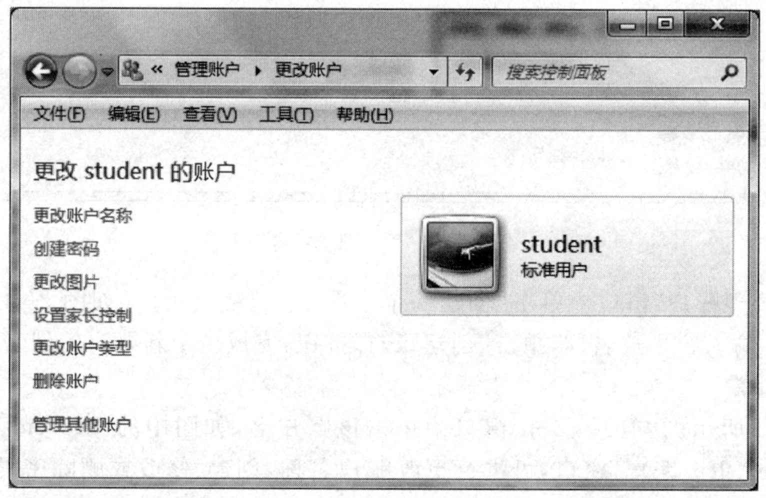

图 2-55 “更改账户”窗口

3）删除账户

在图 2-53 所示的“管理账户”窗口中，选择要删除的账户名，在打开的如图 2-55 所示的“更改账户”窗口中单击“删除账户”超链接，该账户将被删除。

3. “家长控制”功能

为了能让家长方便地控制孩子使用计算机，Windows 7 提供了“家长控制”功能，使用该功能可对指定账户的使用时间及使用程序进行限定，还可以对孩子玩的游戏类型进行限定。

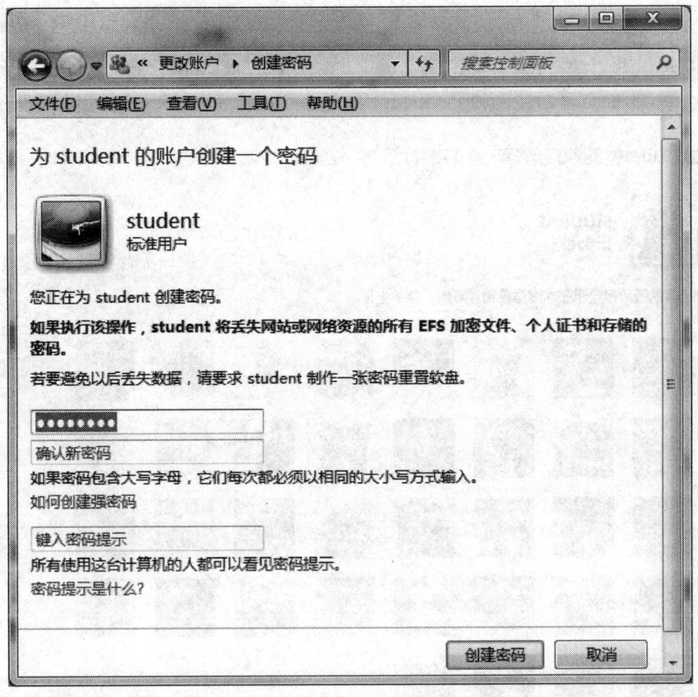

图 2-56 “创建密码”窗口

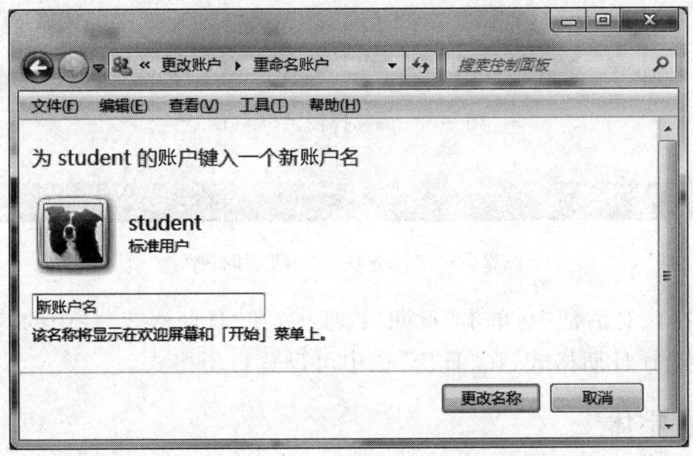

图 2-57 “重命名账户”窗口

2.5.5 设置时间和日期

1. 设置日期和时间

单击任务栏上右下角的数字时钟，如图 2-59 所示，打开“日期和时间”显示界面，如图 2-60 所示，单击“更改日期和时间设置”超链接，打开“日期和时间”对话框进行设置。

2. 设置日期格式

打开“日期和时间”对话框，单击“更改日历设置”超链接，可打开“自定义格式”对话框，

图 2-58 “选择图片”窗口

图 2-59 “任务栏——数字时钟”

如图 2-61 所示。在该对话框中,单击“日期”选项卡,在“日期格式”栏中的“短日期”和“长日期”下拉列表中可选择日期格式,在“日历”栏中可设置日历格式。

2.5.6 设置字体

Windows 7 操作系统的控制面板里可以对系统里面窗口的字体样式等进行设置和更改。

(1) 在“控制面板”下打开“个性化窗口”。

(2) 打开“窗口颜色——高级外观设置”,如图 2-62 所示。

(3) 点击“项目”里的桌面,选择“已选定的项目”,下面就有“字体”选项框,这里就可以更改字体,还有字体的颜色、大小,如图 2-63 所示。

(4) 然后点击“应用”,等待一段时间后,颜色恢复后点确认就可以了,再来看看字体就变了。

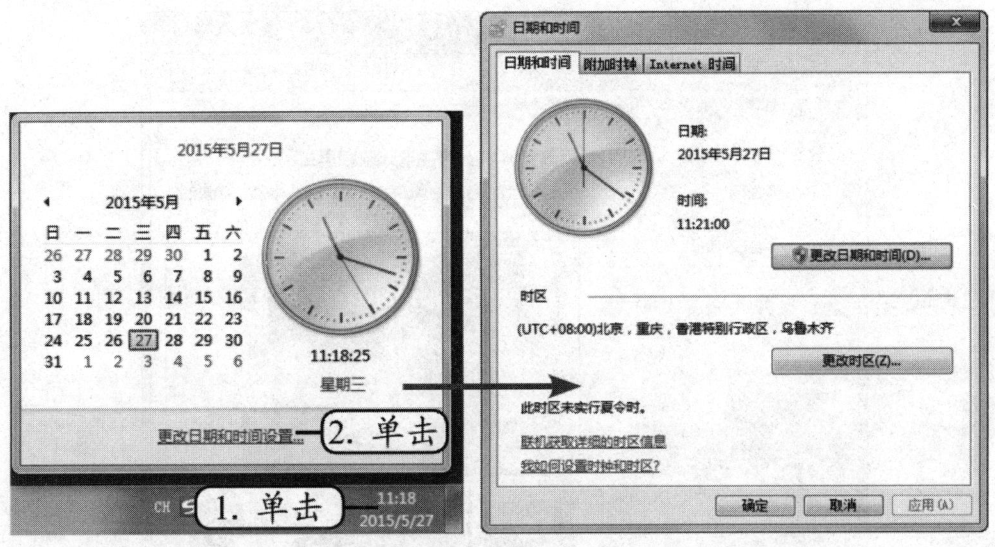

图 2-60 “日期和时间”对话框

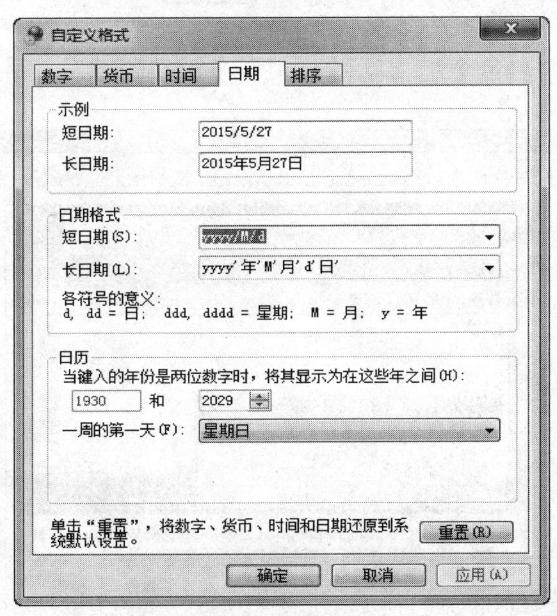

图 2-61 “自定义格式”对话框

2.5.7 添加桌面小工具

在 Windows 7 中，桌面小工具是一些可自定义的小程序，这些小程序可以提供即时信息以及可以轻松访问常用工具的途径。例如，用户可以使用桌面小工具显示图片幻灯片、查看不断更新的标题或查找联系人，而无须打开新的窗口。

1）添加桌面小工具

在默认情况下，桌面小工具库是不会运行的。这时，需要通过单击“开始”按钮，选择“所有程序”→“桌面小工具库”命令，或单击桌面空白处，在弹出的快捷菜单中选择“小工具”命

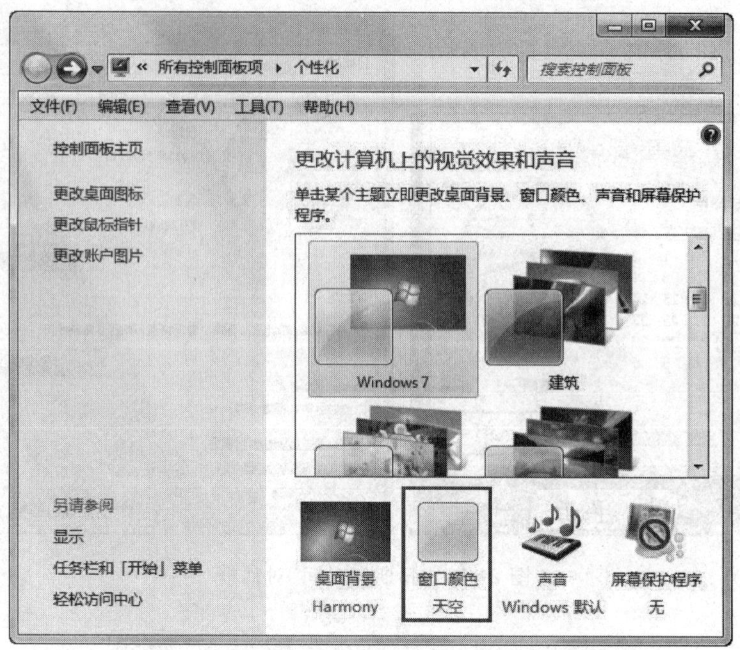

图 2-62　打开“窗口颜色-高级外观设置”

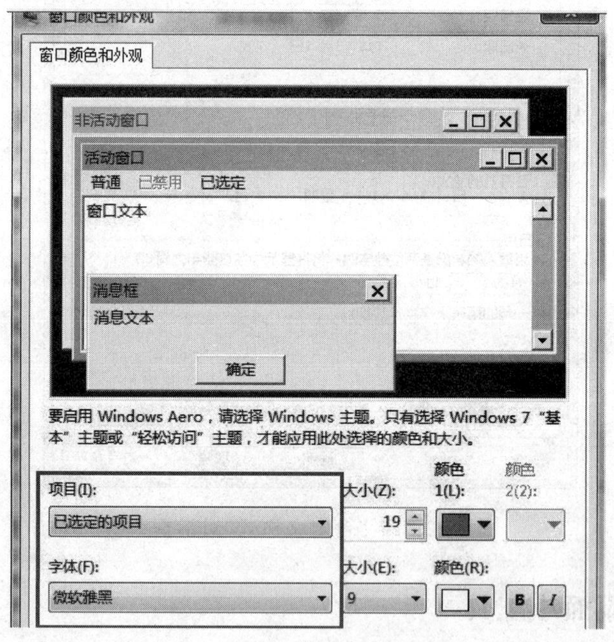

图 2-63　设置和更改字体

令，打开“桌面小工具库”对话框，如图 2-64 所示。

“桌面小工具库”提供了“CPU 仪表盘”“幻灯片放映”“图片拼图板”“货币”“日历”“时钟”和“天气”等组件，只要双击其中的某个小工具组件即可将其添加到桌面上。图 2-65 所示为在桌面上添加了“CPU 仪表盘”“图片拼图板”“日历”和“时钟”组件的 Windows 7 桌面。

图 2-64 “桌面小工具”对话框

图 2-65 添加了“桌面小工具”组件的 Windows 7 桌面

2）删除桌面小工具

如果要从桌面上删除某个小工具组件，只要将鼠标指针放于其上，然后单击显示于右上角的“关闭”按钮即可。如图 2-65 所示为将鼠标指针放于“图片拼图板”上的 Windows 7 桌面。

2.5.8 输入法的添加和卸载

在计算机的操作中，输入法的添加和删除很重要，也随时在使用，下面介绍在 Windows 7 操作系统中如何快速地添加和删除输入法。

（1）在系统托盘找到输入法的小键盘图标，鼠标右键点击该图标，在弹出的选项中点击“设置”，如图 2-66 所示。

（2）进入输入法设置界面后点击“添加”，如图 2-67 所示。

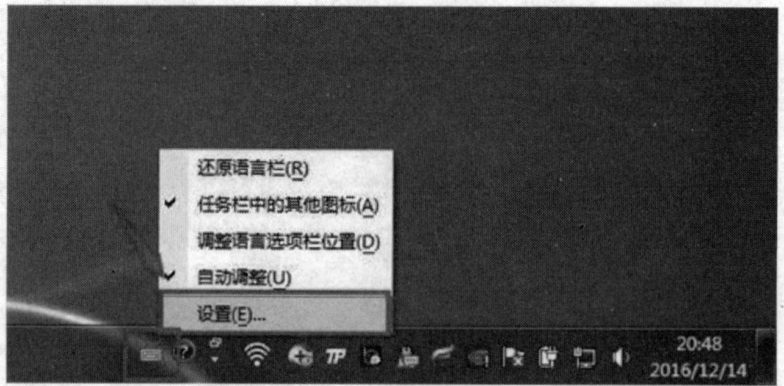

图 2-66 打开“设置”

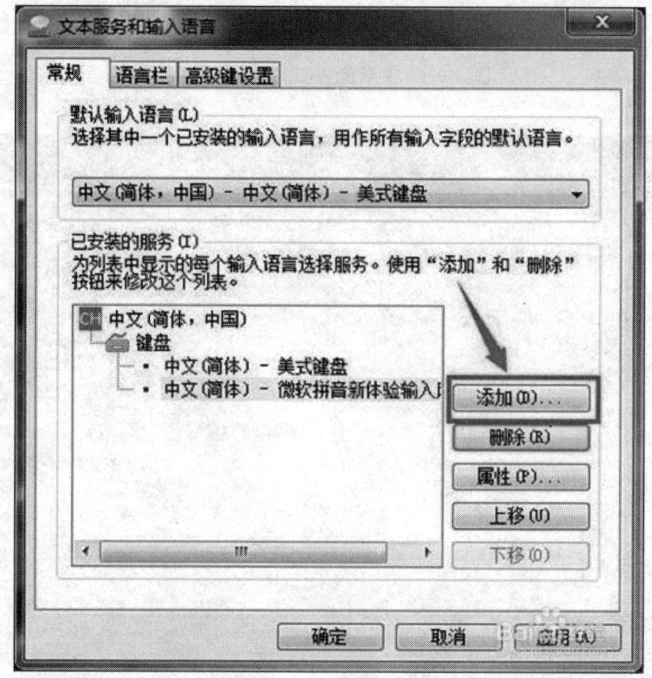

图 2-67 添加输入法

(3) 鼠标滑动右边的滚动条，拉到最下面，找到搜狗输入法，将前面勾选上，然后点击确定，如图 2-68 和图 2-69 所示。

(4) 确定以后自动回到输入法设置界面，可以看到刚才没有的搜狗输入法已经成功被添加上，但是还没有保存生效，单击“应用”或“确定”即可保存生效，如图 2-70 所示。

2.5.9 打印机的安装和设置

打印机是常见输出设备，目前常用的打印机主要是喷墨打印机和激光打印机，用户可以用它打印图片、文档等。

要在 Windows 7 中使用打印机，必须先将其安装到系统中。这里的“安装”主要指安装打印机驱动程序，以使系统正确识别和管理打印机。

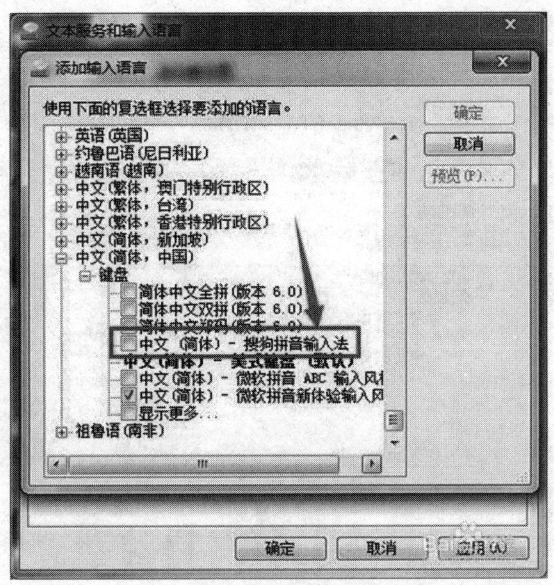

图 2-68　滑动滚动条找到搜狗输入法

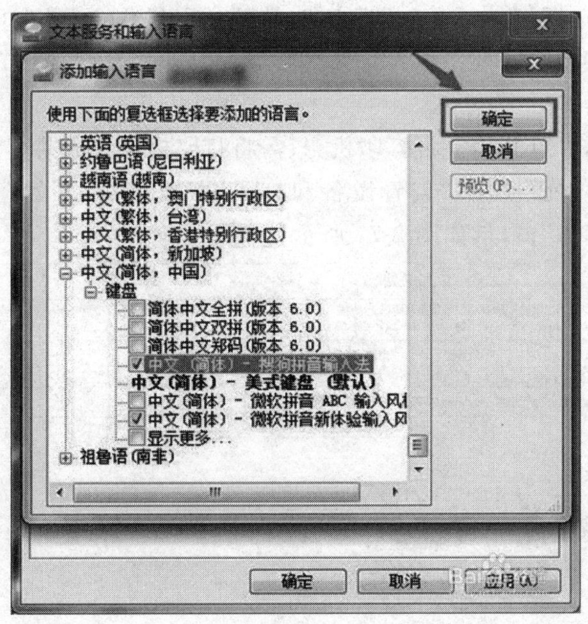

图 2-69　勾选搜狗输入法

1. 打印机的安装

在开始安装之前，应了解打印机的生产商和类型，并使打印机与计算机正确连接，安装过程如下：

(1) 将打印机连接到计算机，打开打印机电源。

(2) 此时，Windows 7 将会自动识别，若 Windows 7 找到该打印机的驱动程序，系统将自动安装，若 Windows 7 没有找到该打印机的驱动程序，系统将提示“发现新硬件导向”，选

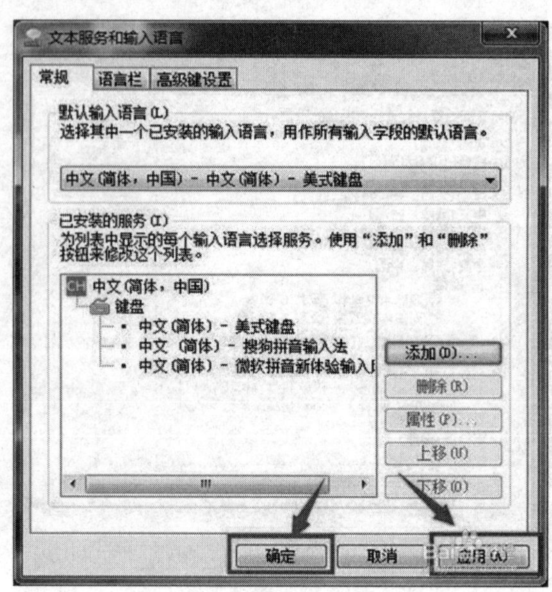

图 2-70　单击“应用”或“确定”

中“自动安装软件”复选框，单击“下一步”按钮，按照提示操作，或者也可以直接放入驱动程序光盘，按照提示步骤安装。

2. **打印机共享**

对于局域网用户，可以共用一台打印机，只需将打印机设置成共享模式。

(1) 依次单击“控制面板”→“查看设备和打印机”或单击“开始”菜单→“设备和打印机”，打开“设备和打印机”窗口，如图 2-71 所示。

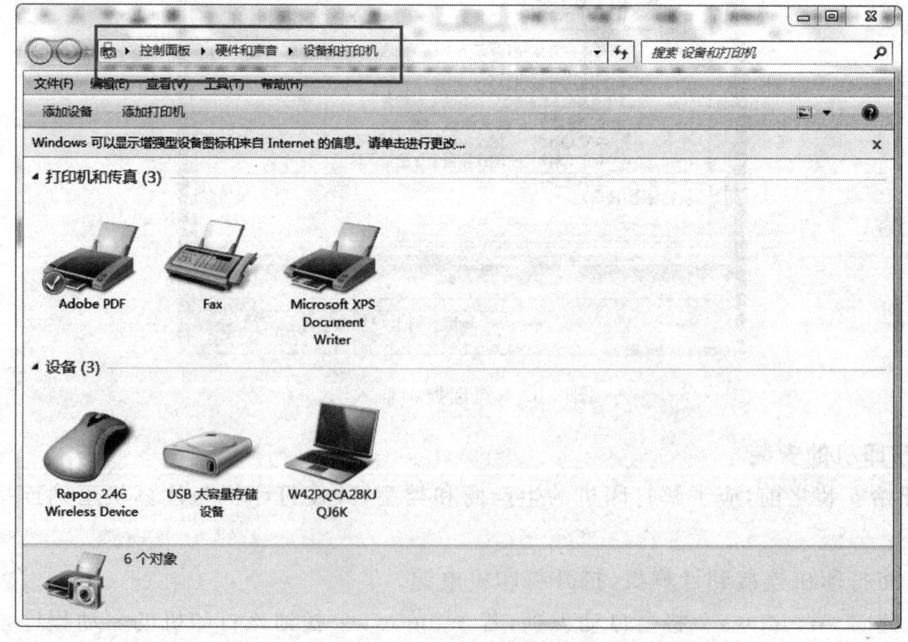

图 2-71　“设备和打印机”窗口

（2）右键单击要共享的打印机，在弹出的快捷菜单中选择“打印机属性”命令，选择“共享”选项卡，选中“共享这台打印机”复选框，如图 2-72 所示，单击“确定”按钮，即可实现打印机共享。

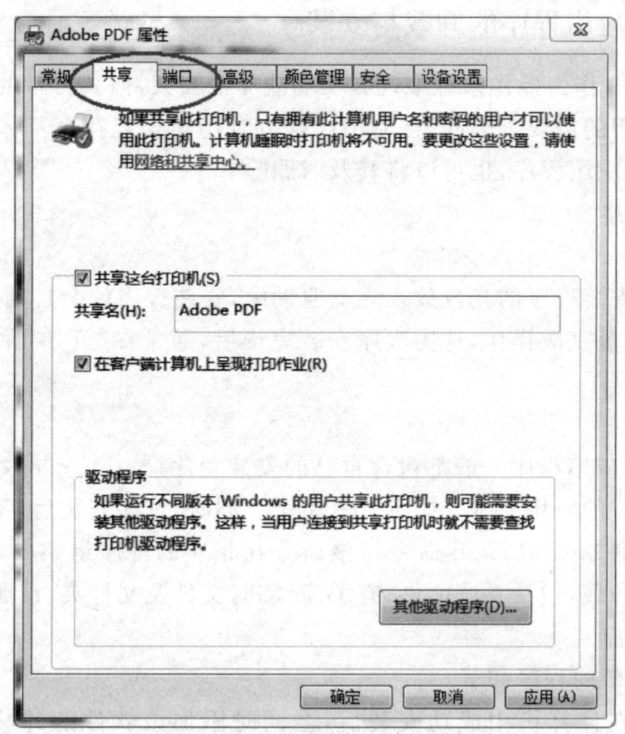

图 2-72　“共享”选项卡

3. 打印队列管理

在打印队列列表中会显示等待打印文档的基本信息，如名称、页数、提交时间等，用户可以管理打印队列，对打印文档进行取消、暂停、重新打印等操作，具体操作方法如下：

（1）在“设备和打印机”窗口中，双击要使用的打印机图标，弹出打印机队列管理窗口，如图 2-73 所示。

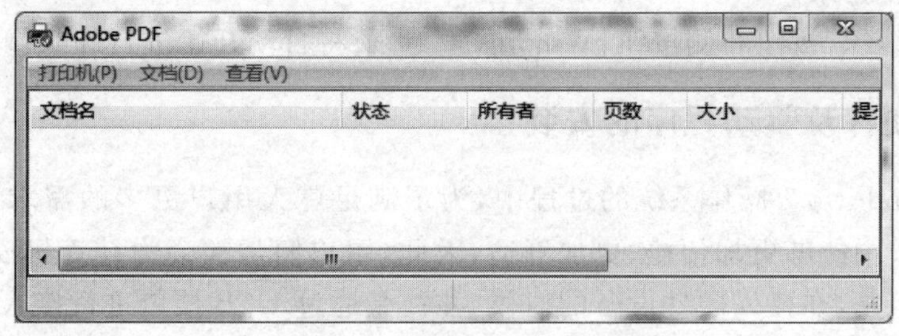

图 2-73　打印机队列管理窗口

（2）若当前没有打印任务，该窗口显示为空白，并且状态栏显示队列中有 0 个文档，若当前有多个打印任务，该窗口以用户打印操作顺序排列文档，可以右键单击欲暂停或取消等的文档，在弹出的快捷菜单中按需要进行操作。

2.6 Windows 7 的程序

2.6.1 常用应用程序的卸载与安装

尽管 Windows 7 作为操作系统来说其实功能非常强大，但其自带的一些应用程序却远远满足不了实际应用的需要。因此，在使用计算机时还需安装符合具体需要的各种应用程序，对于不再需要的应用程序，也可以将其及时删除。

1. 安装应用程序

1）自动安装

将含有自启动安装程序的光盘放入光盘驱动中，安装程序就会自动运行，只需要按照屏幕提示进行操作，即可完成操作，这类程序安装完毕后，通常在“开始”菜单中自动添加相应的程序选项。

2）手动安装

Windows 7 中，应用程序一般都包含自己的安装程序（Setup. exe 文件），因此只要执行该程序就可以把相应的应用系统安装到计算机上。同时，程序安装后，系统还往往生成一个卸载本系统的卸载命令（UnInstall 命令），该命令在相应的程序组菜单中，执行该命令将把该系统从计算机中卸载，包括系统文件、有关库、临时文件及文件夹、注册信息等。

2. 卸载应用程序

1）使用软件自带的程序卸载

有的应用软件在计算机中成功安装后，会同时添加该软件的卸载程序命令（通常是 UnInstall 命令），运行该应用程序的卸载程序命令，即可从计算机中卸载该程序。

2）利用“添加或删除程序”

具体操作步骤如下：

（1）在“控制面板”窗口中，单击“程序”→“程序功能”，弹出“程序和功能”窗口，如图 2-74 所示。

（2）在“卸载或更改程序”列表框中选中需要删除的应用程序，此时程序的名称及其相关信息将以高亮显示。

（3）单击“组织”按钮右侧按钮，Windows 卸载/更改 将自动开始进行卸载操作。

2.6.2 硬件及驱动程序的安装

在使用 Windows 7 操作系统的过程中，为了满足广大用户更多的需求，使用户们在日常的生活和工作中能够更加便捷、更加舒适，因此，用户们常常会为计算机安装和接入需要的硬件设备。但是，在接入硬件设备的时候，往往是通过 USB 接口进行接入，不是所有设备在接入之后都可以自动识别并且在系统里安装可以正常使用，用户经常需要在接入外部硬件之后为系统安装相应的硬件“驱动程序”，设备或者硬件才可以正常使用。下面介绍几种安装外接硬件驱动程序的方法。

（1）使用硬件本身配置的驱动光盘进行安装，将光盘放入光盘驱动程序，等待计算机读取光盘信息后，在计算机上按照提示步骤进行安装。

图 2-74 “程序和功能”窗口

(2) 通过 360 驱动大师、驱动精灵、驱动管家等软件安装。接入外部硬件之后，打开计算机上对应的管理驱动软件，通过检测驱动程序进行安装。

(3) 通过网络下载进行安装。有些时候计算机安装的外接硬件没有办法通过前面两种方法正常安装，只能在浏览器中通过网页搜索进行下载安装。

2.7 Windows 7 的附件

2.7.1 画图

在 Windows 7 中，画图软件的界面较 WindowsXP 版本中有了较大的改变，它采用了类似 Office2010 的 Robin 界面，程序的各项功能都非常直观地以选项卡图标的方式呈现，使用户在操作过程中更容易找到自己所需的功能按钮。

在“开始”→“所用程序”→“附件”中找到“画图”，单击该程序可以打开“画图”工具的窗口，如图 2-75 所示。通过鼠标拖动窗口中间白色画布四周的控制点可以调整画布大小，选择“主页”选项卡中的绘图工具可以实现用直线、椭圆、矩形、圆角矩形、多边形、喷枪、文字等来绘制图形。

2.7.2 计算器

“计算器”程序可以为用户完成日常生活中的许多计算任务。在“开始”→“所用程序”→“附件”中找到“计算器”，单击该程序可打开“计算器”对话框，如图 2-76 所示。

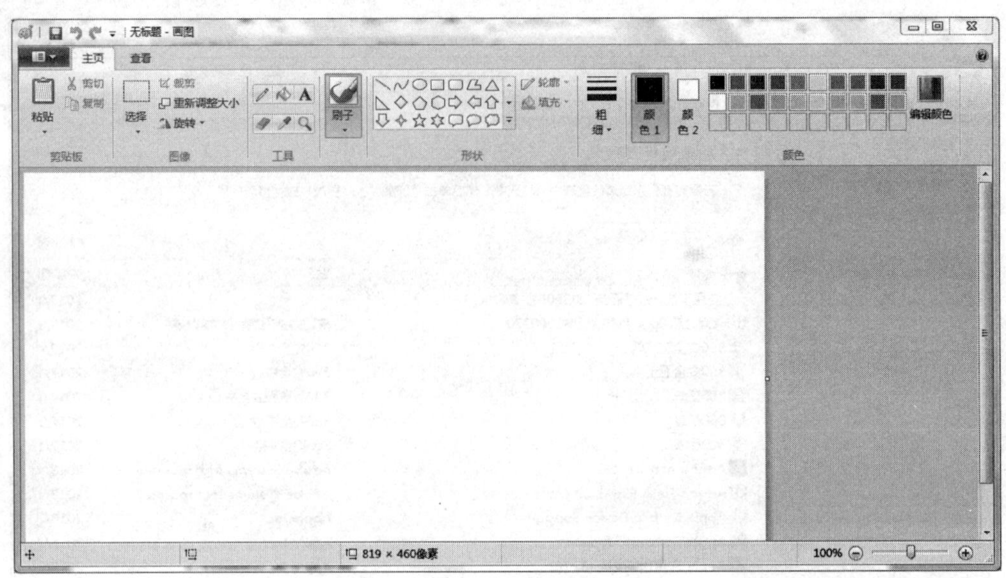

图 2-75 “画图”

在“计算器”工具中，选择“查看”菜单中的“程序员型”命令，则“计算器”对话框变为如图 2-77 所示的效果。输入 255，选择二进制，可得到十进制数 255 对应的二进制数 11111111。

图 2-76 “计算器”

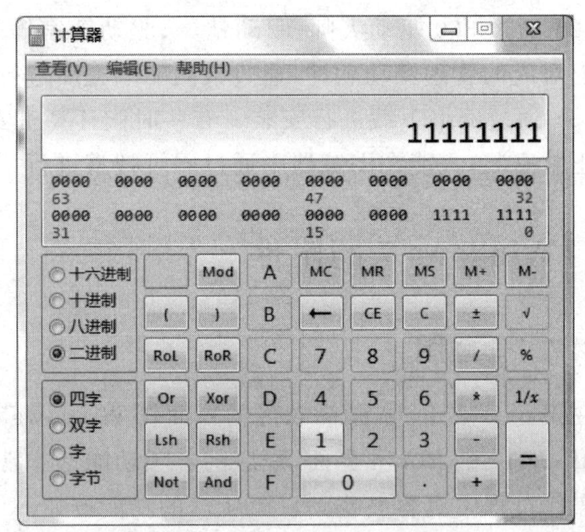

图 2-77 进制转换

2.7.3 截图

在 Windows 系统中，可以使用键盘的 PrintScreen 键实现屏幕的截取。如果要截取整个屏幕的画面，可以直接按下 PrintScreen 键，此时屏幕的内容被保存在剪切板里。打开“画图”程序，单击“粘贴”按钮即可创建一幅包含屏幕画面的文件。如果仅仅需要截取一个程序窗口的画面，可以选择该窗口使其变为当前窗口，同时按下 Alt＋PrintScreen 键，此时该窗口的画面被保存在剪切板里。打开“画图”程序，单击“粘贴”按钮即可创建一幅包含该窗口画面的文件。在 Windows 7 系统中单独提供了专门的“截图工具”，使得在 Windows 7 中截图更加便捷。

对于任意大小的画面，我们更习惯于使用鼠标框选的方式去截取图片。Windows 7 提供了专门的截图工具，可以在“开始”→“所用程序”→“附件”中找到“截图工具”，单击该程序可打开“截图工具”对话框，如图 2-78 所示，单击“新建”按钮，按住鼠标左键不放，便可以在屏幕上任意位置以矩形框的方式框选需要截图的部分，释放鼠标左键，截图画面会直接显示在“截图工具”窗口中，保存文件到“库”→“图片”，默认保存文件为 png 格式。

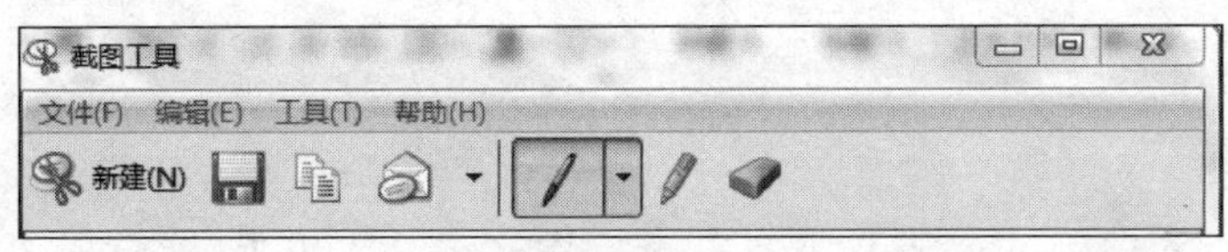

图 2-78 “截图工具”窗口

2.7.4 录音机

录音机的主要功能是用来录制和剪辑音频，它可以实时地把用户通过音频输入接口输入的信息录制保存起来，也可以把某一个音频媒体中某一段的内容剪辑保存下来，如图 2-79 所示。

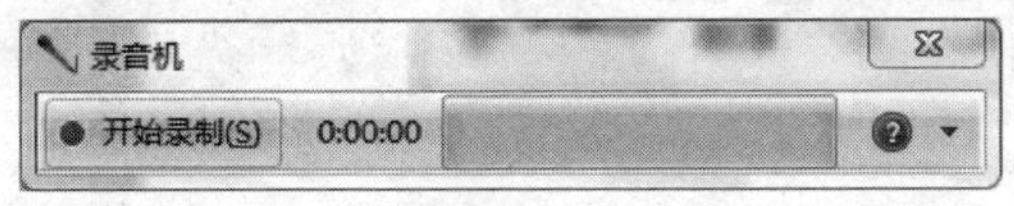

图 2-79 “录音机”窗口

2.7.5 记事本与写字本

1. 记事本

“记事本”程序是 Windows 7 中的一个文本编辑工具，它的特点是程序小巧，功能简单，“记事本”程序只能完成无任何格式的纯文本文件的编辑，无法完成特殊的格式编辑，默认情况下文件存盘后的扩展名为.txt。

单击按钮→“所有程序”→“附件”→“记事本”，即可打开“记事本”窗口，进行文本编辑，如图 2-80 所示。

2. 写字板

“写字板”是一个高效的文字处理器。它可以进行一般文本数据处理，还可以进行编辑与排版，写字板可以编辑较复杂的格式和图形。

单击按钮→“所有程序”→“附件”→“写字板”，即可打开“写字板”窗口，进行编辑，如图 2-81 所示。

该窗口主要由快速访问工具栏、“写字板”按钮、功能区、标尺、文档编辑区、状态栏几部分组成。

各个主要组成部分的功能如下：

图 2-80 “记事本”窗口

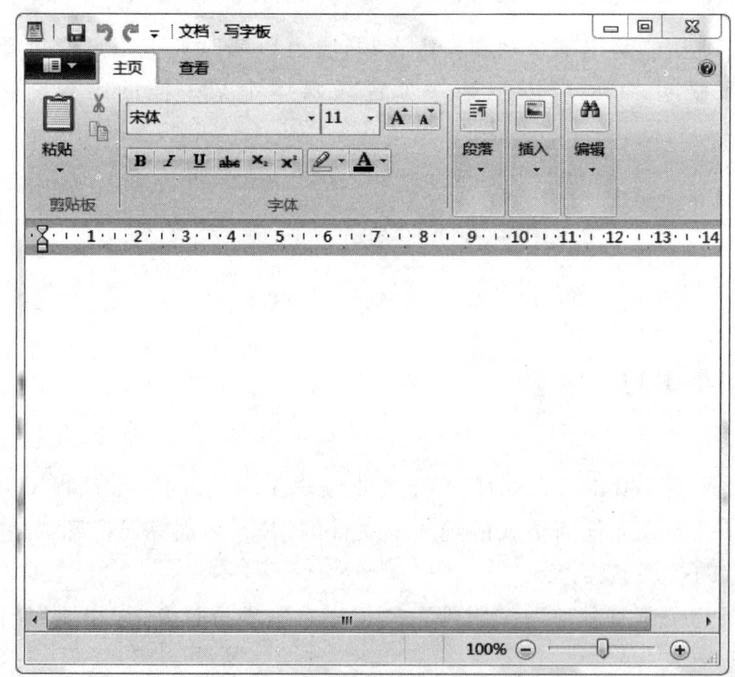

图 2-81 “写字板”窗口

(1) 快速访问工具栏：是常用的命令按钮，主要用于用户快速保存、撤销、重做等操作。

(2) 写字板按钮：位于写字板窗口左上角，单击该按钮，弹出下拉菜单，如图 2-81 所示。

(3) 功能区：单击功能区上方的“主页”或“查看”标签，可以显示相应的编辑工具，主要用于文档的格式编辑等。

(4) 标尺：用于确定文档的编辑位置。

(5) 文档编辑区：文档编辑区为主要工作区，文档的基本操作、编辑、修改、格式化等操作都应用此区域。

(6) 状态栏：位于窗口最底部，用于显示文档的页数、页面缩放等信息。

习题

1. 单项选择题

(1) 计算机系统中必不可少的软件是(   )。

A. 操作系统　　B. 语言处理程序

C. 工具软件　　D. 数据库管理系统

(2) 操作系统的主要功能包括(   )。

A. 运算器管理、存储管理、设备管理、处理器管理

B. 文件管理、处理器管理、设备管理、存储管理

C. 文件管理、设备管理、系统管理、存储管理

D. 处理管理、设备管理、程序管理、存储管理

(3) Windows 7 目前有(   )个版本。

A. 3　　B. 4　　C. 5　　D. 6

(4) 在 Windows 7 的各个版本中，支持的功能最少的是(   )。

A. 家庭普通版　　B. 家庭高级版　　C. 专业版　　D. 旗舰版

(5) Windows 7 是一种(   )。

A. 数据库软件　　B. 应用软件

C. 系统软件　　D. 中文字处理软件

(6) 在 Windows 7 操作系统中，将打开窗口拖动到屏幕顶端，窗口会(   )。

A. 关闭　　B. 消失　　C. 最大化　　D. 最小化

(7) 在 Windows 7 操作系统中，显示桌面的快捷键是(   )。

A. "Win"+"D"　　B. "Win"+"P"　　C. "Win"+"Tab"　　D. "Alt"+"Tab"

(8) 在 Windows 7 操作系统中，显示 3D 桌面效果的快捷键是(   )。

A. "Win"+"D"　　B. "Win"+"P"　　C. "Win"+"Tab"　　D. "Alt"+"Tab"

(9) Windows 7 中，文件的类型可以根据(   )来识别。

A. 文件的大小　　B. 文件的用途

C. 文件的扩展名　　D. 文件的存放位置

(10) 在下列软件中，属于计算机操作系统的是(   )。

A. Windows 7　　B. Excel 2010　　C. Word 2010　　D. Excel 2010

(11) 要选定多个不连续的文件(文件夹)，要先按住(   )，再选定文件。

A. Alt 键　　B. Ctrl 键　　C. Shift 键　　D. Tab 键

(12) 在 Windows 7 中使用删除命令删除硬盘中的文件后，(   )。

A. 文件确实被删除，无法恢复

B. 在没有存盘操作的情况下，还可恢复，否则不可以恢复

C. 文件被放入回收站，可以通过"查看"菜单的"刷新"命令恢复

D. 文件被放入回收站，可以通过回收站操作恢复

(13) 在 Windows 7 中,要把选定的文件剪切到剪贴板中,可以按(　　)组合键。

A. Ctrl+X　　B. Ctrl+Z　　C. Ctrl+V　　D. Ctrl+C

2. Windows 7 基本操作题一

(1) 个性化设置:主题选择"我的主题(1)";桌面背景选择一幅自然风景照片并选择"拉伸"方式显示;屏幕保护程序选择并插入一组照片-上海外滩夜景,等待时间为 5 分钟,幻灯片放映速度为中速。(夜景和风景照片均存放于"第 2 章素材库\习题 2\习题 2.1"文件夹下)

(2) 任务栏设置:改变任务栏的位置,将任务栏设置为自动隐藏。

(3) 设置系统日期和时间。

(4) 查看并设置屏幕分辨率和颜色。

① 设置当前屏幕分辨率。若为 1280×768,则设置为 800×600,再恢复设置为 1280×768,观察桌面图标大小的变化。

② 查看当前屏幕的刷新频率和设置屏幕颜色。

(5) 创建用户名为 Student 的账户并为该账户设置 8 位密码。

(6) 在桌面添加"图片拼图板""时钟""货币"和"日历"小工具。

3. Windows 7 基本操作题二

(1) 在 D 盘根目录下建立两个一级文件夹"Jsj1"和"Jsj2",再在"Jsj1"文件夹下建立两个二级文件夹"mmm"和"nnn"。

(2) 在 Jsj2 文件夹中新建文件名分别为"wj1. txt""wj2. txt""wj3. txt""wj4. txt"的 4 个空文件。

(3) 将上题建立的 4 个文件复制到 Jsj1 文件夹中。

(4) 将 Jsj1 文件夹中的 wj2. txt 和 wj3. txt 文件移动到 nnn 文件夹中。

(5) 删除 Jsj1 文件夹中的 wj4. txt 文件到回收站中,然后将其恢复。

(6) 在 Jsj2 文件夹中建立"记事本"的快捷方式。

(7) 将 mmm 文件夹的属性设置为"隐藏"。

(8) 设置"显示"或"不显示"隐藏的文件和文件夹,观察前后文件夹 mmm 的变化。

(9) 设置"显示"或"不显示"文件类型的扩展名,观察 Jsj2 文件夹中各文件名称的变化。

Word 2010文字处理

从本章开始介绍目前广泛应用的 Microsoft Office 2010 现代商用办公软件，主要包括 Word 文字处理软件、Excel 电子表格软件和 PowerPoint 演示文稿软件。本章介绍 Word 文字处理软件，下一章介绍 Excel 电子表格软件，再下一章介绍 PowerPoint 演示文稿软件。

学习目标：

- 熟悉 Word 2010 的窗口界面。
- 掌握 Word 文档的基本操作。
- 掌握文档的输入、编辑和排版操作。
- 掌握图形处理和表格处理的基本操作。

3.1　Word 2010 概述

本节主要介绍 Word 2010 的窗口界面和文档视图。

3.1.1　Word 2010 窗口界面

启动 Windows 7 后，选择“开始”→“所有程序”→“Microsoft Office”→“Microsoft Word 2010”命令，从而启动 Word 2010。

图 3-1 所示为 Word 2010 的窗口界面，该界面主要由标题栏、快速访问工具栏、功能选项卡、功能区、文本编辑区和状态栏以及视图按钮切换区等组成。

(1) 标题栏

标题栏位于窗口的顶端，用于显示当前正在运行的程序名及文件名等信息，标题栏最右端有 3 个按钮，分别用来控制窗口的最小化、最大化、还原和关闭。

(2) 快速访问工具栏

快速访问工具栏中包含最常用操作的快捷按钮，方便用户使用。在默认状态下，快速访问工具栏中仅包含 3 个快捷按钮，它们分别是“保存”“撤销”和“恢复”按钮。当然用户可单

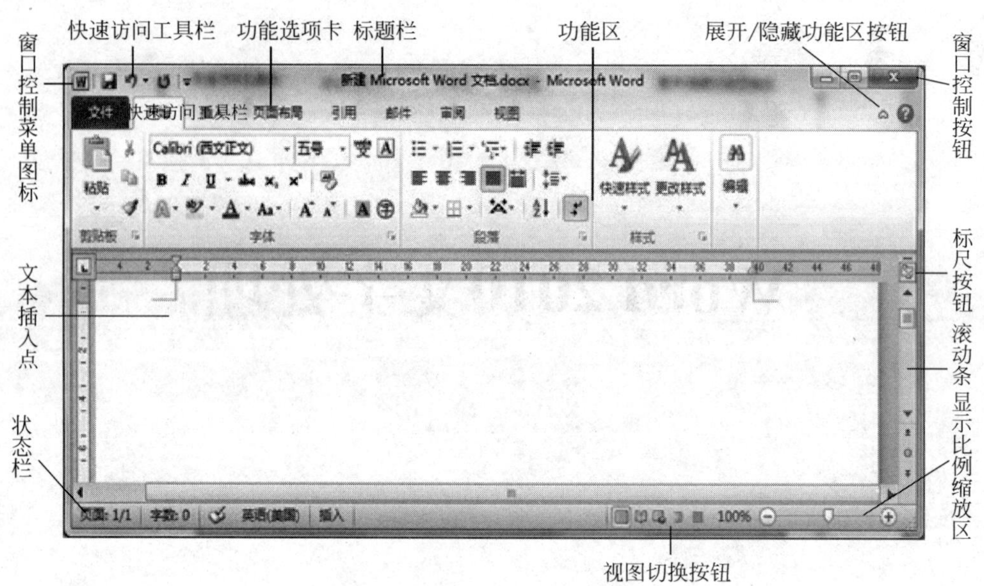

图 3-1 Word 2010 的窗口界面

击右边的下拉按钮,从而添加其他常用命令,如“新建”“打开”“打印预览和打印”等;如选择“其他命令”选项,则打开“Word 选项”→“快速访问工具栏”对话框,可添加更多的命令,定义完全个性化的快速访问工具栏,使操作更加方便。单击“自定义快速访问工具栏”下拉按钮,添加“新建”和“打印预览和打印”命令,如图 3-2 所示。

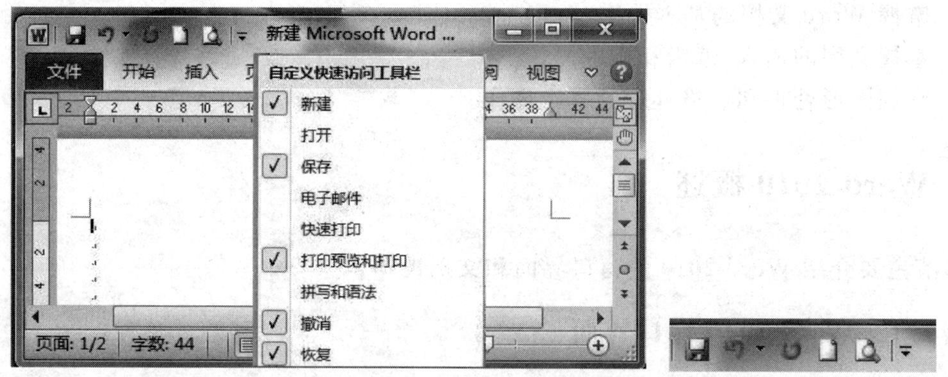

图 3-2 在快速访问工具栏中添加新的工具按钮

(3) 功能选项卡

常见功能选项卡有“文件”“开始”“插入”“页面布局”“视图”等 8 项。当单击某功能选项卡,则打开相应功能区;对于某些操作则会自动添加与操作相关的功能选项卡,如当插入或选中图片时,自动在常见功能选项卡右侧添加“图片工具→格式”功能选项卡,该选项卡常被称为“加载项”。为叙述问题方便,以下我们简称选项卡。

(4) 功能区

功能区是根据功能不同分为不同的命令组,每组有若干命令按钮,单击功能区命令按钮即可执行相应的操作。

为便于操作，下面对 Word 2010 提供的默认功能选项卡的功能区作详细说明。

①“开始”功能区：包括剪贴板、字体、段落、样式和编辑 5 个组，该功能区主要用于对 Word 2010 文档进行文字编辑和字体、段落的格式设置，是最常用的功能区。

②“插入”功能区：包括页、表格、插图(插入各种元素)、链接、页眉和页脚、文本和符号等几个组，主要用于在 Word 2010 文档中插入各种元素。

③“页面布局”功能区：包括主题、页面设置、稿纸、页面背景、段落和排列等几个组，主要用于设置 Word 2010 文档页面样式。

④“引用”功能区：包括目录、脚注、引文与书目、题注、索引和引文目录等几个组，用于在 Word 2010 文档中插入目录等比较高级的功能。

⑤“邮件”功能区：包括创建、开始邮件合并、编写和插入域、预览结果和完成等几个组，该功能区的作用比较专一，主要用于在 Word 2010 文档中进行邮件合并方面的一些操作。

⑥“审阅”功能区：包括校对、语言、中文简繁转换、批注、修订、更改、比较、保护和墨迹等几个组，主要用于对 Word 2010 文档进行校对和修订等操作，比较适合多人协作处理 Word 2010 长文档。

⑦“视图”功能区：包括文档视图、显示、显示比例、窗口和宏等几个组，主要用于设置 Word 2010 操作窗口的视图类型。

(5) 导航窗格

导航窗格主要显示文档的标题级文字，以方便用户快速查看文档，单击其中的标题，即可快速跳转到相应的位置。

(6) 文本编辑区

功能区下的空白区为文本编辑区，它是输入文本、添加图形图像以及编辑文档的区域，对文本的操作结果都将显示在该区域。文本区中闪烁的光标为插入点，是文字和图片输入的位置，也是各种命令生效的位置。文本区右边和下边分别是垂直滚动条和水平滚动条。

(7) 标尺

文本区左边和上边的刻度分别为垂直标尺和水平标尺，拖动水平标尺上的滑块，可以设置页面的宽度、制表位和段落缩进等，如图 3-3 所示。单击垂直滚动条上方的“标尺”按钮可显示或隐藏标尺。

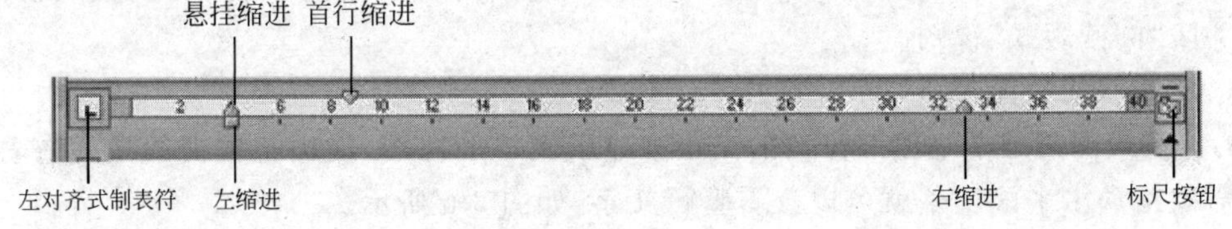

图 3-3 水平标尺

(8) 状态栏和视图栏

窗口的左底部显示的是状态栏，它主要提供当前文档的页码、字数、修订、语言、改写或插入等信息。窗口的右底部显示的是视图栏，包括视图切换按钮区和比例缩放区，单击视图切换按钮用于视图的切换，拖动比例缩放区中的“显示比例”滑块，可以改变文档编辑区的大小。

3.1.2 视图介绍与使用

Word 2010 为用户提供了多种浏览文档的模式，包括页面视图、阅读版式视图、web 版式视图、大纲视图和草稿。在“视图”功能区的“文档视图”组中或在“视图切换按钮区”中，单击相应的按钮，即可切换至相应的视图模式。

1. 页面视图

页面视图是 Word 2010 默认的视图模式，该视图中显示的效果和打印的效果完全一致。在页面视图中可看到页眉、页脚、水印和图形等各种对象在页面中的实际打印位置，便于用户对页面中的各种对象元素进行编辑，如图 3-4 所示。

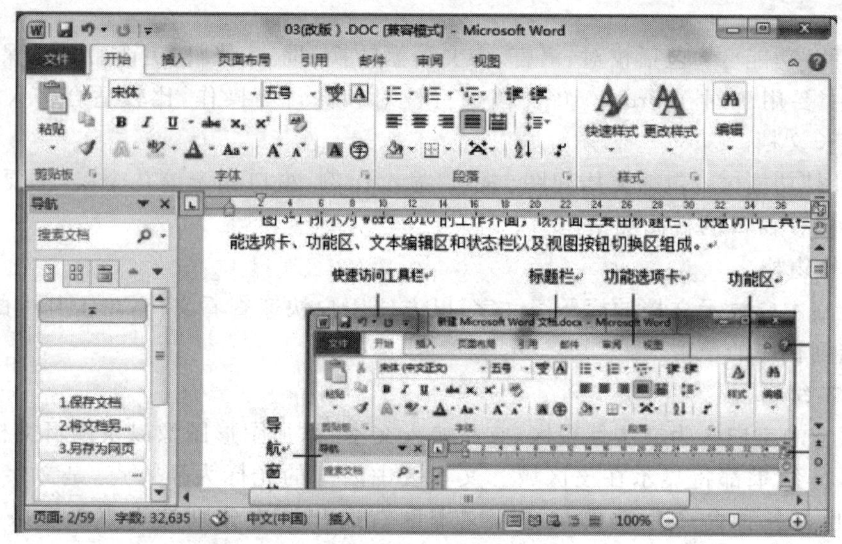

图 3-4 页面视图

2. 阅读版式视图

为方便阅读文章，Word 2010 添加了“阅读版式”视图模式。该视图模式主要用于阅读比较长的文档，如果文章较长，他会自动分成多屏以方便阅读。在该模式中，可对文字进行勾画和批注，如图 3-5 所示。在“阅读版式”视图下，单击右上角的“关闭阅读版式视图”按钮，可关闭“阅读版式”视图。

3. Web 版式视图

Web 版式视图是唯一按照窗口的大小来显示文本的视图，使用这种视图模式查看文档时，不需要拖动水平滚动条就可以查看整行文字，如图 3-6 所示。

4. 大纲视图

对于一个具有多重标题的文档，可使用大纲视图查看该文档，显得更为方便直观。这是因为大纲视图是按照文档中标题的层次来显示文档的，可将文档折叠起来只看主标题，也可将文档展开查看整个文档的内容，如图 3-7 所示。

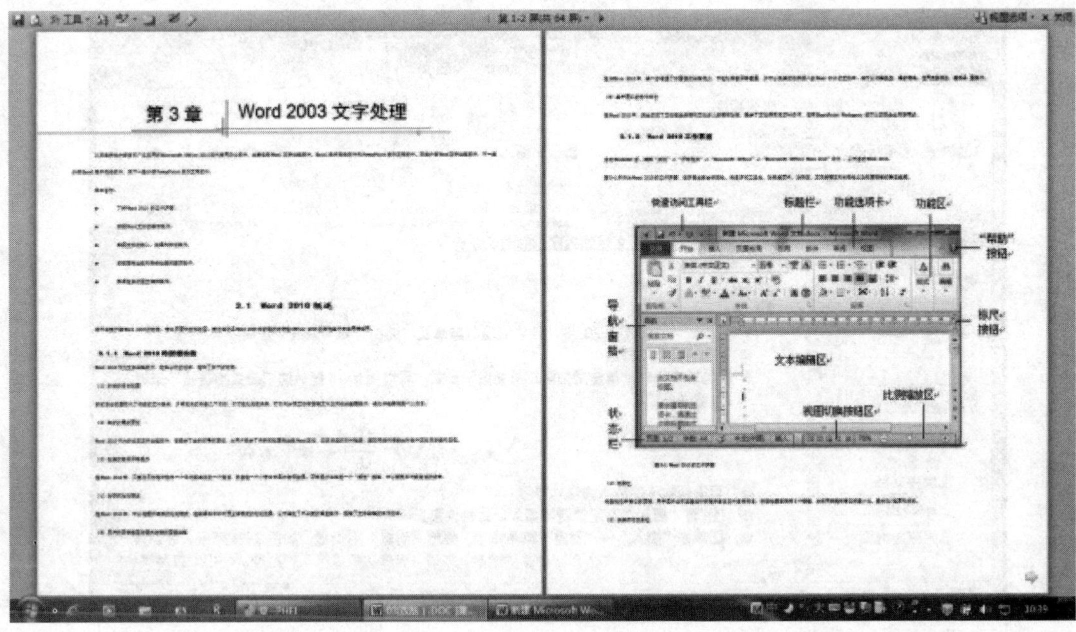

图 3-5　阅读版式视图

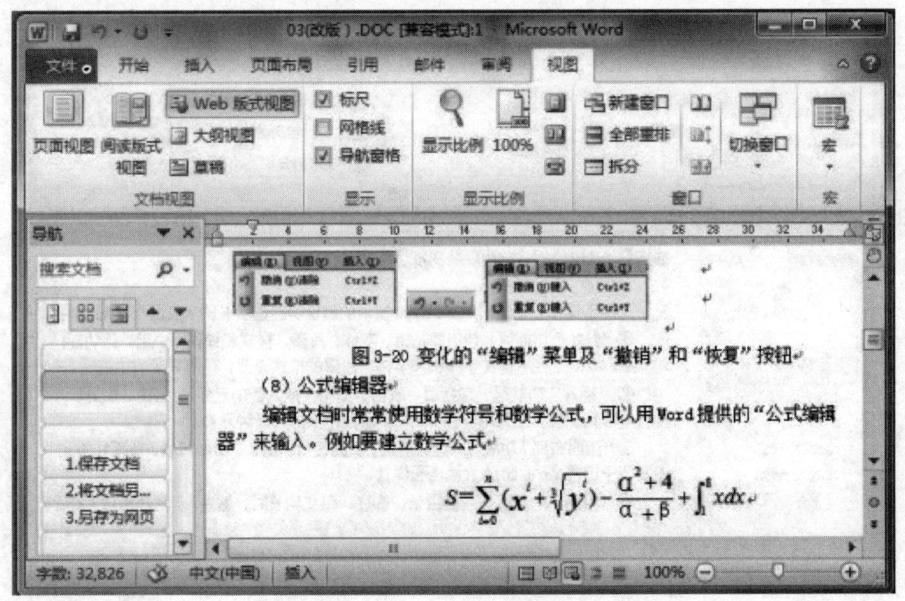

图 3-6　Web 版式视图

5. 草稿

草稿是 Word 2010 中最简化的视图模式，在该模式中不显示页边距、页眉和页脚、背景、图形图像及未设置"嵌入型"环绕方式的图片。因此草稿视图仅适用于编辑内容和格式都比较简单的文档，如图 3-8 所示。

【提示】　一般来说，使用 Word 2010 编辑文档时，都默认使用页面视图模式。

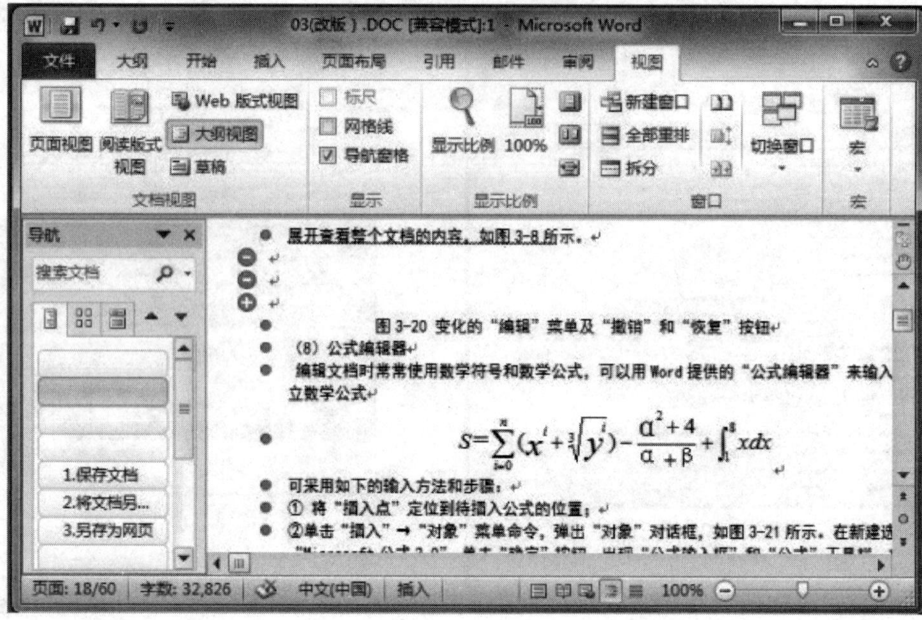

图 3-7 大纲视图

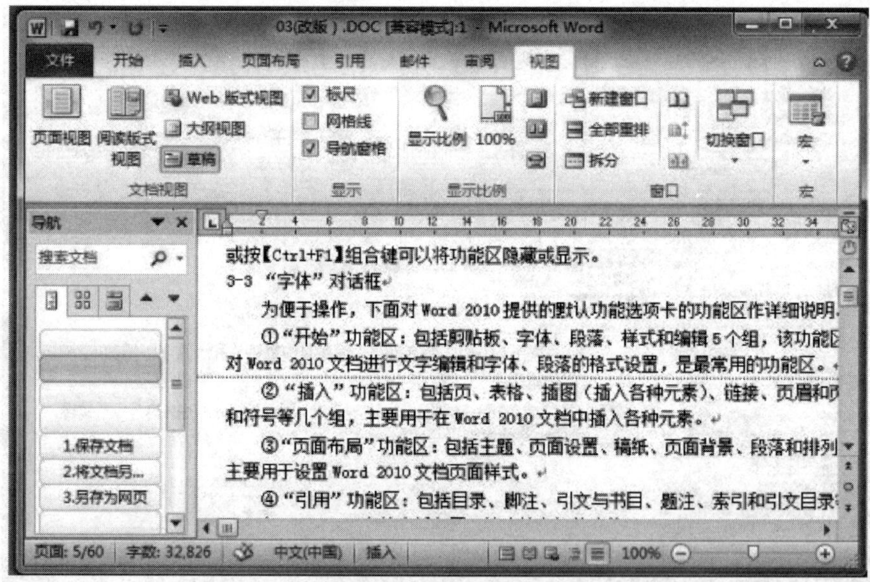

图 3-8 草稿视图

3.2 Word 2010 基本操作

Word 文档的基本操作主要包括文档的创建、保存、打开与关闭，在文档中输入文本以及编辑文档。

3.2.1 Word 文档的创建与保存

使用 Word 2010 编辑文档，首先必须创建文档。本节主要介绍 Word 文档的创建、保存、打开和关闭。

1. **新建文档**

在 Word 2010 中可以创建空白文档，也可以根据现有内容创建具有特殊要求的文档。

1) 创建空白文档

空白文档是最常使用的文档。创建空白文档的操作步骤如下：

(1) 单击“文件”按钮，从其下拉列表中选择“新建”命令，打开“新建文档”页面。

(2) 在“可用模板”区域中选择“空白文档”选项。

(3) 单击“创建”按钮，即可创建一个空白文档，如图 3-9 所示。

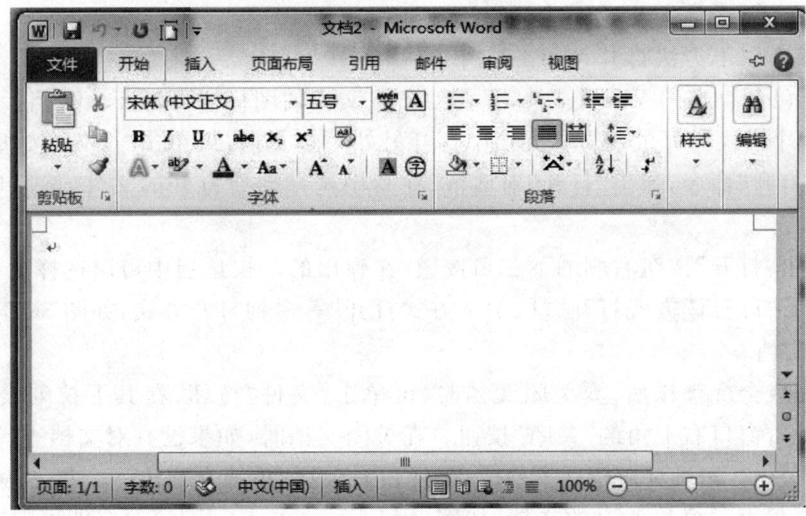

图 3-9 创建空白文档

2）根据模板创建文档

在“文件”→“新建”页面中，选择“Office.com 模板”，则可以选择其他的文档模板，如名片、日历、礼券、货卡、信封、费用报表和会议议程等，创建满足自己特殊需要的文档。

2. 保存文档

1）保存新建文档

如果要对新建文档进行保存，可单击快速访问工具栏上的“保存”按钮；也可单击“文件”按钮，在其下拉列表中选择“保存”命令。在这两种情况下，都会弹出一个“另存为”对话框，然后在该对话框中选择保存路径，在“文件名”文本框中输入文件名，在“保存类型”下拉列表框中可选择默认类型，即“Word 文档（*.docx)”，也可选择“Word 97-2003 文档（*.doc)”类型或其他保存类型，然后单击“保存”按钮。如果选择“Word 97-2003 文档（*.doc)”保存类型，则在 Word 97-2003 版本环境下，不加转换就可打开。

2）保存已经保存过的文档

对于已经保存过的文档进行保存，可单击“快速访问工具栏”上的“保存”按钮；也可单击“文件”按钮，在其下拉列表中选择“保存”命令。在这两种情况下，都会按照原文件的路径、文件名称及文件类型进行保存。

3）另存为其他文档

如果文档已经保存过，且在进行了一些编辑操作之后，需要实现如下操作：

(1) 保留原文档，(2)文件更名，(3)改变文件保存路径，(4)改变文件类型。

在如上 4 种的任意一种情况下，都需要打开“另存为”对话框进行保存，即单击“文件”按钮，在其下拉列表中选择“另存为”命令，打开“另存为”对话框，在其中设置保存路径、文件名称及文件类型，然后单击“保存”按钮即可。

3. 打开和关闭文档

打开文档是 Word 文档处理的一项最基本的操作，对于任何一个文档来说都需要先将其打开，然后才能对其进行编辑。编辑完成后，可将文档关闭。下面来介绍如何打开和关闭文档。

1）打开文档

用户可参考以下方法打开 Word 文档。

(1) 对于已经存在的 Word 文档，只需双击该文档的图标便可打开该文档。

(2) 在一个已经打开的 Word 文档中打开另外一个文档，可单击“文件”按钮，从其下拉列表中选择“打开”命令，弹出“打开”对话框，在其中选择需要打开的文件，然后单击“打开”按钮即可。

另外，单击“打开”按钮右侧的下三角按钮，在弹出的下拉选项中可以选择文档的打开方式，其中包含有“以只读方式打开”“以副本方式打开”等多种打开方式，如图 3-10 所示。

2）关闭文档

对文档完成全部操作后，要关闭文档时，可单击“文件”按钮，在其下拉列表中选择“关闭”命令，或单击窗口右上角的“关闭”按钮。在关闭文档时，如果没有对文档进行编辑、修改操作，可直接关闭；如果对文档做了修改，但还没有保存，系统会弹出一个提示对话框，询问用户是否需要保存已经修改过的文档，如图 3-11 所示，单击“保存”按钮即可保存并关闭该文档。

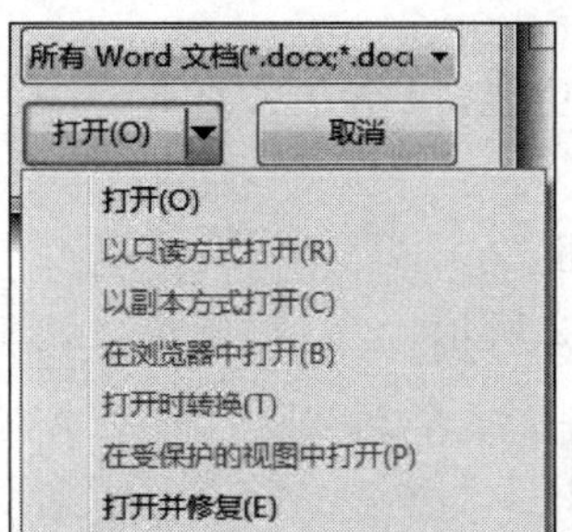

图 3-10　选择打开方式

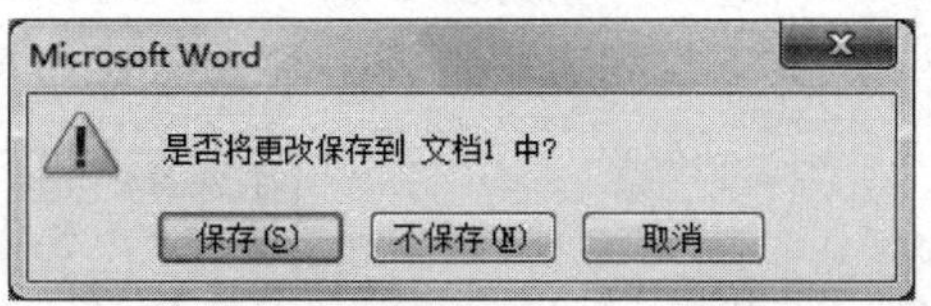

图 3-11　保存提示对话框

3.2.2　文本录入

我们常常建立的文档是一个空白文档，还没有具体的内容，下面介绍向文档中输入文本的一般方法，以及输入不同文本的具体操作。首先介绍定位“插入点”的方法。

1. 定位“插入点”

在 Word 文档的输入编辑状态下，光标起着定位的作用，光标的位置即对象的“插入点”位置。定位“插入点”可通过键盘和鼠标的操作来完成。

1）用键盘快速定位“插入点”

(1) Home 键：将“插入点”移到所在行的行首。

(2) End 键：将“插入点”移到所在行的行尾。

(3) PgUp 键：上翻一屏。

(4) PgDn 键：下翻一屏。

(5) Ctrl＋Home：将“插入点”移动到文档的开始位置。

(6) Ctrl＋End：将“插入点”移动到文档的结束位置。

2）用鼠标“单击”直接定位“插入点”

方法：将鼠标指针指向文本的某处，直接单击鼠标左键定位“插入点”。

2. 输入文本的一般方法和原则

输入文本是使用 Word 的基本操作。在 Word 文档窗口中有一个闪烁的插入点，表示输入的文本将出现的位置，每输入一个文字，插入点会自动向后移动。在文档中除了可以输入汉字、数字和字母以外，还可以插入一些特殊的符号，也可以在 Word 文档中插入日期和时间。

在输入文本过程中，Word 2010 将遵循以下原则：

(1) Word 具有自动换行功能，因此，当输入到每一行的末尾时，不要按 Enter 键，让 Word 自动换行，只有当一个段落结束时，才按 Enter 键。如果按 Enter 键，将在插入点的下一行重新创建一个新的段落，并在上一个段落的结束处显示段落结束标记。

(2) 按 Space 键，将在插入点的左侧插入一个空格符号，其宽度将由当前输入法的全/半角状态而定。

(3) 按 BackSpace 键，将删除插入点左侧的一个字符。

(4) 按 Delete 键，将删除插入点右侧的一个字符。

3. 插入符号

在文档中插入符号，可以使用 Word 2010 插入符号的功能，操作方法如下：

(1) 将插入点移动到需要插入符号的位置。

(2) 在“插入”→“功能区”的“符号”组，单击“符号”按钮。

(3) 从其下拉列表中选择一种你需要的符号，如图 3-12 所示。

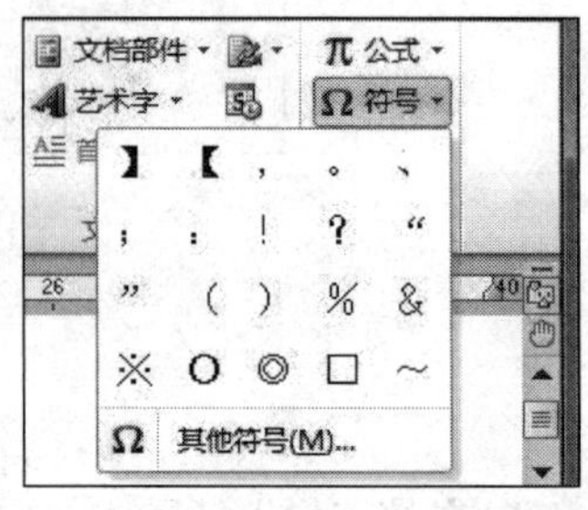

图 3-12 “符号”按钮的下拉列表

(4) 如不能满足要求，再选择“其他符号”命令，打开“符号”对话框。

(5) 在“符号”对话框中，选择“符号”或“特殊字符”选项卡可分别插入你所需要的符号或特殊字符，如图 3-13 所示。

图 3-13 “符号”对话框的“符号”选项卡

(6) 选择符号或特殊字符后，单击“插入”按钮，再单击“关闭”按钮关闭对话框。

4. 输入 CJK 统一汉字

有一些汉字很难从键盘输入，这时可借助“符号”对话框选择所需汉字输入，其操作步骤如下：

(1) 在“符号”对话框的字体下拉列表框中，选择“普通文本”。

(2) 在“子集”下拉列表框中，选择“CJK 统一汉字”或“CJK 统一汉字扩充”。

(3) 选择所需汉字后，单击“插入”按钮，再单击“关闭”按钮关闭对话框。

5. **插入文件**

插入文件是指将另一个 Word 文档的内容插入到当前 Word 文档的插入点，使用该功能可以将多个文档合并成一个文档，操作步骤如下：

(1) 定位插入点。

(2) 在“插入”功能区的“文本”组，单击“对象”的下三角按钮。

(3) 从其下拉列表中，选择“文件中的文字”选项，如图 3-14 所示，打开“插入文件”对话框，如图 3-15 所示。

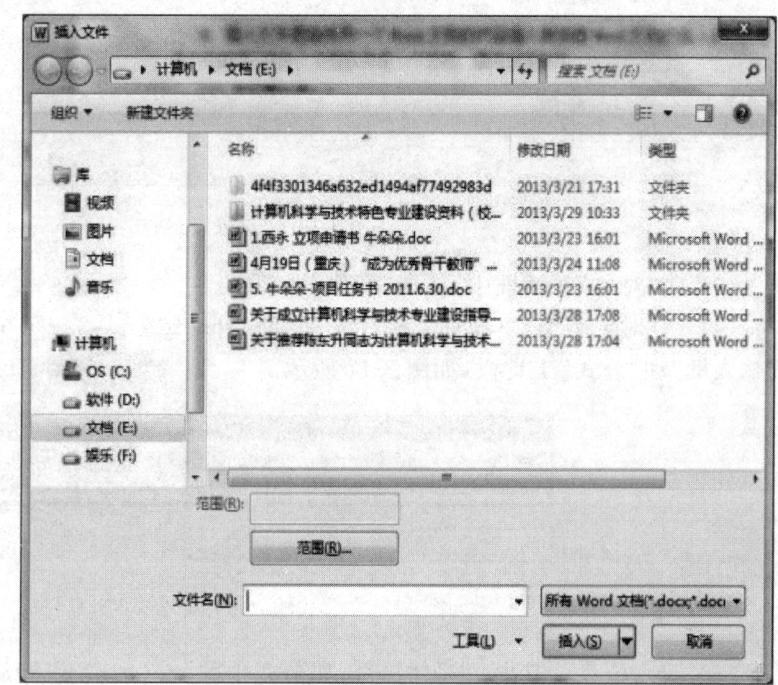

图 3-14 “对象”的下拉列表

图 3-15 “插入文件”对话框

(4) 在“插入文件”对话框中，选择所需文件，然后单击“插入”按钮，插入文件内容后系统自动关闭该对话框。

6. **插入数学公式**

编辑文档时常常需要输入数学符号和数学公式，可以使用 Word 提供的“公式编辑器”来输入。例如要建立如下数学公式：

$$S=\frac{x_1+x_2+x_3+\cdots+x_n}{n} \tag{1}$$

$$S=\frac{\sum_{i=1}^{n} x_i}{n} \tag{2}$$

可采用如下的输入方法和步骤：

(1) 将“插入点”定位到需要插入数学公式的位置。

(2) 在“插入”功能区的“文本”组，单击“对象”按钮，打开“对象”对话框，如图 3-16 所示。

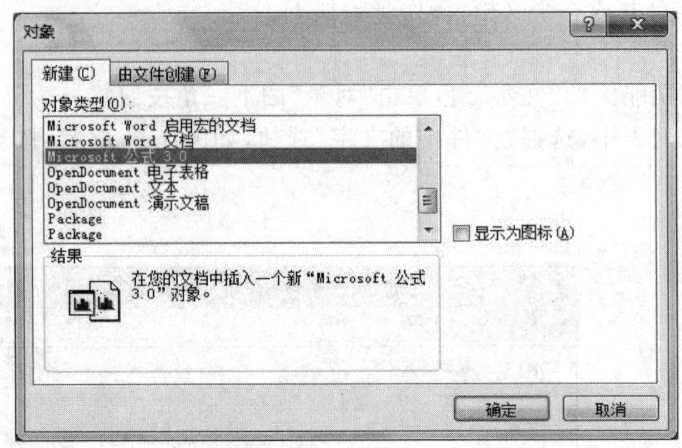

图 3-16 “对象”对话框

(3) 在“对象”对话框中，选择“新建”选项卡。

(4) 在“对象类型”下拉列表框中选择“Microsoft 公式 3.0”，单击“确定”按钮，弹出“公式输入框”和“公式”工具栏，如图 3-17 所示。

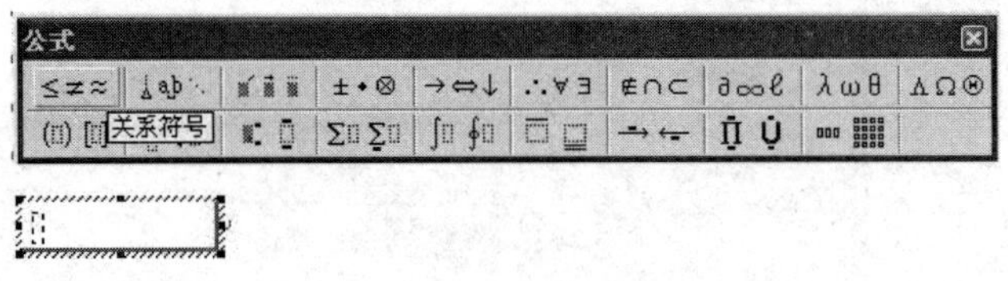

图 3-17 “公式输入框”和“公式”工具栏

(5) 输入公式。其中一部分符号，如公式中的“S”“=”“n”等从键盘输入。“公式”工具栏中的第一行是各类数学符号，第二行是各类数学表达式模版。在输入时可用键盘上的上、下、左、右键或 Tab 键来切换“公式输入框”中的“插入点”位置。

(6) 关闭公式编辑器，回到文档的编辑状态。可右击公示对象，选择快捷菜单中的“设置对象格式”命令，修改对象格式，如大小、版式、底色等。如再次编辑公示，可以双击公式，再次出现“公式输入框”和“公式”工具栏。

3.2.3 编辑文档

在文档中输入文本后，就要对文档进行编辑操作。编辑文档主要包括文本的选定、文本的插入与改写、复制、删除、移动、查找与替换、撤销、恢复和重复等。

1. 文本的选定

(1) 连续文本区的选定：将鼠标指针移动到需要选定文本的开始处，按下鼠标左键拖动至需要选定文本的结尾处，释放左键；或者单击需要选定文本的开始处，同时按下 Shift 键，在结尾处再单击。被选中的文本呈反显状态。

(2) 不连续多块文本区的选定：在选择一块文本之后，按下 Ctrl 键的同时，选择另外的文本，则多块文本被同时选中。

(3) 文档的一行、一段以及全文的选定：移动鼠标至文档左侧的文档选定区，鼠标形状变成空心斜向上的箭头时，单击可选中鼠标箭头所指向的一整行，双击可选中整个段落，三击可选中全文。

(4) 要选定整个文档，还可以采用如下方法之一：

① 按住 Ctrl 键，单击文档选定区的任何位置。

② 按 Ctrl＋A 组合键。

③ 在“开始”功能区的“编辑”组，单击“选择”→“全选”命令。

2. 文本的插入与改写

插入与改写是输入文本时的两种不同的状态，在“插入”状态下，插入文本时，插入点右侧的文本将随着新输入文本自动向右移动，即新输入的文本插入到原来的插入点之前；而在“改写”状态时，插入点右边的文本被新输入的文本所替代。

按 Insert 键或单击文档窗口底部状态栏的“改写/插入”按钮，都可以在这两种状态之间进行切换。

3. 文本的复制

复制文本常使用如下两种方法：

(1) 使用鼠标复制文本：选定需要复制的文本，按住鼠标左键的同时按下 Ctrl 键进行拖动，至目标位置，释放鼠标左键即可。

(2) 使用剪贴板复制文本：选定需要复制的文本，在“开始”功能区的“剪贴板”组单击“复制”按钮，或选择其快捷菜单中的“复制”命令；将光标移至目标位置，单击“剪贴板”组的“粘贴”按钮，或选择其快捷菜单中的“粘贴”命令。

4. 文本的删除

如果要删除一个字符，可以将插入点移动到要删除字符的左边，然后按 Delete 键，也可以将插入点移动到要删除字符的右边，然后按 BackSpace 键。

要删除一个连续的文本区域，首先选定需要删除的文本，然后按 BackSpace 键或按 Delete 键均可。

5. 文本的移动

移动文本常使用如下两种方法：

(1) 使用鼠标移动文本：选定需要移动的文本，按住鼠标左键拖动至目标位置，释放鼠标左键即可。

(2) 使用剪贴板移动文本：选择需要移动的文本，在“开始”功能区的“剪贴板”组单击“剪切”按钮，或选择其快捷菜单中的“剪切”命令；将光标移至目标位置，单击“剪贴板”组的“粘贴”按钮，或选择其快捷菜单中的“粘贴”命令。

6. 文本的查找与替换

查找与替换操作是编辑文档中最常用的操作之一。通过查找功能可以帮助用户快速找到文档中的某些内容，以便进行相关操作。替换是在查找的基础上，将找到的内容替换成用户需要的内容。Word 允许文本的内容与格式完全分开，所以用户不但可以在文档中查找文本，也可以查找指定格式的文本或者其他特殊字符，还可以查找和替换单词的不同形式，不但可以进行内容的替换，还可以进行格式的替换。

在进行查找和替换操作之前,在打开的“查找和替换”对话框中,需注意查看“搜索选项”中的各个选项的含义,如表 3-1 和图 3-18 所示。

表 3-1 “搜索选项”中各“选项”的含义

选项名称	操作含义
全部	整篇文档
向上	插入点到文档的开始处
向下	插入点到文档的结尾处
区分大小写	查找或替换字母时需区分字母的大小写
全字匹配	在查找中,只有完整的词才能被找到
使用通配符	可用“?”或“*”分别代表任意一个字符或任意一个字符串
区分全/半角	在查找或替换时,所有字符需区分全角/半角
忽略空格	查找或替换时,有空格的将被忽略

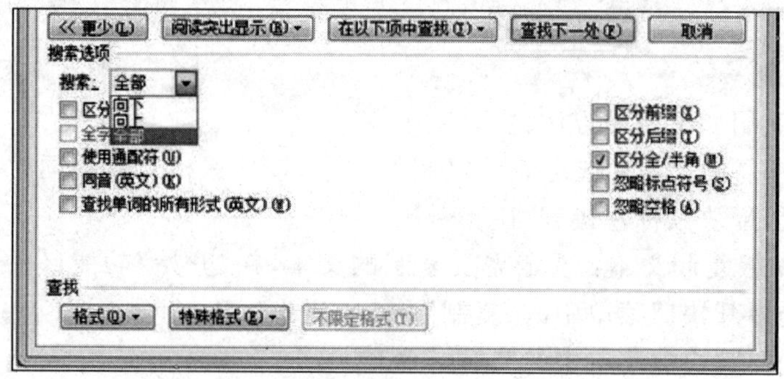

图 3-18 “查找和替换”对话框中的“搜索选项”

查找与替换的操作步骤如下:

(1) 打开需要进行查找或者需要进行替换的文档。

(2) 在“开始”功能区中,用下面 3 种方法之一打开“查找和替换”对话框:

① 单击“查找”→“高级查找”选项。

② 单击“替换”按钮。

③ 单击状态栏中的“页面”按钮。

(3) 在“查找和替换”对话框中,单击“查找”选项卡,在“查找内容”文本框中输入要查找的文本,单击“查找下一处”按钮。如果需要替换新的内容,选择“替换”选项卡,在“替换为”文本框中输入用于替换的文本,然后单击“替换”或“全部替换”按钮,如图 3-21 所示。

(4) 如果需要查找和替换格式时,单击“更多”按钮,扩展对话框,进行格式设置。如图 3-22 所示。

【例 3.1】 查找与替换,要求将如图 3-19 所示文档中的“儿童”替换成“孩子”,替换字体颜色为“红色”、字形为“粗体”、带“粗下画线”,如图 3-20 所示效果。且将文档存储在“我的文档”中,文件名为 Word1. doc。

新建一个空白文档,并在文档中输入图 3-19 所示的文字内容,然后按如下步骤操作:

① 在“查找和替换”对话框中,单击“替换”选项卡。

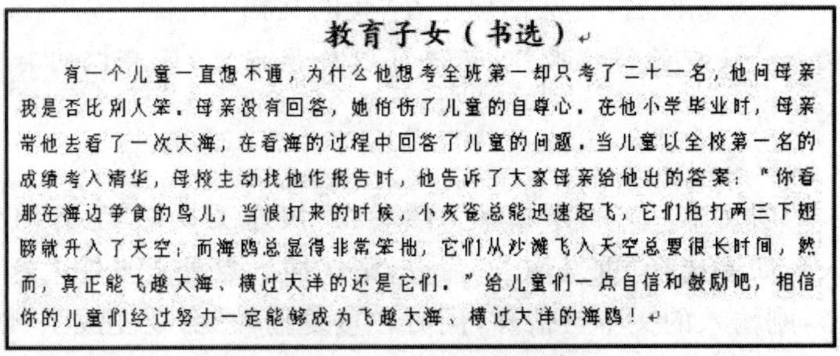

教育子女（书选）

有一个儿童一直想不通，为什么他想考全班第一却只考了二十一名，他问母亲我是否比别人笨。母亲没有回答，她怕伤了儿童的自尊心。在他小学毕业时，母亲带他去看了一次大海，在看海的过程中回答了儿童的问题。当儿童以全校第一名的成绩考入清华，母校主动找他作报告时，他告诉了大家母亲给他出的答案："你看那在海边争食的鸟儿，当浪打来的时候，小灰雀总能迅速起飞，它们拍打两三下翅膀就升入了天空；而海鸥总显得非常笨拙，它们从沙滩飞入天空总要很长时间，然而，真正能飞越大海、横过大洋的还是它们。"给儿童们一点自信和鼓励吧，相信你的儿童们经过努力一定能够成为飞越大海、横过大洋的海鸥！

图 3-19　文档中的文字

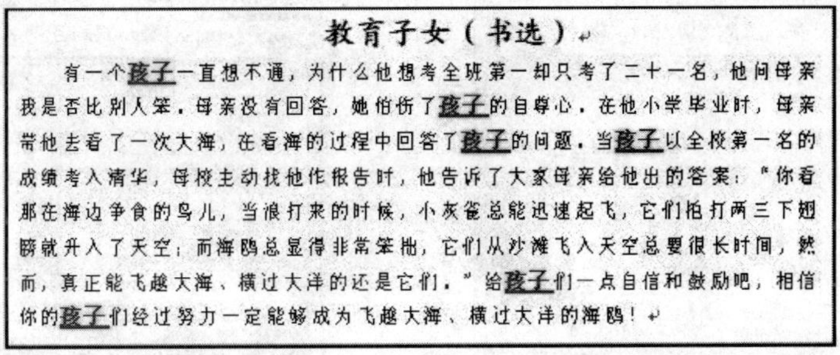

教育子女（书选）

有一个**孩子**一直想不通，为什么他想考全班第一却只考了二十一名，他问母亲我是否比别人笨。母亲没有回答，她怕伤了**孩子**的自尊心。在他小学毕业时，母亲带他去看了一次大海，在看海的过程中回答了**孩子**的问题。当**孩子**以全校第一名的成绩考入清华，母校主动找他作报告时，他告诉了大家母亲给他出的答案："你看那在海边争食的鸟儿，当浪打来的时候，小灰雀总能迅速起飞，它们拍打两三下翅膀就升入了天空；而海鸥总显得非常笨拙，它们从沙滩飞入天空总要很长时间，然而，真正能飞越大海、横过大洋的还是它们。"给**孩子**们一点自信和鼓励吧，相信你的**孩子**们经过努力一定能够成为飞越大海、横过大洋的海鸥！

图 3-20　"查找和替换"后的效果

② 在"查找"文本框中输入"儿童"，在"替换为"文本框中输入"孩子"。

③ 单击"更多"按钮，扩展对话框。再将光标定位于"替换为"文本框中，选择"格式"选项中的字体命令，设置字体格式为"加粗、粗下画线"和"字体颜色为红色"，如图 3-21 和图 3-22 所示。

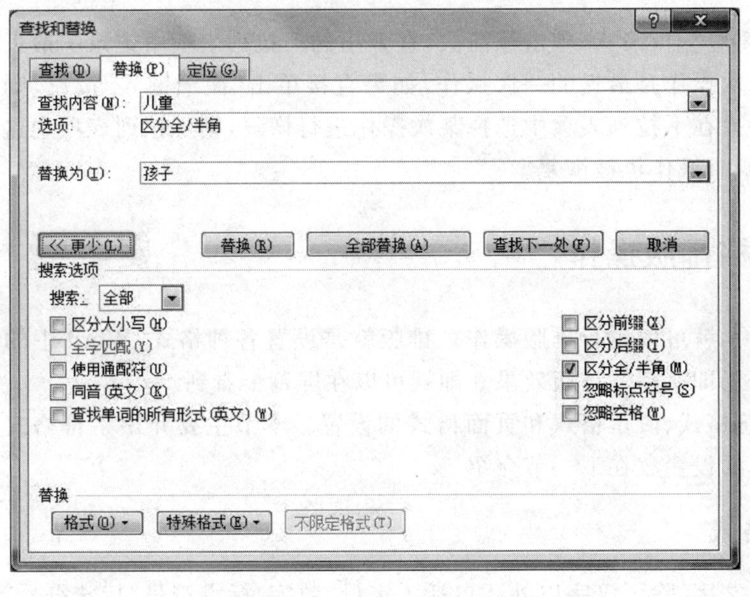

图 3-21　"查找和替换"对话框

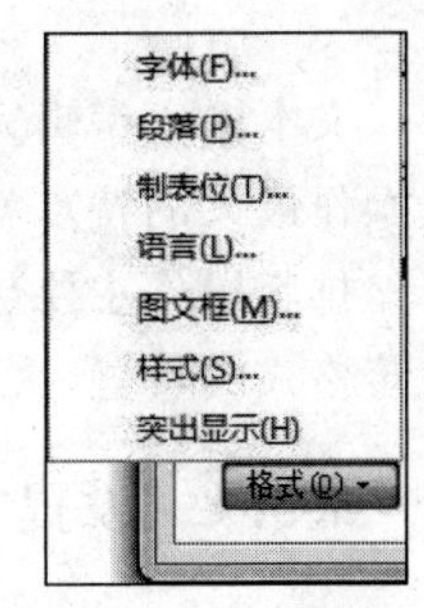

图 3-22　"格式"选项

④ 单击"全部替换"按钮。

⑤ 以 Word1.doc 为文件名，将文档保存在“我的文档”中。

【注意】 查找和替换中的替换操作，不仅可以替换内容，还可以同时替换内容和格式，还可以只进行格式的替换。

7. 撤销、恢复或重复

向文档中输入一串文本，如“科学技术”，然后在“快速工具栏”上有两个命令按钮“撤销输入”和“重复输入”，如果选择“重复输入”命令，则在插入点处重复输入这一串文本，如果选择“撤销输入”命令，刚输入的文本被清除，同时，“重复输入”命令变成了“恢复输入”命令，选择“恢复输入”命令后，刚刚清除的文本重新恢复到文档中，如图 3-23 和图 3-24 所示。

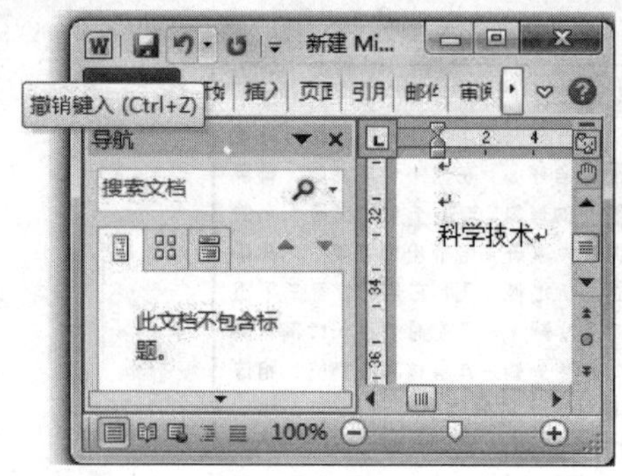

图 3-23 “撤销键入”命令按钮

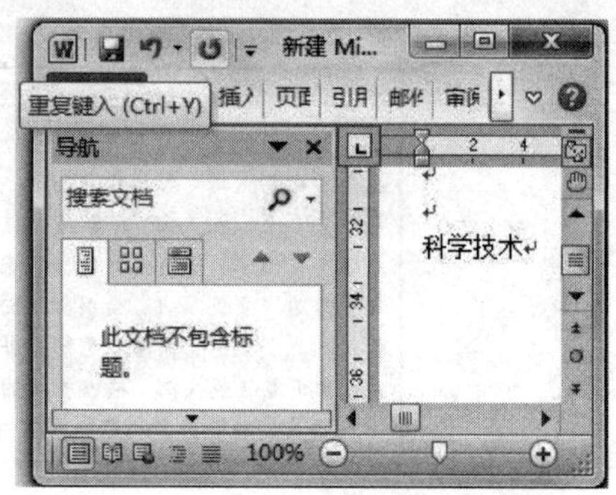

图 3-24 “重复键入”命令按钮

按键名称中的“输入”两个字是随着操作的不同而变化的，例如，如果执行的是删除文本操作，则按键名称变成“撤销清除”和“重复清除”。

使用撤销命令按钮可以撤销编辑操作中最近一次的误操作，而恢复命令按钮则可以恢复被撤销的操作。

在“撤销键入”按钮右侧有下拉箭头，单击该箭头，在弹出的下拉列表项中记录了最近各次的编辑操作，最上面的一次操作是最近的一次操作，如果直接单击“撤销键入”按钮，则撤销的是最近一次的操作，如果在下拉列表项中选择某次操作进行恢复，则下拉列表项中这次操作之上（即操作之后）的所有操作也被恢复。

3.3 Word 2010 文档排版操作

文本输入编辑完成以后，就可以进行排版操作。排版就是设置各种格式，Word 中的排版操作最大的特点就是“所见即所得”，排版效果立即就可以在屏幕上看到。

排版操作主要包括字符格式、段落格式和页面格式的设置。本节主要介绍字符格式和段落格式的设置，页面格式的设置放在下一节介绍。

3.3.1 设置字体格式

本书所指的字符，也即文字，除了汉字以外还包括了字母、数字、标点符号、特殊符号等，字符格式亦即文字格式。文字格式主要是指字体、字号、倾斜、加粗、下画线、颜色、边框和底纹等。在 Word 中，文字通常有默认的格式，在输入文字时采用默认的格式，如果要改变文字的格式，可以重新设置。

在设置文字格式时，要先选定需要设置格式的文字，然后再进行设置，如果在设置之前没有选定任何文字，则设置的格式对后来输入的文字有效。

设置文字格式有两种方法：一种方法是单击“开始”选项卡，在打开的“字体”组中选择相应的按钮进行设置，如图 3-25 所示；另一种方法是单击“字体”组右下角的对话框启动器按钮即“字体”按钮，在打开的“字体”对话框中进行设置，如图 3-26 所示。

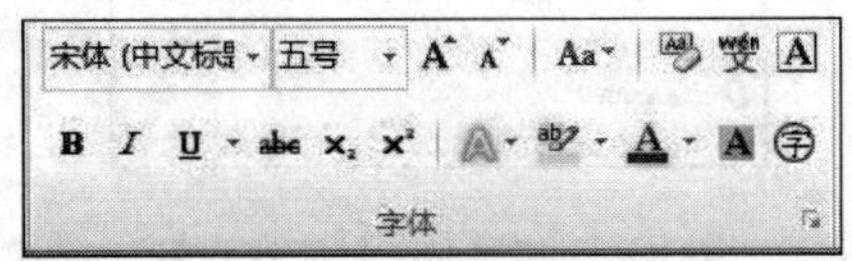

图 3-25　“字体”组

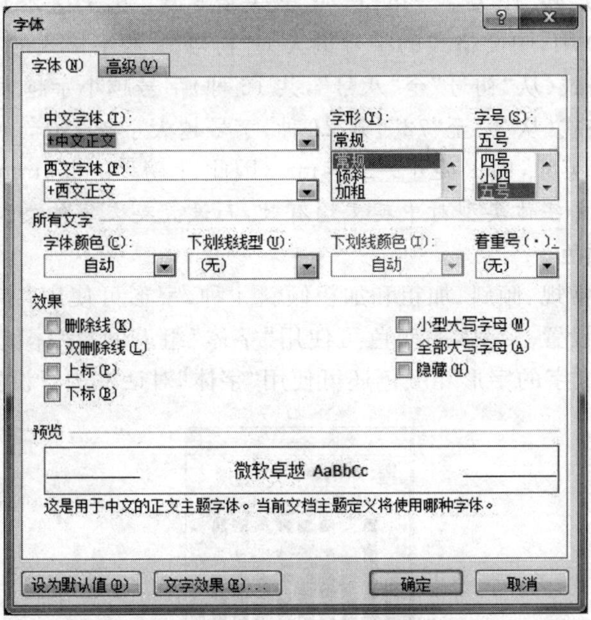

图 3-26　“字体”对话框

如图 3-25 所示，“字体”组按钮分两行，第 1 行从左到右分别是字体、字号、增大字体、缩小字体、更改大小写、清除格式、拼音指南和字符边框按钮，第 2 行从左到右分别是加粗、倾斜、下画线、删除线、下标、上标、文本效果、以不同颜色突出显示文本、字体颜色、字符底纹和带圈字符按钮。

1. 设置字体和字号

在 Word 2010 中，默认的字体和字号，对于汉字分别是宋体(中文正文)、五号，对于西文字符分别是 Calibri(西文正文)、五号。

字体和字号的设置，分别用“字体”组或者“字体”对话框中的“字体”和“字号”下拉列表框都可以进行，其中在对话框中对字体设置时中文和西文字体可分别进行设置。在“字体”下拉列表框中列出了可以使用的字体，包括汉字和西文，在列出字体名称的同时还会显示该字体的实际外观，如图 3-27 所示。

图 3-27 “字体”下拉列表框

设置字号时可以使用中文格式，以“号”作为字号单位，如“初号”“五号”“小五号”等，也可以使用数字格式，以“磅”作为字号单位，如“5”表示 5 磅、“6.5”表示 6.5 磅等。

- 在 Word 2010 中，中文格式的字号最大为“初号”；数字格式的字号最大为“72”。
- 字号的中文格式（从“初号”至“八号”，共 16 种）字号越小字越大。
- 字号的数字格式（从“5”至“72”，共 21 种）字号越大字越大。

由于 1 磅＝1/72 英寸，而 1 英寸＝25.4mm，因此，1 磅＝0.353mm。

【注意】 设置中文字体类型对中英文均有效，而设置英文字体类型仅对英文有效。

2. 设置字形和颜色

文字的字形包括常规、倾斜、加粗和加粗倾斜 4 种，字形可使用“字体”组上的“加粗”按钮和“倾斜”按钮进行设置。字体的颜色可使用“字体”组上的“字体颜色”下拉列表进行设置，如图 3-28 所示。文字的字形和颜色还可使用“字体”对话框进行设置。

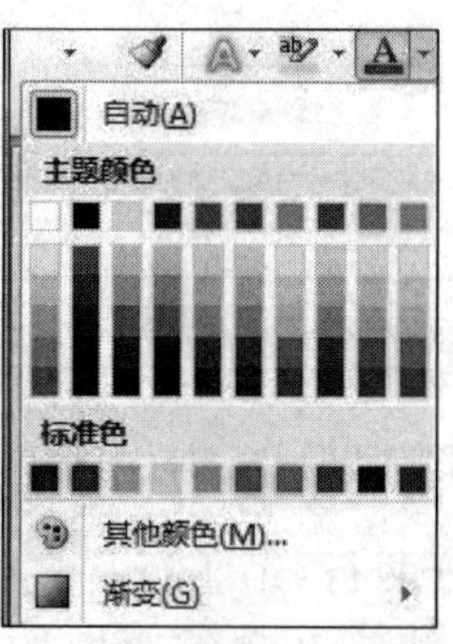

图 3-28 “字体颜色”按钮下拉列表

3. 设置下画线和着重号

在“字体”对话框的“字体”选项卡中，可以对文本设置不同类型的下画线，也可以设置着重号，如图 3-29 所示。在 Word 2010 中默认的着重号为“.”。

设置下画线最直接的方法是使用“字体”组上的“下画线”按钮。

4. 设置文字特殊效果

文字特殊效果包括有“删除线”“双删除线”“上标”“下标”等。文字特殊效果的设置方法为选定文字后，在“字体”对话框中单击“字体”选项卡，然后在“效果”选项组中选择需要的效果项，单击“确定”按钮，如图 3-30 所示。

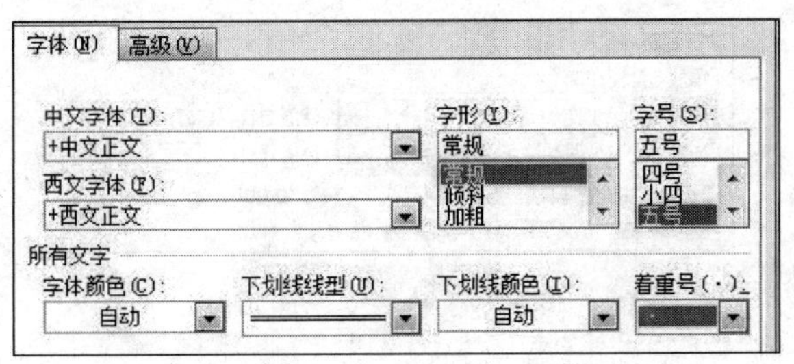

图 3-29　“字体”对话框的下画线和着重号

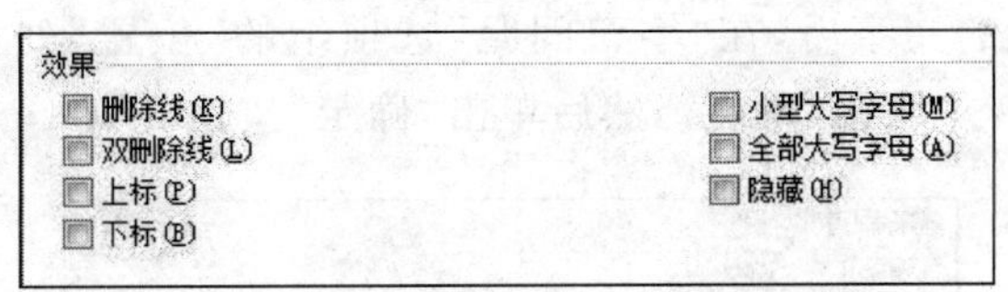

图 3-30　“字体”选项卡中的“效果”选项组

如果只是对文字加删除线、设置上标或下标，直接使用“字体”组中的删除线、上标或下标按钮即可。

5. 设置字符间距

用户在使用 Word 2010 过程中，有时会有某些特殊的需要，如加大文字的间距、对文字进行缩放及提升文字的位置等。在“字体”对话框中，选择“高级”选项卡，如图 3-31 所示，在“字符间距”选项组中可设置文字的缩放、间距和位置。

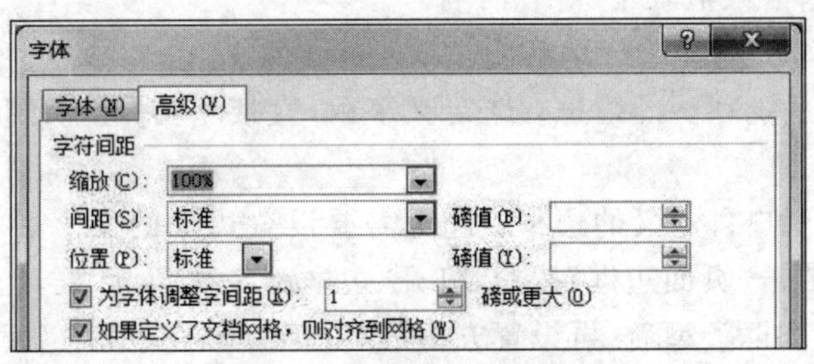

图 3-31　“字体”对话框中的“高级”选项

1）缩放字符

所谓缩放字符指的是将字符本身放大或缩小。具体操作方法如下：

选定需要缩放的文字后，在“字符间距”选项组中的“缩放”框右侧，单击下三角按钮，如图 3-32 所示，选定缩放值后单击“确定”按钮即可。

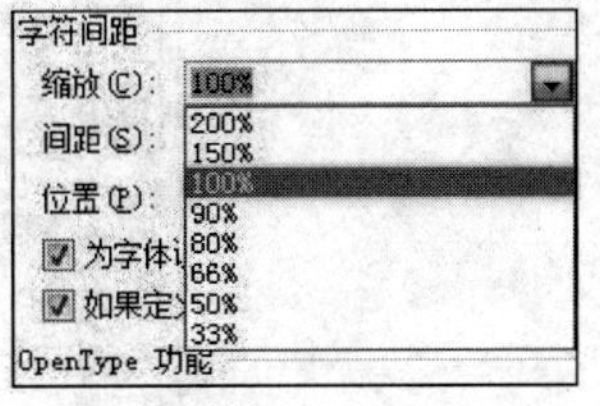

图 3-32　设置文字缩放

2）设置字符的间距

设置字符间距的具体操作方法如下：

选定需要设置间距的文字后，在“字符间距”选项组的“间距”列表框中选择“加宽”或“紧缩”，如图 3-33 所示，并设置“磅值”，然后单击“确定”按钮。

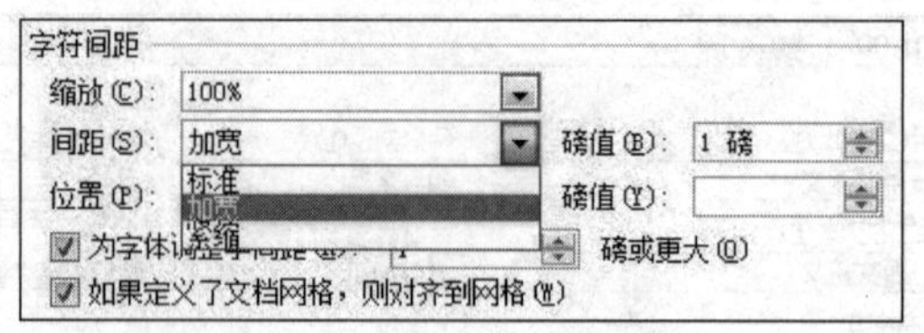

图 3-33 设置文字间距

3）设置字符的位置

设置字符位置的具体操作方法如下：

选定需要设置位置的文字后，在“字符间距”选项组的“位置”列表框中，选定“提升”或“降低”，如图 3-34 所示，并设置“磅值”，然后单击“确定”按钮。

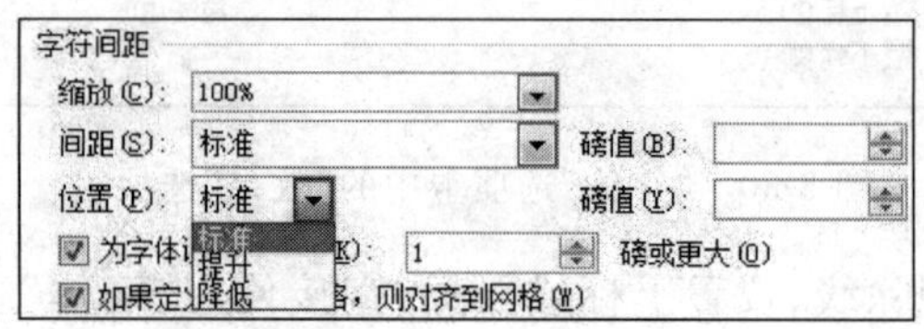

图 3-34 设置文字位置

6. 设置字符边框和字符底纹

设置边框和底纹可以使内容更加醒目突出。在 Word 2010 中，可以添加的边框有 3 种，分别为字符边框、段落边框和页面边框；可以添加的底纹有字符底纹和段落底纹。页面边框、段落边框和段落底纹放在下一节介绍。

1）设置字符边框

(1) 给字符设置系统默认的边框：选定文字后，直接单击“字体”组的“字符边框”按钮即可。

(2) 给字符设置用户自定义的边框：选定需要设置边框的文字后，在“页面布局”功能区的“页面背景”组，单击“页面边框”按钮，打开“边框和底纹”对话框，选择“边框”选项卡，在“设置”选择区下选择方框类型后，再设置方框的“线型”“颜色”和“宽度”；在“应用于”下拉列表项中，选择“文字”，如图 3-35 所示，然后单击“确定”按钮。

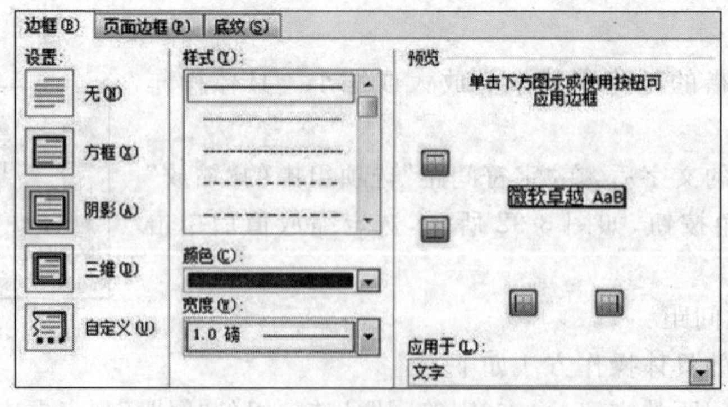

图 3-35 设置字符边框

2）设置字符底纹

（1）给字符设置系统默认的底纹：选定文字后，直接单击"字体"组的"字符底纹"按钮即可。

（2）给字符设置用户自定义的底纹：在打开的"边框和底纹"对话框中，选择"底纹"选项卡，在打开的"填充"区选择颜色，或在"图案"区选择"样式"；再在"应用于"下拉列表项中选择"文字"，如图3-36所示，然后单击"确定"按钮即可。

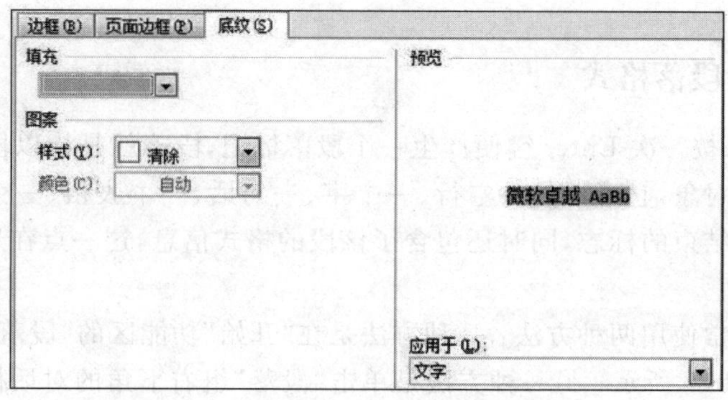

图3-36　设置字符底纹

7. 字符格式的复制和清除

1）复制字符格式

如果文档中有若干个不连续的文本段要设置相同的字符格式，可以先对其中一段文本设置格式，然后使用Word格式复制功能将一个文本设置好的格式复制到另一个文本上。显然，设置的格式越复杂，使用格式复制的方法效率也就越高。

复制格式需要使用"剪贴板"组的"格式刷"按钮完成，这个"格式刷"不仅可以复制字符格式，还可以复制段落格式。

（1）一次复制字符格式的过程如下：

① 选定已设置好字符格式的文本。

② 单击"剪贴板"组的"格式刷"按钮，此时，该按钮呈下沉显示，鼠标变成刷子形。

③ 将光标移动到需要复制字符格式的文本的开始处，拖动鼠标直到需要复制字符格式的文本结尾处，释放鼠标完成格式复制。

（2）多次复制字符格式的过程如下：

① 选定已设置好字符格式的文本。

② 双击"剪贴板"组的"格式刷"按钮，此时，该按钮呈下沉显示，鼠标变成刷子形。

③ 将光标移动到需要复制字符格式的文本开始处，拖动鼠标直到需要复制字符格式的文本结尾处，然后释放鼠标。

④ 重复上述操作对不同位置的文本进行格式复制。

⑤ 复制完成后，再次单击"格式刷"按钮结束格式的复制。

2）清除字符格式

格式的清除是指将用户所设置的格式恢复到默认的状态，可以使用以下两种方法：

（1）选定需要使用默认格式的文本，然后用格式刷将该格式复制到要清除格式的文本。

(2) 选定需要清除格式的文本,然后单击“字体”组的“清除格式”按钮或按 Ctrl+Shift+Z 组合键。

字符除了进行上述的字体字号等的设置外,还可进行一些其他设置,主要包括带圈字符、拼音、更改字母的大小写、突出显示和中文简繁转换等设置。这些设置可通过单击“字体”组的“带圈字符”“拼音指南”“更改大小写”“以不同颜色突出显示文本”按钮以及在“审阅”功能区的“中文简繁转换”组,单击相应按钮来实现。在此不再做介绍,请读者自己体会。

3.3.2 设置段落格式

在 Word 中,每按一次 Enter 键便产生一个段落标记,段落就是指以段落标记作为结束的一段文本或一个对象,它可以是一空行、一个字、一句话、一个表格、一个图形等。段落标记不仅是一个段落结束的标志,同时还包含了该段的格式信息,这一点在后面的格式复制中可以看出。

设置段落格式常使用两种方法:一种方法是在“开始”功能区的“段落”组单击相应的按钮进行设置,如图 3-37 所示;另一种方法是单击“段落”组右下角的对话框启动器按钮也即“段落”按钮,在打开的“段落”对话框中进行设置,如图 3-38 所示。

图 3-37 “段落”组按钮

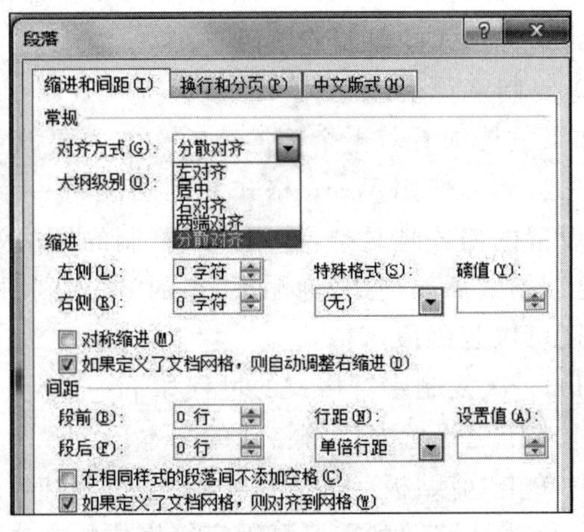

图 3-38 “段落”对话框

如图 3-37 所示,“段落”组的按钮分两行,第 1 行从左到右分别是项目符号、编号、多级列表、减少缩进量、增加缩进量、中文版式、排序和显示/隐藏编辑标记按钮,第 2 行从左到右分别是文本左对齐、居中、文本右对齐、两端对齐、分散对齐、行和段落间距、底纹和下框线按钮。

段落格式的设置包括缩进、对齐方式、段间距与行距、边框与底纹以及项目符号与编号等。

在 Word 中,在进行段落格式设置前需先选定段落,当只对某一个段落进行格式设置时,只需将光标定位到该段的任一位置即可;如果要对多个段落进行格式设置,则必须先选定需要设置格式的所有段落。

1. **设置对齐方式**

Word 段落的对齐方式有“两端对齐”“左对齐”“居中”“右对齐”和“分散对齐”5 种。

1) 5 种对齐方式各自的特点

两端对齐：使文本按左、右边距对齐，并自动调整每一行的空格。

左对齐：使文本向左对齐。

居中：段落各行居中，一般用于标题或表格中的内容。

右对齐：使文本向右对齐。

分散对齐：使文本按左、右边距在一行中均匀分布。

2) 设置对齐方式的操作方法

(1) 方法一：选定需要设置对齐方式的段落后，在打开的“段落”对话框中，选择“缩进和间距”选项卡，在“常规”选项区下的“对齐方式”下拉列表中，选定用户所需的对齐方式后，单击“确定”按钮，如图 3-38 所示。

(2) 方法二：选定需要设置对齐方式的段落后，单击“段落”组的相应对齐方式按钮，如图 3-37 所示。

2. **设置缩进方式**

段落缩进方式共有 4 种，分别是首行缩进、悬挂缩进、左缩进和右缩进。其中首行缩进和悬挂缩进控制段落的首行和其他行的相对起始位置，左缩进和右缩进则用于控制段落的左、右边界，所谓段落的左边界是指段落的左端与页面左边距之间的距离，段落的右边界是指段落的右端与页面右边距之间的距离。

在输入文本时，当输入到一行的末尾时会自动另起一行，这是因为在 Word 中默认以页面的左、右边距作为段落的左、右边界，通过左缩进和右缩进的设置，可以改变选定段落的左右边距。下面就段落的 4 种缩进方式进行说明。

(1) 左缩进：实施左缩进操作后，被操作段落整体向右侧缩进一定的距离。左缩进的数值可以为正数也可以为负数。

(2) 右缩进：与左缩进相对应，实施右缩进操作后，被操作段落整体向左侧缩进一定的距离。右缩进的数值可以为正数也可以为负数。

(3) 首行缩进：实施首行缩进操作后，被操作段落的第一行相对于其他行向右侧缩进一定距离。

(4) 悬挂缩进：悬挂缩进与首行缩进相对应。实施悬挂缩进操作后，各段落除第一行以外的其余行向右侧缩进一定距离。

缩进的操作方法：

(1) 通过标尺进行缩进。选定需要设置缩进方式的段落后，拖动水平标尺(横排文本时)或垂直标尺(纵排文本时)上的相应滑块到合适的位置；在拖动滑块过程中，如果按住 ALT 键，可同时看到拖动的数值。

(2) 在水平标尺上有 3 个缩进标记(其中悬挂缩进和左缩进为一个缩进标记)，如图 3-39 所示，但可进行 4 种缩进，即悬挂缩进、首行缩进、左缩进和右缩进。现对这 3 个缩进标记的操作做如下说明。

① 用鼠标拖动首行缩进标记，用以控制段落的第一行第一个字的起始位置。

② 用鼠标拖动左缩进标记，用以控制段落的第一行以外的其他行的起始位置。

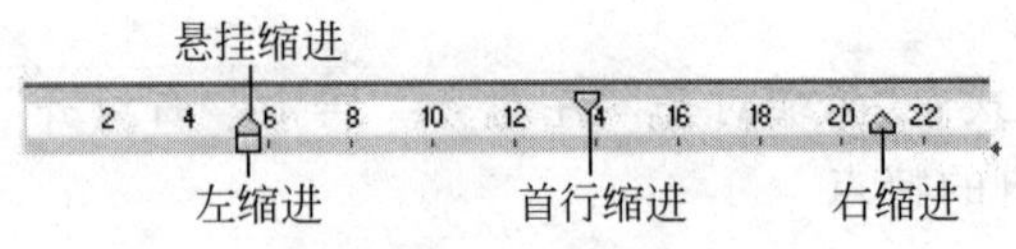

图 3-39 缩进滑块

③ 用鼠标拖动右缩进标记,用以控制段落右缩进的位置。

(3) 通过“段落”对话框进行缩进。选定需要设置缩进方式的段落后,在打开的“段落”对话框中,选择“缩进和间距”选项卡,如图 3-40 所示,在“缩进”选项区中,设置相关的缩进值后,单击“确定”按钮。

(4) 通过“段落”组按钮进行缩进。选定需要设置缩进方式的段落后,通过单击“减少缩进量”按钮或“增加缩进量”按钮进行缩进操作。

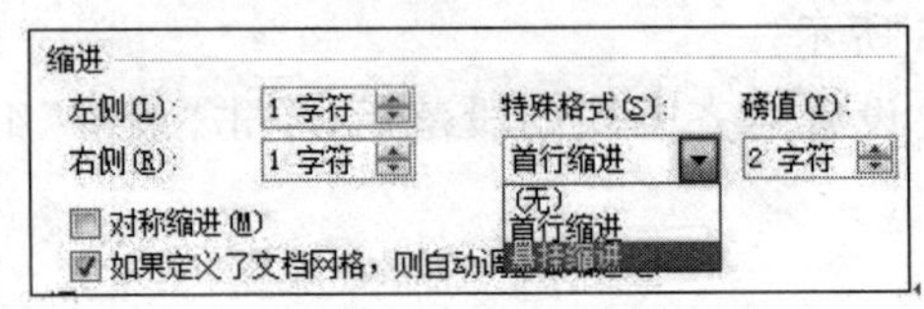

图 3-40 用对话框进行缩进设置

3. 设置段间距和行距

设置段间距和行距是文档排版操作中最重要的一步操作,首先要搞清楚段间距和行距两个重要的基本概念。

段间距:指段与段之间的距离。段间距包括段前间距和段后间距。段前间距是指选定段落与前一段落之间的距离;段后间距是指选定段落与后一段落之间的距离。

行距:指各行之间的距离。行距包括单倍行距、1.5 倍行距、2 倍行距、多倍行距、最小值和固定值。

段间距和行距的设置方法如下:

(1) 方法一:选定需要设置段间距和行距的段落后,单击“段落”组的对话框启动器按钮,在打开的“段落”对话框中选择“缩进和间距”选项卡,在“间距”选择区,设置“段前”和“段后”间距,在“行距”选择区设置“行距”,如图 3-41 所示。

(2) 方法二:选定需要设置段间距和行距的段落后,单击“段落”组的“行和段落间距”按钮,打开其下拉列表设置段间距和行距,如图 3-42 所示。

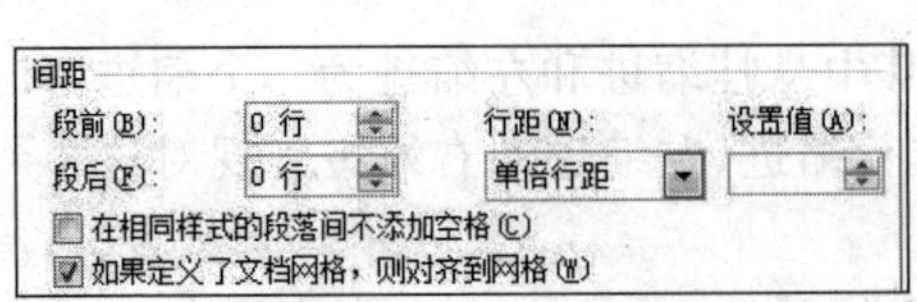

图 3-41 用对话框设置段间距和行距

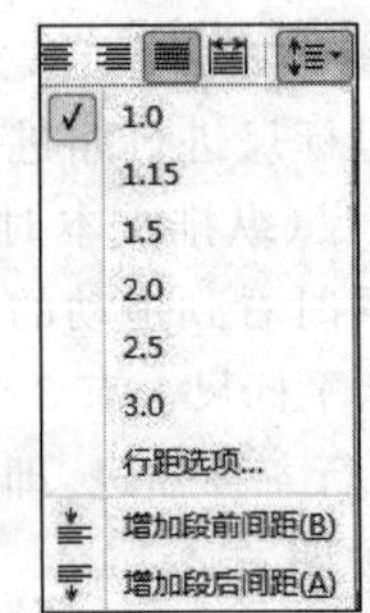

图 3-42 用功能按钮设置

【注意】 不同字号的行距是不同的。一般来说字号越大行距也越大。默认的固定值是以磅值为单位,五号字行距是12磅。

4. 设置项目符号和编号

在Word中,有时为了让文本内容更具条理性和可读性,往往需要给文本内容添加项目符号和编号。项目符号和编号的区别在于项目符号是一组相同的特殊符号,而编号是一组连续的数字或字母。很多时候,系统会自动给文本自动添加编号,但更多的时候需要用户手动添加。

添加项目符号或编号,可以在"段落"组中,单击相应的按钮进行添加,还可以使用自动添加的方法。下面分别予以介绍。

方法一:自动建立项目符号和编号。

操作步骤:要自动创建项目符号和编号列表,应在输入文本前先输入一个项目符号或编号,后跟一个空格,再输入相应的文本,待本段落输入完成后按Enter键时,项目符号和编号会自动添加到下一并列段的开头。

例如,在输入文本前先输入一个星号"*",后跟一个空格,再输入文本,当按Enter键时,星号会自动转换成·,并且新的一段也自动添加了该符号;要创建编号列表,则先输入"a.""1.""1)"或"一、"等格式的编号,后跟一个空格,然后输入文本,按Enter键时,新一段开头会接着上一段自动按顺序进行编号。

方法二:使用系统符号库设置项目符号和编号。

操作步骤:选定需要设置项目符号和编号的文本段后,单击"段落"组的"项目符号"或"编号"下三角按钮,在打开的"项目符号库"或"编号库"选项中添加。

1) 设置项目符号

在"项目符号库"现有符号选项中,选择一种需要的项目符号,单击该符号后,符号插入的同时,系统自动关闭"项目符号"下拉列表,如图3-43所示。

自定义项目符号操作步骤如下:

(1) 如果给出的项目符号不能满足用户的要求,可在"项目符号"下拉列表中,选择"定义新项目符号"选项,打开"定义新项目符号"对话框,如图3-44所示。

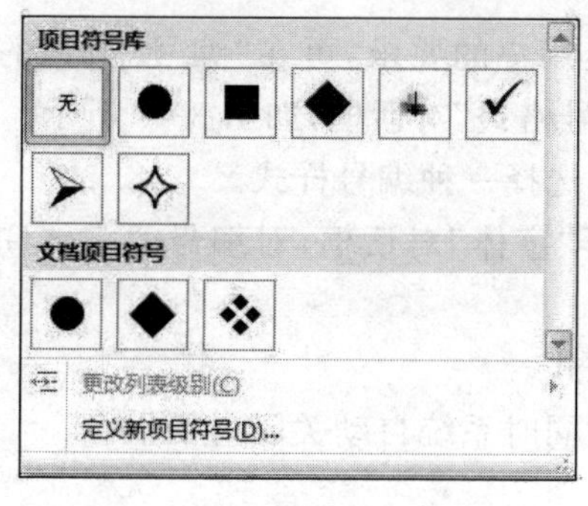

图3-43 "项目符号"下拉列表

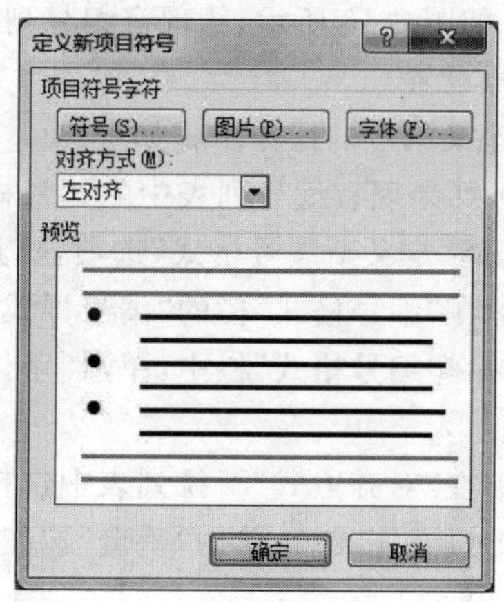

图3-44 "定义新项目符号"对话框

(2) 在打开的“定义新项目符号”对话框中，单击“符号”按钮，打开“符号”对话框，如图 3-45 所示，选择一种符号，单击“确定”按钮，返回到“定义新项目符号”对话框。

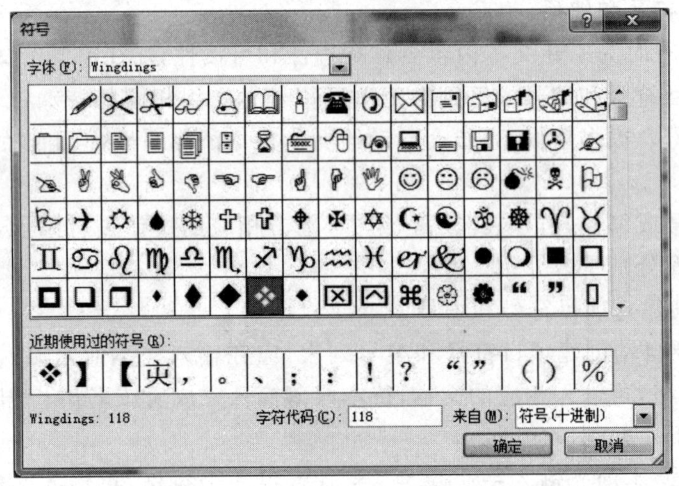

图 3-45 “符号”对话框

(3) 如果用户还需要为选定的项目符号设置不同的颜色，可以单击“字体”按钮，打开“字体”对话框，为符号设置颜色，设置完毕后，单击“确定”按钮，返回到“定义新项目符号”对话框。

(4) 用户还可选择图片作为项目符号。在“定义新项目符号”对话框中，如图 3-44 所示，单击“图片”按钮，打开“图片项目符号”对话框，选定一种图片后，单击“确定”按钮，返回到“定义新项目符号”对话框。如果系统所提供的图片不满意，用户还可单击“图片项目符号”对话框中的“导入”按钮，导入用户所需的图片。

(5) 设置对齐方式，单击“确定”按钮，插入符号的同时系统自动关闭“定义新项目符号”对话框。

2) 设置编号

设置编号的一般方法为在“段落”组单击“编号”按钮的下三角按钮，打开“编号库”的下拉列表，如图 3-46 所示，从现有编号列表中，选择一种需要的编号后，单击“确定”按钮，即可完成编号设置。

自定义编号的操作步骤如下：

(1) 如果现有编号列表中的编号样式不能满足用户的要求，可在“编号”按钮的下拉列表中，选择“定义新编号格式”选项，打开“定义新编号格式”对话框，如图 3-47 所示。

(2) 在“编号格式”栏的“编号样式”下拉列表中选择一种编号样式。

(3) 在“编号格式”栏中，单击“字体”按钮，打开“字体”对话框，对编号的字体和颜色进行设置。

(4) 在“对齐方式”下拉列表中选择一种对齐方式。

(5) 设置完成后，单击“确定”按钮，插入编号的同时系统自动关闭对话框。

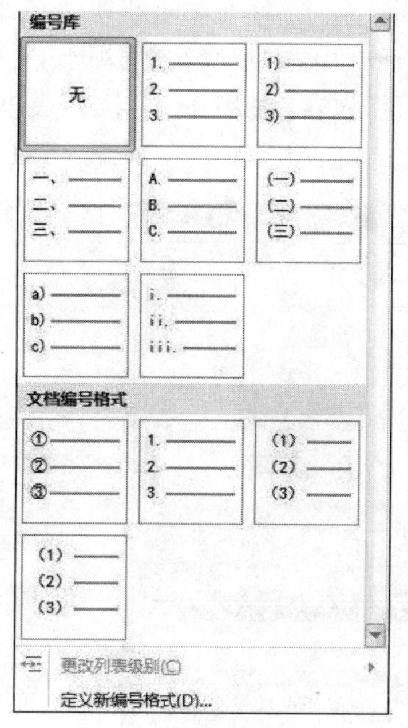

图 3-46 “编号库”下拉列表

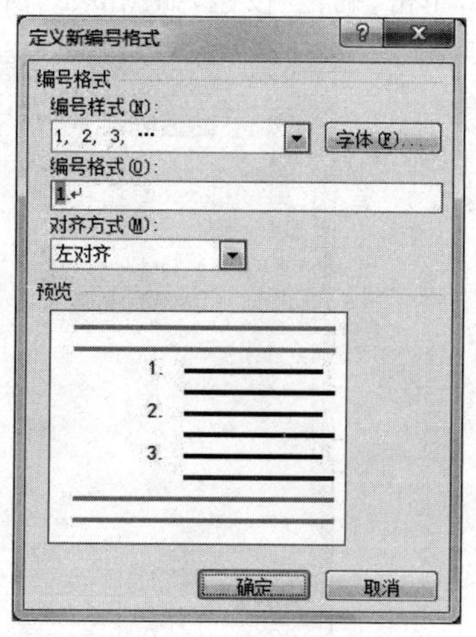

图 3-47 “定义新编号格式”对话框

5. 设置段落边框和段落底纹

在 Word 中，边框的设置对象可以是文字、段落、页面和表格；底纹的设置对象可以是文字、段落和表格。前面已经介绍了对字符设置边框和底纹的方法，下面将介绍设置段落边框、段落底纹和页面边框的方法。

1）设置段落边框

选定需要设置边框的段落后，在“页面布局”功能区的“页面背景”组单击“页面边框”按钮，打开“边框和底纹”对话框，选择“边框”选项卡，在“设置”选项区下，选择边框类型，然后选择“线型”“颜色”和“宽度”；在“应用于”下拉列表中，选择“段落”选项，如图 3-48 所示，然后单击“确定”按钮。

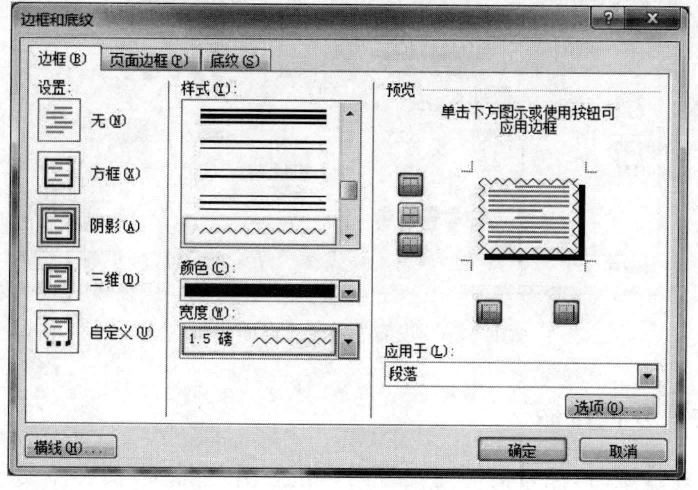

图 3-48 设置“段落边框”

2）设置段落底纹

选定需要设置底纹的段落后，在“边框和底纹”对话框中选择“底纹”选项卡，在“填充”下拉列表框中，选择一种填充色；或者选择“样式”“颜色”；在“应用于”下拉列表框中，选择“段落”后，单击“确定”按钮，如图 3-49 所示。

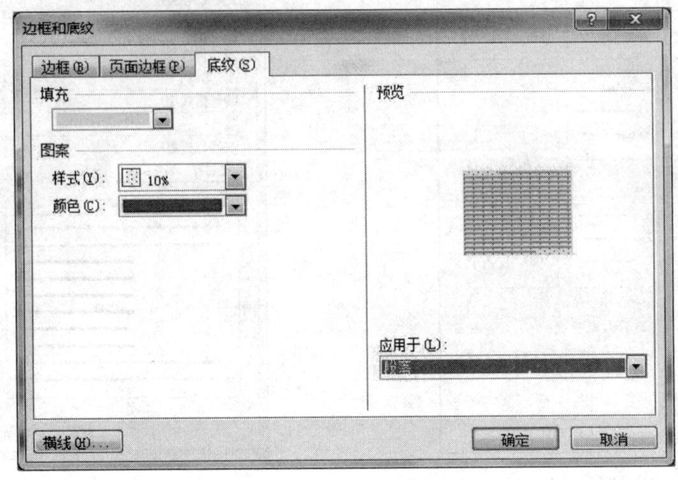

图 3-49　设置“段落底纹”

3）设置页面边框

将插入点定位在文档中的任意位置，选择“边框和底纹”对话框中的“页面边距”选项卡，可以设置普通页面边框，也可以设置“艺术型”页面边框，如图 3-50 所示。

取消边框或底纹的操作是先选择带边框和底纹的对象，将边框设置为“无”，底纹设置为“无填充颜色”即可。

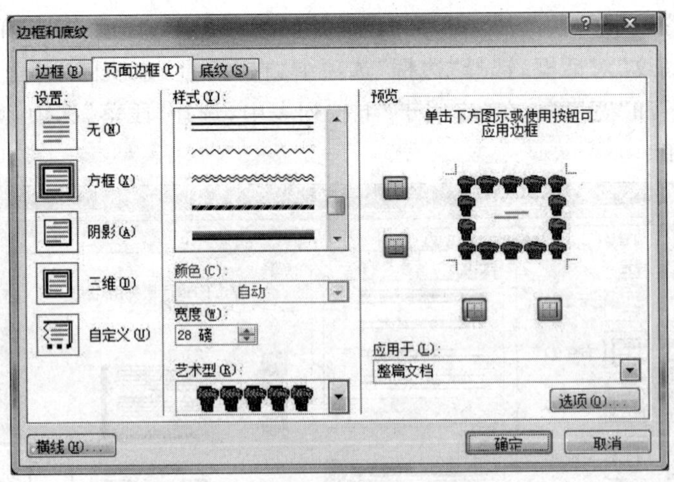

图 3-50　设置艺术型“页面边框”

3.3.3　设置分栏排版

报刊和杂志在排版时，经常需要对文章内容进行分栏排版，使文章易于阅读，页面更加生动美观。设置分栏常使用如下方法：

(1) 选定需要进行分栏的文本区域(对整篇文档进行分栏不用选定文本区域)。

(2) 在“页面布局”功能区的“页面设置”组，单击“分栏”按钮，弹出下拉列表，如图 3-51 所示。

(3) 在“分栏”的下拉列表中可选择一栏、两栏、三栏或偏左、偏右，也可单击“更多分栏”选项，打开“分栏”对话框，如图 3-52 所示。

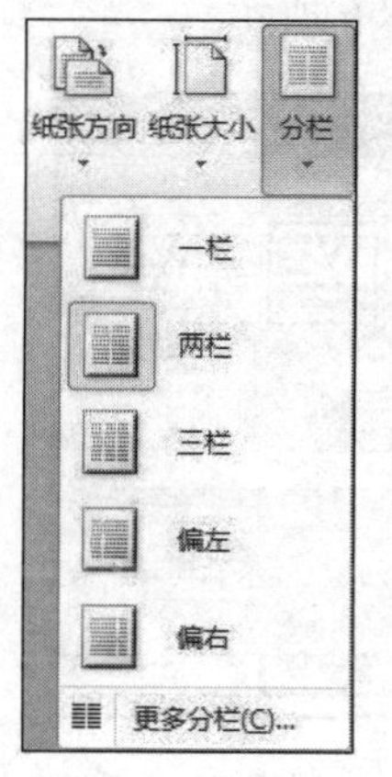

图 3-51 “分栏”下拉列表

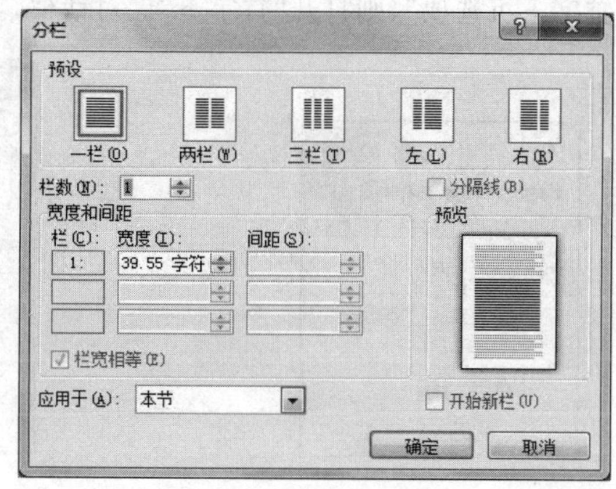

图 3-52 “分栏”对话框

(4) 在打开的“分栏”对话框中，进行如下设置

① 在“预设”栏区选择栏数或在“栏数”文本框输入数字。

② 如果设置各栏宽相等，可选中“栏宽相等”复选框。

③ 如果设置不同的栏宽，则单击“栏宽相等”复选框以取消它的设定，各栏“宽度”和“间隔”可在相应文本框中输入和调节。

④ 选中“分隔线”复选框，可在各栏之间加上分隔线。

(5) 单击“应用于”下拉按钮，在列表中选择分栏设置的应用范围。

(6) 单击“确定”按钮，完成设置，分栏效果如图 3-53 所示。

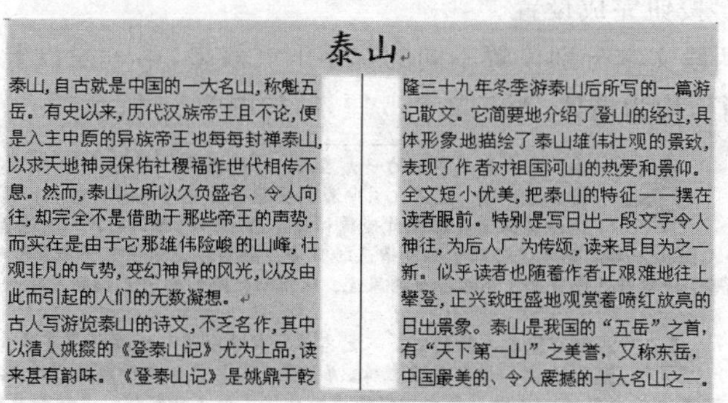

泰山

泰山，自古就是中国的一大名山，称魁五岳。有史以来，历代汉族帝王且不论，便是入主中原的异族帝王也每每封禅泰山，以求天地神灵保佑社稷福祚世代相传不息。然而，泰山之所以久负盛名、令人向往，却完全不是借助于那些帝王的声势，而实在是由于它那雄伟险峻的山峰，壮观非凡的气势，变幻神异的风光，以及由此而引起的人们的无数凝想。

古人写游览泰山的诗文，不乏名作，其中以清人姚鼐的《登泰山记》尤为上品，读来甚有韵味。《登泰山记》是姚鼐于乾隆三十九年冬季游泰山后所写的一篇游记散文。它简要地介绍了登山的经过，具体形象地描绘了泰山雄伟壮观的景致，表现了作者对祖国河山的热爱和景仰。全文短小优美，把泰山的特征一一摆在读者眼前。特别是写日出一段文字令人神往，为后人广为传颂，读来耳目为之一新。似乎读者也随着作者正艰难地往上攀登，正兴致旺盛地观赏着喷红放亮的日出景象。泰山是我国的“五岳”之首，有“天下第一山”之美誉。又称东岳，中国最美的、令人震撼的十大名山之一。

图 3-53 设置分栏效果图

【注意】 若要删除分栏，则需选中分栏的文本，然后在“分栏”对话框中设置为单栏。

3.3.4 设置首字下沉

首字下沉是指一个段落的第一个字采用特殊的格式显示，目的是使段落醒目，引起读者的注意。设置首字下沉的方法如下：

（1）将插入点定位到需要设置首字下沉的段落。

（2）在“插入”功能区的“文本”组，单击“首字下沉”按钮，打开其下拉列表，如图 3-54 所示，若选择“首字下沉选项”，则打开“首字下沉”对话框，如图 3-55 所示。

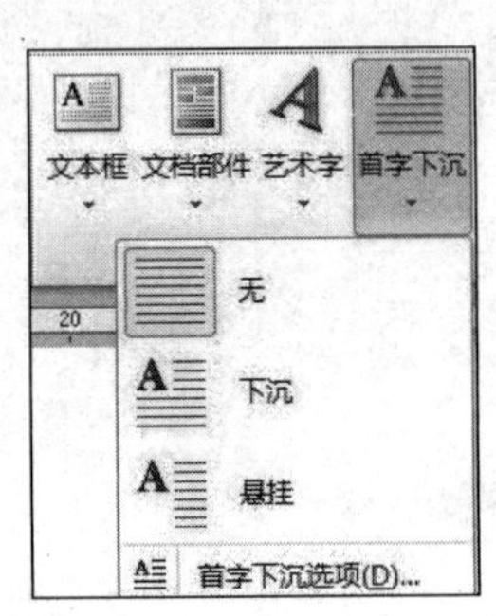

图 3-54 “首字下沉”下拉列表

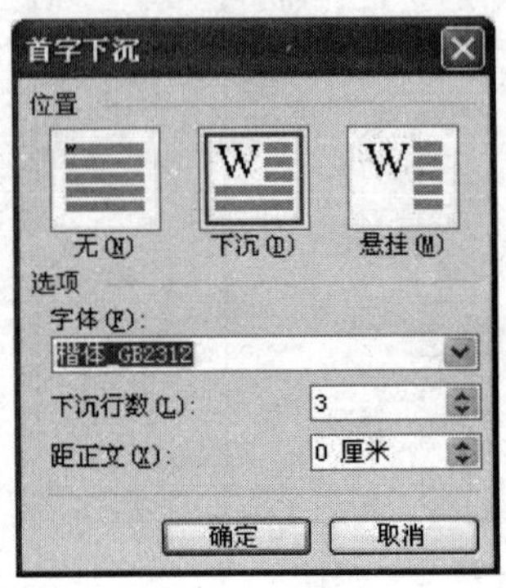

图 3-55 “首字下沉”对话框

（3）在对话框中，可以进行如下设置

① 位置：“无”、“下沉”和“悬挂”3 种。

- 选“无”是取消原来设置的首字下沉。
- 选“下沉”是将段落的第一个字符设为下沉格式并与左页边距对齐，段落中的其余文字环绕在该字符的右侧和下方。
- 选“悬挂”是将段落的第一个字符设为下沉并将其置于从段落首行开始的左页边距中。

② 选项：可以设置字体、下沉行数和距正文的距离。

（4）单击“确定”按钮完成设置。

【例 3.2】 对两段文本分别设置不同的首字下沉效果，第一段设置的是下沉 3 行，第二段设置的是下沉 2 行，均为楷体，距正文 0.5 厘米，如图 3-56 所示。

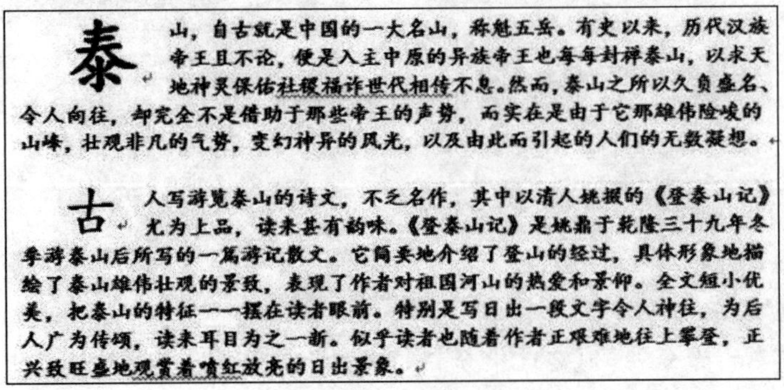

泰山，自古就是中国的一大名山，称魁五岳。有史以来，历代汉族帝王且不论，便是入主中原的异族帝王也每每封禅泰山，以求天地神灵保佑社稷福祚世代相传不息。然而，泰山之所以久负盛名、令人向往，却完全不是借助于那些帝王的声势，而实在是由于它那雄伟险峻的山峰，壮观非凡的气势，变幻神异的风光，以及由此而引起的人们的无数遐想。

古人写游览泰山的诗文，不乏名作，其中以清人姚撰的《登泰山记》尤为上品，读来甚有韵味。《登泰山记》是姚鼐于乾隆三十九年冬季游泰山后所写的一篇游记散文。它简要地介绍了登山的经过，具体形象地描绘了泰山雄伟壮观的景致，表现了作者对祖国河山的热爱和景仰。全文短小优美，把泰山的特征一一摆在读者眼前。特别是写日出一段文字令人神往，为后人广为传颂，读来耳目为之一新。似乎读者也随着作者正艰难地往上攀登，正兴致旺盛地观赏着喷红放亮的日出景象。

图 3-56 首字下沉的设置效果

3.4 Word 2010 页面格式设置

当文档编辑排版完成以后需要打印时，一般都要对文档的页面格式进行设置，因为它会直接影响到文档的打印效果。文档的页面格式设置主要包括页面排版、分页与分节以及预览与打印等的设置。页面格式设置一般是针对整个文档而言。

3.4.1 页面排版

页面排版主要包括页面设置、插入页码、插入页眉和页脚、插入脚注和尾注等。

1. 页面设置

Word 在新建文档时，采用默认的页边距、纸型、版式等页面格式。用户可根据需要重新设置页面格式。用户设置页面格式时，首先必须单击“页面布局”选项卡，打开“页面设置”组，如图 3-57 所示。“页面设置”组从左到右排列的按钮分别是“文字方向”“页边距”“纸张方向”“纸张大小”“分栏”，再从上到下分别是“分隔符”“行号”和“断字”。

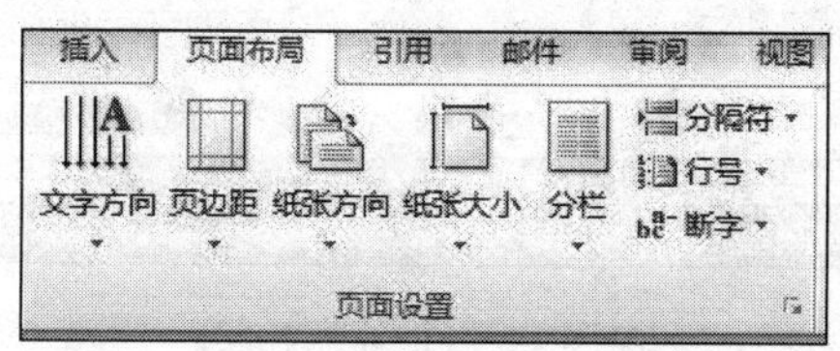

图 3-57 “页面设置”组

页面格式可单击“页边距”“纸张方向”和“纸张大小”等按钮进行设置，也可单击“页面设置”按钮，在打开的“页面设置”对话框中进行设置。

在此我们仅介绍利用“页面设置”对话框进行页面设置。

1) 设置纸型

在“页面设置”对话框中，单击“纸张”选项卡，在“纸张大小”下拉列表框中选择纸张类型；在“宽度”和“高度”文本框中自定义纸张大小；在“应用于”下拉列表框中选择页面设置所适用的文档范围，如图 3-58 所示。

2) 设置页边距

页边距是指文本区和纸张边沿之间的距离，页边距决定了页面四周的空白区域，它包括左、右页边距和上、下页边距。

在“页面设置”对话框中，单击“页边距”选项卡，在“页边距”区域设置上、下、左、右 4 个边距值，在“装订线”位置设置占用的空间和位置；在“方向”区域设置纸张显示方向；在“应用于”下拉列表框中选择适用范围，如图 3-59 所示。

2. 插入页码

页码是用来表示每页在文档中的顺序编号，在 Word 2010 中添加的页码会随文档内容的增删而自动更新。

插入页码是在“插入”功能区的“页眉和页脚”组，如图 3-60 所示，单击“页码”按钮，弹出其下拉列表，如图 3-61 所示，选择页码的位置和样式进行设置。如选择“设置页码格式”选项，则打开“页码格式”对话框，可对页码格式进行设置，如图 3-62 所示。对页码格式的设置

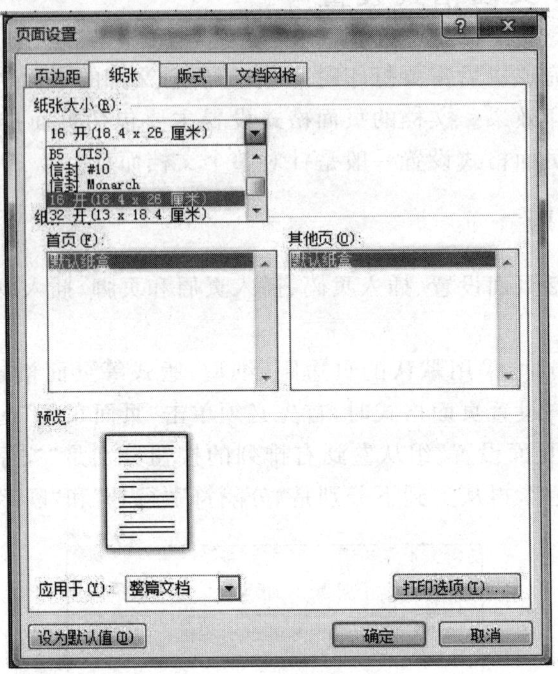

图 3-58 “纸张”选项卡

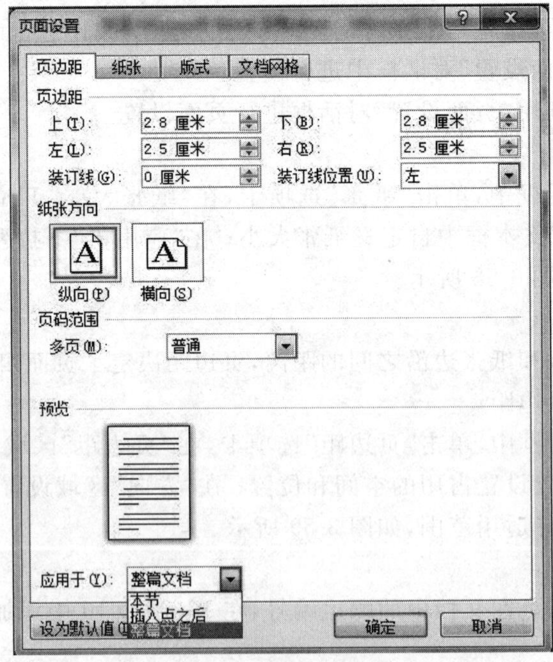

图 3-59 “页边距”选项卡

包括编号格式、是否包括章节号和页码的起始编号等。

图 3-60 “页眉和页脚”组

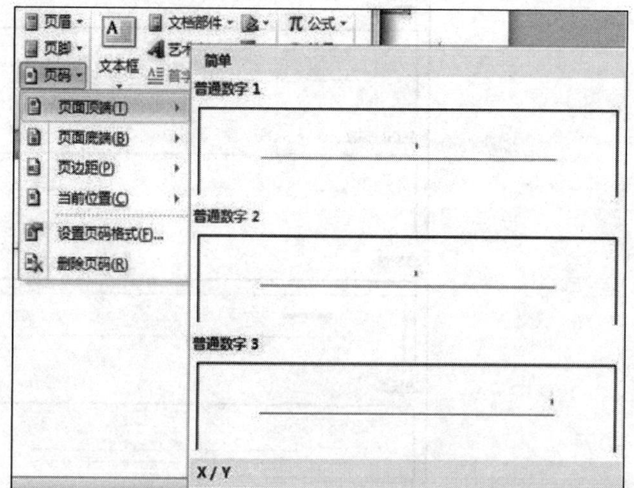

图 3-61 “页码”按钮的下拉列表

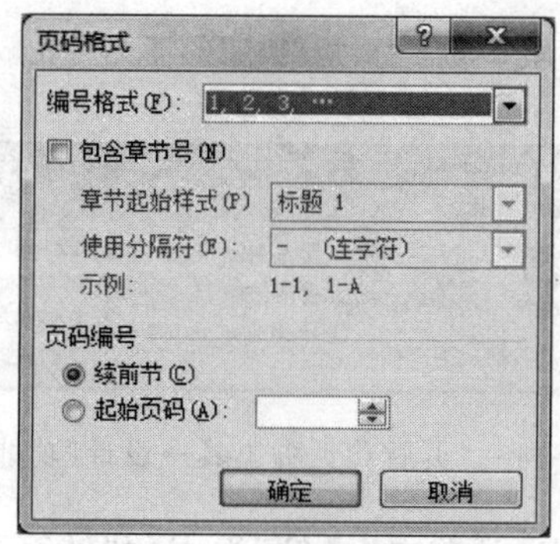

图 3-62 “页码格式”对话框

若要删除页码，只要在“插入”功能区的“页眉和页脚”组，单击“页码”按钮，在打开的下拉列表项中选择“删除页码”选项即可。

3. 插入页眉和页脚

页眉是指每页文稿顶部的文字或图形，页脚是指每页文稿底部的文字或图形。页眉和页脚通常用来显示文档的附加信息，例如页码、书名、章节名、作者名、公司徽标、日期和时间等。

1）插入页眉或页脚

(1) 在“插入”功能区的“页眉和页脚”组，如图 3-60 所示，单击“页眉”按钮，弹出其下拉列表，如图 3-63 所示，选择“编辑页眉”选项，或者是选择内置的任意一种页码样式，或者是直接在文档的页眉/页脚处双击鼠标，此时会进入页眉/页脚编辑状态。

(2) 进入页眉/页脚编辑状态后，在页眉编辑区中输入页眉的内容，同时 Word 2010 会自动添加“页眉和页脚工具-设计”选项卡，单击该选项卡，便可打开其功能区，如图 3-64 所示。

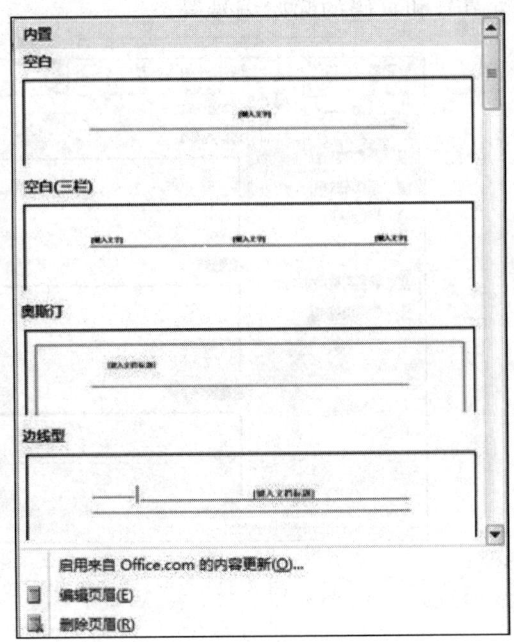

图 3-63 “页眉”按钮的下拉列表

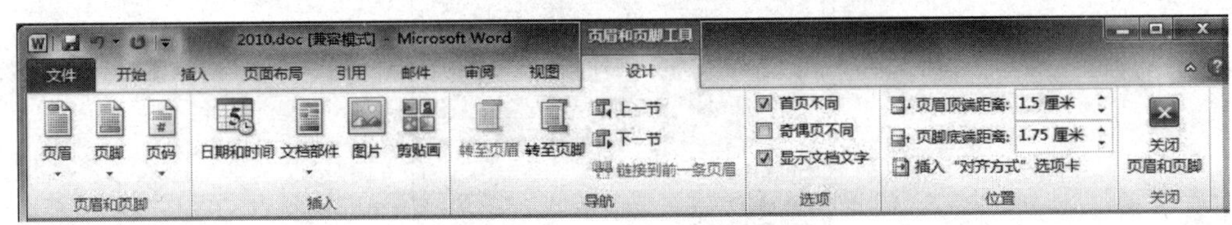

图 3-64 “页眉和页脚工具→设计”功能区

(3) 如果想输入页脚的内容，可单击“导航”组中的“转至页脚”按钮，转到页脚编辑区中输入文字或插入图形内容即可。

2) 首页不同的页眉页脚

对于书刊、信件、报告或总结等 Word 文档，通常需要去掉首页的页眉页脚。这时，可以按如下步骤操作。

(1) 进入页眉/页脚编辑状态，在“页眉和页脚工具-设计”功能区的“选项”组，勾选“首页不同”复选框，如图 3-64 所示。

(2) 按上面“添加页眉或页脚”的方法，在页眉或页脚编辑区中输入页眉或页脚。

3) 奇偶页不同的页眉或页脚

对于进行双面打印并装订的 Word 文档，有时需要在奇数页上打印书名，在偶数页上打印章节名。这时，可按如下步骤操作。

(1) 进入页眉/页脚编辑状态，在“页眉和页脚工具-设计”功能区的“选项”组勾选“奇偶页不同”复选框，如图 3-64 所示。

(2) 按如上“添加页眉和页脚”的方法，在页眉或页脚编辑区中，分别输入奇数页和偶数页的页眉或页脚内容。

4. 插入脚注和尾注

脚注和尾注用于给文档中的文本加注释。脚注和尾注分别由两个互相关联的部分组成，即注释引用标记和与其对应的注释文本。

脚注对文档内容进行注释说明，注释位于页面底端。脚注的编号方式包括有“连续”“每页重新编号”和“每节重新编号”等，编号的格式如同列表的编号格式，有多种选择。

插入脚注的方法如下：

(1) 选中需要加注释的文本。

(2) 在“引用”功能区的“脚注”组中单击“插入脚注”按钮，如图 3-65 所示。

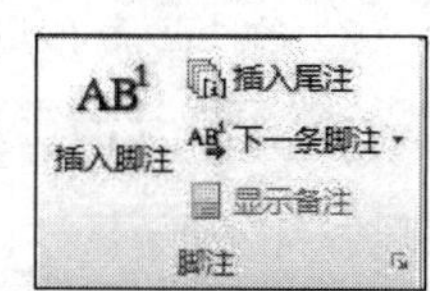

图 3-65 “脚注”组

(3) 此时在文本的右上角插入一个脚注序号(通常为阿拉伯数字)，同时在文档相应页面下方添加了一条横线并出现光标，光标位置为插入脚注内容的插入点，输入脚注内容，设置效果如图 3-66 所示。

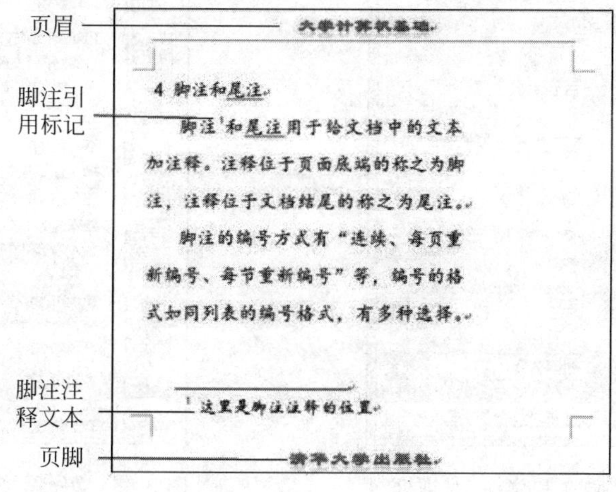

图 3-66 插入“脚注”示例

插入脚注或尾注还可采用如下方法：

(1) 选中需要加注释的文本。

(2) 如果要对“脚注和尾注”的格式进行设置，可在“脚注”组，单击“脚注和尾注”按钮，打开“脚注和尾注”对话框，如图 3-67 所示。

(3) 在“脚注和尾注”对话框中，在“位置”栏选择“脚注”或“尾注”单选按钮，在“格式”栏选择一种“编号格式”或通过单击“符号”按钮自定义标记，确定“起始编号”等，然后单击“插入”按钮，进入带有格式的脚注或尾注的编辑状态。

(4) 输入脚注或尾注内容。

尾注用于对文档引用的文献进行注释，注释位于文档的结尾。

3.4.2 设置分页与分节

在 Word 编辑中，经常要对正在编辑的文稿进行分开隔离处理，如因章节的设立而另起一页，这时需要使用分隔符。经常使用的分隔符有三种：分页符、分节符、分栏符。

1. 分页

在 Word 中输入文本，当文档内容到达页面底部时，Word 就会自动分页。但有时在一页未写完时希望重新开始新的一页，这时就需要手工插入分页符来强制分页。

插入分页符的操作步骤如下：

(1) 将插入点定位于文档中需要分页的位置。

(2) 在“页面布局”功能区的“页面设置”组，单击“分隔符”按钮。

(3) 在打开的“分隔符”下拉列表中，选择“分页符”组中的“分页符”选项即可，如图 3-68 所示。

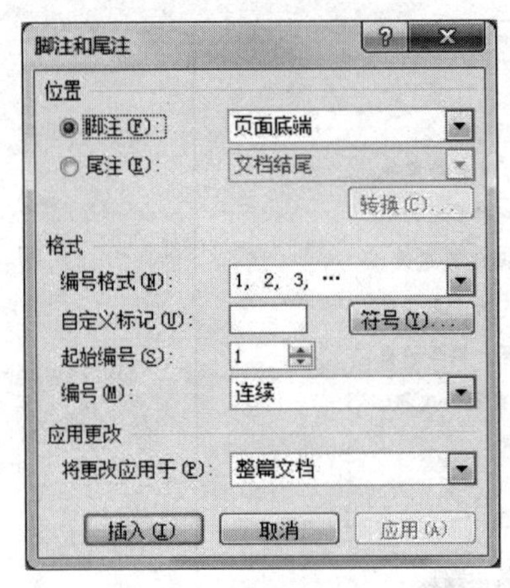

图 3-67 “脚注和尾注”对话框

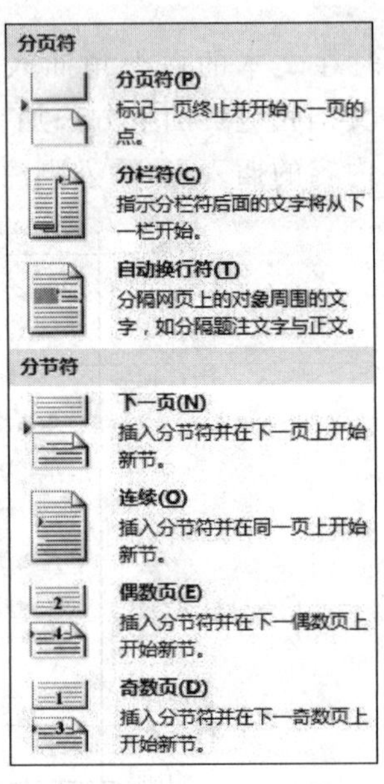

图 3-68 “分隔符”下拉列表

更简单的手工分页方法是将插入点定位于需要分页的位置，然后按 Ctrl＋Enter 组合键。这时，插入点之后的文本内容就被放在了新的一页。

进行手工分页后，切换到草稿视图下，可以看到手工分页符是一条带有“分页符”3 个字的水平虚线，如图 3-69 所示，图中也显示了分节符，而分节符则显示为带有“分节符”3 个字的两条水平虚线。

如果要删除人工分页符或分节符，可在草稿视图下将插入点移动到标记人工分页符或分节符的水平虚线上，按 Delete 键。

2. 分节

节是文档的一部分。分节后把不同的节作为一个整体看待，可以独立为其设置页面格式。在一篇中长文档中，有时需要分很多节，各节之间可能有许多不同之处，例如页眉与页脚、页边距、首字下沉、分栏，甚至页面大小都可以不同。要解决这个问题，就要使用插入分节符的方法。

插入分节符的操作步骤如下：

(1) 将插入点定位于文档中需要插入分节的位置。

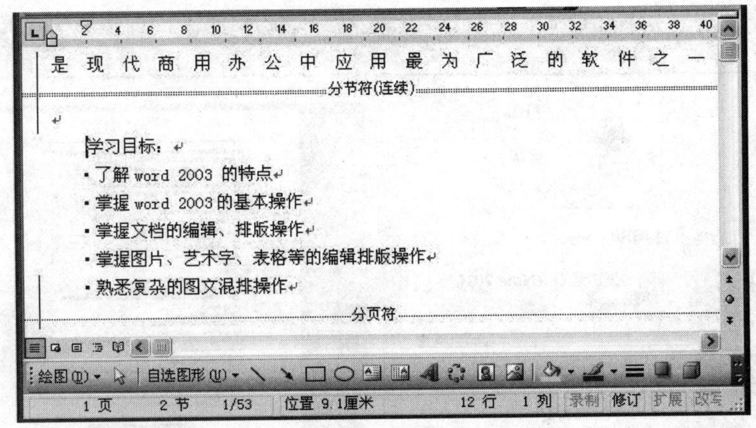

图 3-69 草稿视图下的“分页符”和“分节符”

(2) 在“页面布局”功能区的“页面设置”组中，单击“分隔符”按钮。

(3) 在打开的“分隔符”下拉列表中选择“分节符”组中的选项即可，如图 3-68 所示。“分节符”组中各选项的含义如下：

① 下一页：分节符后的文档从下一页开始显示，即分节同时分页。

② 连续：分节符后的文档与分节符前的文档在同一页显示，即分节但不分页。

③ 偶数页：分节符后的文档从下一个偶数页开始显示。

④ 奇数页：分节符后的文档从下一个奇数页开始显示。

3.4.3 预览与打印

完成文档的编辑和排版操作后，首先必须对其进行打印预览，如果不满意还可以进行修改和调整，等待预览完全满意后再对打印文档的页面范围、打印份数和纸张大小进行设置，然后将文档打印出来。

1. 预览文档

在打印文档之前，要想预览打印效果，可使用打印预览功能查看文档效果。打印预览的效果与实际打印的真实效果极为相近，使用该功能可以避免打印失误或不必要的损失。同时还可以在预览窗格中对文档进行编辑，以得到满意的效果。

在 Word 2010 中，单击“文件”选项卡，在其下拉列表中选择“打印”命令，在打开的新页面中，不难看出包括 3 部分，即左侧的选项栏、中间的命令选项栏和右侧的预览窗格，在右侧的窗格中可预览打印效果，如图 3-70 所示。

在打印预览窗格中，如果看不清预览的文档，可多次单击预览窗格右下方的“显示比例”工具右侧的“＋”号按钮，使之达到合适的缩放比例以便进行查看。单击“显示比例”工具左侧的“－”号按钮，可以使文档缩小至合适大小，以便实现多页方式查看文档效果。此外，拖动“显示比例”工具中的滑块同样可以对文档的缩放比例进行调整。单击“＋”号按钮右侧的“缩放到页面”按钮可以预览文档的整个页面。

1) 在打印预览窗格中可进行如下几种操作：

(1) 可通过使用“显示比例”工具，设置文档的适当缩放比例进行查看。

(2) 在预览窗格的左下方可查看到文档的总页数以及当前预览文档的页码。

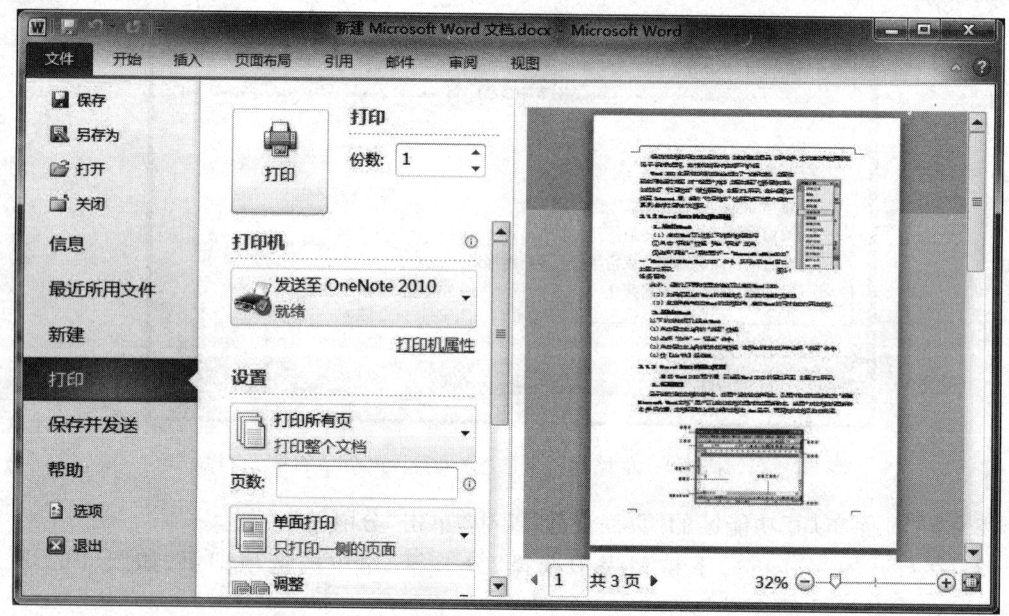

图 3-70 打印预览

(3) 可通过拖动“显示比例”工具中的滑块以实现对文档以单页、双页或多页方式进行查看。

2) 在中间命令选项栏的底部单击“页面设置”选项命令,可打开“页面设置”对话框,利用此对话框可以对文档的页面格式进行重新设置和修改。

2. 打印文档

预览结果满足要求后可以对文档实施打印。打印的操作方法如下:

单击“文件”选项卡,在打开的下拉列表中选择“打印”命令,在打开的新页面中设置打印份数、打印机属性、打印页数和双面打印等。设置完成后,直接单击“打印”按钮,即可开始打印文档。

3.5 Word 2010 表格处理

在文档中使用表格是一种简明扼要的表达方式。它以行和列的形式组织信息,结构严谨,效果直观。常常一张表格就可以代表大篇的文字描述,所以在各种经济、科技等书刊和文章中越来越多地使用表格。

3.5.1 插入表格

1. 表格工具

在 Word 2010 文档中插入表格后,选项区就会增加一个“表格工具”功能选项卡,其下有“设计”和“布局”两个选项,分别有不同的功能。

单击“设计”选项,打开“表格样式选项”“表格样式”和“绘图边框”共 3 个组,如图 3-71 所示。“表格样式”组提供了 141 个内置表格样式,便于用户快速地绘制表格及设置表格边框和底纹。

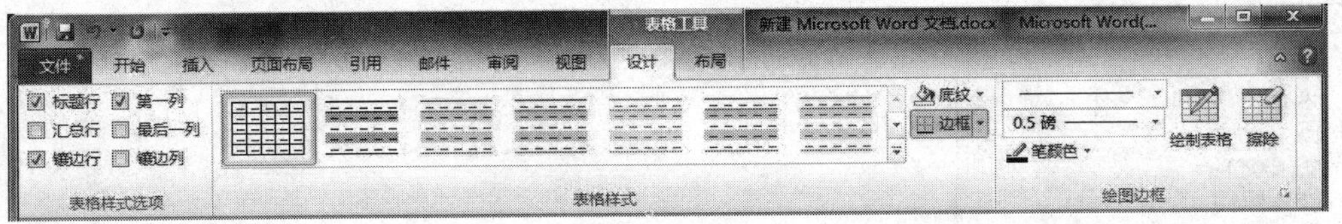

图 3-71 “表格工具-设计”选项卡

单击“布局”选项，打开“表”“行和列”“合并”“单元格大小”“对齐方式”和“数据”共 6 个组，主要提供了表格布局方面的功能，如图 3-72 所示。“表”组可方便地查看与定位表对象，“行和列”组可方便地增加或删除表格中的行和列，“对齐方式”组提供了文字在单元格内的对齐方式和文字方向等，“数据”组用于数据计算和排序等。

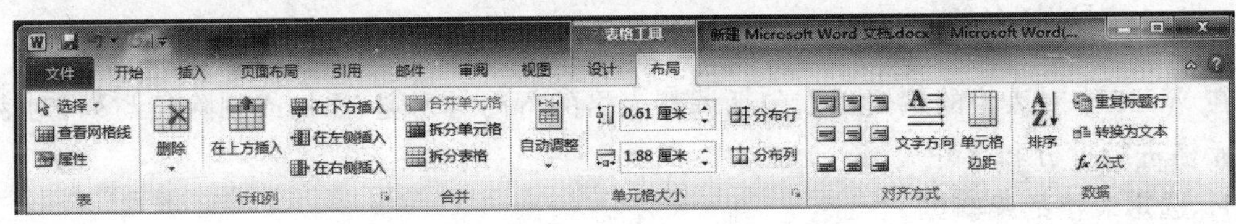

图 3-72 “表格工具-布局”选项卡

2. 建立表格

在“插入”功能区的“表格”组单击“表格”按钮，在弹出的下拉列表中选择不同的选项，即可用不同的方法建立表格，如图 3-73 所示。在 Word 2010 中建立表格的方法一般有 4 种，下面逐一介绍。

(1) 拖动法：将光标定位到需要添加表格处，单击“表格”按钮，在弹出的下拉列表中，按下鼠标左键拖动设置表格中的行和列，此时可在下拉列表选项区的“表格”区预览到表格行列数，待行列数满足要求后释放鼠标左键，即在光标定位处插入了一个空白表格。图 3-73 为使用拖动法建立 6 行 7 列的表格。用这种方法建立的表格不能超过 8 行 10 列。

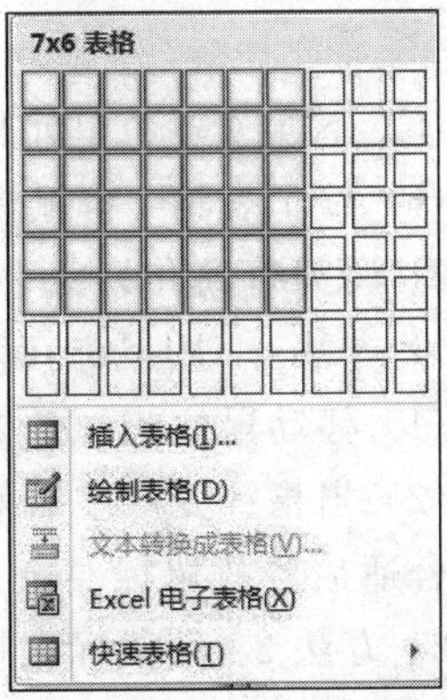

7x6 表格

插入表格(I)...

绘制表格(D)

文本转换成表格(V)...

Excel 电子表格(X)

快速表格(T)

图 3-73 “表格”按钮下拉列表

(2) 对话框法：如图 3-73 所示，选择“插入表格”选项，在打开的“插入表格”对话框中，如图 3-74 所示，输入或选择行列数及设置相关参数，然后单击“确定”按钮，即可在光标指定位置插入一个空白表格。

(3) 手动绘制法：如图 3-73 所示，选择“绘制表格”选项，鼠标变成铅笔状，同时系统会自动弹出“表格工具-设计”选项卡，此时用“铅笔”状鼠标可在文档中任意位置绘制表格，并且还可利用展开的“表格工具-设计”选项卡的相应按钮，设置表格边框线或擦除绘制的错误表格线等。

(4) 组合符号法：将光标定位在需要插入表格处，输入一个“+”号(代表列分隔线)，然后输入若干个“-”号(“-”号越多代表列越宽)，再输入一个“+”号和若干个“-”号……，然后再输入一个“+”号，如图 3-75 所示，最后按 Enter 键，一个一行多列的表格插入到了文档中，如图 3-76 所示。再将光标定位到行尾连续按 Enter 键，这样一个多行多列的表格就创建成功了。

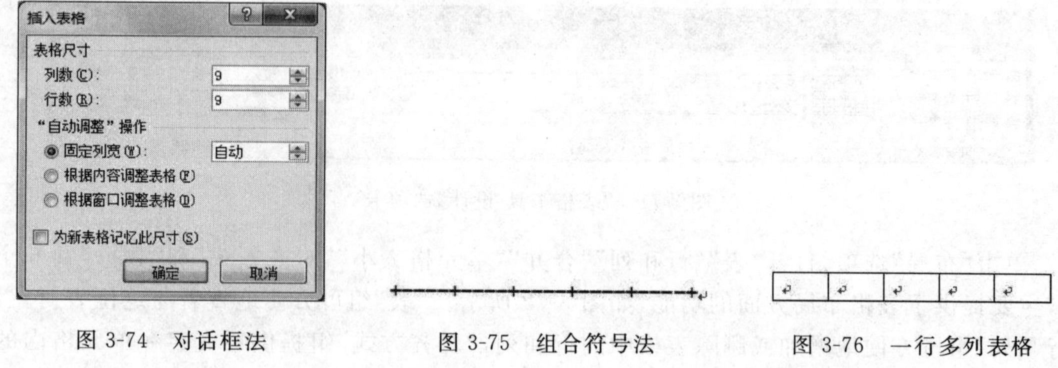

图 3-74 对话框法　　图 3-75 组合符号法　　图 3-76 一行多列表格

3.5.2 编辑表格

在 Word 中对表格的编辑操作包括调整表格的行高与列宽、添加或删除行与列、对表格的单元格进行拆分和合并等。

1. 选定表格的编辑区

对表格进行编辑操作要先选定表格,后操作。

选定表格编辑区的方法如下:

(1) 一个单元格:鼠标指向单元格的左侧,指针变成实心斜向上的箭头时单击。

(2) 整行:鼠标指向行左侧,指针变成空心斜向上的箭头时单击。

(3) 整列:鼠标指向列上边界,指针变成实心垂直向下的箭头时单击。

(4) 连续多个单元格:用鼠标从左上角单元格拖动到右下角单元格,或按住 Shift 键选定。

(5) 不连续多个单元格:按住 Ctrl 键的同时用鼠标选定每个单元格。

(6) 整个表格:将鼠标定位在单元格中,单击表格左上角出现的移动控制点。

2. 调整行高和列宽

1) 方法 1:用鼠标在表格线上拖动

(1) 移动鼠标指针到要改变行高或列宽的行表格线或列表格线上。

(2) 当指针变成左右双箭头形状时按住鼠标左键拖动行表格线或列表格线,当行高或列宽合适后释放鼠标左键。

2) 方法 2:用鼠标在标尺的行、列标记上拖动

(1) 先选中表格或单击表格中任意单元格。

(2) 分别沿水平或垂直方向拖动"标尺"的列或行"标记"用以调整列宽和行高,如图 3-77 所示。

3) 方法 3:用"表格属性"对话框

利用"表格属性"对话框可以对选定区或整个表格的行高和列宽进行精确的设置。其操作步骤如下:

(1) 选中需要设置行高或列宽的区域。

(2) 在"表格工具-布局"选项卡的"表"组单击"属性"按钮打开"表格属性"对话框,如

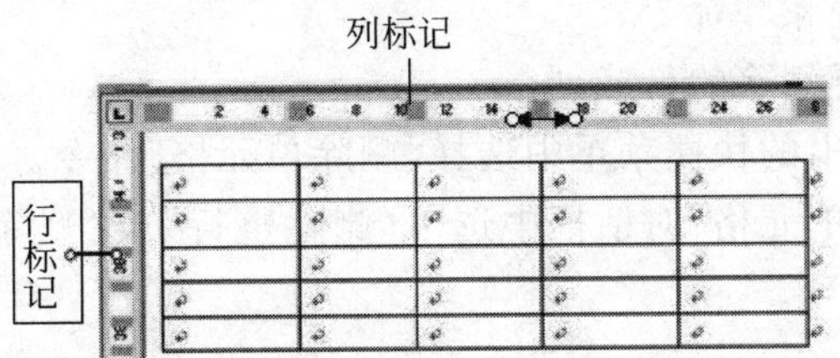

图 3-77 拖动列或行“标记”调整列宽或行高

图 3-78 所示。

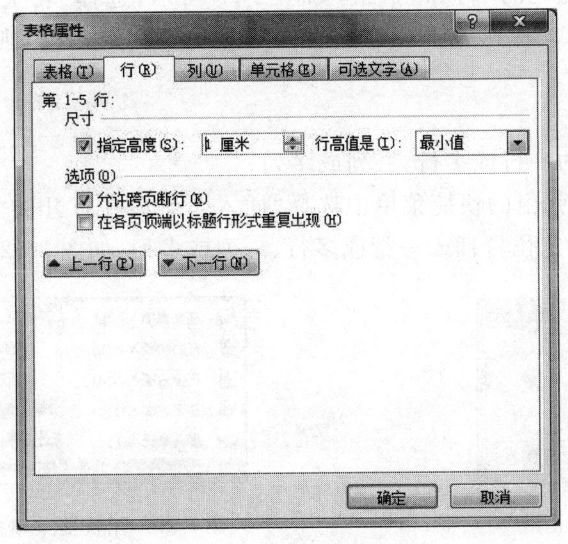

图 3-78 “表格属性”对话框

(3) 选择“行”或“列”选项卡，进入相应界面，对“指定高度”或“指定宽度”进行行高或列宽的精确设置。

(4) 单击“确定”按钮。

3. 删除行或列

1) 方法 1：使用功能按钮

选中需要删除的行或列，在“表格工具-布局”选项卡的“行和列”组，单击“删除”按钮，如图 3-79 所示，弹出下拉列表，如图 3-80 所示，选择“删除行”或“删除列”选项，即可删除选定的行或列。实际上，下拉列表中还包括了“删除单元格”和“删除表格”的选项。

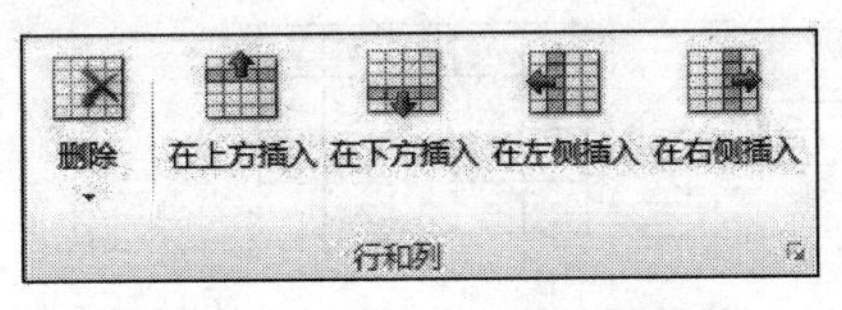

图 3-79 “行和列”组

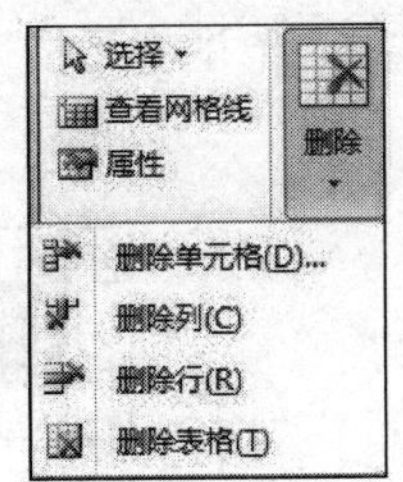

图 3-80 “删除”按钮的下拉列表

2）方法 2：使用快捷菜单命令

(1) 选中表格中需要删除的行或列。

(2) 右击鼠标，在弹出的快捷菜单中选择“删除单元格”命令。

(3) 在打开的“删除单元格”对话框中选中“删除整行”或“删除整列”单选钮，如图 3-81 所示，则删除选中的行或列。

4. 插入行或列

1）使用功能按钮

(1) 在表格中选中一行一列或选中多行多列，会激活“表格工具-布局”选项卡。

(2) 在“布局”功能区的“行和列”组，如图 3-79 所示，选择“在上方插入”或“在下方插入”行，“在左侧插入”或“在右侧插入”列；如果选中的是多行多列，则插入的也是同样数目的多行多列。

2）使用快捷菜单

(1) 选定表格中的一行或多行，一列或多列。

(2) 右击鼠标，在弹出的快捷菜单中选择“插入”，然后在打开的“插入”列表中，选择相应的选项命令，则在指定位置插入一行或多行、一列或多列，如图 3-82 所示。

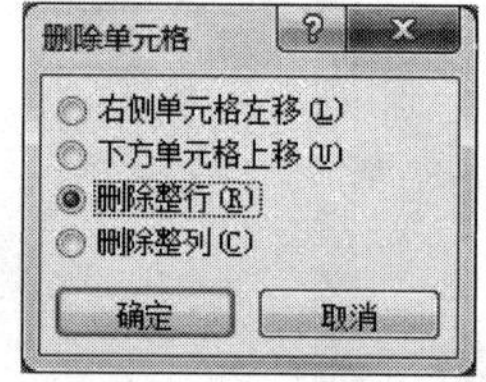

图 3-81 “删除单元格”对话框

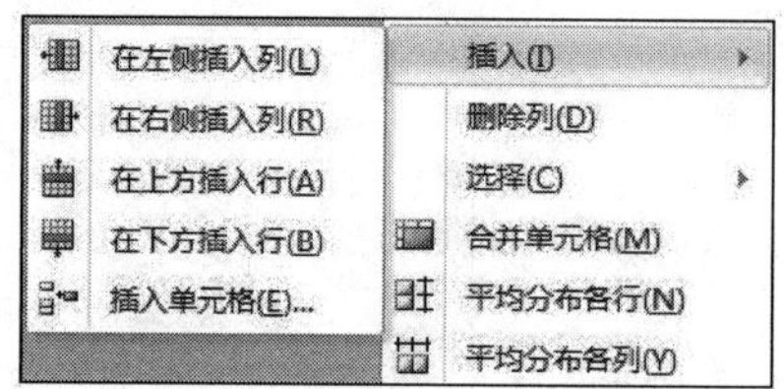

图 3-82 用快捷菜单插入行或列

3）在表格底部添加空白行

在表格底部添加空白行可以使用下面两种更简单的方法：

(1) 将插入点移到表格右下角的单元格中，然后按 Tab 键。

(2) 将插入点移到表格最后一行右侧的行结束处，然后按 Enter 键。

5. 合并和拆分单元格

使用了合并和拆分单元格将使表格变成不规则的复杂表格。

1）合并单元格

(1) 选定需要合并的多个单元格，此时激活“表格工具-布局”选项卡。

(2) 然后，在“布局”功能区的“合并”组，单击“合并单元格”按钮，或右击鼠标，在弹出的快捷菜单中选择“合并单元格”命令，选定的多个单元格被合并成为一个单元格，如图 3-83 所示。

图 3-83 合并单元格

2）拆分单元格

（1）选定需要拆分的单元格。

（2）在“布局”功能区的“合并”组，单击“拆分单元格”按钮；或右击鼠标，在弹出的快捷菜单中选择“拆分单元格”命令，从而打开“拆分单元格”对话框，如图3-84所示，在对话框中输入要拆分的行数和列数，然后单击“确定”按钮，拆分效果如图3-85所示。

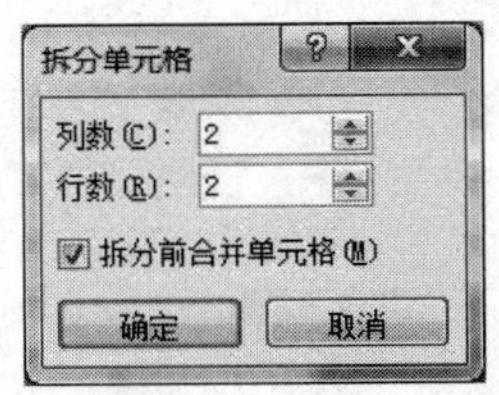

图3-84 “拆分单元格”对话框

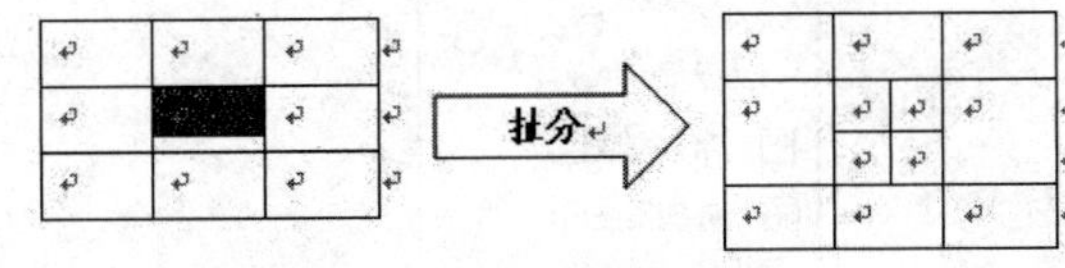

图3-85 拆分单元格效果

3.5.3 设置表格格式

当创建一个表格后，就要对表格进行格式化了。表格格式化操作，仍需利用“表格工具-设计”或“表格工具-布局”选项卡中的功能组，如图3-71和图3-72所示，然后单击相应功能按钮完成。

1. 设置单元格对齐方式

单元格对齐方式有9种。选定需要设置对齐方式的单元格区域，在“对齐方式”组，单击相应的对齐方式按钮，如图3-86所示。或右击鼠标，在弹出的快捷菜单中选择“单元格对齐方式”选项命令，在打开的9种选项中选择一种对齐方式即可。

2. 设置边框和底纹

1）设置表格边框

选定需要设置边框的单元格区域或整个表格，再选“笔样式”，即边框线类型，选择“笔画粗细”，即边框线粗细，选择“笔颜色”，即边框线颜色，如图3-87所示，然后单击“边框”按钮的下三角按钮，在打开的下拉列表中，如图3-88所示，选择相应的表格边框线。当然也可以在“绘图边框”组单击“边框和底纹”按钮，或从“边框”的下拉列表中，单击“边框和底纹”选项，在打开的“边框和底纹”对话框中进行设置。

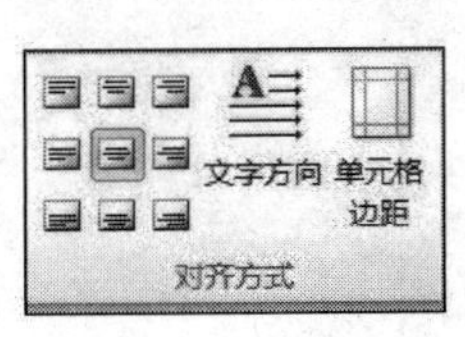

图3-86 单元格对齐方式

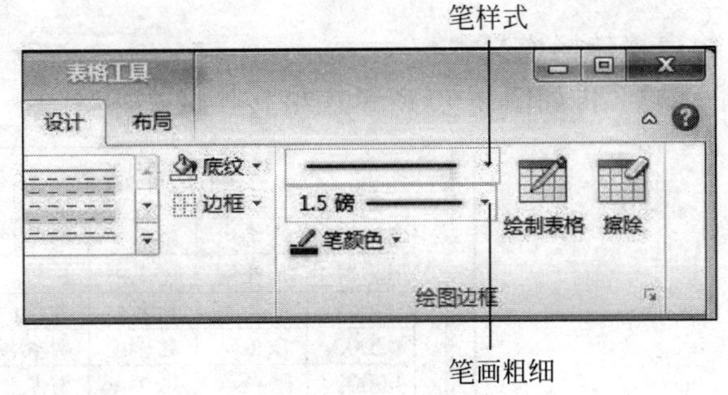

图3-87 设置表格边框

2）设置表格底纹

选定需要设置底纹的单元格区域或整个表格，在“表格工具-设计”选项卡的“表格样式”组，单击“底纹”按钮，从打开的下拉列表中选择一种颜色即可，如图 3-89 所示。

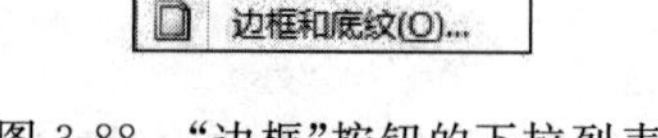

图 3-88 “边框”按钮的下拉列表

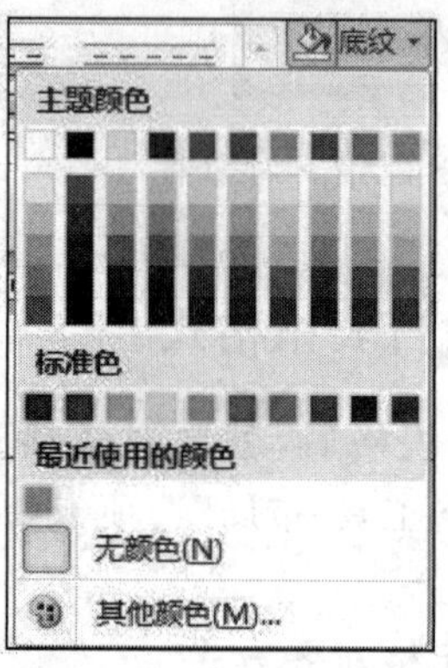

图 3-89 “底纹”按钮的下拉列表

3. 设置文字排列方向

单元格中文字的排列方向分横向和纵向两种，其设置方法是在“表格工具-布局”选项卡的“对齐方式”组中单击“文字方向”按钮，如图 3-72 所示。

4. 设置斜线表头

首先选中需要设置斜线表头的单元格，然后在“表格工具-设计”选项卡的“表格样式”组中单击“边框”的下三角按钮，在打开的下拉列表中选择“斜下框线”或“斜上框线”选项即可，如图 3-88 所示。

3.5.4 表格与文本的转换

1. 将表格转换成文本

【例 3.3】 将如图 3-90 所示表格转换成文本。

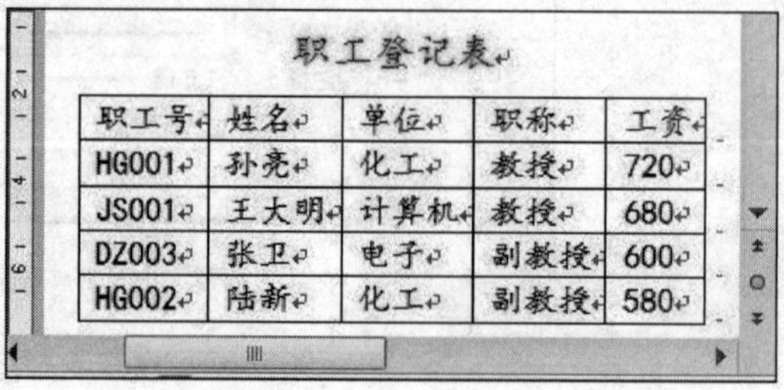

职工登记表

职工号	姓名	单位	职称	工资
HG001	孙亮	化工	教授	720
JS001	王大明	计算机	教授	680
DZ003	张卫	电子	副教授	600
HG002	陆新	化工	副教授	580

图 3-90 需要转换成文本的表格

操作步骤如下：

(1) 将光标置于需要转换成文本的表格中，或选择整个表格，会立即弹出“表格工具-布局”选项卡。

(2) 单击该选项卡，在弹出的“布局”功能区的“数据”组，单击“转换成文本”按钮。

(3) 在弹出的“表格转换成文本”对话框中选择一种文字分隔符，如图 3-91 所示，默认的是“制表符”，单击“确定”按钮即可将表格转换成文本，如图 3-92 所示。

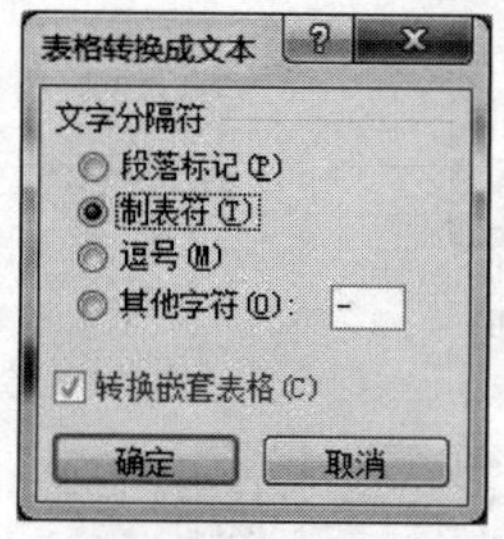

图 3-91 “表格转换成文本”对话框

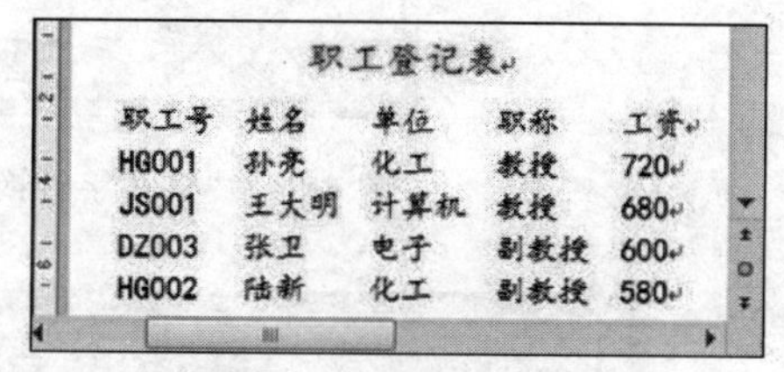

职工登记表

职工号	姓名	单位	职称	工资
HG001	孙亮	化工	教授	720
JS001	王大明	计算机	教授	680
DZ003	张卫	电子	副教授	600
HG002	陆新	化工	副教授	580

图 3-92 经过转换后的文本

2. 将文本转换成表格

【例 3.4】 将如图 3-93 所示文本后五行文字转换成表格。

2005 年 6 月 14 日人民币汇率表

货币名称	现汇买入价	现钞买入价	卖出价	基准价
美元	826.41	821.44	828.89	827.65
日元	7.5420	7.4853	7.5798	7.6486
欧元	1001.24	992.71	1004.24	1000.80
港币	106.28	105.64	106.60	106.37

图 3-93 需要转换成表格的文本

操作步骤如下：

(1) 选中如图 3-93 所示文本后 5 行文字。

(2) 在“插入”功能区的“表格”组，单击“表格”按钮，在弹出的下拉列表中选择“文本转换成表格”选项。

(3) 在打开的“文本转换成表格”对话框中选择一种文字分隔符，如图 3-94 所示。

(4) 单击“确定”按钮。转换后的表格如图 3-95 所示。

3.5.5 表格中的数据统计和排序

1. 表格中的数据统计

Word 提供了在表格中快速进行数值的加、减、乘、除及求平均值等计算功能，还提供了常用的统计函数供用户调用，包括求和(SUM)、平均值(AVERAGE)、最大值(MAX)、最小

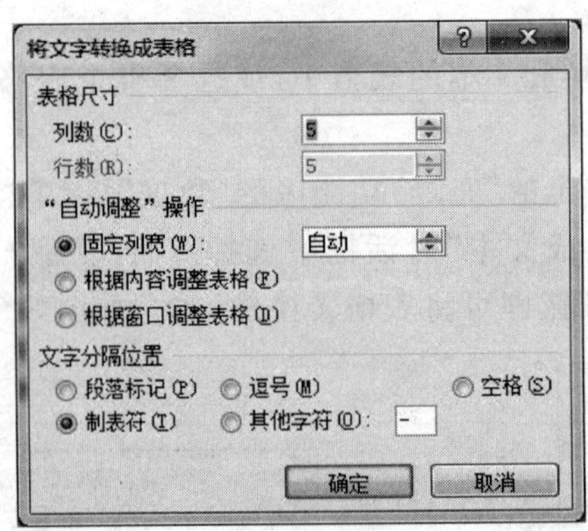

图 3-94 “将文字转换成表格”对话框

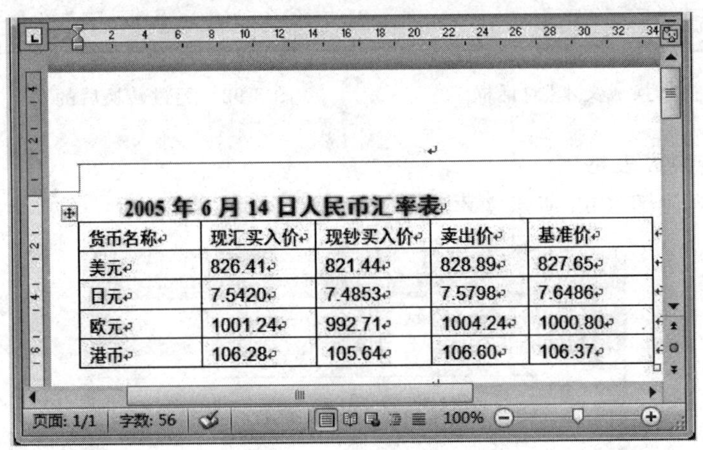

2005 年 6 月 14 日人民币汇率表

货币名称	现汇买入价	现钞买入价	卖出价	基准价
美元	826.41	821.44	828.89	827.65
日元	7.5420	7.4853	7.5798	7.6486
欧元	1001.24	992.71	1004.24	1000.80
港币	106.28	105.64	106.60	106.37

图 3-95 转换后的表格

值(MIN)和条件统计(IF)等。同 Excel 一样,表中每一行号依次用数字 1、2、3…表示,每一列号依次用字母 A、B、C…表示,每一单元格号为行列交叉号,即交叉的列号加上行号,例如 H5 表示第 H 列第 5 行的单元格。如果要表示表格中的单元格区域,可采用“左上角单元格号:右下角单元格号”的形式。

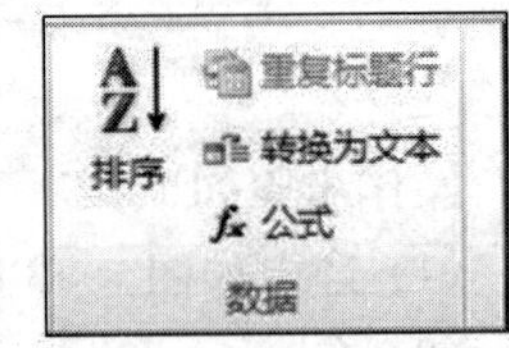

图 3-96 “数据”组

在 Word 中只要选中表格中任意单元格或整个表格,就会立即弹出“表格工具-设计/布局”选项卡。在“布局”功能区的“数据”组,“公式”和“排序”按钮分别用于表格中数据的计算和排序,如图 3-96 所示。

【例 3.5】 如图 3-97 所示,要求计算学号为“12051”的学生的计算机、英语、数学、物理、电路 5 科的总成绩,结果置于 G2 单元格。

操作步骤如下:

① 选中 G2 单元格,单击“公式”按钮,弹出“公式”对话框,如图 3-97 所示。

② 在“公式”对话框中,从“粘贴函数”下拉列表框中选择 SUM 函数,将其置入“公式”文本框中,并输入函数参数“b2:f2”。

③ 单击“确定”按钮。用如上方法可计算出其他学号学生的 5 科总成绩。

如图 3-98 所示，如要计算“计算机”单科成绩的平均分，首先选中“B6”单元格，其他操作步骤同上，只是在“公式”对话框中选择粘贴的函数为“AVERAGE”，输入函数参数为“b2：b5”。用同样方法可计算出其他单科成绩的平均分。

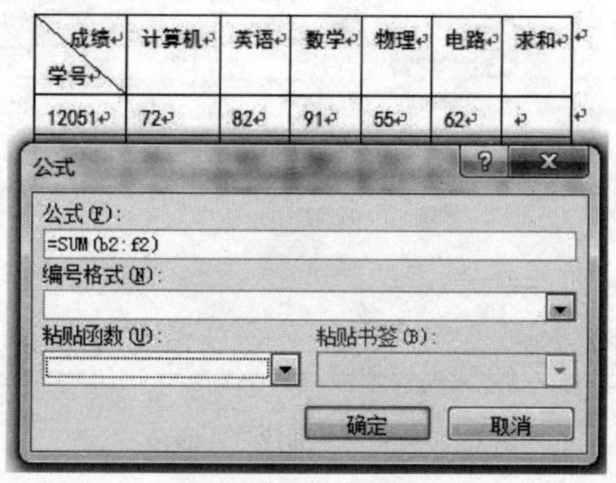

图 3-97　求和

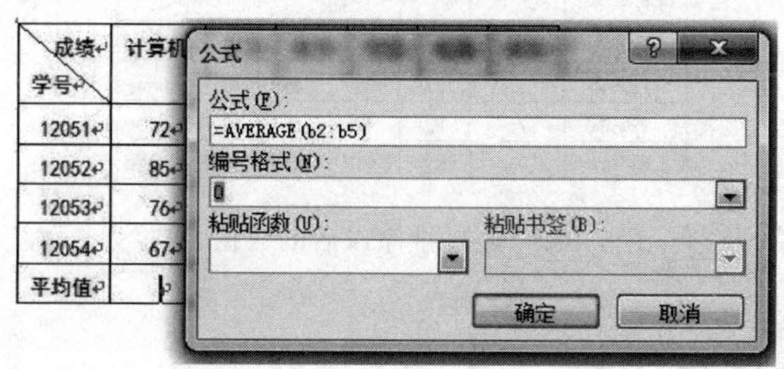

图 3-98　求平均值

2. **表格中的数据排序**

【例 3.6】　在如图 3-99 所示表格中，要求按“物理”成绩“降序”排序，如果“物理”成绩相同，再按“电路”成绩“升序”排序。

成绩 学号	计算机	英语	数学	物理	电路	求和
12051	72	82	91	55	62	362
12052	85	90	54	70	94	393
12053	76	87	92	65	90	410
12054	67	74	58	65	86	350

图 3-99　需要排序的数据表格

操作步骤如下：

(1) 选中表格中任意单元格，在“布局”功能区的“数据”组，单击“排序”按钮，打开“排序”对话框，如图 3-100 所示。

(2) 在该对话框中，“主要关键字”选择“物理”，选择“降序”单选按钮；“次要关键字”选择“电路”，选择“升序”单选按钮，“类型”均选择“数字”。

(3) 单击“确定”按钮。排序效果如图 3-101 所示。

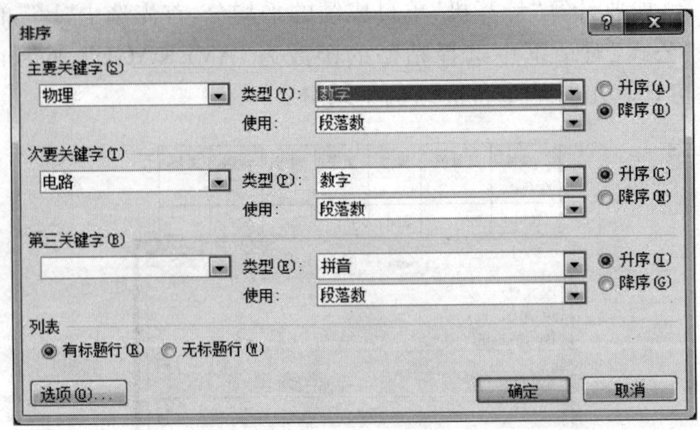

图 3-100 “排序”对话框

成绩 / 学号	计算机	英语	数学	物理	电路	求和
12052	85	90	54	70	94	393
12054	67	74	58	65	86	350
12053	76	87	92	65	90	410
12051	72	82	91	55	62	362

图 3-101 经过排序以后的数据表格

3.6 Word 2010 图文混排

如果整篇文档都是文字，没有任何修饰性的内容，这样的文档阅读起来不仅缺乏吸引力，而且会使读者阅读时感到疲倦不堪。Word 2010 具有强大的图文混排功能，它不仅提供了大量图形及多种形式的艺术字，而且支持多种绘图软件创建的图形，从而帮助用户轻而易举地实现图片和文字的混合编排。

3.6.1 绘制图形

1. 用绘图工具手工绘制图形

Word 2010 的图形包含一套手工绘制图形的工具，主要包括直线、箭头、各种形状、流程图、星与旗帜等。这些称为自选图形或形状。

如插入一个“笑脸”形状的图形，在“插入”功能区的“插图”组中，单击“形状”下三角按钮，弹出下拉列表，如图 3-102 所示。

在“基本形状”栏中选择“笑脸”图形，然后用鼠标在文档中画出一个图形，如图 3-103 所示。选中图形，右键单击，在其快捷菜单中选择“添加文字”命令，可在图形中添加文字。

用鼠标点击图形上方的绿色按钮可任意旋转图形，用鼠标拖动“笑脸”图形中的黄色按钮向上移动，可把“笑脸”变为“哭脸”，如图 3-104 所示。

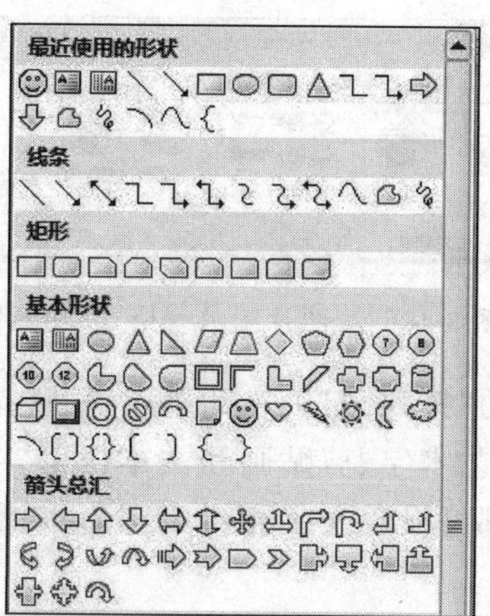

图 3-102 “形状”下拉列表

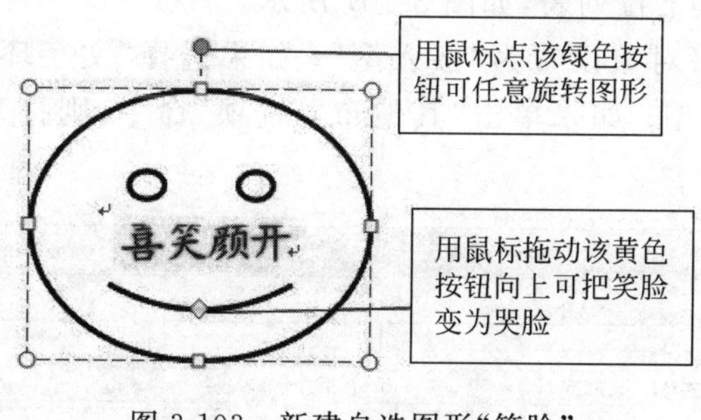

图 3-103 新建自选图形“笑脸”

图 3-104 “哭脸”图形

2. 设置图形格式

绘制好的图形可以设置的格式主要包括形状填充、形状轮廓、形状效果以及图形的排列、组合与叠放次序等。

设置图形格式的方法是选中绘制的图形，立即弹出“绘图工具-格式”选项卡，此选项卡包括“插入形状”“形状样式”“艺术字样式”“文本”“排列”和“大小”共 6 个组，如图 3-105 所示。

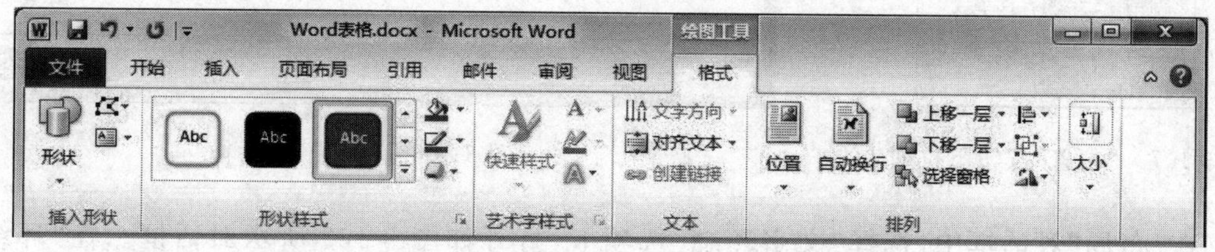

图 3-105 “绘图工具-格式”选项卡

设置图片格式的方法(这里的图片是指在 Word 文档中插入的用其他软件制作的图形和插入的剪贴画)是选中图片或剪贴画后，打开“图片工具-格式”选项卡。此选项卡包括“调整”“图片样式”“排列”和“大小”4 个组，如图 3-106 所示。

观察图 3-105 和图 3-106，“绘图工具-格式”选项卡和“图片工具-格式”选项卡虽然有不

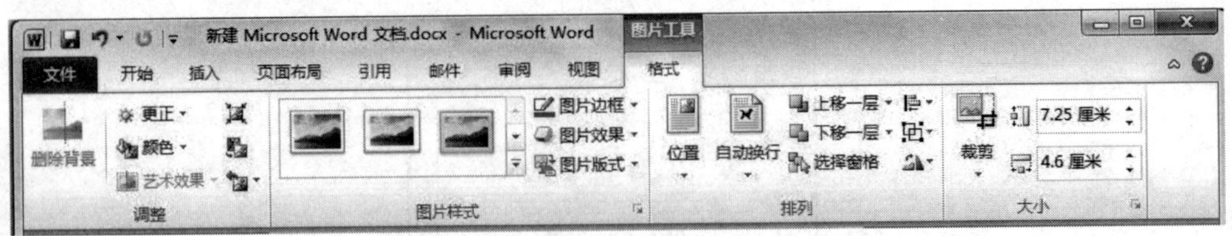

图 3-106 “图片工具→格式”功能区

同的功能组,但却有完全相同的“排列”组。在此重点讲述“排列”组,即文字相对于图形的环绕方式控制,这种控制对图片、艺术字、剪贴画和文本框都实用。“排列”组有两个按钮,“位置”和“自动换行”。利用它们都可设置文字相对于图形或图片的环绕方式。下面就来介绍这两个按钮的使用。

(1) 利用“位置”按钮设置文字相对于图形或图片的环绕方式。

① 选中图形或图片。

② 在“排列”组单击“位置”按钮,弹出其下拉列表,如图 3-107 所示。

③ 如果选择“嵌入文本行中”选项,则将对象设置为“嵌入型”;如果选择“文字环绕”9 种类型中任意一种,则将对象设置为相应类型;如果单击“其他布局选项”命令,则打开“布局”对话框,如图 3-108 所示。

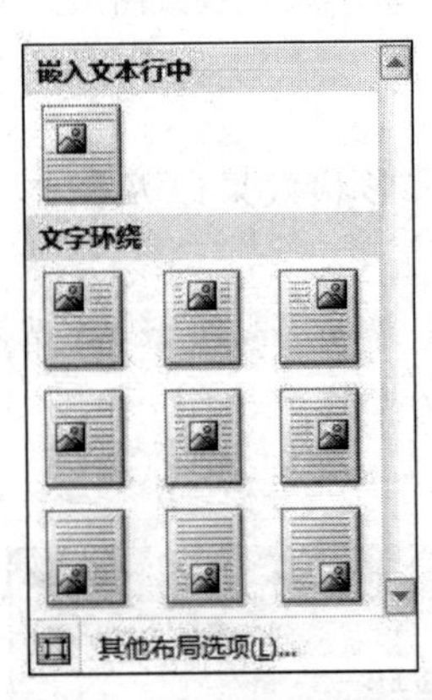

图 3-107 “位置”按钮下拉列表

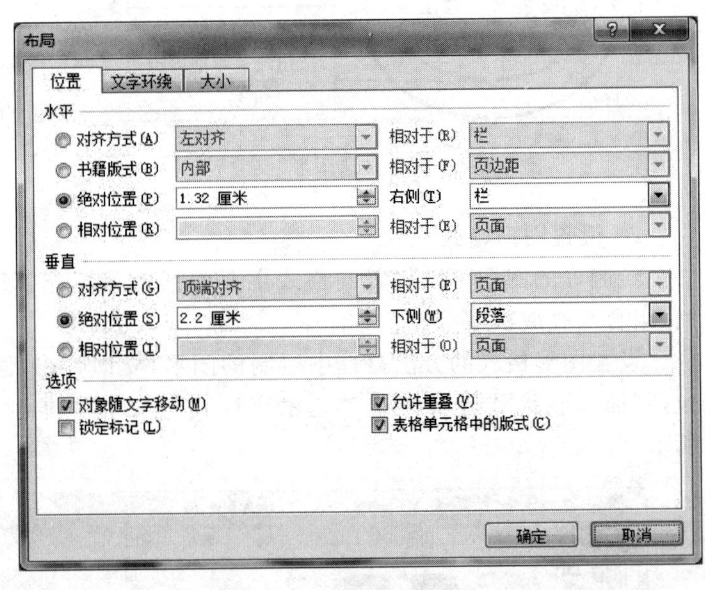

图 3-108 “布局”对话框

在“布局”对话框中,选择“文字环绕”选项卡,打开如图 3-109 所示对话框。在“环绕方式”栏共列出了“嵌入型”“四周型”“紧密型”“穿越型”“上下型”“衬于文字下方”和“浮于文字上方”共 7 种文字环绕方式。用户根据需要可选择其中某种文字环绕类型,然后单击“确定”按钮,关闭对话框。

(2) 利用“自动换行”按钮设置文字相对于图形或图片的环绕方式。

① 选中图形或图片。

② 在“排列”组单击“自动换行”按钮打开其下拉列表,如图 3-110 所示。在该下拉列表

中，前 7 个列表项为文字环绕方式的 7 种类型，如果选择任意一种，则设置为相应类型。如果单击“其他布局选项”命令，则打开“布局”对话框。

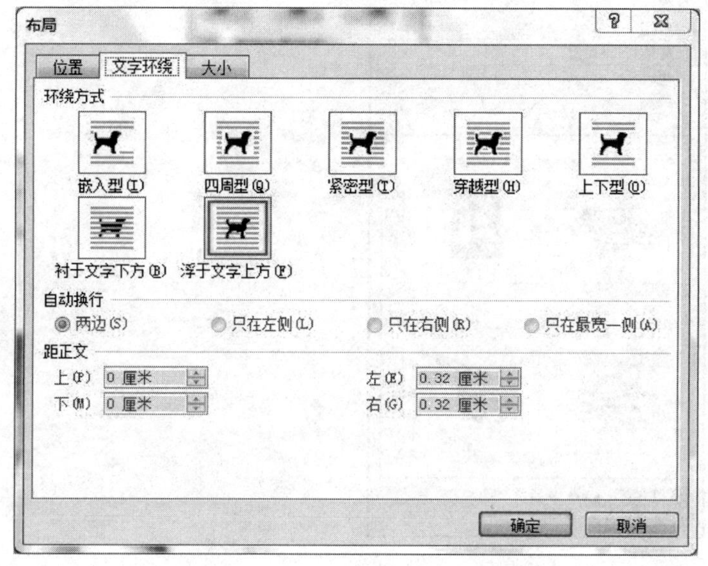

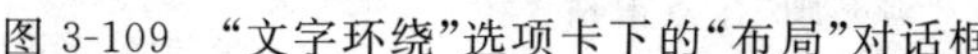

图 3-109 “文字环绕”选项卡下的“布局”对话框

图 3-110 “自动换行”下拉列表

在 Word 2010 中绘制的图形或插入的形状，默认的文字环绕方式为“浮于文字上方”，可随意移动。插入的图片默认的环绕方式是“嵌入型”，占据了文本的位置，不能随便移动；而其他 6 种环绕方式，即“四周型”“紧密型”“穿越型”“上下型”“衬于文字下方”和“浮于文字上方”均属“浮动型”，可随意移动。通过设置环绕方式，用户可进行 7 种环绕方式的转换。

3.6.2 插入图片

用户可以在 Word 中绘制图形，也可以在 Word 中插入图片、编辑图片和对图片进行格式设置。

1. 插入图片

向文档中插入的图片可以是 Word 内部的剪贴画，也可以是利用其他的图形处理软件制作的以文件形式保存的图形。

1) 插入剪贴画

其操作步骤如下：

(1) 定位插入点到需要插入剪贴画的位置。

(2) 在“插入”功能区的“插图”组单击“剪贴画”按钮。

(3) 在打开的“剪贴画”窗格中，在“搜索文字”文本框输入如“科技”的列项，在下拉列表中选择“所有媒体文件类型”并勾选“包括 Office.com 内容”复选框。

(4) 单击“搜索”按钮，在任务窗格下方的列表框中显示了“科技”类型的各种剪贴画，如图 3-111 所示。

(5) 单击某张剪贴画即可插入到指定位置。

2) 插入图形文件中的图形

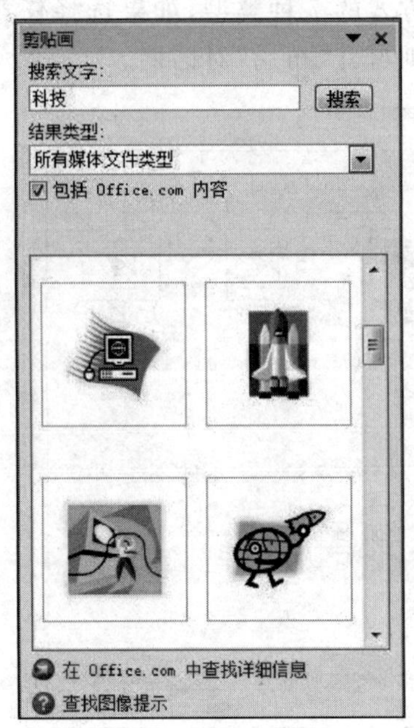

图 3-111 “剪贴画”任务窗格

其操作步骤如下：

(1) 定位插入点到需要插入图片的位置。

(2) 在“插入”功能区的“插图”组中，单击“图片”按钮，打开“插入图片”对话框，如图 3-112 所示。

图 3-112 “插入图片”对话框

(3) 在打开的“插入图片”对话框中选择图形文件后，单击“插入”按钮，文件中的图形便插入到插入点指定的位置。

2. 设置图片格式

图片有多种格式,在 Word 2010 中选中图片后会立刻弹出“图片工具-格式”选项卡,此选项卡包括“调整”“图片样式”“排列”和“大小”4 个组,如图 3-106 所示。下面简单介绍图片样式的设置。

图片样式的设置,需使用“图片样式”组的功能按钮,如图 3-113 所示。

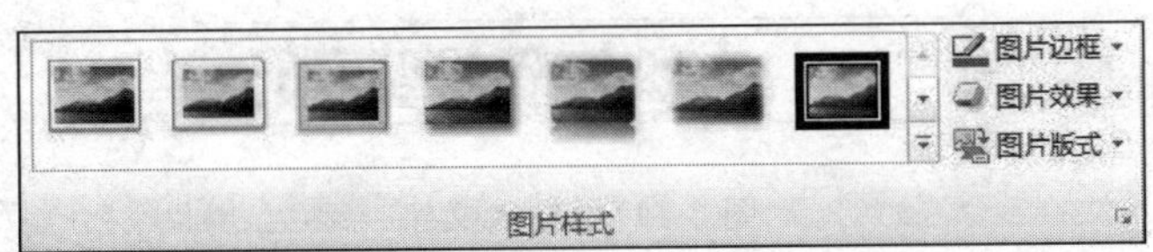

图 3-113 “图片样式”组

图片样式的设置主要包括图片边框和颜色的设置,图片边框和颜色的配搭结合共有 28 种类型,如图 3-114 所示。如欲将某个选中的图片设置为“圆形对角,白色”,设置过程和效果如图 3-114 和图 3-115 所示。

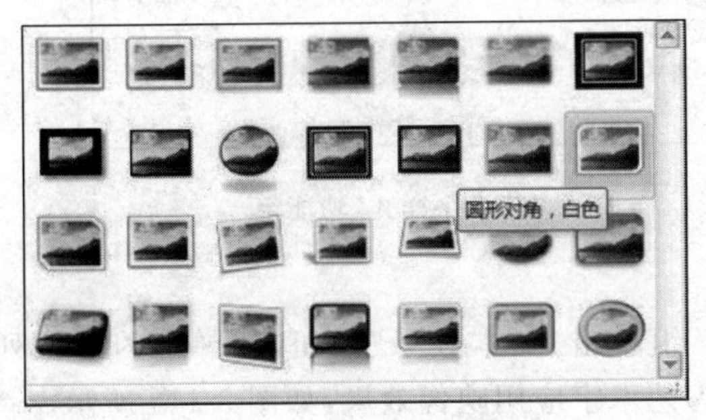

图 3-114 “图片样式”(边框和颜色)类型选项

图 3-115 设置效果

3.6.3 插入艺术字

在流行的报刊杂志上经常会看到形形色色的艺术字,这些艺术字给文章增添了强烈的视觉冲击效果。使用 Word 2010 可以创建出形式多样的艺术效果,甚至可以把文本扭曲成各种各样的形状或设置为具有三维轮廓的效果。

1. 建立艺术字

建立艺术字的方法通常有两种:一种是先输入文字,再将输入的文字应用为艺术字样式;另一种方法是先选择艺术字样式,再输入需要的艺术字文字。下面就第二种方法说明建立艺术字的操作步骤。

(1) 定位需要插入艺术字的位置。

(2) 在“插入”功能区的“文本”组中单击“艺术字”的下三角按钮,从弹出的下拉列表中选择某种艺术字样式,如选择“填充-红色,强调文字颜色 2,粗糙棱台”选项,此时在插入点处插入了所选的艺术字样式,如图 3-116 所示。

(3) 选择你熟悉的输入法,在提示文本“请在此放置您的文字”处输入文字,然后调节艺术字的“字号”大小和位置，如图 3-117 所示。

图 3-116　选择艺术字样式

图 3-117　输入文字

2. 编辑艺术字

选中艺术字，弹出“绘图工具-格式”选项卡，单击此选项卡便立即打开“绘图工具”中包括“形状样式”和“艺术字样式”在内的 6 个组，如图 3-105 所示。利用“形状样式”和“艺术字样式”等组中的按钮可对艺术字的形状和样式进行设置，如图 3-118 所示。

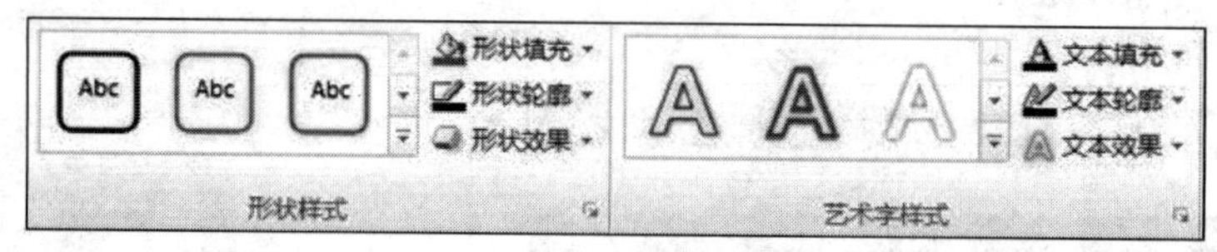

图 3-118　“形状样式”和“艺术字样式”功能组

编辑艺术字的操作步骤如下：

(1) 选中艺术字，在“艺术字样式”组单击“文本效果”按钮，从弹出的下拉列表中选择“映像”→“全映像，8pt 偏移量”选项，为艺术字应用映像效果，如图 3-119 所示。

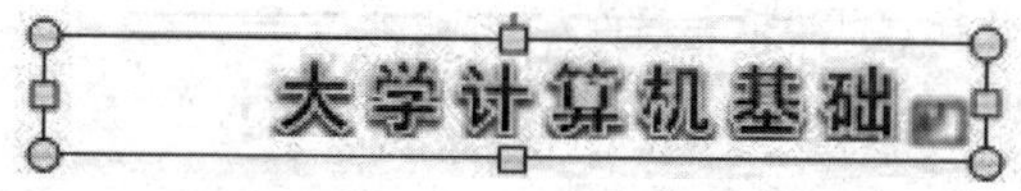

图 3-119　应用“映像”效果

(2) 继续单击“文本效果”按钮，从弹出的下拉列表中选择“发光”→“红色，8pt 发光，强调文字颜色 2”选项，为艺术字应用发光效果，如图 3-120 所示。

图 3-120　应用“发光”效果

(3) 再次单击“文本效果”按钮，从弹出的下拉列表中选择“转换”→“山形”选项，为艺术字应用“山形”效果，如图 3-121 所示。

图 3-121　应用“山形”效果

(4) 切换至“开始”选项卡的“字体”组，设置艺术字的字体为“方正书宋简体”，然后调节艺术字的位置和大小，最终效果如图 3-122 所示。

大学计算机基础

图 3-122　最终效果

3.6.4　使用文本框

文本框是实现图文混排时非常有用的工具，它如同一个容器，在其中可以插入文字、表格、图形等不同的对象，可置于页面的任何位置，并可随意调整其大小，放到文本框中的对象会随着文本框一起移动。在 Word 2010 中，文本框用来建立特殊的文本，并且可以对其进行一些特殊处理，如设置边框、颜色和版式格式等。

1. 插入内置文本框

Word 2010 提供了 44 种内置文本框，如简单文本框、边线型提要栏和大括号型引述等。通过插入这些内置文本框可以快速制作出形式多样的优秀文档。

插入内置文本框的操作步骤如下：

(1) 在“插入”选项卡的“文本”组中单击“文本框”按钮，打开其下拉列表，如图 3-123 所示。

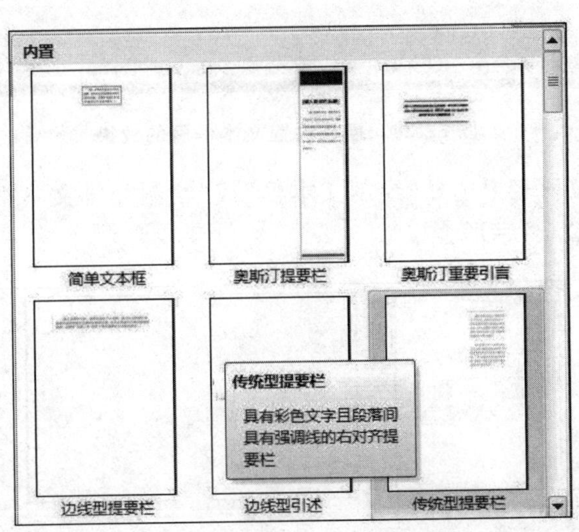

图 3-123　内置文本框选项

(2) “内置”文本框包含多种样式，选择其中一种，如选择“传统型提要栏”，将其插入到文档中，效果如图 3-124 所示。

2. 绘制文本框

除了可以插入内置的文本框外，还可根据需要手动绘制横排或竖排文本框，该文本框主要用于插入图片、表格和文本等对象。

绘制文本框的操作步骤如下：

(1) 在“插入”选项卡的“文本”组单击“文本框”按钮。

图 3-124　插入内置文本框后的效果

(2) 从打开的下拉列表中选择“绘制文本框”或“绘制竖排文本框”选项，如图 3-125 所示，此时鼠标指针变成“十”字形。

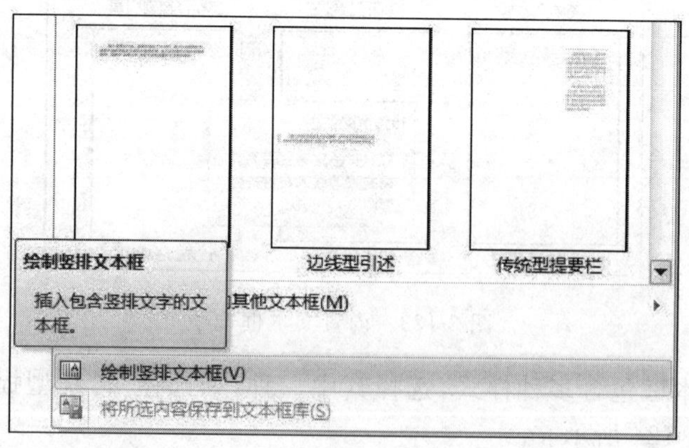

图 3-125　选择“绘制竖排文本框”命令

(3) 将鼠标的“十”字形指针移动到合适的位置并拖动鼠标指针绘制竖排文本框，然后释放鼠标指针，完成竖排文本框的绘制操作。

(4) 在其中输入文字，然后选中文本框，单击“形状填充”，在其下拉列表中设置浅绿色填充；单击“形状轮廓”，在其下拉列表中选择“无轮廓”；调整文本框适当大小，并切换至“开始”选项卡的“字体”组和“段落”组中设置字体格式和文本段落格式。最后设置效果如图 3-126 所示。

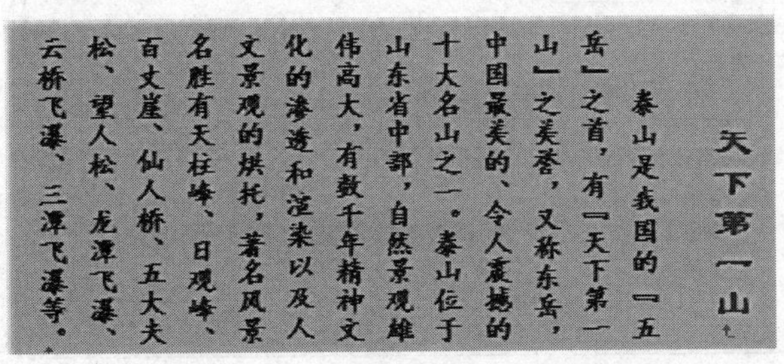

图 3-126 竖排文本设置效果

3.6.5 设置水印

在 Word 中，水印是指显示在文档文本后面的半透明图片或文字，它是一种特殊的背景，在文档中使用水印可增加趣味性或可标识文档。在页面视图和打印出的文档中才可以看到水印。

设置水印的方法如下：

(1) 在“页面布局”选项卡的“页面背景”组中单击“水印”按钮。

(2) 在其下拉列表中单击“自定义水印”选项，如图 3-127 所示，打开“水印”对话框，如图 3-128 所示。

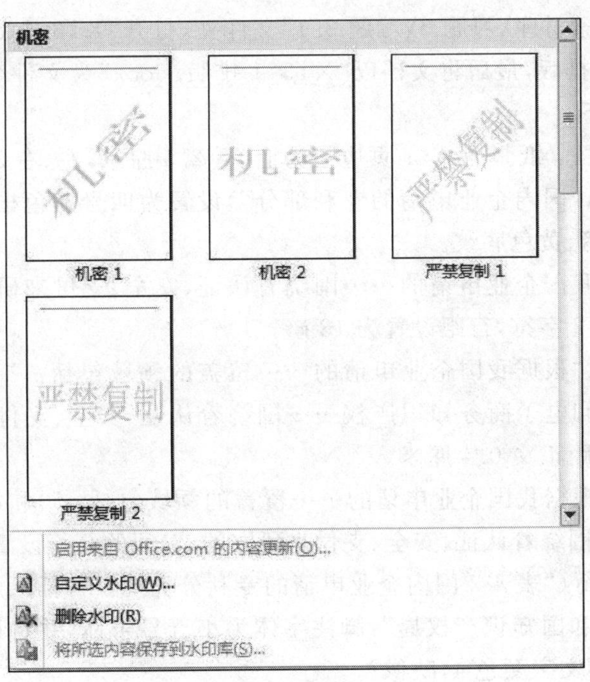

图 3-127 “水印”按钮的下拉列表

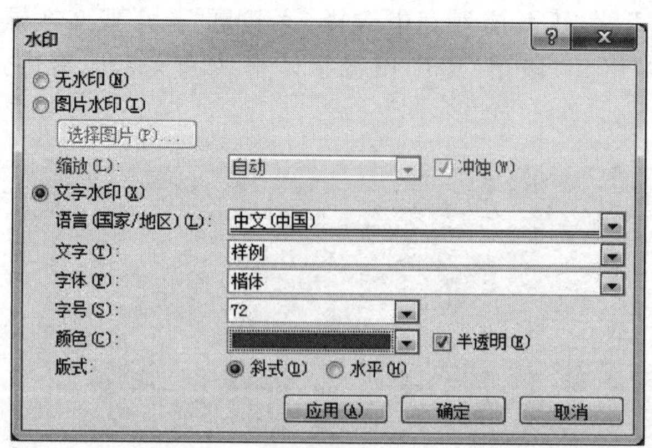

图 3-128 “水印”对话框

(3) 如制作图片水印,则选中“图片水印”单选按钮,并勾选“冲蚀”复选框,然后单击“选择图片”按钮,打开“插入图片”对话框,选择一幅图片插入,然后单击“确定”按钮,即插入了图片水印。

(4) 如果制作文字水印,则选中“文字水印”单选按钮,然后在“文字”下拉列表中输入文字,再设置字体、字号、字体颜色,并勾选“半透明”复选框,选中“斜式”或“水平单选”按钮,然后单击“确定”按钮,即插入了文字水印。

习题

1. 进入“第3章素材库\习题3\习题3.1”文件夹,打开“XT3_1.docx”文档,并对文档中的文字进行编辑和排版,最后将文档以“XT3_1排版.docx”为文件名保存于习题3.1文件夹中,具体要求如下:

(1) 页面格式设置:纸张为A4;页边距为上、下2.5厘米,左、右3厘米。

(2) 将标题段(“1.国内企业申请的专利部分”)设置为四号蓝色楷体、加粗、居中,绿色边框、边框宽度为3磅、黄色底纹。

(3) 正文(“根据我国企业申请的……围绕着认证、安全、支付来研究的。”)字体设置为宋体、五号,首行缩进2字符,行距设置为18磅。

(4) 正文第一段(“根据我国企业申请的……覆盖的领域包括:”)分两栏,中间加分隔线;最后一段(“如果和电子商务知识产权……围绕着认证、安全、支付来研究的。”)设置为首字下沉两行、隶书、距正文0.4厘米。

(5) 为第一段(“根据我国企业申请的……覆盖的领域包括:”)和最后一段(“如果和电子商务知识产权……围绕着认证、安全、支付来研究的。”)间的8行设置项目符号“◆”。

(6) 为倒数第9行(“表4-2 国内企业申请的专利分类统计”)插入脚注,脚注内容为“资料来源:中华人民共和国知识产权局”,脚注字体为小五号宋体,并将该行文本效果设置为“渐变填充-紫色,强调文字颜色4,映像”。

(7) 将最后面的8行文字转换为一个8行3列的表格,并设置表格居中。

(8) 分别将表格第1列的第4、5行单元格、第3列的第4、5行单元格、第1列的第2、3

行单元格和第3列的第2、3行单元格进行合并。表格中所有文字中部居中，设置表格外框线为3磅蓝色单实线，内框线为1磅黑色单实线。

(9) 插入页眉，页眉内容为“我国的电子商务专利”，字体为楷体、三号，居中，文本效果为“填充-红色，强调文字颜色2，双轮廓-强调文字颜色2”。

2. 进入“第3章素材库\习题3\习题3.2”文件夹，打开“XT3_2.docx”文档，并对文档中的文字进行编辑和排版，最后将文档以“XT3_2排版.docx”为文件名保存于习题3.2文件夹中，具体要求如下：

(1) 将文中所有错词“集锦”替换为“基金”。

(2) 将标题段(“中报显示多数基金上半年亏损”)文字设置为浅蓝色小三号仿宋、居中、加绿色底纹。

(3) 设置正文各段落(“截至昨晚10点……面值以下。”)左右各缩进1.5字符、段前间距0.5行、行距为1.1倍行距；设置正文第一段(“截至昨晚10点……都是亏损的。”)首字下沉2行(距正文0.1厘米)。

(4) 将文中后6行文字转换成一个6行3列的表格；并依据“基金代码”列按“数字”类型升序排列表格内容。

(5) 设置表格列宽为2.2厘米、表格居中；设置表格外框线及第1行的下框线为红色3磅单实线、表格其余框线为红色1磅单实线。

Excel 2010电子表格处理

Excel 2010 是微软公司 Office 2010 系列办公软件中的重要组成部分，是一款集数据表格、数据库、图表等于一身的优秀电子表格软件。其功能强大、技术先进、使用方便，不仅具有 Word 表格的数据编排功能，而且提供了丰富的函数和强大的数据分析工具，可以简单、快捷地对各种数据进行处理、统计和分析。它具有强大的数据综合管理功能，可以通过各种统计图表的形式把数据形象地表示出来。由于 Excel 2010 可以使用户愉快轻松地组织、计算和分析各种类型的数据，因此被广泛应用于财务、行政、金融、统计和审计等众多领域。

学习目标：

- 理解 Excel 2010 电子表格的基本概念。
- 掌握 Excel 2010 的基本操作以及编辑、格式化工作表的方法。
- 掌握公式、函数和图表的使用方法。
- 掌握常用的数据管理与分析方法。
- 熟悉 Excel 2010 的数据综合管理与决策分析功能应用方法。

4.1 Excel 2010 概述

Excel 2010 是一款非常出色的电子表格软件，它具有界面友好、操作简便、易学易用等特点，在人们的工作和学习中起着越来越重要的作用。

4.1.1 Excel 2010 的基本功能

Excel 2010 到底能够解决我们日常工作中的哪些问题呢？下面简要介绍其在 4 个方面的实际应用。

1. 表格制作

制作或者填写一张表格是用户经常遇到的工作内容，手工制作表格不仅效率低，而且格式单调，难以制作出一张好的表格。但是，利用 Excel 2010 提供的丰富功能可以轻松、方便地制作出具有较高专业水准的电子表格，以满足用户的各种需要。

2. 数据运算

在 Excel 2010 中，用户不仅可以使用自己定义的公式，而且可以使用系统提供的九大类函数，以完成各种复杂的数据运算。

3. 数据处理

在日常生活中有许多数据都需要处理，Excel 2010 具有强大的数据库管理功能，利用它所提供的有关数据库操作的命令和函数可以十分方便地完成排序、筛选、分类汇总、查询及数据透视表等操作，Excel 2010 的应用也因此更加广泛。

4. 建立图表

Excel 2010 提供了 14 大类图表，每一大类又有若干子类。用户只需使用系统提供的图表向导功能并选择表格中的数据就可方便、快捷地建立一个既实用又具有多种风格的图表。使用图表可以直观地表达工作表中的数据，增加了数据的可读性。

4.1.2 Excel 的启动与退出

1. Excel 2010 的启动方法

- 单击“开始”按钮，选择“所有程序”→Microsoft Office→Microsoft Office Excel 2010 命令。
- 在桌面上创建 Excel 2010 的快捷方式，双击快捷方式图标。
- 在文件夹中双击 Excel 文档文件，则自动启动 Excel 之后打开该文档。

2. Excel 2010 的退出方法

- 单击 Excel 2010 窗口右上角的“关闭”按钮。
- 单击“文件”按钮，在打开的列表中选择“退出”命令。
- 单击 Excel 2010 窗口左上角的“控制”按钮，在弹出的控制菜单中选择“关闭”命令或直接双击该按钮。
- 按 Alt+F4 组合键。

4.1.3 Excel 2010 的窗口

启动 Excel 2010 程序后即出现 Excel 2010 窗口，如图 4-1 所示。

1. 标题栏

标题栏用来显示使用的程序窗口名和工作簿文件的标题。启动软件后默认标题为“新建 Microsoft Excel 工作表. xlsx”，如果是通过打开一个已有文件启动软件，该文件的名字就会出现在标题栏上。窗口左上角的图标是窗口控制菜单图标，单击该图标可以打开控制菜单，能够用来调整窗口大小、移动窗口和关闭窗口；双击该图标可关闭该窗口。其右上角是窗口最小化、最大化/还原和关闭按钮。

2. 功能选项卡

功能选项卡包括文件、开始、插入、页面布局、公式、数据、审阅及视图等，每个功能选项卡都具有相应的功能区，使用功能区中的命令按钮可以实现 Excel 的各种操作。

3. 功能区

单击选项卡便打开其功能区，功能区命令按钮按逻辑组的形式分成若干组，可以帮助用户快速找到完成某一操作所需的命令。为了使屏幕更简洁,可使用帮助按钮左侧的选项卡控制按钮打开或关闭功能区。

4. 快速访问工具栏

快速访问工具栏一般位于窗口的左上角,用户也可以将其放在功能区的下方,通常包括最常用的命令按钮,默认情况下包括"保存""撤销输入"和"重复输入"3 个命令按钮。用户可以单击"自定义快速访问工具栏"按钮右边的下三角按钮,在打开的下拉列表中根据需要添加或者删除常用命令按钮。

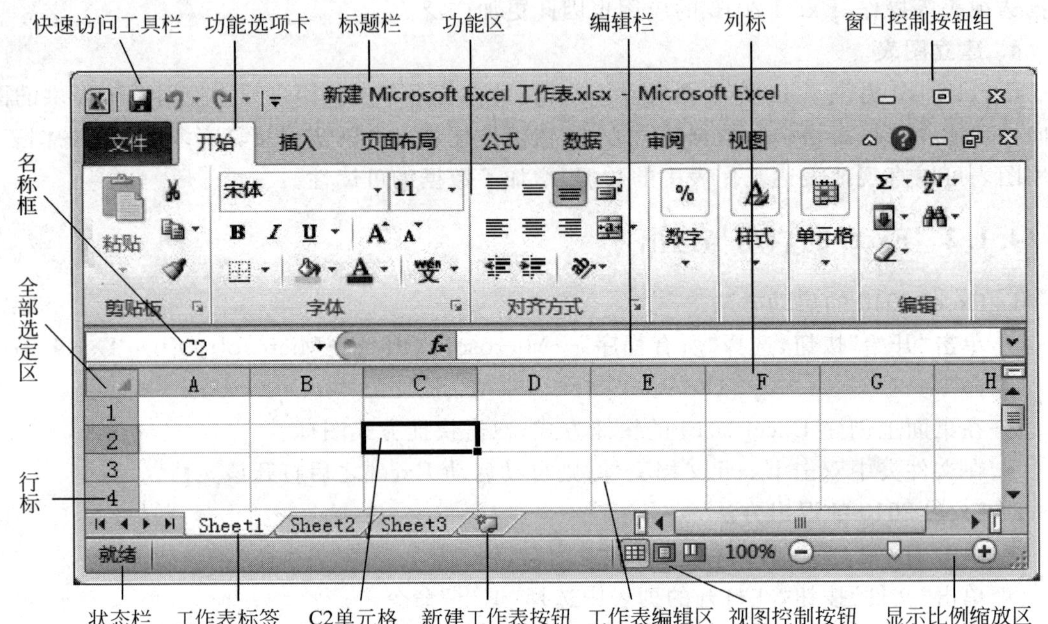

图 4-1　Excel 2010 的窗口

5. 数据编辑区

名称框与编辑栏构成数据编辑区,位于功能区的下方。如图 4-2 所示,左边是名称框,用来显示当前单元格或单元格区域的名称;右边是编辑栏,用来编辑或输入当前单元格的值或公式;中间有 3 个工具按钮"√""×"和"fx",分别表示对输入数据的"确认""取消"和"插入函数"。

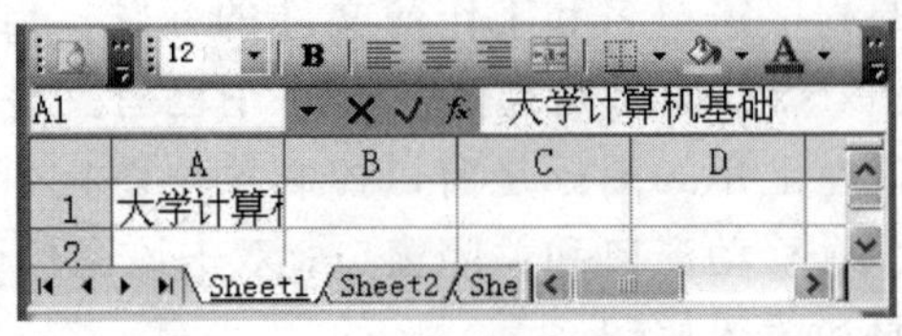

图 4-2　数据编辑区

6. 状态与视图栏

窗口底部一行的左端为状态栏,用于显示当前命令、操作或状态的有关信息。例如,在向单元格输入数据时,状态栏显示"输入";修改当前单元格数据时,状态栏显示"编辑";完成输入后状态栏显示"就绪"。右端为视图栏,分别包括"普通""页面布局"和"分页预览"3

个视图控制方式按钮以及视图显示比例调节按钮。

7. 工作簿窗口

编辑栏和状态栏之间的一大片区域是工作簿窗口，也是电子表格的工作区。该窗口由工作表编辑区(若干单元格组成)、水平滚动条、垂直滚动条、工作表滚动按钮和工作表标签等几个部分组成。

一个新工作簿文件包括3张工作表，工作表标签默认名称分别为Sheet1、Sheet2和Sheet3，每个工作簿最多可以容纳255张工作表。

图4-2所示的工作表标签名称Sheet1下面有下画线，表示以标签Sheet1为标签名字的工作表是当前工作表。用户可以使用工作表滚动按钮或单击工作表标签，选择其他任意一张工作表为当前工作表。工作表标签区还可以用来对工作表进行其他多种操作，这一点后面的内容中再做详细说明。

8. 全部选定区

工作簿的左上角(即行标和列标的交叉位置)称为全部选定区，单击该处可以选定工作表中的所有单元格，即整个工作表。

4.1.4 工作簿、工作表和单元格

1. 工作簿

如前所述，工作簿是计算和存储数据的Excel文件，是Excel 2010文档中一个或多个工作表的集合，其扩展名为.xlsx。每一个工作簿可由一张或多张工作表组成，默认情况下有3张工作表，这3张表默认的名称分别是Sheet1、Sheet2和Sheet3。用户可根据需要插入或删除工作表，一个工作簿中最多可包含255个工作表。如果把一个Excel工作簿看成一个账本，那么一页就相当于账本中的一张工作表。

2. 工作表

工作表由行标、列标和网格线组成，即由单元格构成，也称为电子表格。一个Excel工作表最多有1 048 576行、16 348列。行标用数字1～1 048 576表示，列标用字母A～Z、AA～AZ、BA～BZ、…、XFD表示。一个工作表最多可以有16 348×1 048 576个单元格。

3. 单元格

单元格是组成工作表的基本元素，工作表中行列的交叉位置就是一个单元格，单元格的名称由列标和行标组成，如A1。在单元格内输入和保存的数据，既可以包含文字、数字或公式，也可以包含图片和声音等。除此之外，对于每一个单元格中的内容，用户还可以设置格式，如字体、字号、对齐方式等。所以，一个单元格由数据内容、格式等部分组成。

4. 单元格的地址

单元格的地址由列标+行标组成，如第C列第5行交叉处的单元格，其地址是C5。单元格的地址可以作为变量名用在表达式中，如“A2+B3”表示将A2和B3这两个单元格的数值相加。单击某个单元格，该单元格就成为当前单元格，在该单元格右下角有一个小方块，这个小方块称为填充柄或复制柄，用来进行单元格内容的填充或复制。当前单元格和其他单元格的区别是呈突出显示状态。

5. 单元格区域

在利用公式或函数进行运算时，若参与运算的是由若干相邻单元格组成的连续区域，可

以使用区域的表示方法进行简化。只写出区域开始和结尾的两个单元格的地址,两个地址之间用冒号“:”隔开,即可表示包括这两个单元格在内的它们之间所有的单元格。如表示A1～A8这8个单元格的连续区域可表示为“A1:A8”。

区域表示法有以下3种情况。

- 同一行的连续单元格。如A1:F1表示第一行中的第A列到第F列的6个单元格,所有单元格都在同一行。
- 同一列的连续单元格。如A1:A10表示第A列中的第1行到第10行的10个单元格,所有单元格都在同一列。
- 矩形区域中的连续单元格。如A1:C4表示以A1和C4作为对角线两端的矩形区域,共3列4行12个单元格。如果要对这12个单元格的数值求平均值,就可以使用求平均值函数“AVERAGE(A1:C4)”来实现。

4.2 Excel 2010的基本操作

对工作簿的基本操作与Word基本相似,主要有新建、保存、关闭及打开。新建的工作簿中并没有数据,具体的数据要分别输入不同的工作表中。因此建立工作簿后首先要做的就是向工作表中输入数据。

4.2.1 工作簿的基本操作

1. 新建工作簿

启动Excel后系统会自动创建一个名为“新建Microsoft Excel工作表.xlsx”的新工作簿。用户可以在该工作簿的工作表中输入数据并进行保存。如果用户要创建新工作簿,可采用以下方法。

1) 创建空白工作簿

(1) 选择“文件”选项卡中的“新建”选项,如图4-3所示。

(2) 单击“空白工作簿”图标。

(3) 单击窗口右下角的“创建”按钮,即可创建一个名为“工作簿1”的Excel文档文件。如果再次创建空白工作簿,则会命名为“工作簿2”,依次类推。

2) 创建专业性工作簿

默认情况下建立的工作簿都是空白工作簿,除此之外,Excel还提供了大量的、固定的、专业性很强的表格模板,如会议议程、预算、日历等。这些模板对数字、字体、对齐方式、边框、底纹、行高与列宽都做了固定格式的编辑和设置,如果用户使用这些模板,可以轻松愉快地设计出引人注目的、具有专业功能和外观的表格。

创建专业性工作簿的操作如下:

(1) 在“文件”选项卡中选择“新建”选项,在打开的页面中可以看到“可用模板”和“Office.com模板”两部分。

(2) 单击“可用模板”中的“样本模板”图标,可以看到本机上可用的模板,选择某个模板后,单击“创建”按钮,然后做适当修改,则可创建出自己需要的具有专业性的表格。

(3) “Office.com模板”是放在指定服务器上的资源,如图4-4所示,用户必须联网才能

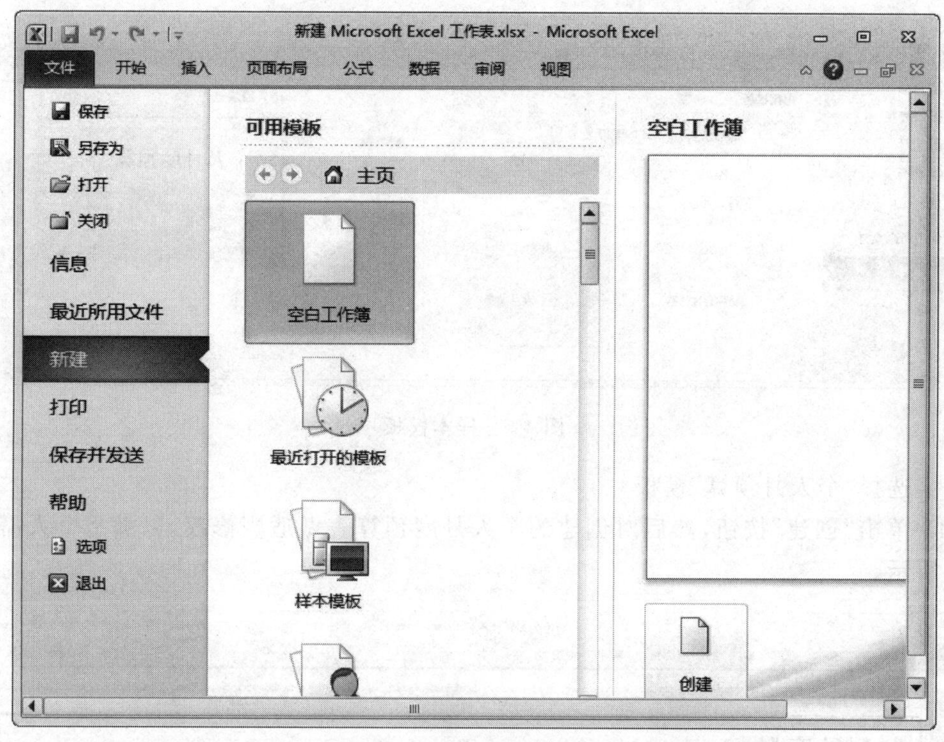

图 4-3 创建空白工作簿

使用这些模板，选择某个模板后必须下载后才能使用。

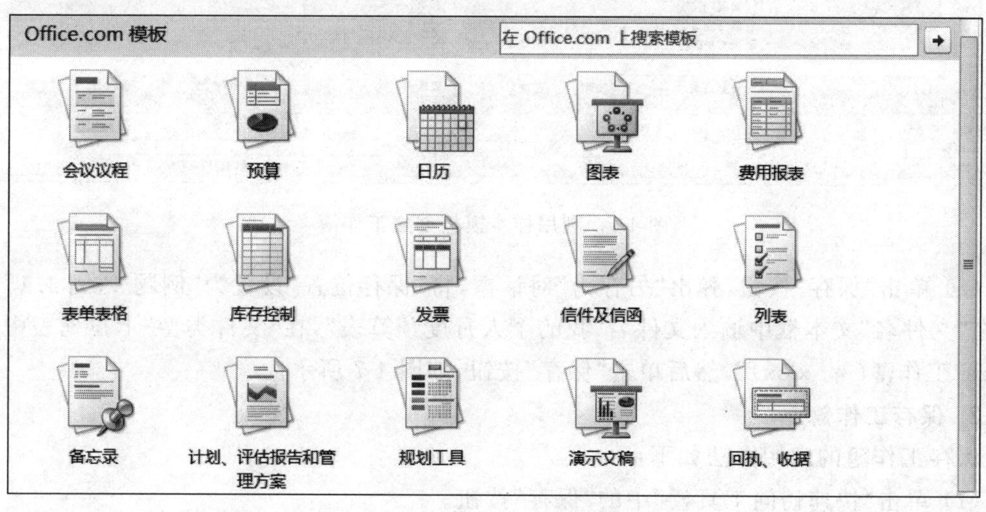

图 4-4 “Office. com 模板”

【例 4.1】 利用本机上的模板创建个人月度预算表，文件名为“我的个人月度预算表. xlsx”，保存在“例题 4\例 4.1”文件夹中。

操作步骤如下：

(1) 单击“文件”选项卡中的“新建”选项。

(2) 在打开的页面中单击“可用模板”栏中的“样本模板”选项，如图 4-5 所示。

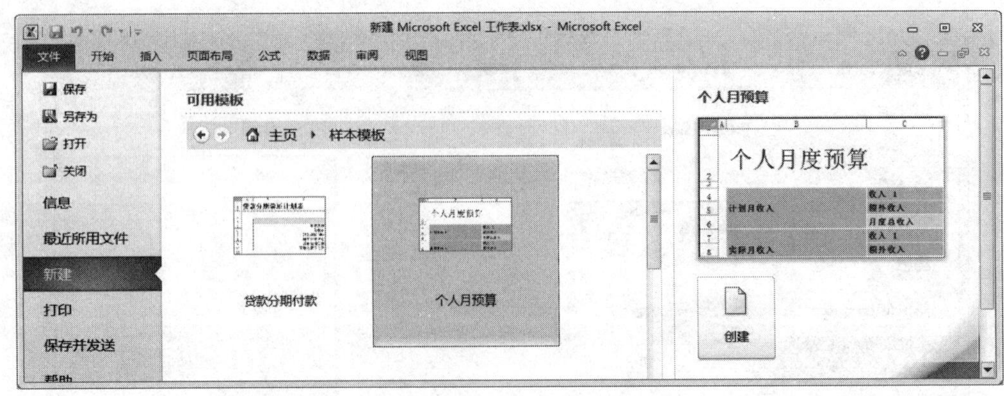

图 4-5 样本模板

(3) 选择“个人月预算”模板。

(4) 单击“创建”按钮，然后对创建的个人月度预算表做适当修改，以满足个人需要，如图 4-6 所示。

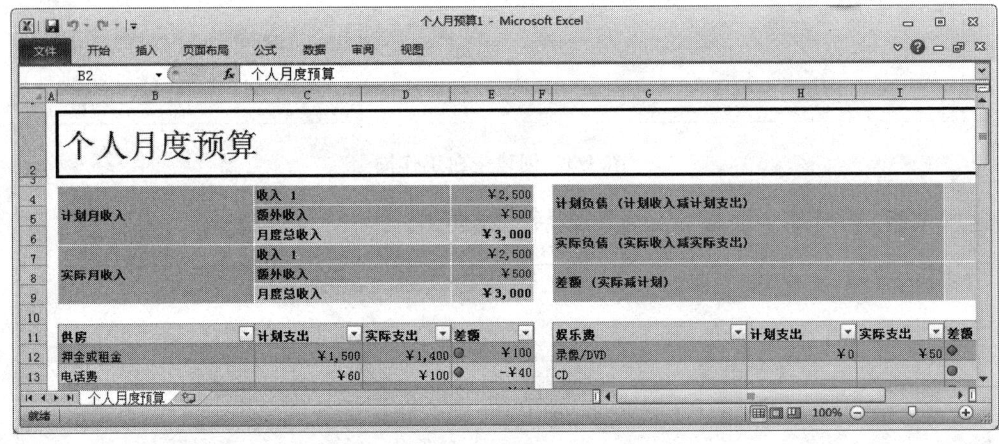

图 4-6 利用样本模板创建工作簿

(5) 单击“保存”按钮，弹出“另存为”对话框，将“保存位置”设置为“例题 4\例 4.1”文件夹，在“文件名”文本框中输入文件名“我的个人月度预算表”，在“文件类型”下拉列表中选择“Excel 工作簿(＊.xlsx)”，然后单击“保存”按钮，如图 4-7 所示。

2. 保存工作簿

保存工作簿的常用方法如下：

(1) 单击“快速访问工具栏”中的“保存”按钮。

(2) 单击“文件”选项卡中的“保存”选项。

(3) 单击“文件”选项卡中的“另存为”选项。

【说明】 如果是第一次保存工作簿或选择“另存为”选项，都会弹出“另存为”对话框，确定“保存位置”和“文件名”，注意保存类型为“Excel 工作簿(＊.xlsx)”。

3. 打开工作簿

打开已保存的工作簿常用以下方法：

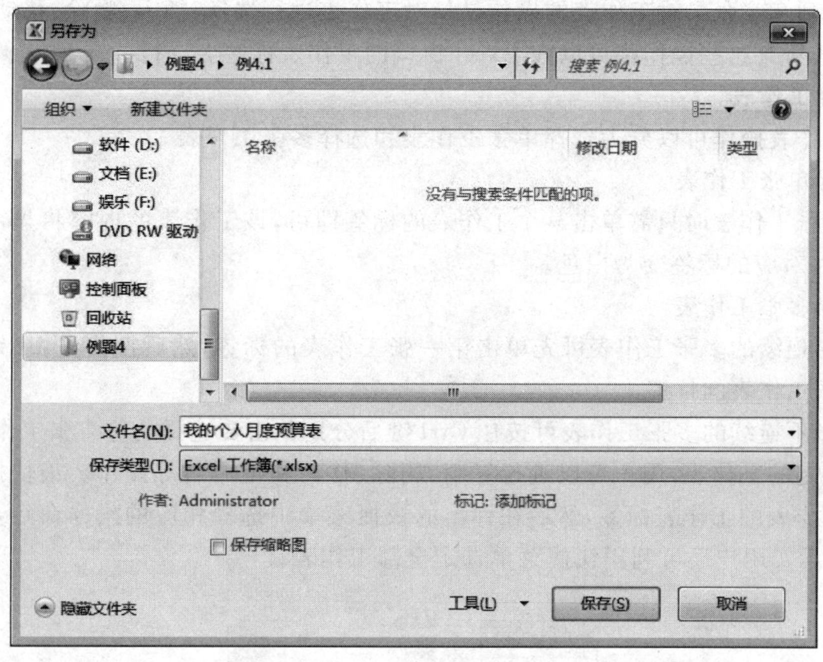

图 4-7 “另存为”对话框

(1) 如果在快速访问工具栏中有“打开”按钮,则单击“打开”按钮。

(2) 选择“文件”选项卡中的“打开”选项。

【说明】 以上两种情况都会弹出“打开”对话框,只要在对话框中选择一个工作簿,然后单击“打开”按钮,就可以在 Excel 中打开该工作簿。

4. **关闭工作簿**

同时打开的工作簿越多,所占用的内存空间越大,会直接影响计算机的处理速度。因此,当工作簿操作完成不再使用时,应及时将其关闭。关闭工作簿常用以下方法:

(1) 单击“文件”选项卡中的“关闭”选项。

(2) 单击工作簿窗口右上角的“关闭”按钮。

【说明】 以上两种情况都会弹出是否保存提示对话框,如图 4-8 所示。单击“保存”按钮,则保存文档退出;单击“不保存”按钮,则放弃保存退出;单击“取消”按钮,则放弃本次关闭操作。

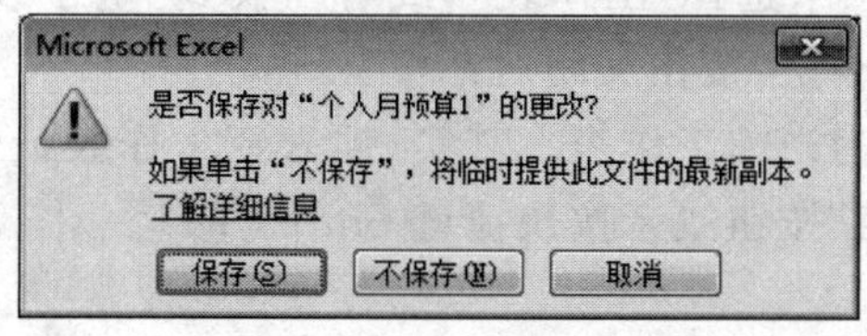

图 4-8 保存提示对话框

4.2.2 工作表的基本操作

新建立的工作簿中只包含 3 张工作表,用户还可以根据需要添加工作表,如前所述,最多可以增加到 255 张。对工作表的操作是指对工作表进行选择、插入、删除、移动、复制和重命名等操作，所有这些操作都可以在 Excel 窗口的工作表标签上进行。

1. 选择工作表

选择工作表操作可以分为选择单张工作表和选择多张工作表。

1）选择单张工作表

选择单张工作表时只需单击某个工作表的标签即可，该工作表的内容将显示在工作簿窗口中，同时对应的标签变为白色。

2）选择多张工作表

- 选择连续的多张工作表可先单击第一张工作表的标签，然后按住 Shift 键单击最后一张工作表的标签。
- 选择不连续的多张工作表可按住 Ctrl 键后分别单击要选择的每一张工作表的标签。

对于选定的工作表，用户可以进行复制、删除、移动和重命名等操作。最快捷的方法是右击选定工作表的工作表标签，然后在弹出的快捷菜单中选择相应的操作命令。快捷菜单如图 4-9 所示。用户还可利用快捷菜单选定全部工作表。

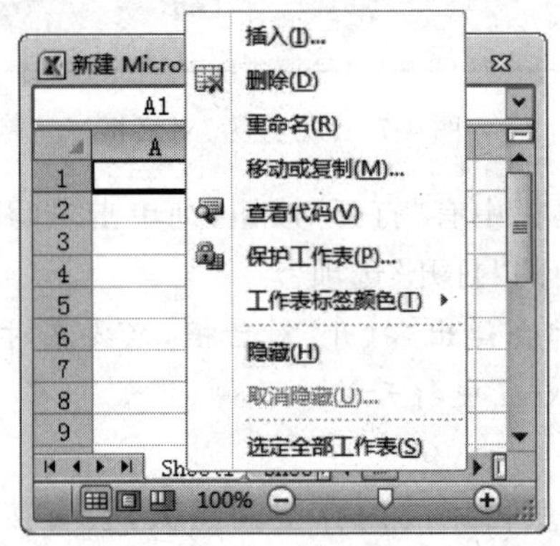

图 4-9　右击工作表标签弹出的快捷菜单

2. 插入工作表

如果要在某个工作表前面插入一张新工作表，操作步骤如下：

(1) 右击工作表标签，在弹出的快捷菜单中选择“插入”命令，弹出“插入”对话框，如图 4-10 所示。

(2) 切换到“常用”选项卡选择“工作表”，或者切换到“电子表格方案”选项卡选择某个固定格式表格，然后单击“确定”按钮关闭对话框。

插入的新工作表会成为当前工作表。其实，插入新工作表最快捷的方法还是单击工作表标签右侧的“插入工作表”按钮或者按快捷键 Shift＋F11。

3. 删除工作表

删除工作表的方法是首先选定要删除的的工作表，然后右击工作表标签，在弹出的快捷菜单中选择“删除”命令。

如果工作表中含有数据，则会弹出确认删除对话框，如图 4-11 所示，单击“删除”按钮，则该工作表即被删除，该工作表对应的标签也会消失。被删除的工作表无法用“撤销”命令来恢复。

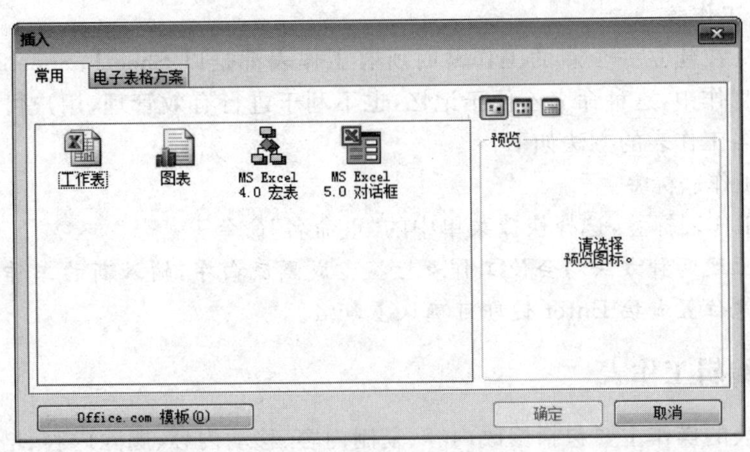

图 4-10　“插入”对话框

如果要删除的工作表中没有数据，则不会弹出确认删除对话框，工作表将被直接删除。

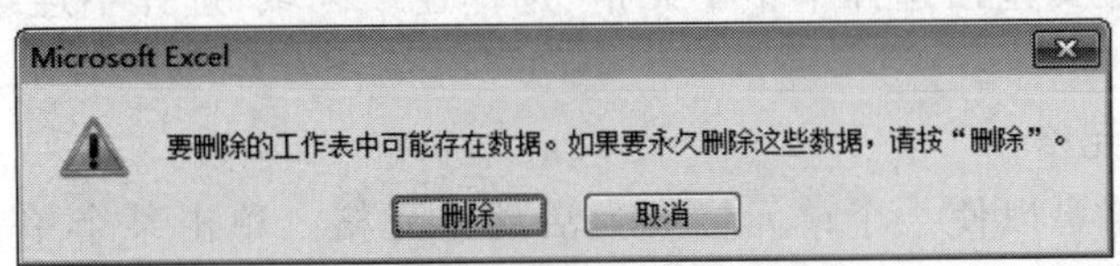

图 4-11　确认删除对话框

4. **移动和复制工作表**

工作表在工作簿中的顺序并不是固定不变的，用户可以通过移动重新安排它们的排列次序。移动或复制工作表的方法如下：

(1) 选定要移动的工作表，在标签上按住鼠标左键拖动，在拖动的同时可以看到鼠标指针上多了一个文档标记，同时在工作表标签上有一个黑色箭头指示位置，拖到目标位置处释放左键，即可改变工作表的位置，如图 4-12 所示。按住 Ctrl 键拖动实现的是复制操作。

(2) 右击工作表标签，选择快捷菜单中的“移动或复制”命令，弹出“移动或复制工作表”对话框，如图 4-13 所示，选择要移动到的位置。如果勾选“建立副本”复选框，则实现的是复制操作。

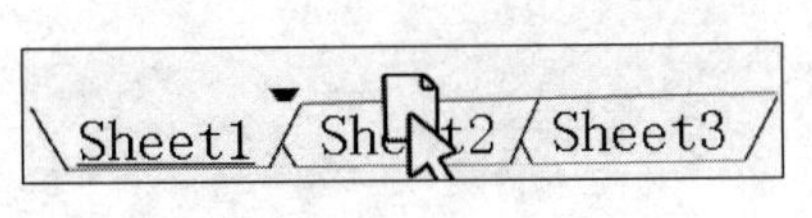

图 4-12　拖动工作表标签

图 4-13　“移动或复制工作表”对话框

5. **重命名工作表**

Excel 2010 在建立一个新的工作簿时所有工作表都是以 Sheet1,Sheet2,Sheet3,…命名。但在实际工作中,这种命名不便于记忆,也不利于进行有效管理,用户可以为工作表重新命名。重命名工作表的方法如下:

(1) 双击工作表标签。

(2) 右击工作表标签,选择快捷菜单中的"重命名"命令。

【说明】 上述两种方法均会使工作表标签变成黑底白字,输入新的工作表名后单击工作表中其他任意位置或按 Enter 键即可确认重命名。

4.2.3 编辑工作表

编辑工作表的操作主要包括修改内容、复制内容、移动内容、删除内容、增删行/列等,在进行编辑之前首先要选择对象。

1. **选择操作对象**

选择操作对象主要包括选择单个单元格、选择连续区域、选择不连续多个单元格或区域以及选择特殊区域。

1) 选择单个单元格

选择单个单元格可以使某个单元格成为活动单元格。单击某个单元格,该单元格以黑色方框显示,即表示被选中。

2) 连续区域的选择

选择连续区域的方法有以下 3 种(以选择 A1:F5 为例)。

(1) 单击区域左上角的单元格 A1,然后按住鼠标左键拖动到该区域的右下角单元格 F5。

(2) 单击区域左上角的单元格 A1,然后按住 Shift 键单击该区域右下角的单元格 F5。

(3) 在名称框中输入"A1:F5",然后按 Enter 键。

3) 不连续多个单元格或区域的选择

按住 Ctrl 键分别选择各个单元格或单元格区域。

4) 特殊区域的选择

特殊区域的选择主要是指以下不同区域的选择。

(1) 选择某个整行:直接单击该行的行号。

(2) 选择连续多行:在行标区按住鼠标左键从首行拖动到末行。

(3) 选择某个整列:直接单击该列的列号。

(4) 选择连续多列:在列标区按住鼠标左键从首列拖动到末列。

(5) 选择整个工作表:单击工作表的左上角(即行标与列标相交处)的"全部选定区"按钮或按 Ctrl+A 组合键。

2. **修改单元格内容**

修改单元格内容的方法有以下两种:

(1) 双击单元格或选中单元格后按 F2 键,使光标变成闪烁的方式,便可直接对单元格的内容进行修改。

(2) 选中单元格,在编辑栏中进行修改。

3．移动单元格内容

若要将某个单元格或某个区域的内容移动到其他位置上，可以使用鼠标拖动法或剪贴板法。

1）鼠标拖动法

首先将鼠标指针移动到所选区域的边框上，然后按住鼠标左键拖动到目标位置即可。在拖动过程中，边框显示为虚框。

2）剪贴板法

操作步骤如下：

(1) 选定要移动内容的单元格或单元格区域。

(2) 在“开始”选项卡的“剪贴板”组中单击“剪切”按钮。

(3) 单击目标单元格或目标单元格区域左上角的单元格。

(4) 在“剪贴板”组中单击“粘贴”按钮。

4．复制单元格内容

若要将某个单元格或某个单元格区域的内容复制到其他位置，同样也可以使用鼠标拖动法或剪贴板法。

1）鼠标拖动法

首先将鼠标指针移动到所选单元格或单元格区域的边框，然后同时按住 Ctrl 键和鼠标左键拖动鼠标到目标位置即可。在拖动过程中边框显示为虚框，同时鼠标指针的右上角有一个小的十字符号“＋”。

2）剪贴板法

使用剪贴板复制的过程与移动的过程是一样的，只是要单击“剪贴板”组中的“复制”按钮。

5．清除单元格

清除单元格或某个单元格区域不会删除单元格本身，而只是删除单元格或单元格区域中的内容、格式等之一或全部。

操作步骤如下：

(1) 选中要清除的单元格或单元格区域。

(2) 在“开始”选项卡的“编辑”组中单击“清除”按钮，在其下拉列表中选择“全部清除”“清除格式”“清除内容”选项之一，即可实现相应项目的清除操作，如图 4-14 所示。

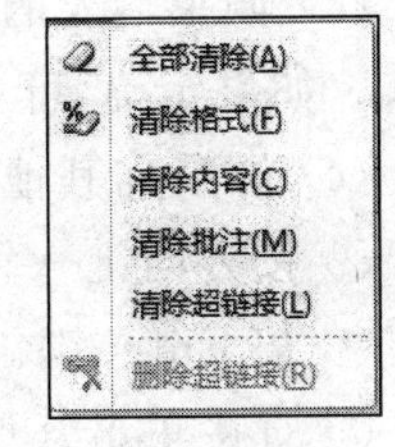

图 4-14　“清除”选项

【注意】 选中某个单元格或某个单元格区域后按 Delete 键，只能清除该单元格或单元格区域的内容。

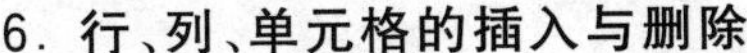

6．行、列、单元格的插入与删除

1）插入行、列

在“开始”选项卡的“单元格”组中单击“插入”按钮，在打开的下拉列表中选择“插入工作表行”或“插入工作表列”选项即可插入行或列。插入的行或列分别显示在当前行或当前列的上端或左端。

2）删除行、列

选中要删除的行或列或该行或该列所在的一个单元格，然后单击“单元格”组中的“删除”按钮，在下拉列表中选择“删除工作表行”或“删除工作表列”选项，可将该行或列删除。

3）插入单元格

选中要插入单元格的位置，单击“单元格”组中的“插入”按钮，在打开的下拉列表中选择“插入单元格”选项打开“插入”对话框，如图4-15所示，选中“活动单元格右移”或“活动单元格下移”单选按钮后单击“确定”按钮即可插入新的单元格。插入后原活动单元格会右移或下移。

4）删除单元格

选中要删除的单元格，单击“单元格”组中的“删除”按钮，在打开的下拉列表中选择“删除单元格”选项打开“删除”对话框，如图4-16所示，选中“右侧单元格左移”或“下方单元格上移”单选钮按钮后单击“确定”按钮，该单元格即被删除。如果选中“整行”或“整列”单选按钮，则该单元格所在行或列会被删除。

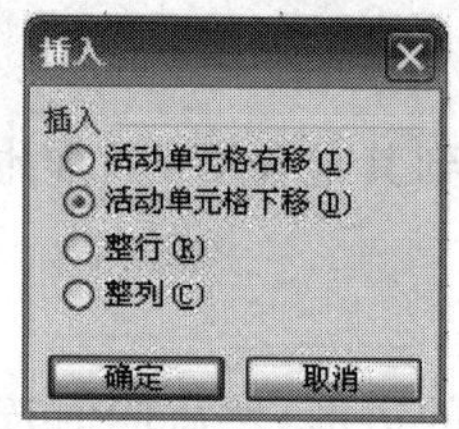

图4-15 “插入”对话框

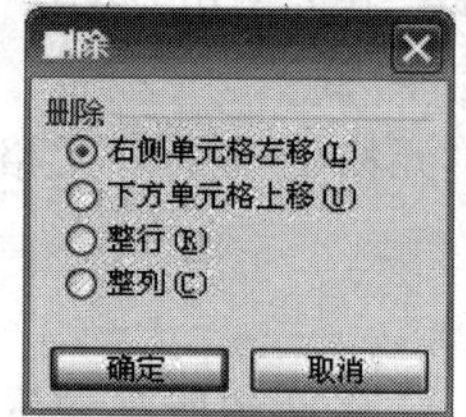

图4-16 “删除”对话框

7. 输入数据

1）输入数据的基本方法

输入数据的一般操作步骤如下：

(1) 单击要输入数据的单元格，使之成为当前活动单元格，此时名称框中显示该单元格的名称。

(2) 向该单元格直接输入数据，也可以在编辑栏输入数据，输入的数据会同时显示在该单元格和编辑栏中。

(3) 如果输入的数据有错，可单击编辑栏中的“×”按钮或按Esc键取消输入，然后重新输入。如果正确，可单击编辑栏中的“√”按钮或按Enter键确认。

(4) 继续向其他单元格输入数据。选择其他单元格可用如下方法：

① 按方向键→、←、↓、↑。

② 按Enter键。

③ 直接单击其他单元格。

2）各种类型数据的输入

在每个单元格中可以输入不同类型的数据，如数值、文本、日期和时间等。输入不同类型的数据时必须使用不同的格式，只有这样Excel才能识别输入数据的类型。

(1) 文本型数据的输入。

(2) 数值型数据的输入。

数值型数据可直接输入，在单元格中默认的是右对齐。在输入数值型数据时，除了0～9、正负号和小数点外还可以使用以下符号。

① E 和 e 用于指数符号的输入，例如“5.28E+3”。

② 以“$”或“¥”开始的数值表示货币格式。

③ 圆括号表示输入的是负数，例如，“(735)”表示－735。

④ 逗号“,”表示分节符，例如“1,234,567”。

⑤ 以符号“%”结尾表示输入的是百分数，例如 50%。

如果输入的数值长度超过单元格的宽度，将会自动转换成科学计数法，即指数法表示。例如，如果输入的数据为 123456789，则会在单元格中显示 1.234567E+8。

(3) 日期型数据的输入

输入的日期型数据在单元格中默认右对齐。日期型数据的输入格式比较多，例如要输入日期 2011 年 1 月 25 日。

① 如果要求按年月日顺序，常使用以下 3 种格式输入。

- 11/1/25。
- 2011/1/25。
- 2011-1-25。

上述 3 种格式输入确认后，单元格中均显示相同格式，即 2011-1-25。在此要说明的是，第 1 种输入格式中年份只用了两位，即 11 表示 2011 年。但如果要输入 1909，则年份就必须按 4 位格式输入。

② 如果要求按日月年顺序，常使用以下两种格式输入，输入结果均显示为第 1 种格式。

- 11-Jan-11。
- 11/Jan/11。

如果只输入两个数字，则系统默认输入的是月和日。例如，如果在单元格中输入 2/3，则表示输入的是 2 月 3 日，年份默认为系统年份。如果要输入当天的日期，可按 Ctrl+；组合键。

(4) 时间型数据的输入

在输入时间时，时和分之间、分和秒之间均用冒号“:”隔开，也可以在时间后面加上 A 或 AM、P 或 PM 等分别表示上、下午，即使用格式“hh：min：ss[a/am/p/pm]”，其中秒 ss 和字母之间应该留有空格，例如“7:30 AM”。

另外，也可以将日期和时间组合输入，输入时日期和时间之间要留有空格，例如“2009-1-5 10:30”。

若要输入当前系统时间，可以按 Ctrl+Shift+；组合键。

输入的时间型数据和输入的日期型数据一样，在单元格中默认右对齐。

(5) 分数的输入

由于分数线、除号和日期分隔符均使用同一个符号“/”，所以为了使系统区分输入的是日期还是分数，规定在输入分数时要在分数前面加上 0 和空格。例如，输入分数 1/3，则应先在单元格输入 0 和空格，再输入 1/3，即 0 1/3，这时编辑输入区显示的是 0.333333333333333，而单元格仍显示 1/3。如果要输入 5/3，应向单元格输入“0 5/3”或输入“1 2/3”。

(6) 逻辑值的输入

在单元格中对数据进行比较运算时可得到 True(真)或 False(假)两种比较结果，逻辑值在单元格中的对齐方式默认为居中。

3）自动填充有规律性的数据

如果要在连续的单元格中输入相同的数据或具有某种规律的数据，如数字序列中的等差序列、等比序列和有序文字（即文字序列）等，使用 Excel 的自动填充功能可以方便、快捷地完成输入操作。

（1）自动填充相同的数据

在单元格的右下角有一个黑色的小方块，称为填充柄或复制柄，当鼠标指针移至填充柄处时鼠标指针的形状变成"＋"字。选定一个已输入数据的单元格后拖动填充柄向相邻的单元格移动，可填充相同的数据，如图 4-17 所示。

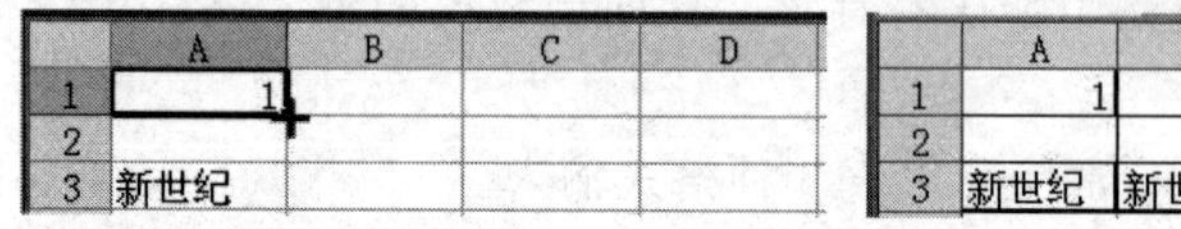

图 4-17　自动填充相同数据

（2）自动填充数字序列

如果要输入的数字型数据具有某种特定规律，如等差序列或等比序列（又称为数字序列），也可使用自动填充功能。

【例 4.2】 在 A1:G1 单元格中分别输入数字 1、3、5、7、9、11、13，如图 4-19 所示。

本例要输入的是一个等差序列，操作步骤如下：

① 在 A1 和 B1 单元格中分别输入两个数字 1 和 3。

② 选中 A1、B1 两个单元格，此时这两个单元格被黑框包围。

③ 将鼠标指针移动到 B1 单元格右下角的填充柄处，指针变为细十字形状"＋"。

④ 按住鼠标左键拖动"＋"形状控制柄到 G1 单元格后释放，这时 C1 到 G1 单元格即会分别填充数字 5、7、9、11 和 13。

【说明】 *用鼠标拖动填充柄填充的数字序列默认为填充等差序列，如果要填充等比序列，则要在"开始"选项卡的"编辑"组中单击"填充"按钮。*

【例 4.3】 在 A3:G3 单元格区域的单元格中分别输入数字 1、2、4、8、16、32、64，如图 4-19 所示。

本例要输入的是一个等比序列，操作步骤如下：

① 在 A3 单元格输入第一个数字 1。

② 选中 A3:G3 单元格区域。

③ 在"开始"选项卡的"编辑"组中单击"填充"右侧的下三角按钮，在打开的下拉列表中选择"系列"选项，打开"序列"对话框，如图 4-18 所示。

④ 在"序列产生在"选项组中选中"行"单选按钮；在"类型"选项组中选中"等比序列"单选按钮；在"步长值"文本框中输入数字 2；由于在此之前已经选中 A3:G3 单元格区域，因此"终止值"文本框中就不需要输入任何值。

⑤ 单击"确定"按钮关闭对话框。这时 A3:G3 单元格区域的单元格中即分别输入了数字 1、2、4、8、16、32、64。从对话框可以看出，使用填充命令还可以进行日期的填充。

（3）自动填充文字序列

用上述方法不仅可以输入数字序列，而且还可以输入文字序列。

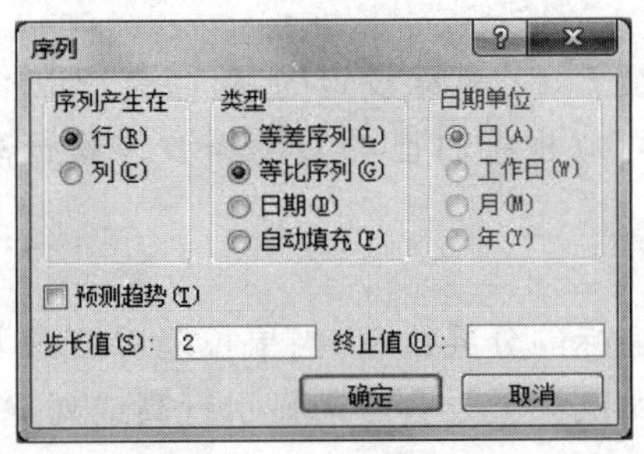

图 4-18 “序列”对话框

【例 4.4】 利用填充法在 A5:G5 单元格区域的单元格中分别输入星期一至星期日，如图 4-19 所示。

填充数字序列与文字序列.xls

	A	B	C	D	E	F	G
1	1	3	5	7	9	11	13
2							
3	1	2	4	8	16	32	64
4							
5	星期一	星期二	星期三	星期四	星期五	星期六	星期日

图 4-19　使用填充柄填充数字序列和文字序列

本例要输入的是一个文字序列，操作步骤如下：

(1) 在 A5 单元格输入文字“星期一”。

(2) 单击选中 A5 单元格，并将鼠标指针移动到该单元格右下角的填充柄处，此时指针变成十字形状“+”。

(3) 拖动填充柄到 G5 单元格后释放鼠标，这时 A5:G5 单元格区域的单元格中即分别填充了所要求的文字。

【注意】 本例中的“星期一”“星期二”、……、“星期日”等文字是 Excel 预先定义好的文字序列，所以在 A5 单元格输入了“星期一”后，拖动填充柄时，Excel 就会按该序列的内容依次填充“星期二”、……、“星期日”等。如果序列的数据用完了，会使用该序列的开始数据继续填充。

Excel 在系统中已经定义了以下常用文字序列：

(1) 日、一、二、三、四、五、六。

(2) Sunday、Monday、Tuesday、Wednesday、Thursday、Friday、Saturday。

(3) Sun、Mon、Tue、Wed、Thur、Fri、Sat。

(4) 一月、二月、…、十二月。

(5) January、February、…、December。

(6) Jan、Feb、…、Dec。

4.2.4　格式化工作表

工作表由单元格组成，因此格式化工作表就是对单元格或单元格区域进行格式化。格式化工作表包括调整行高和列宽、设置单元格格式以及设置条件格式。

1. 调整行高和列宽

工作表中的行高和列宽是 Excel 默认设定的，行高自动以本行中最高的字符为准，列宽默认为 8 个字符宽度。用户可以根据自己的实际需要调整行高和列宽。操作方法有以下几种。

1）使用鼠标拖动法

将鼠标指针指向行标或列标的分界线上，当鼠标指针变成双向箭头时按下左键拖动鼠标即可调整行高或列宽。这时鼠标上方会自动显示行高或列宽的数值，如图 4-20 所示。

2）使用功能按钮精确设置

选定需要设置行高或列宽的单元格或单元格区域，然后在“单元格”组中单击“格式”按钮，在下拉列表中选择“行高”或“列宽”选项，如图 4-21 所示，打开“行高”对话框或“列宽”对话框，输入数值后单击“确定”按钮关闭对话框，即可精确设置行高和列宽。如果选择“自动调整行高”或“自动调整列宽”选项，系统将自动调整到最佳行高或列宽。

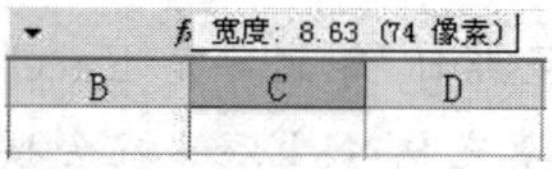

宽度: 8.63 (74 像素)
B C D

图 4-20 显示列宽

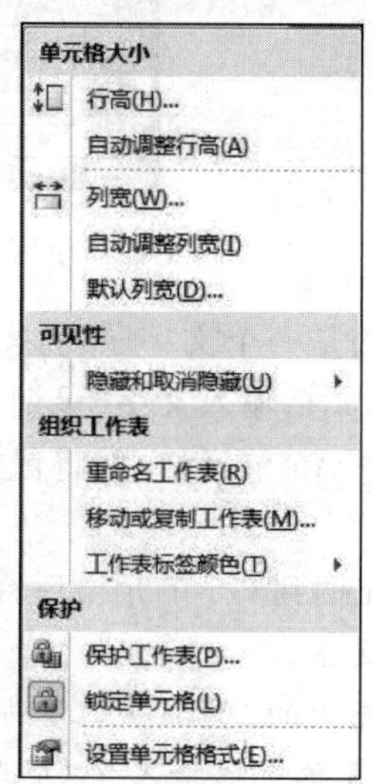

图 4-21 “格式”下拉列表

2. 设置单元格格式

在一个单元格中输入了数据内容后可以对单元格格式进行设置，设置单元格格式可以使用“开始”选项卡中的功能按钮，如图 4-22 所示。

图 4-22 “开始”选项卡

开始选项卡中包括“字体”“对齐方式”“数字”“样式”“单元格”组，主要用于单元格或单元格区域的格式设置；另外还有“剪贴板”和“编辑”两个组，主要用于进行 Excel 文档的编辑输入、单元格数据的计算等。

单击“单元格”组中的“格式”按钮，在其下拉列表中选择“设置单元格格式”选项；或者单击“字体”组、“对齐方式”组和“数字”组的“设置单元格格式”按钮，均可打开“设置单元格格式”对话框，如图 4-23 所示，用户可以在该对话框中设置“数字”“对齐”“字体”“边框”“填充”和“保护”6 项格式。

1）设置数字格式

Excel 2010 提供了多种数字格式，在对数字格式化时可以通过设置小数位数、百分号、货币符号等来表示单元格中的数据。在“设置单元格格式”对话框中切换至“数字”选项卡，在“分类”列表框中选择一种分类格式，在对话框的右侧窗格进一步设置小数位数、货币符号等即可，如图 4-23 所示。

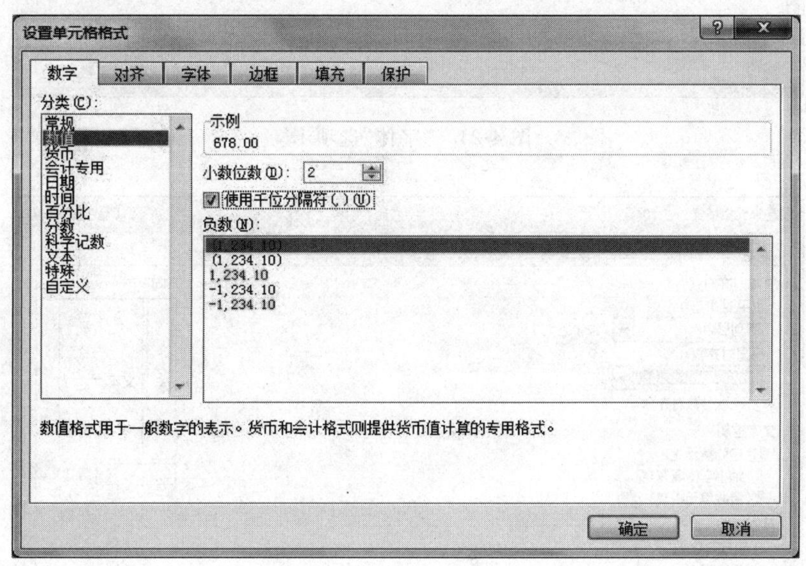

图 4-23 “数字”选项卡

2）设置字体格式

在“设置单元格格式”对话框中切换至“字体”选项卡，如图 4-24 所示，可对字体、字形、字号、颜色、下画线及特殊效果等进行设置。

3）设置对齐方式

在“设置单元格格式”对话框中切换至“对齐”选项卡，如图 4-25 所示，可实现水平对齐、垂直对齐、改变文本方向、自动换行及合并单元格等的设置。

【例 4.5】 设置“学生成绩表”标题行居中。

设置标题行居中的操作方法有两种，具体操作步骤如下。

- 合并及居中：选定要合并的单元格区域 A1:D1，如图 4-26 所示，然后单击“对齐方式”组中的“合并后居中”按钮，则所选的单元格区域合并为一个单元格 A1，并且标题文字居中放置，如图 4-27 所示。
- 跨列居中：选定要跨列的单元格区域 A1:D1，然后打开“设置单元格格式”对话框并切换至“对齐”选项卡，在“水平对齐”下拉列表框中选择“跨列居中”选项，在“垂直对

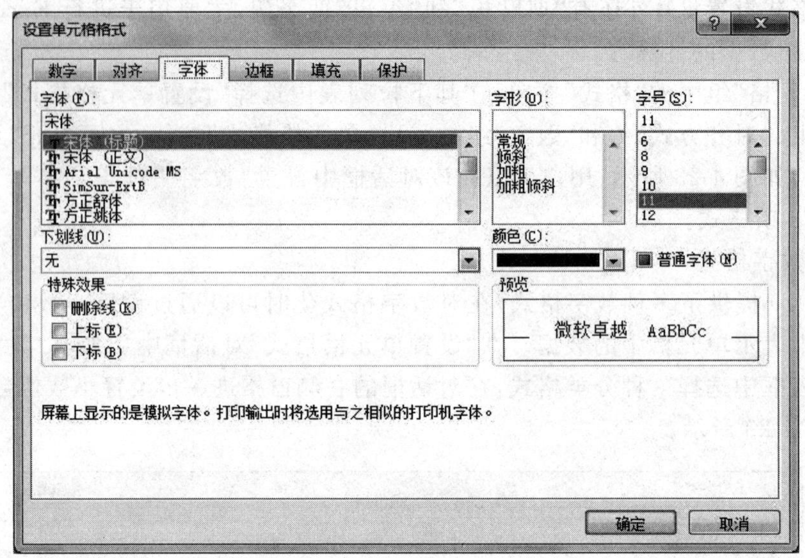

图 4-24 “字体”选项卡

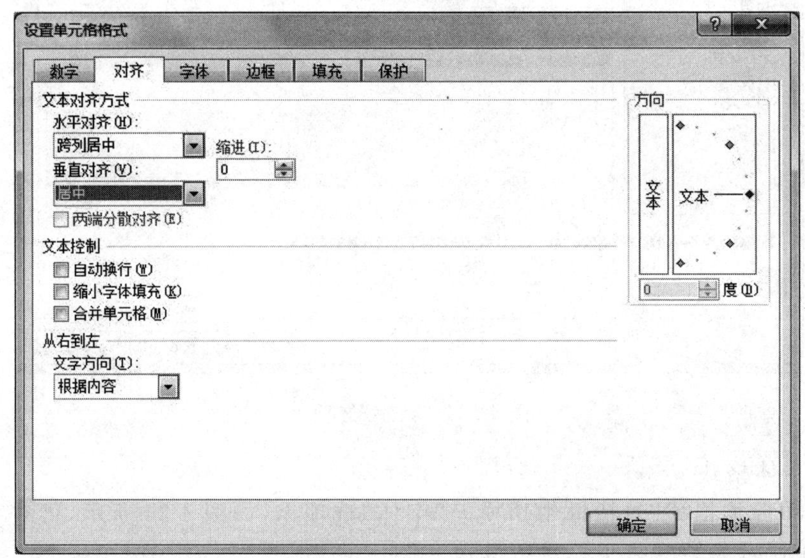

图 4-25 “对齐”选项卡

齐”下拉列表中选择“居中”,然后单击“确定”按钮,此时标题居中放置了,但是单元格并没有合并。

4) 设置边框和底纹

在 Excel 工作表中可以看到灰色的网格线,但如果不进行设置,这些网格线是打印不出来的,为了突出工作表或某些单元格的内容,可以为其添加边框和底纹。首先选定要设置边框和底纹的单元格区域,然后在“设置单元格格式”对话框的“边框”或“填充”选项卡中进行设置即可,如图 4-28 和图 4-29 所示。

• 设置边框：首先选择“样式”和“颜色”,然后在“预置”组中选择“内部”或“外边框”选

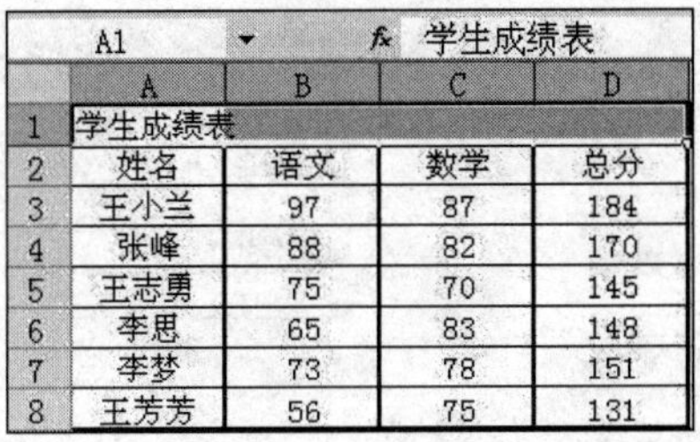

A1		fx 学生成绩表	
A	B	C	D
学生成绩表			
姓名	语文	数学	总分
王小兰	97	87	184
张峰	88	82	170
王志勇	75	70	145
李思	65	83	148
李梦	73	78	151
王芳芳	56	75	131

图 4-26　选中要合并的单元格 A1:D1

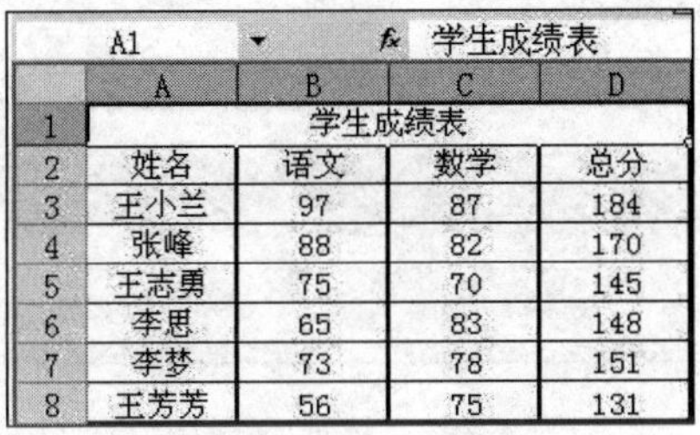

A1		fx 学生成绩表	
A	B	C	D
	学生成绩表		
姓名	语文	数学	总分
王小兰	97	87	184
张峰	88	82	170
王志勇	75	70	145
李思	65	83	148
李梦	73	78	151
王芳芳	56	75	131

图 4-27　合并后居中

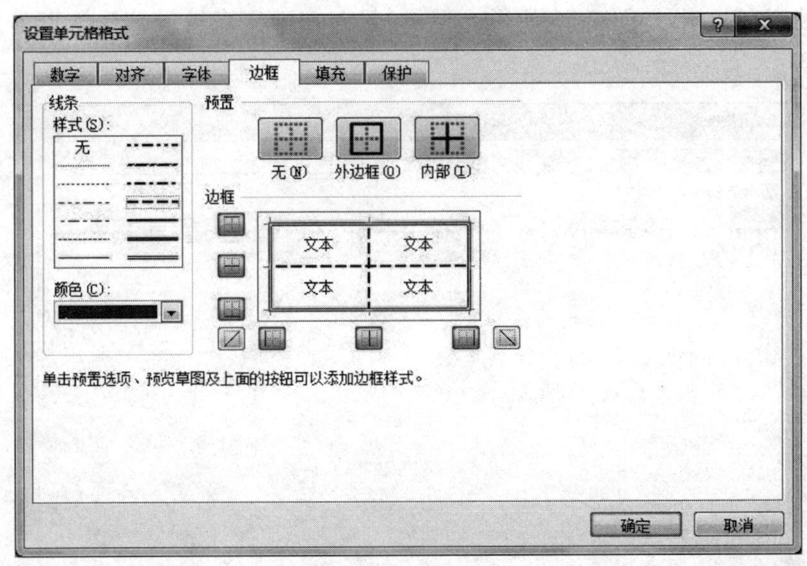

图 4-28　“边框”选项卡

项，分别设置内外线条。

- 设置填充：在“填充”选项卡中设置单元格底纹的“颜色”或“图案”，可以设置选定区域的底纹与填充色。

5）设置保护

设置单元格保护是为了保护单元格中的数据和公式，其中有锁定和隐藏两个选项。

锁定可以防止单元格中的数据被更改、移动，或单元格被删除；隐藏可以隐藏公式，使得编辑栏中看不到所应用的公式。

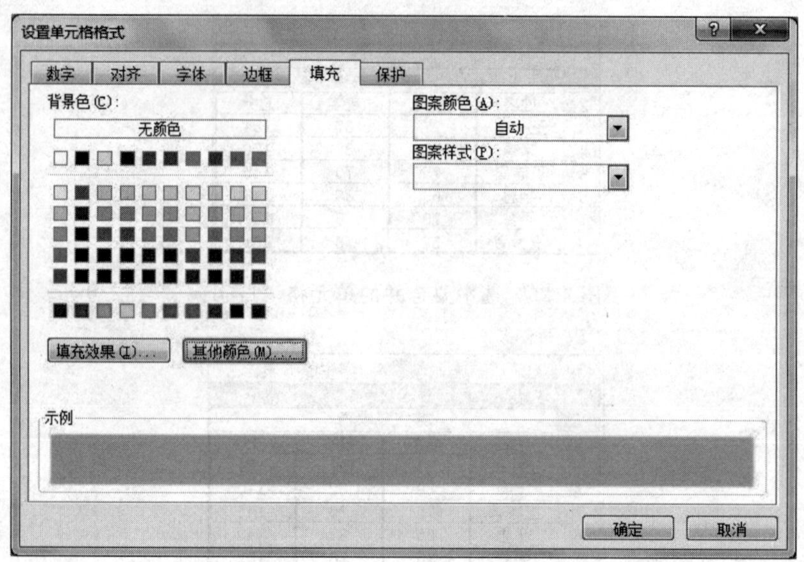

图 4-29 “填充”选项卡

首先选定要设置保护的单元格区域,打开“设置单元格格式”对话框,在“保护”选项卡中即可设置其锁定和隐藏,如图 4-30 所示。但是,只有在工作表被保护后锁定单元格或隐藏公式才能生效。

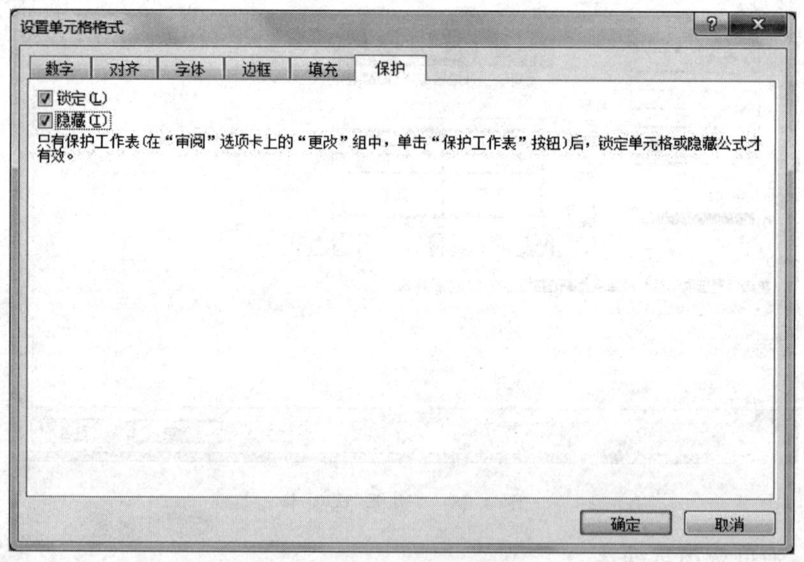

图 4-30 “保护”选项卡

【例 4.6】 工作表格式化。对“学生成绩表”的标题行设置跨列居中,将字体设置为楷体、20 磅、加粗、红色,添加浅绿色底纹;表格中其余数据水平和垂直居中,设置保留两位小数;为工作表中的 A2:D8 数据区域添加虚线内框线、实线外框线。

操作步骤如下:

(1) 选中 A1:D1 单元格区域。

(2) 打开“设置单元格格式”对话框，切换至“对齐”选项卡，在“水平对齐”下拉列表中选择“跨列居中”选项，在“垂直对齐”下拉列表中选择“居中”选项；切换至“字体”选项卡，从“字体”列表框中选择“楷体”选项，在“字形”列表框中选择“加粗”选项，在“字号”列表框中选择“20”选项，设置颜色为“红色”；切换至“填充”选项卡，在“背景栏”选项组中设置颜色为“浅绿色”，然后单击“确定”按钮关闭对话框。

(3) 选中 A2:D8 单元格区域。

(4) 打开“设置单元格格式”对话框，切换至“对齐”选项卡，在“水平对齐”和“垂直对齐”两个下拉列表中均选择“居中”选项；切换至“数字”选项卡，在“分类”列表框中选择“数值”选项，在“小数位数”数值框中输入“2”或调整为“2”；切换至“边框”选项卡，在“线条样式”列表框中选择“实线”选项，在“预置”选项组中选择“外边框”选项，再从“线条样式”列表框中选择“虚线”选项，然后在“预置”选项组中选择“内部”选项。单击“确定”按钮关闭对话框。

格式化后的工作表效果如图 4-31 所示。

	A	B	C	D
1	学生成绩表			
2	姓名	语文	数学	总分
3	王小兰	97.00	87.00	184.00
4	张峰	88.00	82.00	170.00
5	王志勇	75.00	70.00	145.00
6	李思	65.00	83.00	148.00
7	李梦	73.00	78.00	151.00
8	王芳芳	56.00	75.00	131.00

图 4-31　格式化工作表示例效果

3. 设置条件格式

利用 Excel 2010 提供的条件格式化功能可以根据指定的条件设置单元格的格式，如改变字形、颜色、边框和底纹等，以便在大量数据中快速查找到所需要的数据。

【例 4.7】 在 C 班学生成绩表中，利用条件格式化功能，指定当成绩大于 90 分时字形格式为“加粗”，字体颜色为“蓝色”，并添加黄色底纹。

操作步骤如下：

(1) 选定要进行条件格式化的区域。

(2) 在“开始”选项卡的“样式”组中单击“条件格式”→“突出显示单元格规则”→“大于”选项，打开“大于”对话框，如图 4-32 所示，在“为大于以下值的单元格设置格式”文本框中输入“90”，在其右边的“设置为”下拉列表框中选择“自定义格式”选项，打开“设置单元格格式”对话框，如图 4-33 所示。

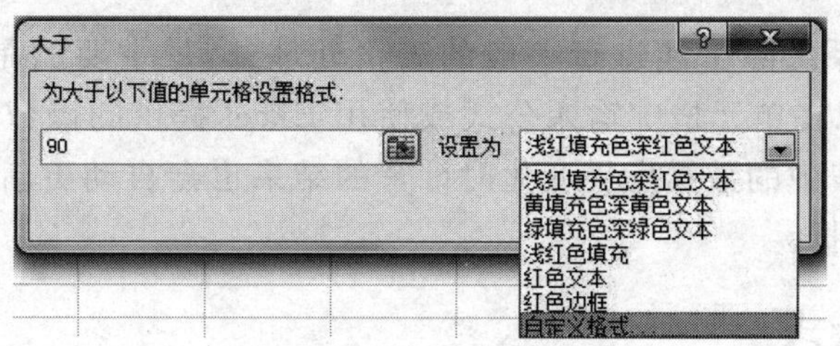

图 4-32　“大于”对话框

(3) 在“设置单元格格式”对话框中切换至“字体”选项卡，将字形设置为“加粗”，字体颜

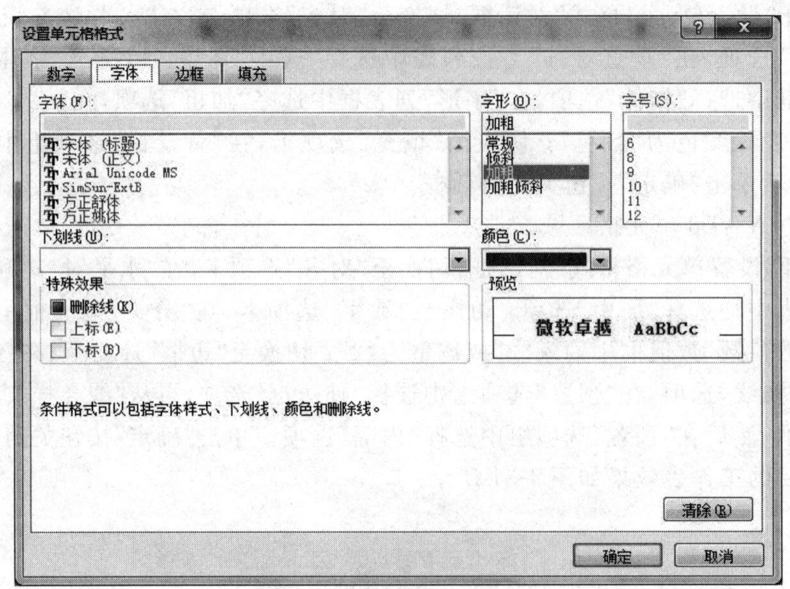

图 4-33 “设置单元格格式”对话框

色设置为“蓝色”；切换至“填充”选项卡，将底纹颜色设置为“黄色”，然后单击“确定”按钮返回“大于”对话框，再单击“确定”按钮关闭对话框，设置效果如图 4-34 所示。

(4) 如果还需要设置其他条件，按照上面的方法步骤继续操作即可。

	A	B	C	D	E	F
1	C班学生成绩表					
2	学号	姓名	性别	语文	数学	英语
3	2010001	张　山	男	90	83	68
4	2010002	罗明丽	女	63	92	83
5	2010003	李　丽	女	88	82	86
6	2010004	岳晓华	女	78	58	76
7	2010005	王克明	男	68	63	89
8	2010006	苏　姗	女	85	66	90
9	2010007	李　军	男	95	75	58
10	2010009	张　虎	男	53	76	92

图 4-34 设置效果图

4.3 Excel 2010 的数据计算

Excel 电子表格系统除了能进行一般的表格处理外，最主要的是它的数据计算功能。在 Excel 中，用户可以在单元格中输入公式或使用 Excel 提供的函数完成对工作表中数据的计算，并且当工作表中的数据发生变化时计算的结果也会自动更新，可以帮助用户快速、准确地分析和处理数据。

4.3.1 使用公式

Excel 中的公式由等号、运算符和运算数 3 个部分构成，运算数包括常量、单元格引用值、名称和工作表函数等元素。使用公式是实现电子表格数据处理的重要手段，它可以对数据进行加、减、乘、除及比较等多种运算。

1．运算符

用户可以使用的运算符有算术运算符、比较运算符、文本运算符和引用运算符 4 种。

1）算术运算符

算术运算符包括加(＋)、减(－)、乘(＊)、除(/)、百分数(%)及乘方(^)等。当一个公式中包含多种运算时要注意运算符之间的优先级。算术运算符运算的结果为数值型。

2）比较运算符

比较运算符包括等于(＝)、大于(＞)、小于(＜)、大于或等于(＞＝)、小于或等于(＜＝)及不等于(＜＞)。比较运算符运算的结果为逻辑值 True 或 False。例如，在 A1 单元格中输入数字“8”，在 B1 单元格输入“＝A1＞5”，由于 A1 单元格中的数值 8＞5，因此为真，B1 单元格中会显示“True”，且居中显示；如果在 A1 单元格输入数字“3”，则 B1 单元格中会居中显示“False”。

3）文本运算符

文本运算符也就是文本连接符(&)，用于将两个或多个文本连接为一个组合文本。例如“中国”&“北京”的运算结果即为“中国北京”。

4）引用运算符

引用运算符用于将单元格区域合并运算，包括冒号“:”、逗号“,”和空格“ ”。

- 冒号运算符用于定义一个连续的数据区域，例如“A2:B4”表示 A2 到 B4 的 6 个单元格，即包括 A2、A3、A4、B2、B3、B4。
- 逗号运算符称为并集运算符，用于将多个单元格或单元格区域合并成一个引用。例如，要求将 C2、D2、F2、G2 单元格的数值相加，结果数值放在单元格 E2 中。则单元格 E2 中的计算公式可以用“＝SUM(C2,D2,F2,G2)”表示，结果示例如图 4-35 所示。

E2　　fx　=SUM(C2,D2,F2,G2)

	A	B	C	D	E	F	G
1	部门	姓名	基本工资	岗位津贴	总计	绩效工资	福利工资
2	数学系	张玉霞	1100	356	3862	2356	50
3	基础部	李青	980	550		2340	100
4	艺术系	王大鹏	1380	500		1500	100

图 4-35　并集运算求和

- 空格运算符称为交集运算符，表示只处理区域中互相重叠的部分。例如公式“SUM(A1:B2 B1:C2)”表示求 A1:B2 区域与 B1:C2 区域相交部分，也就是单元格 B1、B2 的和。

【说明】 运算符的优先级由高到低依次为冒号“:”、逗号“,”、空格“ ”、负号“－”、百分号“%”、乘方“^”、乘“＊”和除“/”、加“＋”和减“－”、文本连接符“&”、比较运算符。

2．输入公式

在指定的单元格内可以输入自定义的公式，其格式为“＝公式”。

操作步骤如下：

(1) 选定要输入公式的单元格。

(2) 输入等号“＝”作为公式的开始。

(3) 输入相应的运算符，选取包含参与计算的单元格的引用。

(4) 按 Enter 键或者单击编辑栏上的“输入”按钮确认。

【说明】 在输入公式时，等号和运算符号必须采用半角英文符号。

3. 复制公式

如果有多个单元格用的是同一种运算公式，可使用复制公式的方法简化操作。选中被复制的公式，先“复制”然后“粘贴”即可；或者使用公式单元格右下角的复制柄拖动复制，也可以直接双击填充柄实现公式的快速自动复制。

【例 4.8】 在如图 4-36 所示的表格中计算出各教师的工资“总计”。

操作步骤如下：

(1) 选定要输入公式的单元格 E2。

(2) 输入等号和公式“＝C2＋D2＋F2＋G2”，这里的单元格引用可直接单击单元格，也可以输入相应单元格地址。

(3) 按 Enter 键，或单击编辑栏中的“输入”按钮，计算结果即出现在 E2 单元格。

(4) 按住鼠标左键拖动 E2 单元格右下角的复制柄至 E4 单元格，完成公式复制，结果如图 4-36 所示。

E2 fx =C2+D2+F2+G2

	A	B	C	D	E	F	G
1	部门	姓名	基本工资	岗位津贴	总计	绩效工资	福利工资
2	数学系	张玉霞	1100	356	3862	2356	50
3	基础部	李青	980	550	3970	2340	100
4	艺术系	王大鹏	1380	500	3480	1500	100

图 4-36 拖动“复制柄”复制公式

4.3.2 使用函数

使用公式计算虽然很方便，但只能完成简单的数据计算，对于复杂的运算需要使用函数来完成。函数是预先设置好的公式，Excel 2010 提供了许多内部函数，可以对特定区域的数据实施一系列操作。利用函数进行复杂的运算比利用等效的公式计算更快、更灵活、效率更高。

1. 函数的组成

函数是公式的特殊形式，其格式为函数名(参数 1，参数 2，参数 3，…)

其中，函数名是系统保留的名称，圆括号中可以有一个或多个参数，参数之间用逗号隔开，也可以没有参数，当没有参数时，函数名后的圆括号是不能省略的。参数是用来执行操作或计算的数据，可以是数值或含有数值的单元格引用。

例如，函数“SUM(A1，B1，D2)”即表示对 A1、B1、D2 三个单元格的数值求和，其中 SUM 是函数名；A1、B1、D2 为 3 个单元格引用，它们是函数的参数。

例如函数“SUM(A1，B1:B3，C4)”中有 3 个参数，分别是单元格 A1、区域 B1:B3 和单元格 C4。

而函数 PI( )则没有参数，它的作用是返回圆周率 π 的值。

2. 函数的使用方法

1) 利用“插入函数”按钮

下面通过例题说明函数的使用方法。

【例 4.9】 在成绩表中计算出每个学生的平均成绩，如图 4-37 所示。

F3					
	A	B	C	D	E	F

	A	B	C	D	E	F
1	A班四门课成绩表					
2	姓名	语文	数学	物理	化学	平均成绩
3	韩风	86	87	89	97	
4	田艳	57	83	79	46	
5	彭华	66	68	98	70	

图 4-37 插入函数求平均值

操作步骤如下：

(1) 选定要存放结果的单元格 F3。

(2) 在“公式”选项卡的“函数库”组中单击“插入函数”按钮或单击编辑栏左侧的 fx 按钮，弹出“插入函数”对话框，如图 4-38 所示。

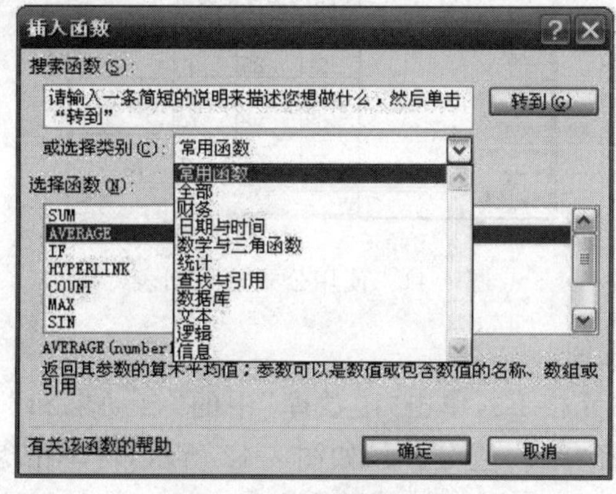

图 4-38 “插入函数”对话框

(3) 在“或选择类别”下拉列表框中选择“常用函数”选项，在“选择函数”列表框中选择 AVERAGE 选项，然后单击“确定”按钮，弹出“函数参数”对话框，如图 4-39 所示。

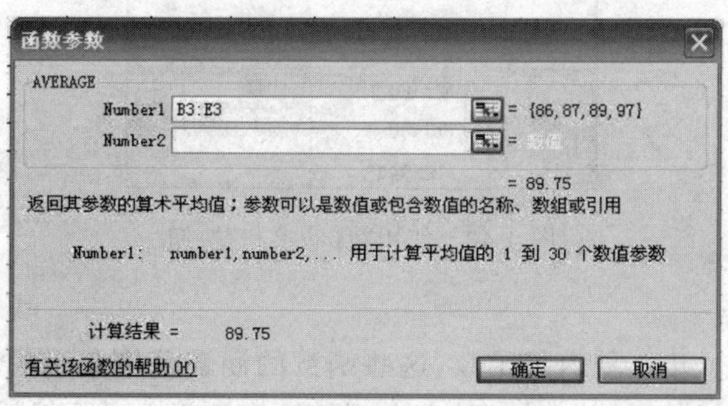

图 4-39 “函数参数”对话框

(4) 在 Number1 编辑框中输入函数的正确参数，如 B3:E3，或者单击参数 Number1 编辑框后面的数据拾取按钮，当函数参数对话框缩小成一个横条，如图 4-40 所示，用鼠标拖动选取数据区域，然后按 Enter 键或再次单击拾取按钮，返回“函数参数”对话框，最后单击“确定”按钮。

图 4-40　函数参数的拾取

(5) 拖曳 F3 单元格右下角的复制柄到 F5 单元格。这时在 F3～F5 单元格分别计算出了 3 个学生的平均成绩。

2) 利用编辑栏中的公式选项列表

首先选定要存放结果的单元格 F3，然后输入“=”，再单击“名称框”右边的下三角按钮，在下拉列表中选择相应的函数选项，如图 4-41 所示，后面的操作和利用功能按钮插入函数的方式完全相同。

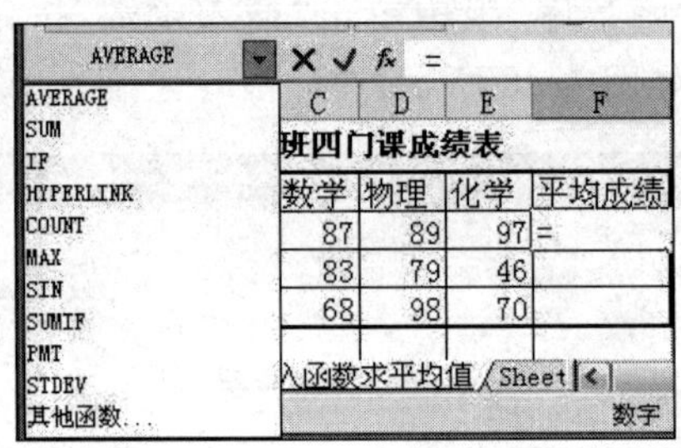

图 4-41　使用公式选项列表

3) 使用“自动求和”按钮

选定要存放结果的单元格 F3，单击“函数库”中的“自动求和”下三角按钮，在下拉列表中选择相应函数，本例选择“平均值”选项，如图 4-42 所示，再单击编辑栏中的“确认”按钮或按 Enter 键。其他学生的平均成绩可通过拖曳 F3 单元格右下角的复制柄复制函数填充。

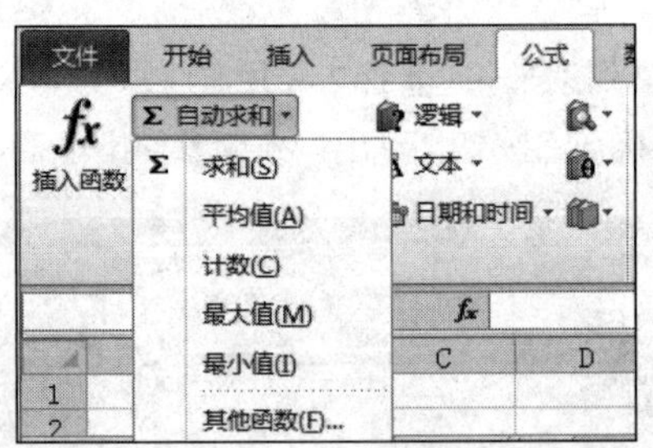

图 4-42　使用“自动求和”按钮

3. 常用函数介绍

Excel 2010 提供了几百种内置函数，这些函数的涵盖范围包括财务、日期与时间、数学与三角函数、统计、查找与引用、数据库、文本、逻辑、信息等。下面仅就常用函数做介绍。

1) 求和函数 SUM

函数格式为：

```
SUM(number1,[number2],…)
```

该函数用于将指定的参数 number1，number2，…相加求和。

参数说明：至少需要包含一个参数 number1，每个参数都可以是区域、单元格引用、数组、常量、公式或另一个函数的结果。

2）求平均值函数 AVERAGE

函数格式为：

```
AVERAGE(number1,[number2], …)
```

该函数用于求指定参数 number1，number2，…的算术平均值。

参数说明：至少需要包含一个参数 number1，且必须是数值，最多可包含 255 个。

3）求最大值函数 MAX

函数格式为：

```
MAX(number1,[number2], …)
```

该函数用于求指定参数 number1，number2，…的最大值。

参数说明：至少需要包含一个参数 number1，且必须是数值，最多可包含 255 个。

4）求最小值函数 MIN

函数格式为：

```
MIN (number1,[number2], …)
```

该函数用于求指定参数 number1，number2，…的最小值。

参数说明：至少需要包含一个参数 number1，且必须是数值，最多可包含 255 个。

5）计数函数 COUNT

函数格式为：

```
COUNT(value1,[value2], …)
```

该函数用于统计指定区域中包含数值的个数，只对包含数字的单元格进行计数。

参数说明：至少需要包含一个参数 value1，最多可包含 255 个。

6）逻辑判断函数 IF(或称条件函数)

函数格式为：

```
IF(logical_test,[value_if_true],[value_if_false])
```

该函数实现的功能：如果 logical_test 逻辑表达式的计算结果为 TRUE，IF 函数将返回某个值，否则返回另一个值。

参数说明如下：

- logical_test：必需的参数，作为判断条件的任意值或表达式。在该参数中可使用比较运算符。
- value_if_true：可选的参数，logical_test 参数的计算结果为 TRUE 时所要返回的值。
- value_if_false：可选的参数，logical_test 参数的计算结果为 FALSE 时所要返回的值。

例如，IF(5＞4，“A”，“B”)的结果为“A”。

IF 函数可以嵌套使用，最多可以嵌套 7 层。

【例 4.10】 在图 4-43 所示的工作表中按英语成绩所在的不同分数段计算对应的等级。

等级标准的划分原则：90～100 为优，80～89 为良，70～79 为中，60～69 为及格，60 分以下为不及格。

操作步骤如下：

(1) 选中 D3 单元格，向该单元格中输入公式"=IF(C3>=90,"优",IF(C3>=80,"良",IF(C3>=70,"中",IF(C3>=60,"及格","不及格"))))"。

该公式中使用的 IF 函数嵌套了 4 层。

(2) 单击编辑栏中的"确认"按钮或按 Enter 键，D3 单元格中显示的结果为"中"。

(3) 将鼠标指针移到 D3 单元格边框右下角的黑色方块，当指针变成"+"形状时按住左键拖动鼠标到 D7 单元格，在 D4:D7 单元格区域进行公式复制。

计算后的结果如图 4-44 所示。

	A	B	C	D
1	A班英语成绩统计表			
2	学号	姓名	英语	等级
3	201001	陈卫东	75	
4	201002	黎明	86	
5	201003	汪洋	54	
6	201004	李一兵	65	
7	201005	肖前卫	94	

图 4-43 英语成绩

	A	B	C	D
1	A班英语成绩统计表			
2	学号	姓名	英语	等级
3	201001	陈卫东	75	中
4	201002	黎明	86	良
5	201003	汪洋	54	不及格
6	201004	李一兵	65	及格
7	201005	肖前卫	94	优

图 4-44 计算后的结果

7) 条件计数函数 COUNTIF

函数格式为：

```
COUNTIF(range,criteria)
```

该函数用于计算指定区域中满足给定条件的单元格个数。

参数说明如下：

- range：必需的参数，计数的单元格区域。
- criteria：必需的参数，计数的条件，条件的形式可以为数字、表达式、单元格地址或文本。

8) 条件求和函数 SUMIF

函数格式为：

```
SUMIF(range,criteria,sum_range)
```

该函数用于对指定单元格区域中符合指定条件的值求和。

参数说明如下：

- range：必需的参数，用于条件判断的单元格区域。
- criteria：必需的参数，求和的条件，其形式可以为数字、表达式、单元格引用、文本或函数。
- sum_range：可选参数区域，要求和的实际单元格区域，如果 sum_range 参数被省略，Excel 会对在 range 参数中指定的单元格求和。

9）排位函数 RANK

函数格式为：

```
RANK(number,ref,order)
```

该函数用于返回某数字在一列数字中相对于其他数值的大小排位。

参数说明如下：

- number：必需的参数，为指定的排位数字。
- ref：必需的参数，为一组数或对一个数据列表的引用（绝对地址引用）。
- order：可选参数，为指定排位的方式，0 值或忽略表示降序，非 0 值表示升序。

10）截取字符串函数 MID

函数格式为：

```
MID(text,start_num,num_chars)
```

该函数用于从文本字符串中的指定位置开始返回特定个数的字符。

参数说明如下：

- text：必需的参数，包含要截取字符的文本字符串。
- start_num：必需的参数，文本中要截取字符的第 1 个字符的位置。文本中第 1 个字符的位置为 1，依次类推。
- num_chars：必需的参数，指定希望从文本串中截取的字符个数。

11）取年份值函数 YEAR

函数格式为：

```
YEAR(serial_number)
```

该函数用于返回指定日期对应的年份值。返回值为 1900 到 9999 之间的值。

参数说明：serial_number 为必需的参数，是一个日期值，其中必须要包含查找的年份值。

12）文本合并函数 CONCATENATE

函数格式为：

```
CONCATENATE(text1,[text2],…)
```

该函数用于将几个文本项合并为一个文本项，最多可将 255 个文本字符串连接成一个文本字符串。连接项可以是文本、数字、单元格地址或这些项目的组合。

参数说明：至少需要有一个文本项，最多可以有 255 个，文本项之间用逗号分隔。

【提示】 用户也可以用文本连接运算符“&”代替 CONCATENATE 函数来连接文本项。例如，“=A1&B1”与“=CONCATENATE(A1,B1)”返回的值相同。

4.3.3 单元格引用

在例 4.9 中进行公式复制时，Excel 并不是简单地将公式复制下来，而是会根据公式的原来位置和目标位置计算出单元格地址的变化。

例如，原来在 F3 单元格中插入的函数是“=AVERAGE(B3:E3)”，当复制到 F4 单元格时，由于目标单元格的行标发生了变化，这样复制的函数中引用的单元格的行标也会相应发生变化，函数变成了“=AVERAGE(B4:E4)”。这实际上是 Excel 中单元格的一种引用方式，称为相对引用。除此之外，还有绝对引用和混合引用。

1. 相对引用

Excel 2010 默认的单元格引用为相对引用。相对引用是指在公式或者函数复制、移动时公式或函数中单元格的行标、列标会根据目标单元格所在的行标、列标的变化自动进行调整。

相对引用的表示方法是直接使用单元格的地址，即表示为“列标行标”，如单元格 A6、单元格区域 B5:E8 等，这些写法都是相对引用。

2. 绝对引用

绝对引用是指在公式复制、移动时不论目标单元格在什么位置，公式中单元格的行标和列标均保持不变。

绝对引用的表示方法是在列标和行标前面加上符号“$”，即表示为“$列标$行标”，如单元格$A$6、单元格区域$B$5:$E$8 都是绝对引用的写法。下面举例说明单元格的绝对引用。

【例 4.11】 在图 4-45 所示的工作表中计算出各种书籍的销售比例。

操作步骤如下：

(1) 向 A6 单元格输入“合计”文字。

(2) 计算销售总计：先选择单元格 B6，然后单击“自动求和”按钮，或者向该单元格输入公式“=B2+B3+B4+B5”后单击编辑栏中的“确认”按钮或按 Enter 键，这时 B6 单元格中会显示总计结果为 1273。

(3) 选中单元格 C2，向 C2 单元格输入公式“=B2/$B$6”，然后单击编辑栏中的“确认”按钮或按 Enter 键。

(4) 选中单元格 C2，设置其百分数格式。在“开始”功能区的“数字”组中直接单击“百分比”按钮，再单击“增加小数位数”或“减少小数位数”按钮以调整小数位数，如图 4-46 所示；或者打开“设置单元格格式”对话框，切换到“数字”选项卡，在“分类”列表框中选择“百分比”选项，并调整小数位数，然后单击“确定”按钮关闭对话框。

	A	B	C
1	书名	销售数量	所占百分比
2	计算机基础	526	
3	微机原理	158	
4	汇编语言	261	
5	计算机网络	328	
6			

图 4-45 各种书籍销售数量

图 4-46 “开始”功能区的“数字”组

(5) 再次选中单元格 C2，拖动其右下角的复制柄到 C5 单元格后释放。这样 C2 到 C5 单元格中就存放了各种书籍所占百分比。

【分析】 百分比为每一种书的销售量除以销售总计，由于每一种书的销售量在单元格区域 B2:B5 中是相对可变的，因此分子部分的单元格引用应为相对引用；而销售总计的值是固定不变的且存放在 B6 单元格，因此公式中的分母部分的单元格引用应为绝对引用。

由于得到的结果是小数，然后通过第(4)步将小数转换成百分数。第(5)步则是完成公式的复制。计算的结果如图 4-47 所示。

C2　=B2/$B$6

	A	B	C	D
1	书名	销售数量	所占百分比	
2	计算机基础	526	41.32%	
3	微机原理	158	12.41%	
4	汇编语言	261	20.50%	
5	计算机网络	328	25.77%	
6	合计	1273		

图 4-47　计算各种书的销售比例

3. 混合引用

如果在公式复制、移动时公式中单元格的行标或列标只有一个要进行自动调整，而另一个保持不变，这种引用方式称为混合引用。

混合引用的表示方法是在行标或列标中的一个前面加上符号“$”，即“列标$行标”或“$列标行标”，如A$1、B$5:E$8、$A1、$B5:$E8等都是混合引用的方法。

在例4.11的公式复制中，由于目标单元格C3、C4、C5的行标有变化而列标不变，因此在C2单元格输入的公式中，分母部分也可以使用混合引用的方法，即输入“=B2/B$6”。

这样，一个单元格的地址引用就有3种方式4种表示方法，这4种表示方法在输入时可以互相转换，在公式中用鼠标选定引用单元格的部分，反复按F4键，便可在这4种表示方法之间进行循环转换。

如公式中对B2单元的引用，反复按F4键时引用方法按下列顺序变化：

B2→$B$2→B$2→$B2

4.3.4　常见出错信息及解决方法

在使用Excel公式进行计算时有时不能正确地计算出结果，并且在单元格内会显示出各种错误信息，下面介绍几种常见的错误信息及处理方法。

1. ####

这种错误信息常见于列宽不够。

解决方法：调整列宽。

2. #DIV/0!

这种错误信息表示除数为0，常见于公式中除数为0或在公式中除数使用了空单元格的情况下。

解决方法：修改单元格引用，用非零数字填充。如果必须使用“0”或引用空单元格，也可以用IF函数使该错误信息不再显示。例如，该单元格中的公式原本是“=A5/B5”，若B5可能为零或空单元格，那么可将该公式修改为“=IF(B5=0," ",A5/B5)”，这样当B5为零或为空时就不显示任何内容，否则显示A5/B5的结果。

3. #N/A

这种错误信息通常出现在数值或公式不可用时。例如，想在F2单元格中使用函数“=RANK(E2,$E$2:$E$96)”求E2单元格数据在E2:E96单元格区域中的名次，但E2单元格中却没有输入数据，则会出现此类错误信息。

解决方法：在单元格 E2 中输入新的数值。

4. #REF!

这种错误信息的出现是因为移动或删除单元格导致了无效的单元格引用，或者是函数返回了引用错误信息。例如 Sheet2 工作表的 C 列单元格引用了 Sheet1 工作表的 C 列单元格数据，后来删除了 Sheet1 工作表中的 C 列，就会出现此类错误。

解决方法：重新修改公式，恢复被引用的单元格范围或重新设定引用范围。

5. #!

这种错误信息常出现在公式使用的参数错误的情况下。例如，要使用公式"=A7+A8"计算 A7 与 A8 两个单元格的数字之和，但是 A7 或 A8 单元格中存放的数据是姓名不是数字，这时就会出现此类错误。

解决方法：确认所用公式参数没有错误，并且公式引用的单元格中包含有效的数据。

6. #NUM!

这种错误出现在当公式或函数中使用无效的参数时，即公式计算的结果过大或过小，超出了 Excel 的范围（正负 10 的 307 次方之间）时。例如，在单元格中输入公式"=10^300*100^50"，按 Enter 键后即会出现此错误。

解决方法：确认函数中使用的参数正确。

7. #NULL!

这种错误信息出现在试图为两个并不相交的区域指定交叉点时。例如，使用 SUM 函数对 A1:A5 和 B1:B5 两个区域求和，使用公式"=SUM(A1:A5 B1:B5)"（注意：A5 与 B1 之间有空格），便会因为对并不相交的两个区域使用交叉运算符（空格）而出现此错误。

解决方法：取消两个范围之间的空格，用逗号来分隔不相交的区域。

8. #NAME?

这种错误信息出现在 Excel 不能识别公式中的文本时。例如函数拼写错误、公式中引用某区域时没有使用冒号、公式中的文本没有用双引号等。

解决方法：尽量使用 Excel 所提供的各种向导完成函数输入。例如使用插入函数的方法来插入各种函数、用鼠标拖动的方法来完成各种数据区域的输入等。

另外，在某些情况下不可避免地会产生错误。如果希望打印时不打印错误信息，可以单击"文件"按钮，在打开的新页面中单击"打印"命令，再单击"页面设置"命令打开"页面设置"对话框，切换至"工作表"选项卡，在"错误单元格打印为"下拉列表中选择"空白"选项，确定后将不会打印错误信息。

4.4 Excel 2010 的图表

Excel 可将工作表中的数据以图表的形式展示，这样可使数据更直观、更易于理解，同时也有助于用户分析数据，比较不同数据之间的差异。当数据源发生变化时，图表中对应的数据也会自动更新。Excel 的图表类型包括二维图表和三维图表在内的十几类，每一类又有若干子类型。

根据图表显示的位置不同可以将图表分为两种，一种是嵌入式图表，它和创建图表使用的数据源放在同一张工作表中；另一种是独立图表，即创建的图表另存为一张工作表。

4.4.1 图表概述

如果要建立 Excel 图表，首先要对需要建立图表的 Excel 工作表进行认真分析，一是要考虑选取工作表中的哪些数据，即创建图表的可用数据；二是要考虑建立什么类型的图表；三是要考虑对组成图表的各种元素如何进行编辑和格式设置。只有这样，才能使创建的图表形象、直观，具有专业化和可视化效果。

创建一个专业化的 Excel 图表一般采用如下步骤。

(1) 选择数据源：从工作表中选择创建图表的可用数据。

(2) 选择合适的图表类型及其子类型。“插入”选项卡的“图表”组如图 4-48 所示。“图表”组主要用于创建各种类型的图表，创建方法有下面 3 种。

① 如果已经确定需要创建某种类型的“图表”，如“饼图”，则单击“饼图”的下三角按钮，在下拉列表中单击某个选项选择一个子类型即可，如图 4-49 所示。

图 4-48 “图表”组

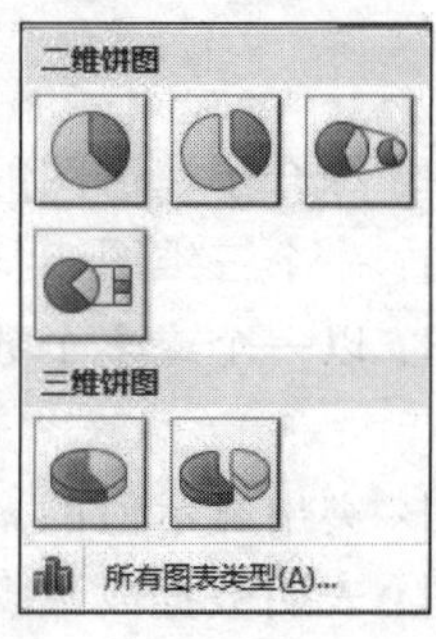

图 4-49 饼图的下拉列表

② 如果创建的图表不在“图表”组的前 6 种(柱形图、折线图、饼图、条形图、面积图、散点图)中，则可单击“其他图表”按钮，然后在下拉列表中选择某种图表类型及其子类型。

③ 单击“图表”组右下角的“创建图表”按钮，或单击某图表按钮从下拉列表中选择“所有图表类型”选项，可打开“插入图表”对话框，如图 4-50 所示，然后在对话框中选择某种图表类型及其子类型，最后单击“确定”按钮关闭对话框。

通过以上 3 种方法创建的图表仅为一个没有经过编辑和格式设置的初始化图表。

(3) 对第(2)步创建的初始化图表进行编辑和格式化设置，以满足自己的需要。

如图 4-50 所示，Excel 2010 中提供了 11 种图表类型，每一种图表类型中又包含了少到几种多到十几种不等的若干子图表类型，在创建图表时需要针对不同的应用场合和不同的使用范围选择不同的图表类型及其子类型。为了便于读者创建不同类型的图表，以满足不同场合的需要，下面对 11 种图表类型及其用途做简要说明。

① 柱形图：用于比较一段时间中两个或多个项目的相对大小。

② 折线图：按类别显示一段时间内数据的变化趋势。

③ 饼图：在单组中描述部分与整体的关系。

④ 条形图：在水平方向上比较不同类型的数据。

⑤ 面积图：强调一段时间内数值的相对重要性。

⑥ XY(散点图)：描述两种相关数据的关系。

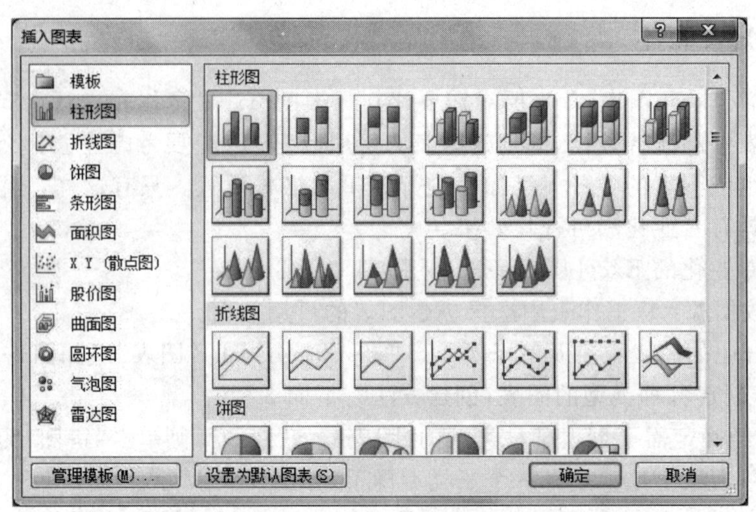

图 4-50 “插入图表”对话框

⑦ 股价图：综合了柱形图的折线图，专门设计用来跟踪股票价格。

⑧ 曲面图：一个三维图，当第 3 个变量变化时跟踪另外两个变量的变化。

⑨ 圆环图：以一个或多个数据类别来对比部分与整体的关系，在中间有一个更灵活的饼状图。

⑩ 气泡图：突出显示值的聚合，类似于散点图。

⑪ 雷达图：表明数据或数据频率相对于中心点的变化。

4.4.2 创建初始化图表

下面以一个学生成绩表为例说明创建初始化图表的过程。

【例 4.12】 根据图 4-51 所示的 A 班学生成绩表创建每位学生三门科目成绩的三维簇状柱形图表。

	A	B	C	D	E
1	A班学生成绩表				
2	姓名	性别	数学	英语	计算机
3	张蒙丽	女	88	81	76
4	王华志	男	75	49	86
5	吴宇	男	68	95	76
6	郑霞	女	96	69	78
7	许芳	女	78	89	92
8	彭树三	男	67	85	65
9	许晓兵	男	85	71	79
10	刘丽丽	女	78	68	90

图 4-51 A 班学生成绩表

操作步骤如下：

(1) 选定要创建图表的数据区域，这里所选区域为 A2:A10 和 C2:E10。

(2) 在“插入”选项卡的“图表”中单击“柱形图”下三角按钮，如图 4-49 所示，从下拉列表的子类型中选择“三维簇状柱形图”，生成的图表如图 4-52 所示。

图 4-52 所示图表仅为初始化图表或简单图表，对图表中各元素做进一步的编辑和格式

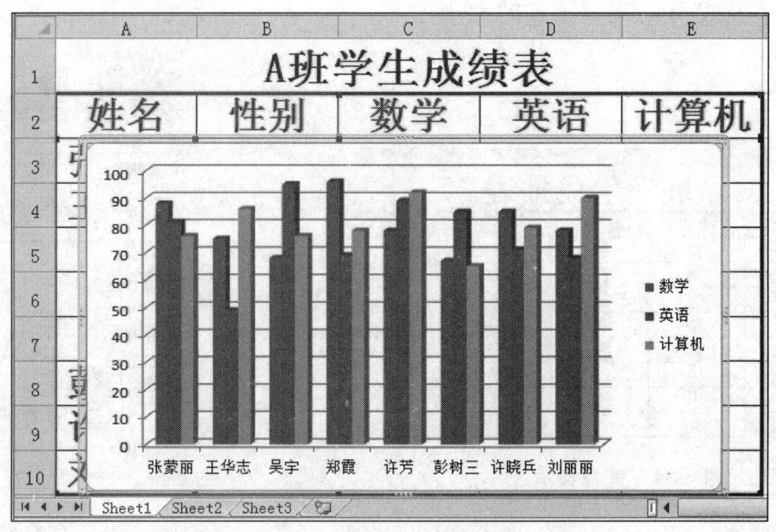

图 4-52　简单三维簇状柱形图

化设置，并加上注释，生成如图 4-53 所示的三维簇状柱形图。

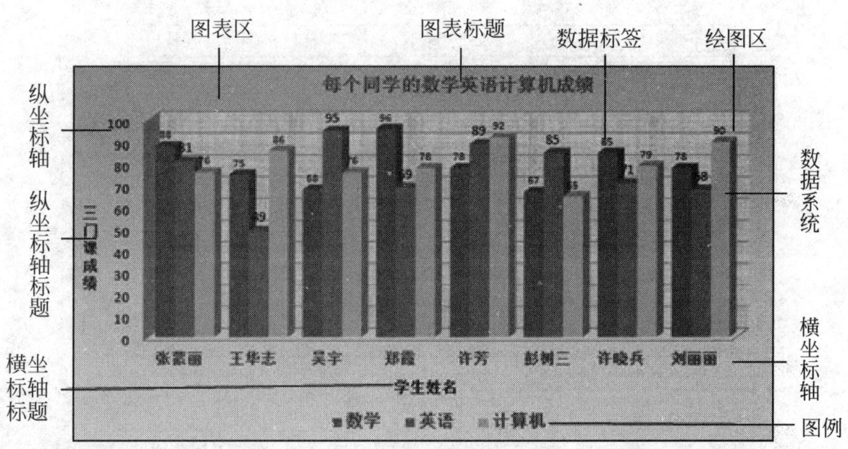

图 4-53　三维簇状柱形图及图表中各元素的名称说明

【例 4.13】 根据图 4-51 所示的 A 班学生成绩表创建刘丽丽同学三门科目成绩的分离型三维饼图。

操作步骤如下：

(1) 选择数据源：按照题目要求只需选择姓名、数学、英语和计算机 4 个字段关于刘丽丽的记录，即选择 A2，A10，C2:E2，C10:E10 这些不连续的单元格和单元格区域，如图 4-54 所示。

(2) 选择图表类型及其子类型：在"图表"组中单击"饼图"的下三角按钮，在下拉列表中选择"分离型三维饼图"选项，如图 4-55 所示。

(3) 生成的图表如图 4-56 所示。将鼠标指针定位在图表上，按住鼠标左键拖曳可将图表移动到需要的位置；将鼠标指针定位在图表边框或图表的视窗角上，当其呈双箭头显示时按住鼠标左键拖曳可以调整图表的大小。

	A	B	C	D	E
1	A班学生成绩表				
2	姓名	性别	数学	英语	计算机
3	张蒙丽	女	88	81	76
4	王华志	男	75	49	86
5	吴宇	男	68	95	76
6	郑霞	女	96	69	78
7	许芳	女	78	89	92
8	彭树三	男	67	85	65
9	许晓兵	男	85	71	79
10	刘丽丽	女	78	68	90

图 4-54 选择数据源

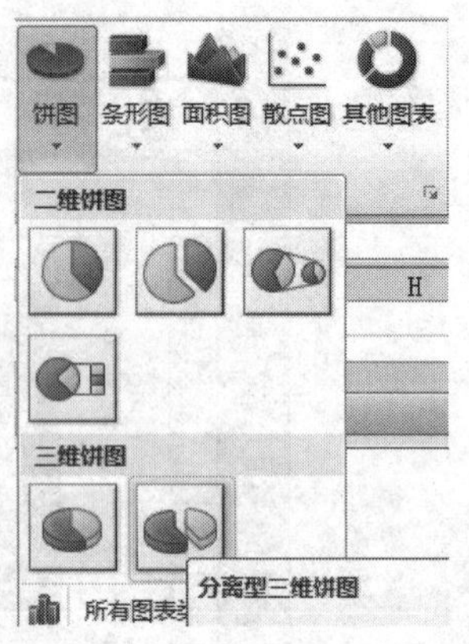

图 4-55 选择“分离型三维饼图”

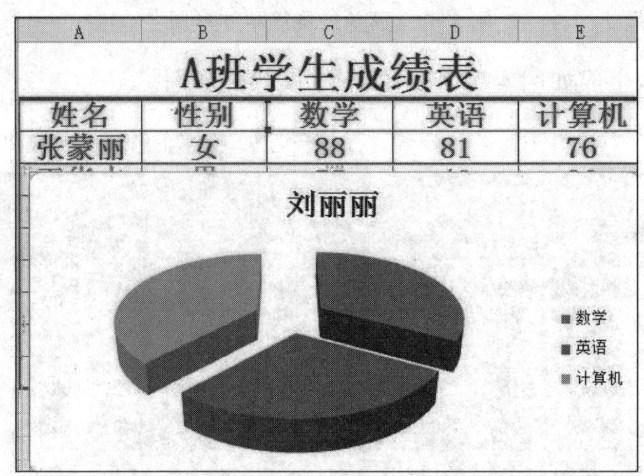

图 4-56 分离型三维饼图

4.4.3 图表的编辑和格式化设置

在初始化图表建立以后，往往需要使用“图表工具”选项卡中的相应功能按钮，或者在图表区右击，在快捷菜单中选择相应的命令，对初始化图表进行编辑和格式化设置。

单击选中图表或图表区的任何位置，即会弹出“图表工具-设计/布局/格式”选项卡。

1.“图表工具-设计”选项卡

如图 4-57 所示，“图表工具-设计”选项卡包括“类型”“数据”“图表布局”“图表样式”和“位置”5 个组。

(1) “类型”组用于重新选择图表类型和另存为模板。

(2) “数据”组用于按行或者按列产生图表以及重新选择数据源。打开如图 4-53 所示的图表，单击“切换行/列”按钮，即将图表中原“图例”(即课程)转换成了横坐标，将原横坐标(即姓名)转换成了“图例”，转换后的图表如图 4-58 所示。

图 4-57　“图表工具-设计”选项卡

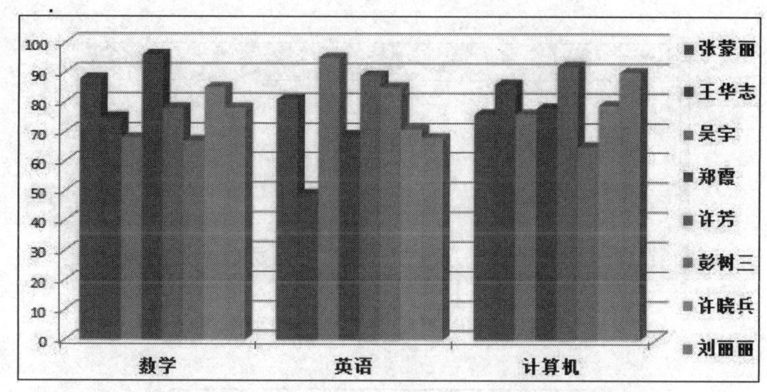

图 4-58　按行/列转换后的三维簇状柱形图

(3)“图表布局”组用于调整图表中各元素的相对位置，图 4-59 和图 4-60 分别是选择“布局 2”和“布局 6”选项设计的图表。

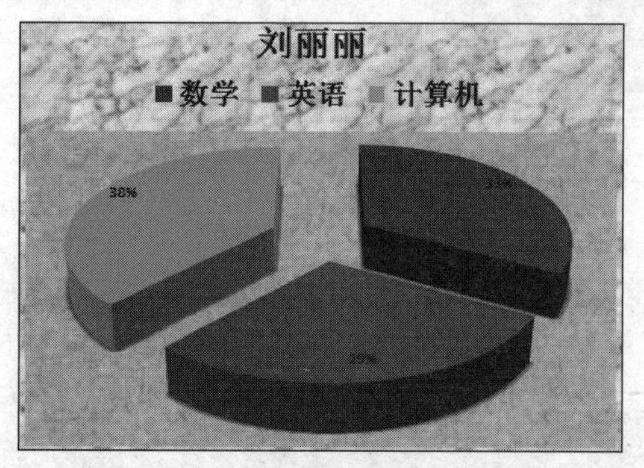

图 4-59　布局 2

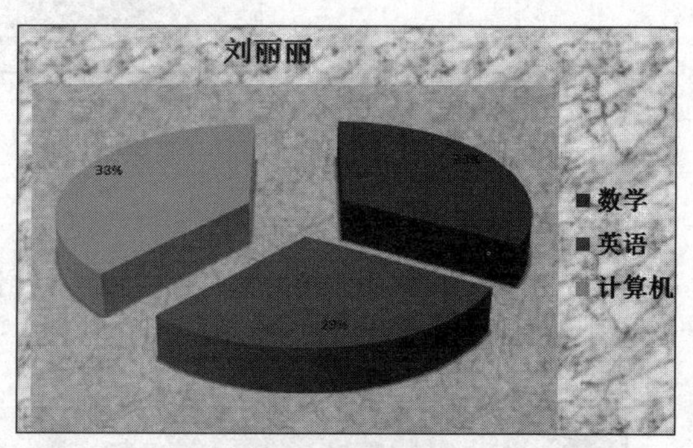

图 4-60　布局 6

(4)“图表样式”组用于图表样式的选择。图表样式主要是指图表颜色和图表区背景色的配搭。图 4-61 和图 4-62 分别是选择“样式 2”和“样式 42”设计的图表。

(5)“位置”组用于设置“嵌入式图表”或者“独立式图表”。单击“位置”组中的“移动图表”按钮，打开“移动图表”对话框，如图 4-63 所示，若选中“对象位于”单选按钮，则创建的图表与工作表放置在一起，称“嵌入式图表”；若选中“新工作表”单选按钮，则创建的图表单独放置，而且如果是第 1 次创建，图表默认名字为“Chart1”，如图 4-64 所示。

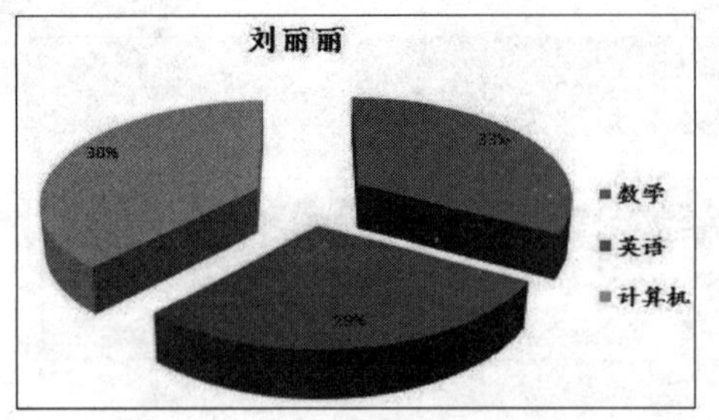

图 4-61 样式 2

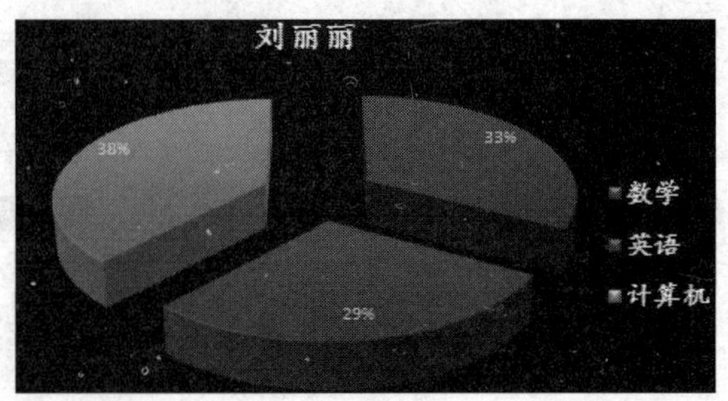

图 4-62 样式 42

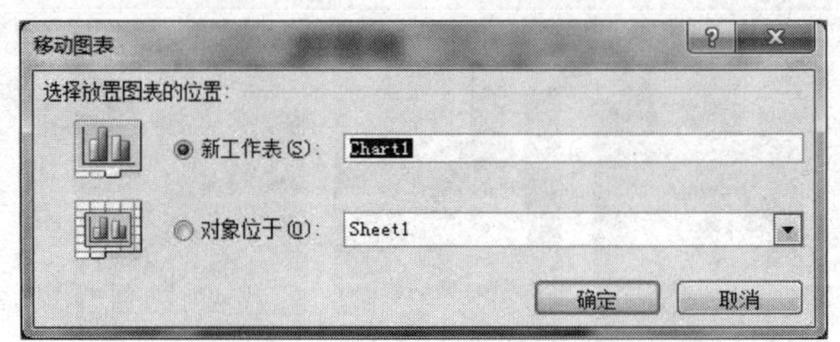

图 4-63 “移动图表”对话框

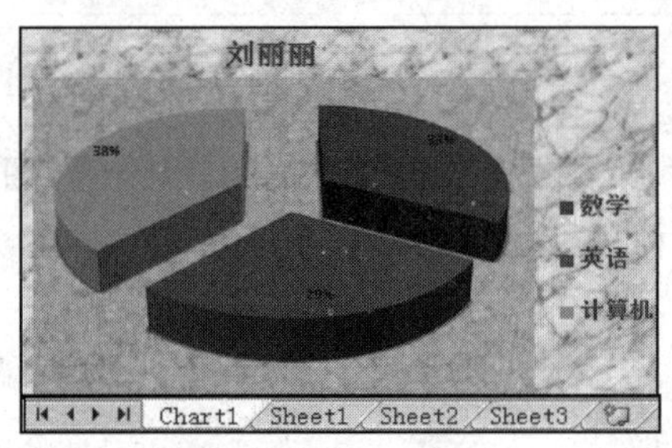

图 4-64 独立式图表

2. “图表工具-布局”选项卡

如图 4-65 所示,“图表工具-布局”选项卡包括“当前所选内容”“插入”“标签”“坐标轴”“背景”“分析”和“属性”7 个组。

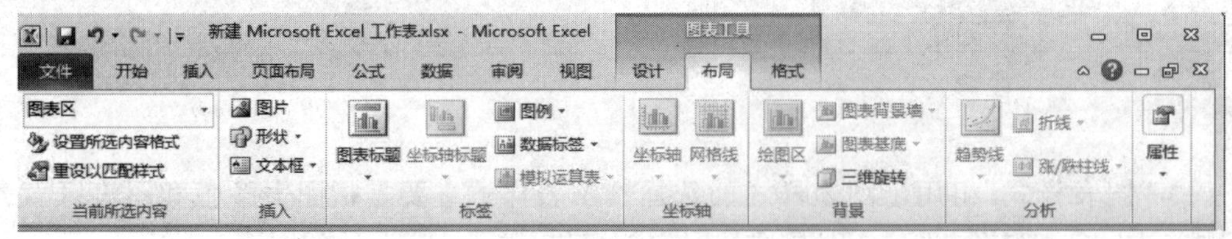

图 4-65 “图表工具-布局”选项卡

(1) “当前所选内容”组包括两个选项,“设置所选内容格式”选项用于对选定对象的格式设置;“重设以匹配样式”选项用于清除自定义格式,恢复原匹配格式。

(2) “插入”组用于插入图片、形状和文本框等对象。

(3) “标签”组用于对图表标题、坐标轴标题、图例和数据标签等进行设置。

(4)“背景”组用于“图表背景墙”“图表基底”和“三维旋转”的设计，如图 4-66 所示。此项仅仅针对三维图表的设计。

(5)“分析”组主要用于一些复杂图表，如“折线图”“股价图”等的分析，包括“趋势线”“折线”“涨/跌柱线”和“误差线”等选项。

(6)“属性”组用于显示当前图表的名称，用户可在“图表名称”文本框更改图表名称。

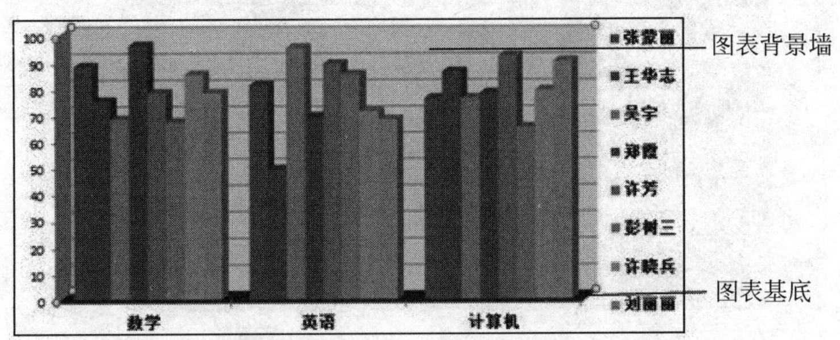

图 4-66　设置有“图表背景墙”和“图表基底”的三维簇状柱形图

3.“图表工具-格式”选项卡

如图 4-67 所示，“图表工具-格式”选项卡包括“形状样式”“艺术字样式”“排列”和“大小”4 个组。

图 4-67　“图表工具-格式”选项卡

【例 4.14】　对例 4.12 创建的初始化图表即图 4-52 按如下步骤进行编辑和格式化。

(1) 在“图表工具-设计”选项卡的“位置”组中单击“移动”按钮将图表设置为独立式图表，图表名称为“A 班学生成绩图表”。

(2) 在“图表工具-设计”选项卡的“数据”组中单击“切换行/列”按钮将“姓名”设置为“图例”。并将“图例”“课程名”文字设置为楷体、18 磅、深蓝色；纵坐标数字设置为楷体、14 磅、深蓝色。

(3) 在“图表工具-布局”选项卡的“标签”组中单击“图表标题”按钮，设置图表标题为“居中覆盖标题”，标题内容为“A 班学生成绩图表”，字体为楷体、24 磅、深红色。

(4) 在“图表工具-布局”选项卡的“背景”组中单击“图表背景墙”按钮，将图表背景墙设置为“纹理填充”→“水滴”。

(5) 在“图表工具-布局”选项卡的“背景”组中单击“图表基底”按钮，将图表基底设置为“纹理填充”→“褐色大理石”。

(6) 分别右击“图表区”和“绘图区”，在弹出的快捷菜单中分别选择“设置图标区域格式”和“设置绘图区格式”命令，然后在打开的对话框中均选择“纹理填充”→“羊皮纸”选项。

经过以上编辑和格式化设置后的图表效果如图 4-68 所示。

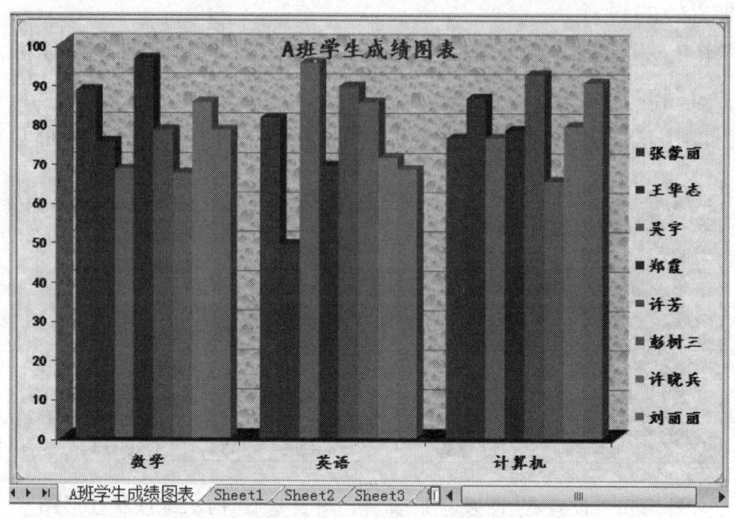

图 4-68　经编辑和格式化设置后的图表

4.5　Excel 2010 的数据处理

Excel 数据处理内容包括数据查询、排序、筛选、分类汇总及数据透视表等，另外还有专门用于数据库计算的函数。

Excel 数据处理采用数据库表的方式。所谓数据库表方式是指工作表中数据的组织方式与二维表相似，如图 4-70 所示，一个工作表由若干行和若干列构成，表中的第一行是每一列的标题，如“学号”“姓名”等，从第二行开始是具体的数据，表中的列相当于数据库中的字段，如“学号”字段、“姓名”字段等，列标题相当于字段名称，如“学号”为“学号字段”的名称；每一行数据称为一条记录。所以，一个工作表可以看作是一个数据库表。Excel 中的数据库表也称为数据清单或数据列表。工作表作为数据库表，在输入信息时必须遵守以下规定。

	A	B	C	D	E	F	G
1	学号	姓名	语 文	数 学	英 语	化 学	物 理
2	201011	王兰兰	87	89	85	76	80
3	201012	张　雨	57	78	79	46	85
4	201013	夏林虎	92	68	98	70	76
5	201014	韩　青	80	98	78	67	87
6	201015	郑　爽	74	78	83	92	92
7	201016	程雪兰	85	68	95	55	83
8	201017	王　瑞	95	52	87	87	68

图 4-69　Excel 工作表及表中数据

(1) 必须在数据库的第一行输入字段名称（即列标题），例如“学号”“姓名”等。字段名称一般用大写字母或汉字，图 4-69 所示工作表包含 7 个字段。

(2) 每一条记录必须占据一行。同一列数据必须包含同一类型的信息。图 4-69 所示工作表共包含 7 条记录。

4.5.1 数据清单

数据清单是包含相关数据的一系列工作表数据行,数据清单可以像数据库表一样使用,单独的一行称为一条记录,单独的一列称为一个字段。

为了利于Excel检测数据清单,不影响排序与搜索,创建数据清单时要注意以下规则:

(1) 每张工作表仅使用一个数据清单。

(2) 不要在数据清单中放置空行和空列。

(3) 单元格开头和末尾不要插入多余的空格。

数据清单是指工作表中包含相关数据的一系列数据行,可以理解成工作表中的一张二维表格。在执行数据库操作(如排序、筛选或分类汇总等)时,Excel会自动将数据清单视为数据库表,并使用下列数据清单元素来组织数据。

(1) 数据清单中的列是数据库表中的字段或属性。

(2) 数据清单中的列标题是数据库表中的字段名称或属性名。

(3) 数据清单中的每一行对应数据库表中的一条记录。

数据清单应该尽量满足下列条件:

(1) 每一列必须要有列名,而且每一列中的数据必须是相同类型的。

(2) 避免在一个工作表中有多个数据清单。

(3) 数据清单与其他数据之间至少留出一个空白列和一个空白行。

4.5.2 数据排序

数据排序是指按一定规则对数据进行整理、排列。数据表中的记录按用户输入的先后顺序排列以后往往需要按照某一属性(列)顺序显示。例如,在学生成绩表中统计成绩时常常需要按成绩从高到低或从低到高显示,这就需要对成绩进行排序。用户可对数据清单中一列或多列数据按升序(数字1→9,字母A→Z)或降序(数字9→1,字母Z→A)排序。数据排序分为简单排序和多重排序。

1. 简单排序

在"数据"选项卡的"排序和筛选"组中单击"升序"或"降序"按钮即可实现简单的排序,如图4-70所示。

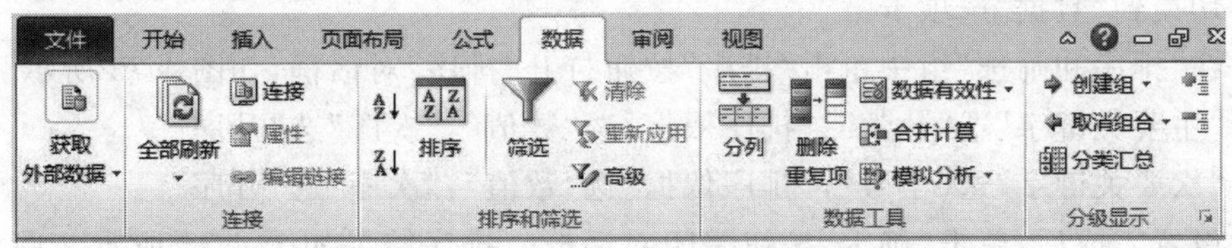

图4-70 "排序和筛选"组

【例4.15】 在B班学生成绩表中要求按英语成绩由高分到低分进行降序排序。

操作步骤如下:

(1) 单击B班学生成绩表中"英语"所在列的任意一个单元格,如图4-71所示。

(2) 切换到"数据"选项卡。

(3) 在“排序和筛选”组中单击降序按钮，排序结果如图 4-72 所示。

B班学生成绩表

学号	姓名	语 文	数 学	英 语	化 学	物 理
201011	王兰兰	87	89	85	76	80
201012	张　雨	57	78	79	46	85
201013	夏林虎	92	68	98	70	76
201014	韩　青	80	98	78	67	87
201015	郑　爽	74	78	83	92	92
201016	程雪兰	85	68	95	55	83
201017	王　瑞	95	52	87	87	68

图 4-71　简单排序前的工作表

B班学生成绩表

学号	姓名	语 文	数 学	英 语	化 学	物 理
201013	夏林虎	92	68	98	70	76
201016	程雪兰	85	68	95	55	83
201017	王　瑞	95	52	87	87	68
201011	王兰兰	87	89	85	76	80
201015	郑　爽	74	78	83	92	92
201012	张　雨	57	78	79	46	85
201014	韩　青	80	98	78	67	87

图 4-72　经过简单排序后的工作表

2. 多重排序

使用“排序和筛选”组中的“升序”按钮和“降序”按钮只能按一个字段进行简单排序。当排序的字段出现相同数据项时必须按多个字段进行排序，即多重排序，多重排序就一定要使用对话框来完成。Excel 2010 中为用户提供了多重排序功能，包括主要关键字、次要关键字……每个关键字就是一个字段，每一个字段均可按“升序”(即递增方式)或“降序”(即递减方式)进行排序。

【例 4.16】 在 B 班学生成绩表中，要求先按数学成绩由低分到高分进行排序，若数学成绩相同，再按学号由小到大进行排序。

操作步骤如下：

(1) 选定 B 班学生成绩表中的任意一个单元格。

(2) 切换到“数据”选项卡。

(3) 在“排序和筛选”组中单击“排序”按钮打开“排序”对话框，如图 4-73 所示。

(4) “主要关键字”选“数学”，“排序依据”选“数值”，“次序”选“升序”。

(5) “次要关键字”选“学号”，“排序依据”选“数值”，“次序”选“升序”。

(6) 设置完成后，单击“确定”按钮关闭对话框。排序结果如图 4-74 所示。用户还可以根据自己的需要，再指定“次要关键字”，本例无须再选择次要关键字。

4.5.3 数据的分类汇总

数据的分类汇总是指对数据清单某个字段中的数据进行分类，并对各类数据快速进行统计计算。Excel 提供了 11 种汇总类型，包括求和、计数、统计、最大、最小及平均值等，默认的汇总方式为求和。在实际工作中常常需要对一系列数据进行小计和合计，这时可以使

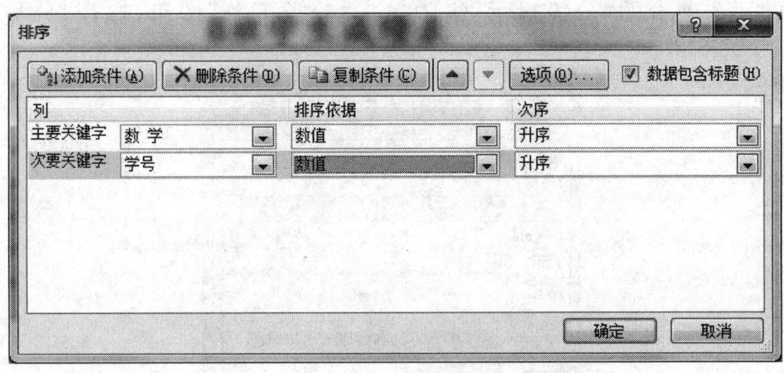

图 4-73　“排序”对话框

	A	B	C	D	E	F	G
1	B班学生成绩表						
2	学号	姓名	语 文	数 学	英 语	化 学	物 理
3	201017	王　瑞	95	52	87	87	68
4	201013	夏林虎	92	68	98	70	76
5	201016	程雪兰	85	68	95	55	83
6	201012	张　雨	57	78	79	46	85
7	201015	郑　爽	74	78	83	92	92
8	201011	王兰兰	87	89	85	76	80
9	201014	韩　青	80	98	78	67	87

图 4-74　多重排序结果

用 Excel 提供的分类汇总功能。

需要特别指出的是,在分类汇总之前必须先对需要分类的数据项进行排序,然后再按该字段进行分类,并分别为各类数据的数据项进行统计汇总。

【例 4.17】　对图 4-75 所示的 C 班学生成绩表分别计算男生、女生的语文、数学成绩的平均值。

操作步骤如下:

(1) 对需要分类汇总的字段进行排序:本例中需要对“性别”字段进行排序,选择性别字段任意一个单元格,然后在“数据”选项卡的“排序和筛选”组中单击“升序”或“降序”按钮,排序结果如图 4-75 所示。

	A	B	C	D	E	F
1	C班学生成绩表					
2	学号	姓名	性别	语文	数学	总分
3	2010001	张　山	男	68	84	152
4	2010003	罗　勇	男	72	69	141
5	2010005	王克明	男	63	56	119
6	2010006	李　军	男	75	74	149
7	2010009	张朝江	男	92	95	187
8	2010002	李茂丽	女	95	72	167
9	2010004	岳　华	女	89	94	183
10	2010007	苏　玥	女	89	88	177
11	2010008	罗美丽	女	78	86	164
12	2010010	黄蔓丽	女	95	85	180

图 4-75　C 班学生成绩表

(2) 在“数据”选项卡的“分级显示”组中单击“分类汇总”按钮，打开“分类汇总”对话框，如图 4-76 所示。

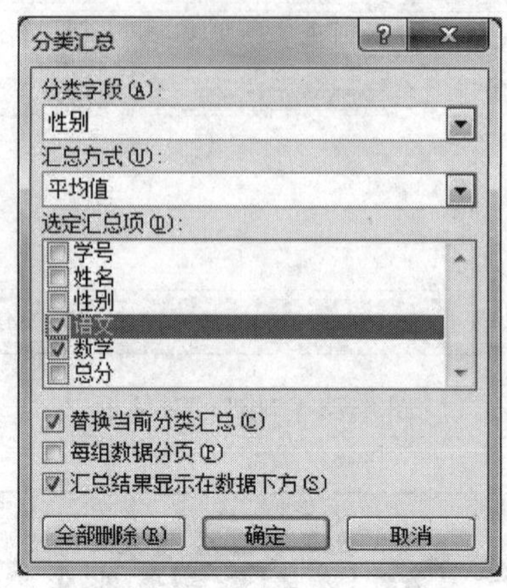

图 4-76 “分类汇总”对话框

(3) 在“分类字段”下拉列表中选择“性别”选项。

(4) 在“汇总方式”下拉列表框中有求和、计数、平均值、最大、最小等，这里选择“平均值”选项。

(5) 在“选定汇总项”列表框中勾选“语文”“数学”复选框，取消其余默认的汇总项，如“总分”。

(6) 单击“确定”按钮关闭对话框，完成分类汇总，结果显示如图 4-77 所示。

A1　C班学生成绩表

	A	B	C	D	E	F
1	C班学生成绩表					
2	学号	姓名	性别	语文	数学	总分
3	2010001	张　山	男	68	84	152
4	2010003	罗　勇	男	72	69	141
5	2010005	王克明	男	63	56	119
6	2010006	李　军	男	75	74	149
7	2010009	张朝江	男	92	95	187
8			男 平均值	74	75.6	
14			女 平均值	89.2	85	
15			总计平均值	81.6	80.3	

按性别分类汇总 / Sheet2 / Sheet3

图 4-77 按“性别”字段分类汇总的显示结果

分类汇总的结果通常按 3 级显示，可以通过单击分级显示区上方的 3 个按钮“1”“2”“3”进行分级显示控制。

在分级显示区中还有“+”“-”等分级显示符号，其中，单击“+”按钮，可将高一级展开为低一级显示；单击“-”按钮，可将低一级折叠为高一级显示。

如果要取消分类汇总，可以在“分级显示”组中再次单击“分类汇总”按钮，在打开的“分类汇总”对话框中单击“全部删除”按钮。

4.5.4 数据的筛选

筛选是指从数据清单中找出符合特定条件的数据记录，也就是把符合条件的记录显示出来，而把其他不符合条件的记录暂时隐藏起来。Excel 2010 提供了两种筛选方法，即自动筛选和高级筛选。一般情况下，自动筛选就能够满足大部分的需要。但是，当需要利用复杂的条件来筛选数据时就必须使用高级筛选。

1. 自动筛选

自动筛选给用户提供了快速访问大数据清单的方法。

【例 4.18】 在 D 班学生成绩表中显示“数学”成绩排在前 3 位的记录。

操作步骤如下：

(1) 选定 D 班学生成绩表中的任意一个单元格，如图 4-78 所示。

(2) 在“数据”选项卡的“排序和筛选”组中单击“筛选”按钮，此时数据表的每个字段名旁边显示出下三角箭头，此为筛选器箭头，如图 4-79 所示。

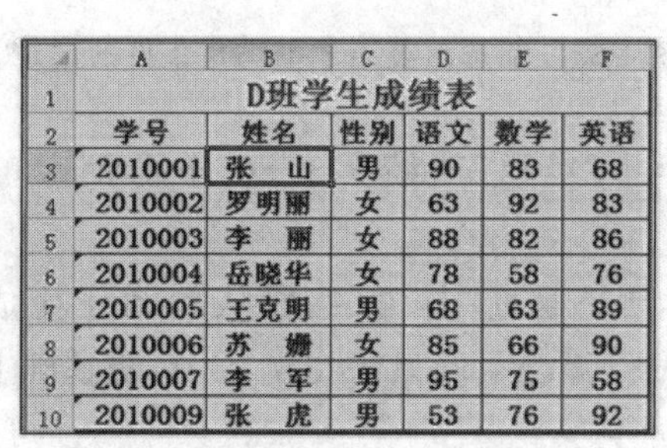

学号	姓名	性别	语文	数学	英语
2010001	张　山	男	90	83	68
2010002	罗明丽	女	63	92	83
2010003	李　丽	女	88	82	86
2010004	岳晓华	女	78	58	76
2010005	王克明	男	68	63	89
2010006	苏　娜	女	85	66	90
2010007	李　军	男	95	75	58
2010009	张　虎	男	53	76	92

图 4-78 D 班学生成绩表(数据清单)

图 4-79 含有筛选器箭头的数据表

(3) 单击“数学”字段名旁边的筛选器箭头，弹出下拉列表，选择“数字筛选”→“10 个最大的值”选项，打开“自动筛选前 10 个”对话框，如图 4-80 所示。

(4) 在“自动筛选前 10 个”对话框中指定“显示”的条件为“最大”“3”“项”。

(5) 最后单击“确定”按钮关闭对话框，即会在数据表中显示出数学成绩最高的 3 条记录，其他记录被暂时隐藏起来，被筛选出来的记录行号显示为蓝色，该列的列号右边的筛选器箭头也变成蓝色，如图 4-81 所示。

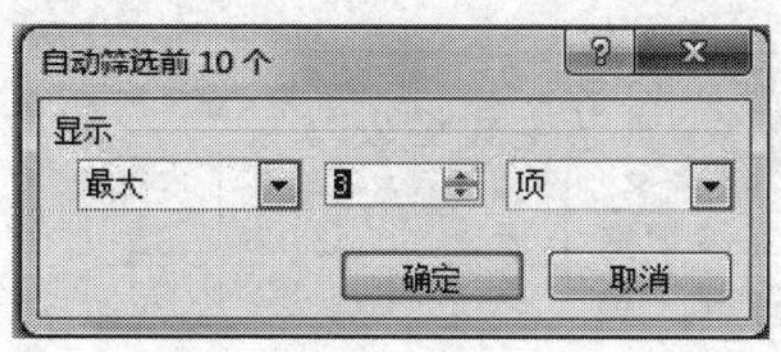

图 4-80 “自动筛选前 10 个”对话框

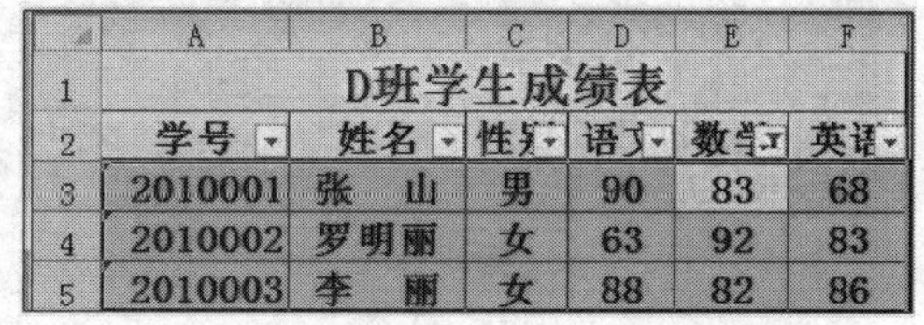

学号	姓名	性别	语文	数学	英语
2010001	张　山	男	90	83	68
2010002	罗明丽	女	63	92	83
2010003	李　丽	女	88	82	86

图 4-81 经过筛选以后的数据表

【例 4.19】 在 D 班学生成绩表中筛选出“英语”成绩大于 80 分且小于 90 分的记录。

操作步骤如下：

(1) 选定 D 班学生成绩表中的任一单元格，如图 4-78 所示。

(2) 按例 4.18 第(2)步操作将数据表置于筛选界面。

(3) 单击“英语”字段名旁边的筛选器箭头，从打开的下拉列表中选择“数字筛选”→“自定义筛选”选项，打开“自定义自动筛选方式”对话框，在其中一个输入条件中选择“大于”，右边的文本框中输入“80”；另一个条件中选择“小于”，右边的文本框中输入“90”，两个条件之间的关系选项中选择“与”单选按钮，如图 4-82 所示。

(4) 单击“确定”按钮关闭对话框，即可筛选出英语成绩满足条件的记录，如图 4-83 所示。

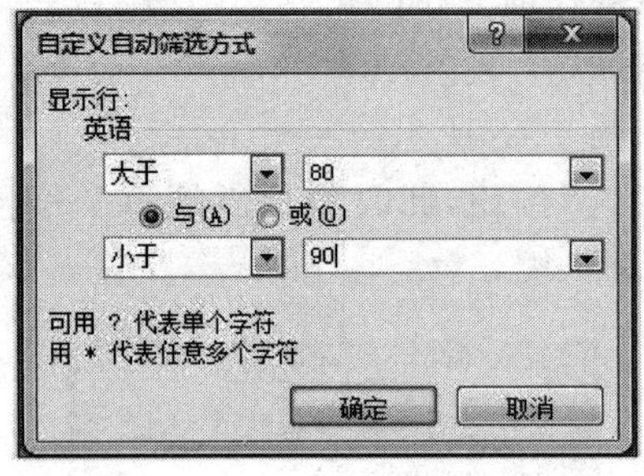

图 4-82 “自定义自动筛选方式”对话框

	A	B	C	D	E	F
1	D班学生成绩表					
2	学号	姓名	性别	语文	数学	英语
4	2010002	罗明丽	女	63	92	83
5	2010003	李　丽	女	88	82	86
7	2010005	王克明	男	68	63	89

图 4-83 筛选出英语成绩满足条件的记录

【例 4.20】 在 D 班学生成绩表中筛选出女生中“英语”成绩大于 80 分且小于 90 分的记录。

【分析】 这是一个双重筛选的问题，例 4.19 已经通过“英语”字段从 D 班学生成绩表中筛选出“英语”成绩大于 80 分且小于 90 分的记录，所以本例只需在例 4.19 的基础上进行“性别”字段的筛选即可。

操作步骤如下：

(1) 单击“性别”字段名旁边的筛选器箭头，从下拉列表中选择“文本筛选”→“等于”选项，打开“自定义自动筛选方式”对话框，如图 4-84 所示。

(2) 在“等于”编辑框右边的文本框中输入文字“女”。

(3) 单击“确定”按钮关闭对话框，双重筛选后的结果如图 4-85 所示。

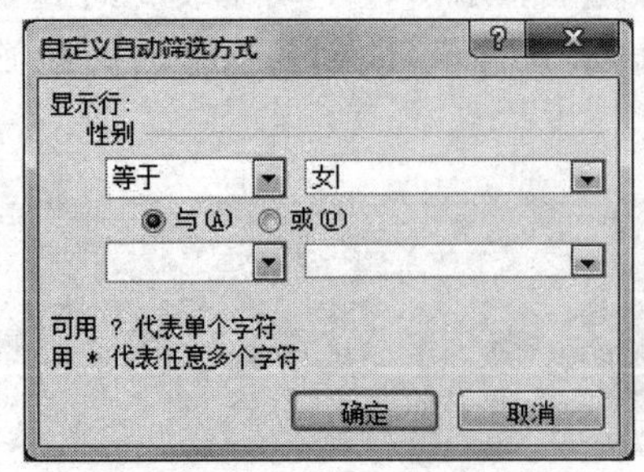

图 4-84 “自定义自动筛选方式”对话框

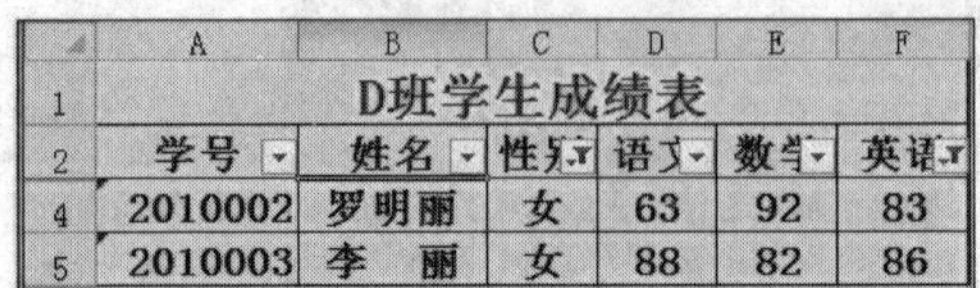

	A	B	C	D	E	F
1	D班学生成绩表					
2	学号	姓名	性别	语文	数学	英语
4	2010002	罗明丽	女	63	92	83
5	2010003	李　丽	女	88	82	86

图 4-85 双重筛选后的数据

【说明】 如果要取消自动筛选功能，只需在“数据”选项卡的“排序和筛选”组中再次单击“筛选”按钮，数据表中字段名右边的箭头按钮就会消失，数据表被还原。

2. 高级筛选

下面通过实例来说明问题。

【例 4.21】 在 D 班学生成绩表中筛选出语文成绩大于 80 分的男生的记录。

【分析】 要将符合两个及两个以上不同字段的条件的数据筛选出来，倘若使用自动筛选来完成，需要对“语文”和“性别”两个字段分别进行筛选，即双重筛选，在此不再赘述。

如果使用高级筛选的方法来完成，则必须在工作表的一个区域设置条件，即条件区域。两个条件的逻辑关系有“与”和“或”的关系，在条件区域“与”和“或”的关系表达式是不同的，其表达方式如下。

(1)“与”条件将两个条件放在同一行，表示的是语文成绩大于 80 分的男生，如图 4-86 所示。

(2)“或”条件将两个条件放在不同行，表示的是语文成绩大于 80 分或者是男生，图 4-87 所示。

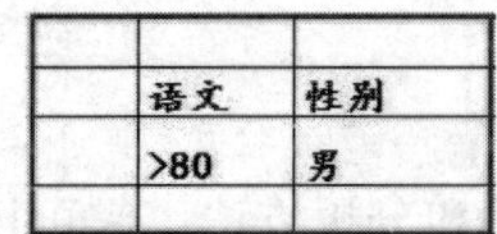

	语文	性别
	>80	男

图 4-86 “与”条件排列图

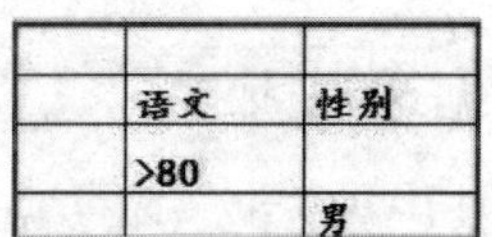

	语文	性别
	>80	
		男

图 4-87 “或”条件排列图

操作步骤如下：

(1) 输入条件区域：打开 D 班学生成绩表，在 B12 单元格中输入“语文”，在 C12 单元格中输入“性别”，在 B13 单元格中输入“> 80”，在 C13 单元格中输入“男”。

(2) 在工作表中选中 A2：F10 单元格区域或其中的任意一个单元格。

(3) 在“数据”选项卡的“排序和筛选”组中单击“高级”按钮，打开“高级筛选”对话框，如图 4-88 所示。

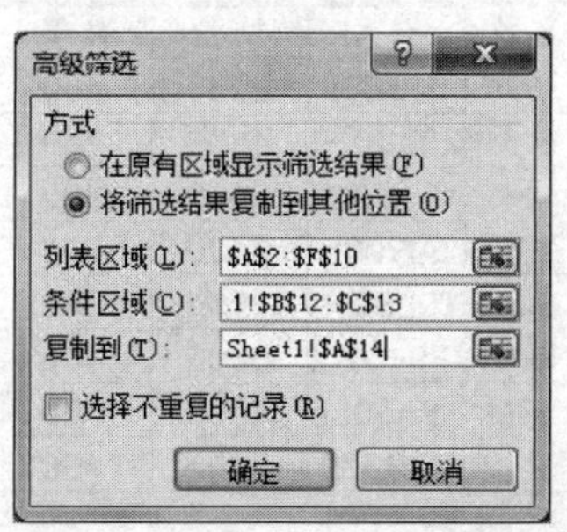

图 4-88 “高级筛选”对话框

(4) 在对话框的“方式”选项组中选中“将筛选结果复制到其他位置”单选按钮。

(5) 如果列表区为空白，可单击“列表区域”编辑框右边的拾取按钮，然后用鼠标从列表区域的 A2 单元格拖动到 F10 单元格，输入框中出现“＄A＄2：＄F＄10”。

(6) 单击“条件区域”编辑框右边的拾取按钮，然后用鼠标从条件区域的 B12 拖动到 C13，输入框中出现“＄B＄12：＄C＄13”。

(7) 单击“复制到”编辑框右边的拾取按钮，然后选择筛选结果显示区域的第一个单元格 A14。

(8) 单击“确定”按钮关闭对话框，筛选结果如图 4-89 所示。

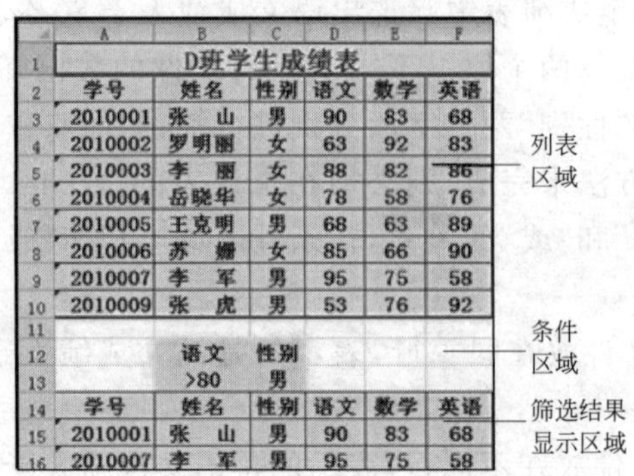

	A	B	C	D	E	F
1	D班学生成绩表					
2	学号	姓名	性别	语文	数学	英语
3	2010001	张 山	男	90	83	68
4	2010002	罗明丽	女	63	92	83
5	2010003	李 丽	女	88	82	86
6	2010004	岳晓华	女	78	58	76
7	2010005	王克明	男	68	63	89
8	2010006	苏 娜	女	85	66	90
9	2010007	李 军	男	95	75	58
10	2010009	张 虎	男	53	76	92
11						
12		语文	性别			
13		>80	男			
14	学号	姓名	性别	语文	数学	英语
15	2010001	张 山	男	90	83	68
16	2010007	李 军	男	95	75	58

图 4-89 高级筛选结果

4.5.5 数据透视表

数据透视表是比分类汇总更为灵活的一种数据统计和分析方法。它可以同时灵活地变换多个需要统计的字段，对一组数值进行统计分析，统计可以是求和、计数、最大值、最小值、平均值、数值计数、标准偏差及方差等。利用数据透视表可以从不同方面对数据进行分类汇总。

下面通过实例来说明如何创建数据透视表。

【例 4.22】 对图 4-90 所示的“商品销售表”内的数据建立数据透视表，按行为“商品名”、列为“产地”、数据为“数量”进行求和布局，并置于现有工作表的 H2:M7 单元格区域。

	A	B	C	D	E	F
1	商品销售表					
2	产地	商品名	型号	单价	数量	金额
3	重庆	微波炉	WD800B	2900	400	1160000
4	天津	洗衣机	XQB30-3	4500	250	1125000
5	南京	空调机	KF-50LW	5600	200	1120000
6	杭州	微波炉	WD900B	2400	700	1680000
7	重庆	洗衣机	XQB80-9	3200	350	1120000
8	重庆	空调机	KFR-62LW	6000	400	2400000
9	南京	空调机	KF-50LE	4500	500	2250000
10	天津	微波炉	WD800B	2800	600	1680000

商品销售表 Sheet2 Sheet3 就绪 100%

图 4-90 商品销售表

操作步骤如下：

(1) 选定产品销售表 A2:F10 区域中的任意一个单元格。

(2) 在“插入”选项卡的“表格”组中单击“数据透视表”下三角按钮，在下拉列表中选择“数据透视表”选项，打开“创建数据透视表”对话框，如图 4-91 所示。

(3) 在“请选择要分析的数据”选项组中选中“选择一个表或区域”单选按钮，并在“表/

区域”框中选中 A2:F10 单元格区域(前面第(1)步已选);在“选择放置数据透视表的位置”选项组中选中“现有工作表”单选按钮,在“位置”编辑框中选中 H2:M7 单元格区域,单击“确定”按钮关闭对话框。

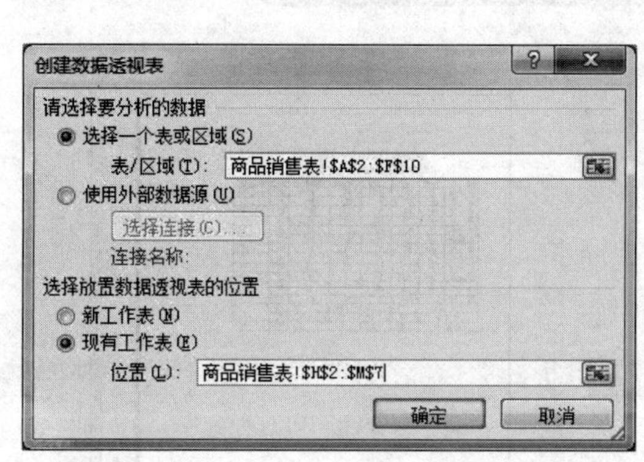

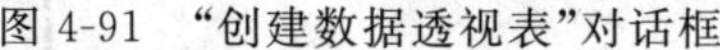
图 4-91 “创建数据透视表”对话框

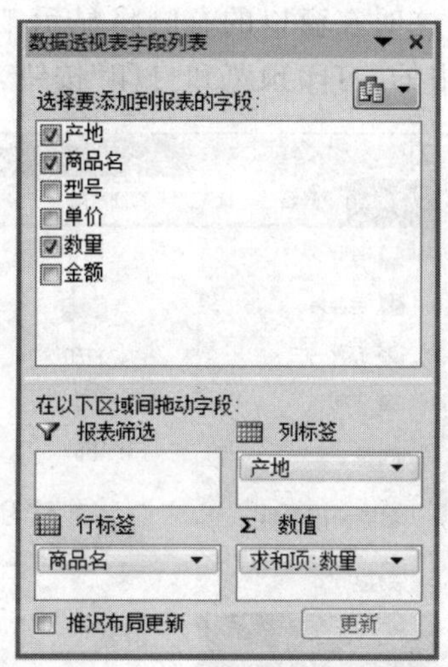

图 4-92 “数据透视表字段列表”任务窗格

(4) 打开“数据透视表字段列表”任务窗格,拖动“商品名”到“行标签”文本框,拖动“产地”到“列标签”文本框,拖动“数量”到“∑数值”文本框,如图 4-92 所示。

(5) 单击“数据透视表字段列表”任务窗格的关闭按钮,数据透视表创建完成。数据透视表设置效果如图 4-93 所示。

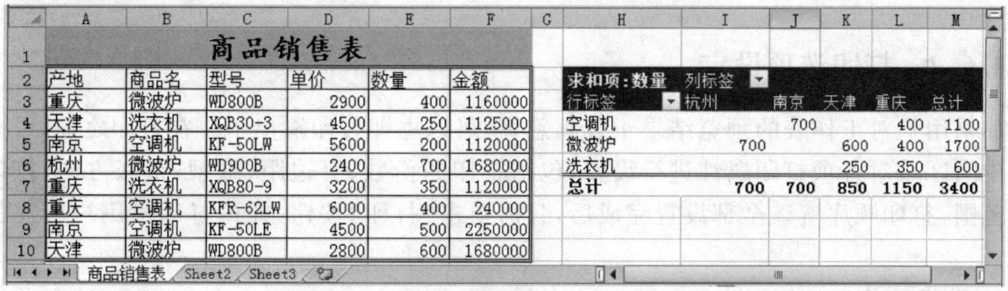

	A	B	C	D	E	F	G	H	I	J	K	L	M
1	商品销售表												
2	产地	商品名	型号	单价	数量	金额		求和项:数量	列标签				
3	重庆	微波炉	WD800B	2900	400	1160000		行标签	杭州	南京	天津	重庆	总计
4	天津	洗衣机	XQB30-3	4500	250	1125000		空调机		700		400	1100
5	南京	空调机	KF-50LW	5600	200	1120000		微波炉	700		600	400	1700
6	杭州	微波炉	WD900B	2400	700	1680000		洗衣机			250	350	600
7	重庆	洗衣机	XQB80-9	3200	350	1120000		总计	700	700	850	1150	3400
8	重庆	空调机	KFR-62LW	6000	400	240000							
9	南京	空调机	KF-50LE	4500	500	2250000							
10	天津	微波炉	WD800B	2800	600	1680000							

商品销售表 Sheet2 Sheet3

图 4-93 “商品销售表”的“数据透视表”

4.6 打印工作表

对工作表的数据输入、编辑和格式化工作完成后,常常需要将它们打印出来。在打印之前,可以对打印的内容先进行预览确认,或对工作表进行页面设置,以便使工作表有更好的打印输出效果,再打印输出。

4.6.1 打印预览

Excel 2010 提供了打印预览功能,打印预览可以在屏幕上显示工作表的实际打印效果,如页面设置、纸张、页边距、分页符效果等。如果用户不满意或发现有跨页资料不完整、圆表被截断等不理想的地方,可及时调整,以避免打印后不符合要求而造成不必要的浪费。

要对工作表打印预览,只需将工作表打开,单击“文件”按钮,在打开的新页面中选择“打印”命令,这时在窗口的右侧将显示工作表的预览效果,如图 4-94 所示。或单击“快速访问工具栏”中的“打印预览和打印”按钮,将显示相同的打印预览界面。

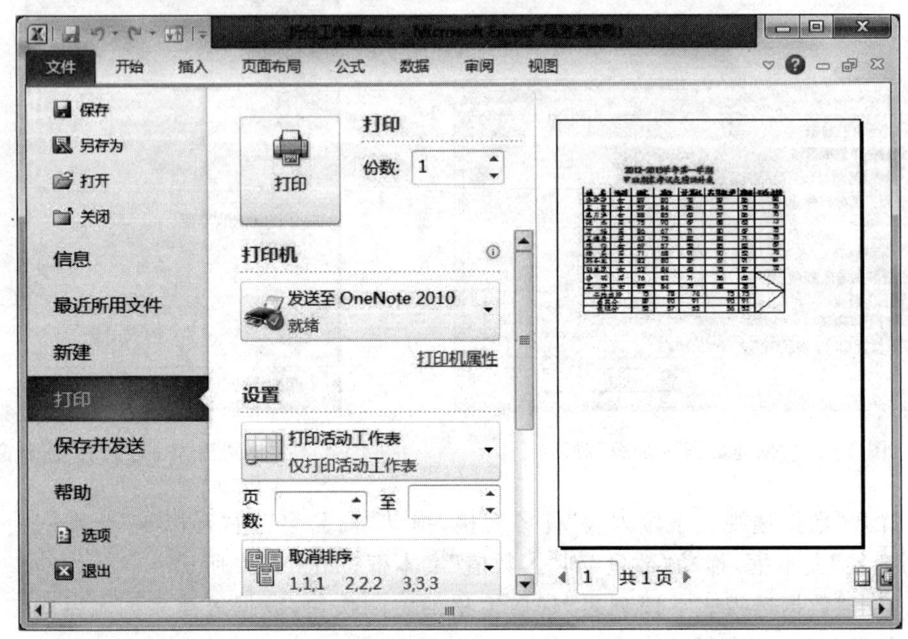

图 4-94 工作表的打印预览效果

4.6.2 打印选项设定

如果用户对工作表的预览结果十分满意,就可以立即打印输出了。在打印之前,可在页面的中间区域对各项打印属性进行设置,包括打印的份数、页边距、纸型、纸张方向、打印的页码范围、打印顺序等。全部设置完成后,只需单击“打印”按钮,即可打印出用户所需的工作表。

1. 选择要使用的打印机

若执行操作电脑安装一台以上的打印机,请先检查设定的打印机名称是否就是你要使用的打印机,如不是请点击当前打印机名称右侧向下箭头打开下拉选项重新选择。

2. 设定打印份数及顺序

打印出来的工作表可能要分送给多人查阅,此时可在最上方的打印份数设定打印的数量。

当你要打印多份,可由下方选择是否要自己手动分页。假设要打印 5 份,若设定“取消排序 111,222,333”,表示会先印出 5 张第 1 页,再印 5 张第 2 页……;设定为“调整 123,123,123”自动分页时,一次会印出完整的第 1 份(共 5 页),再打印第 2 份……省去我们手动分页的麻烦,如图 4-95 所示。

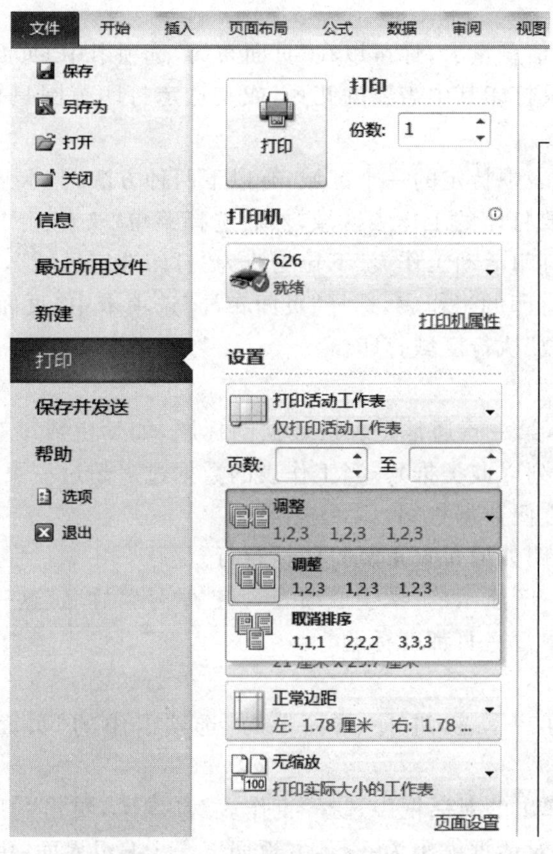

图 4-95 工作表的打印顺序设置

4.6.3 页面布局-页面设置

“页面布局”选项卡中的组可以设置打印出的工作表的版面。页面设置是打印文件前的重要操作，通过页面设置可以设置打印页面的页边距、纸张大小、纸张方向、打印区域等，如图 4-96 所示。

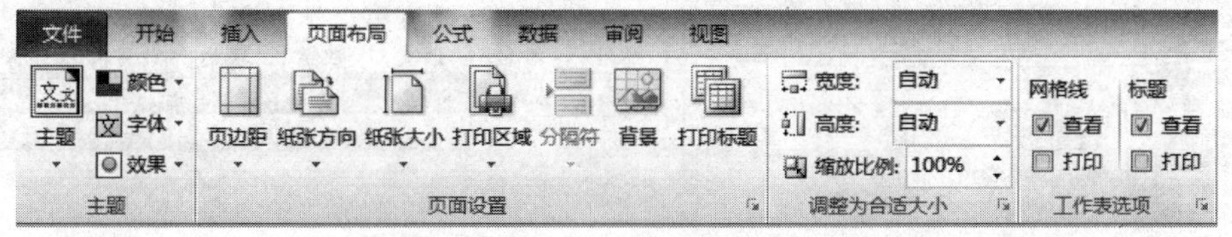

图 4-96 “页面布局”选项卡中“页面设置”组

1. 设定页边距

为求纸质打印文件的美观，我们通常在纸张四周留一些空白，这些空白的区域就称为页边距。调整页边距即是控制四周空白的大小，也就是控制资料在纸上打印的范围。单击“页面布局”选项卡中“页面设置”组中的“页边距”进行修改。工作表预设会套用标准页边距，如果想让页边距宽一点，或是设定较窄的页边距，可直接修改套用的页边距预设值。如果觉得预设的页边距选项达不到想要的结果，可以“自定义边距”设置具体数值。

2. 设定打印区域

假如工作表的数据信息量大，你可以在“页面布局”选项卡中“页面设置”组中单击“打印区域”选择打印全部或只打印其中需要的几页，或是选定打印范围只打印选取范围，以免浪费纸张。

如果需要打印工作表中特定的一个区域，有以下两种方法：

方法1：先选择需要打印的工作表区域，然后选择菜单“文件”下“打印”命令，在预览窗口中“设置”将默认的“打印活动工作表”下拉更改为“打印选定区域”，单击打印确定执行。

方法2：进入需要打印的工作表，选择“页面布局”选项卡中“页面布置”组中的“打印区域”按钮，“设置打印区域”执行区域打印。

3. 打印标题

在Excel工作表中，第一行通常是表格数据的标题，如学生成绩表中“学号”“姓名”“班级”等称为标题行(标题列以此类推)。当工作表的数据过多超过一页时，打印出来只有第一页有标题，这样阅读不方便数据查阅。

下面通过实例来说明如何每页重复打印标题行。

【例4.23】 对图4-97所示的“学生成绩表”，将“学号”“姓名”这一行标题设立重复打印标题行，使打印的成绩单每一页都有标题。

操作步骤如下：

(1) 选定要打印的工作表，进入“页面布局”选项卡中的“页面设置”组，单击“打印标题”。

(2) 如图4-97，在弹出的对话框中选择“工作表”选项卡，单击“打印标题”区“顶端标题行”文本区右端的按钮，对话框缩小为一行，并返回Excel编辑界面，用鼠标单击一下标题行所在的位置。再按Enter键即可。

(3) 这时对话框恢复原状，可以看到“顶端标题行”文本框中出现了刚才选择的标题行，核对无误后单击“确定”完成设置。以后打印出来的该工作表的每一页都会出现行标题了。

标题列的设置操作可参照设置。

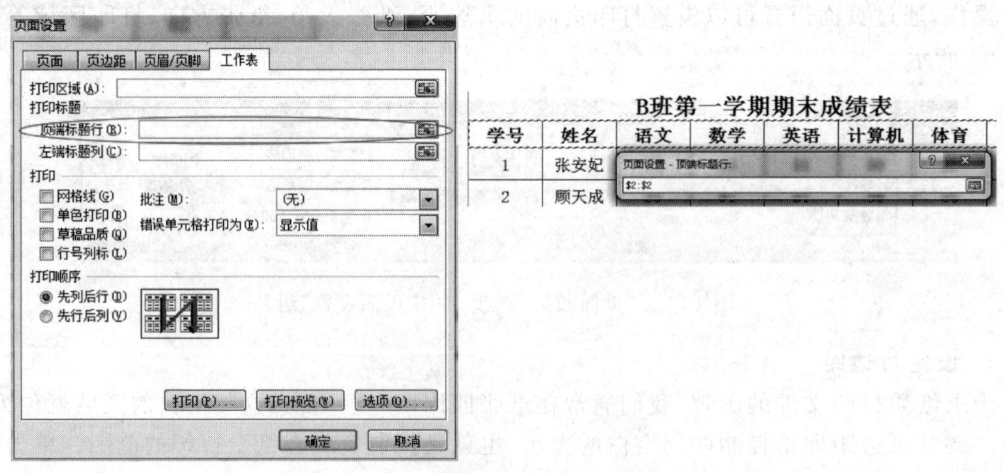

图4-97 “页面设置”对话框

4. 缩小比例以符合纸张尺寸

有时候表格会单独多出一列，跑到下一页；或是只差 2-3 行，就能挤在同一页。这种情况就可以试试“页面布局”选项卡中“调整为合适大小”组中“缩放比例”的方式，将资料缩小排列以符合纸张尺寸，不但资料完整，阅读起来也方便。

习题

1. 进入“第 4 章素材库\习题 4\习题 4.1”文件夹，打开“XT4_1.xlsx”文档，Sheet1 工作表数据如图 P4-1-1 所示，按如下要求进行操作，最后以“XT4_1 计算.xlsx”为文件名保存于习题 4.1 文件夹中。

(1) 将 Sheet1 工作表的 A1:D1 单元格合并为一个单元格，内容水平居中，单元格中的字体为华文行楷、16 磅、加粗、红色；计算职工的平均年龄置于 C13 单元格内(数值型，保留小数点后 1 位)；计算职称为高工、工程师和助工的人数置于 G5:G7 单元格区域(利用 COUNTIF 函数)。将 A1: D13 单元格区域加深蓝色双实线外框线，黑色虚线内框线，填充浅绿色。

(2) 选取“职称”列(F4:F7)和“人数”列(G4:G7)数据区域的内容建立“三维簇状圆柱图”，图表标题为“职称情况统计图”，清除图例，设置“图表背景墙”为“纹理”中的“水滴”，“图表基底”为“纹理”中的“绿色大理石”，图表区填充为“纹理”中的“鱼类化石”；将图表插入到表的 A15:F30 单元格区域内，将工作表命名为“职称情况统计表”并设置工作表标签颜色为“标准色”中的“紫色”。

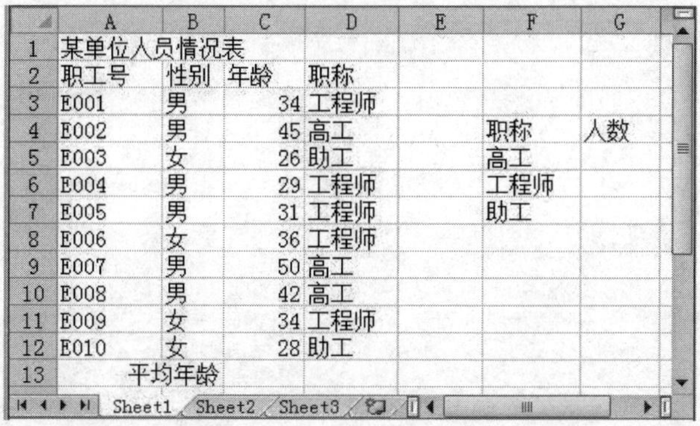

	A	B	C	D	E	F	G
1	某单位人员情况表						
2	职工号	性别	年龄	职称			
3	E001	男	34	工程师			
4	E002	男	45	高工		职称	人数
5	E003	女	26	助工		高工	
6	E004	男	29	工程师		工程师	
7	E005	男	31	工程师		助工	
8	E006	女	36	工程师			
9	E007	男	50	高工			
10	E008	男	42	高工			
11	E009	女	34	工程师			
12	E010	女	28	助工			
13		平均年龄					

Sheet1 Sheet2 Sheet3

图 P4-1-1 “XT4_1.xlsx”的工作表数据图

2. 进入“第 4 章素材库\习题 4\习题 4.2”文件夹，打开工作簿文件“XT4_2.xlsx”，“图书销售情况表”数据如图 P4-2-1 所示。要求“图书销售情况表”内数据清单的内容建立数据透视表，按行为“经销部门”，列为“图书类别”，数据为“数量(册)”求和布局，并置于现工作表的 H2:L7 单元格区域，工作表名不变，最后以“XT4_2 统计.xlsx”为文件名保存于习题 4.2 文件夹中。

	A	B	C	D	E	F
1	某图书销售公司销售情况表					
2	经销部门	图书类别	季度	数量(册)	销售额(元)	销售量排名
3	第3分部	计算机类	3	124	8680	42
4	第3分部	少儿类	2	321	9630	20
5	第1分部	社科类	2	435	21750	5
6	第2分部	计算机类	2	256	17920	26
7	第2分部	社科类	1	167	8350	40
8	第3分部	计算机类	4	157	10990	41
9	第1分部	计算机类	4	187	13090	38
10	第3分部	社科类	4	213	10650	32
11	第2分部	计算机类	4	196	13720	36
12	第2分部	社科类	4	219	10950	30
13	第2分部	计算机类	3	234	16380	28
14	第2分部	计算机类	1	206	14420	35
15	第2分部	社科类	2	211	10550	34
16	第3分部	社科类	3	189	9450	37
17	第2分部	少儿类	1	221	6630	29
18	第3分部	少儿类	4	432	12960	7
19	第1分部	计算机类	3	323	22610	19

图书销售情况表 / Sheet2 / Sheet3

图 P4-2-1 “XT4_2.xlsx”的工作表数据图

PowerPoint 2010演示文稿

Microsoft Office PowerPoint 2010 是微软公司 Office 2010 系列软件之一，是一款优秀的演示文稿制作软件。它能将文本与图形、图表、影片、声音、动画等多媒体信息有机结合，将演说者的思想意图生动明快地展现出来。PowerPoint 2010 不仅功能强大，而且易学易用、兼容性好、应用面广，是多媒体教学、演说答辩、会议报告、广告宣传及商务演说最有力的辅助工具。

学习目标：

- 了解 PowerPoint 2010 的基本功能。
- 熟悉 PowerPoint 2010 的窗口组成。
- 熟悉制作演示文稿的流程。
- 熟练掌握创建、编辑、放映演示文稿的基本方法。
- 会设计动画效果和幻灯片切换效果。
- 掌握设置超链接的方法。
- 会套用设计模板、使用主题、母版。
- 了解打印和打包演示文稿的方法。

5.1 PowerPoint 2010 概述

采用 PowerPoint 制作的文档叫作演示文稿，扩展名为. pptx。一个演示文稿由若干张幻灯片组成，因此演示文稿俗称“幻灯片”。幻灯片里可以插入文字、表格、图形、影片及声音等多媒体信息。演示文稿制成后，幻灯片将按事先安排好的顺序播放，放映时可以配上旁白、辅以动画效果。

5.1.1 PowerPoint 2010 的基本功能和特点

1. 方便快捷的文本编辑功能

对于在幻灯片的占位符中输入的文本，PowerPoint 会自动添加各级项目符号，层次关系分明、逻辑性强。

2. 多媒体信息集成

PowerPoint 2010 支持文本、图形、艺术字、表格、影片及声音等多种媒体信息，而且排版灵活。

3. 强大的模板、母版功能

使用模板和母版能快速生成风格统一、独具特色的演示文稿。模板提供了样式文稿的格式、配色方案、母版样式及产生特效的字体样式等，PowerPoint 2010 提供了多种美观大方的模板，也允许用户创建和使用自己的模板。使用母版可以设置演示文稿中各张幻灯片的共有信息，如日期、文本格式等。

4. 灵活的放映形式

制作演示文稿的目标是展示放映，PowerPoint 提供了多样的放映形式。既可以由演说者一边演说一边操控放映，又可以应用于自动服务终端由观众操控放映流程，也可以按事先“排练”的模式在无人看守的展台放映。PowerPoint 2010 还可以录制旁白，在放映幻灯片时播放。

5. 动态演绎信息

动画是 PowerPoint 演示文稿的一大亮点，PowerPoint 2010 可以设置幻灯片的切换动画、幻灯片内各对象的动画，还可以为动画编排顺序、设置动画路径等。生动形象的动画可以起到强调、吸引观众注意力的效果。

6. 多种形式的共享方式

PowerPoint 2010 提供多种演示文稿共享方式，如“使用电子邮件发送”“以 PDF/XPS 形式发送”“创建为讲义”“广播幻灯片”及“打包到 CD”等。

7. 良好的兼容性

PowerPoint 2010 向下兼容 PowerPoint 97-2003 版本的 PPT、PPS、POT 文件，可以打开多种格式的 Office 文档、网页文件等，保存的格式也更加丰富。

5.1.2 PowerPoint 2010 的启动与退出

1. 启动 PowerPoint 2010

启动 PowerPoint 2010 常用以下几种方法：

(1) 单击“开始”按钮，在弹出的菜单中选择“所有程序”→Microsoft Office→Microsoft Office PowerPoint 2010 命令。

(2) 若桌面上有 PowerPoint 2010 快捷方式，双击该快捷图标。

(3) 双击某 PowerPoint 文件，即会启动 PowerPoint2010 之后打开该文件。

2. 退出 PowerPoint 2010

退出 PowerPoint 2010 有以下几种方法：

(1) 单击 PowerPoint 2010 窗口右上角的“关闭”按钮。

(2) 单击“文件”→“退出”命令。

(3) 单击 PowerPoint 2010 窗口左上角的控制图标，在弹出的控制菜单中选择“关闭”命令，或者直接双击该控制图标。

(4) 按 Alt+F4 组合键。

5.1.3 PowerPoint 2010 窗口

1. 窗口组成

PowerPoint 2010 的窗口如图 5-1 所示，它与 Word 有一些相似之处，这里介绍一些常用的和 PowerPoint 特有的窗口组成单元。

图 5-1 PowerPoint 2010 窗口组成

1）标题栏

标题栏位于窗口上方正中间，显示正在编辑的文档的名字和软件名。如果打开了一个已有的文件，该文件的名字就会出现在标题栏上。

2）窗口控制按钮

PowerPoint 的程序窗口与普通文件窗口类似，右上角有“最小化”“最大化/还原”和“关闭”三个按钮。

3）快速访问工具栏

与 Word 类似，快速访问工具栏一般位于窗口的左上角，通常放一些常用的命令按钮，如“保存”“撤销”，单击右边的下三角按钮，打开下拉菜单，可以根据需要添加或者删除常用命令按钮。最左边的红色图标为窗口控制按钮。

4）选项卡与功能区

与 Word 类似，功能区上方是“文件”“开始”“插入”等选项卡，单击不同选项卡，功能区将相应展示不同命令。有时为了扩大幻灯片的编辑区域，可使用功能区右上方的上/下箭头标志的按钮（帮助按钮左侧）展开或关闭功能区。

5）幻灯片编辑区

幻灯片编辑区又名工作区，是 PowerPoint 的主要工作区域，在此区域可以对幻灯片进行各种操作，如添加文字、图形、影片、声音，创建超链接，设置动画效果等。工作区只能同时显示一张幻灯片的内容。

6）缩略图窗格

缩略图窗格也叫“大纲窗格”，显示了幻灯片的排列结构，每张幻灯片前会显示对应编号，可在此区域编排幻灯片顺序。单击此区域中的不同幻灯片，可以实现工作区内幻灯片的切换。

该窗格有“大纲”选项卡和“幻灯片”选项卡。“幻灯片”选项卡中各幻灯片以缩略图的形式呈现，如图 5-2 所示；“大纲”选项卡中仅显示各张幻灯片的文本内容，如图 5-3 所示，在此区域可以对文本进行编辑。

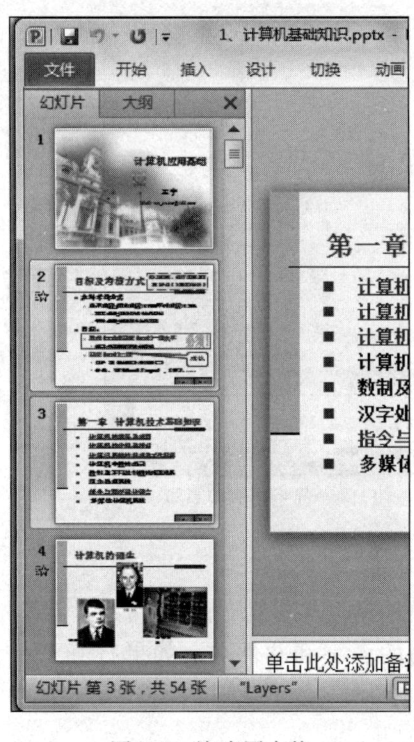

图 5-2 缩略图窗格

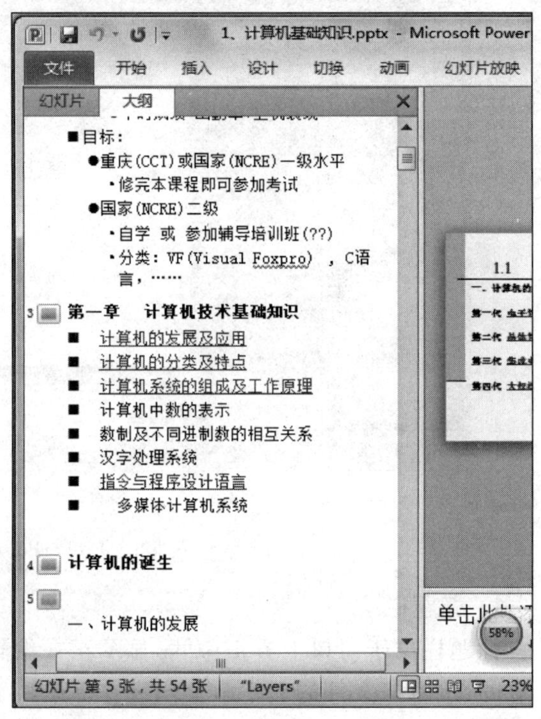

图 5-3 大纲窗格

7）备注窗格

备注窗格也叫作备注区，可以添加演说者希望与观众共享的信息或者供以后查询的其他信息。若需要向其中加入图形，必须切换到备注页视图模式下操作。

8）视图切换按钮

通过单击视图切换按钮，能方便快捷地实现不同视图方式的切换，从左至右依次是“普通视图”“幻灯片浏览视图”“阅读视图”“幻灯片放映”按钮。

9）显示比例调节器

通过拖动滑块或者单击左右两侧的加、减号按钮来调节编辑区幻灯片的大小。单击右边的“使幻灯片适应当前窗口”按钮，系统会自动设置幻灯片的最佳比例。

2. PowerPoint 2010 文件的打开与关闭

演示文稿的打开与关闭与 Word 文档的操作类似，这里就不再赘述。

5.1.4 PowerPoint 2010 的视图方式

所谓视图，即幻灯片呈现在用户面前的方式。PowerPoint 2010 提供了五种视图方式，其中常用的“普通视图”“幻灯片浏览视图”“阅读视图”和“幻灯片放映视图”可以通过单击 PowerPoint 窗口右下方的视图切换按钮进行切换（参考图 5-1）；若要切换到备注页视图，需要单击“视图”选项卡，在功能区选择“备注页”按钮。

1. 普通视图

普通视图是制作演示文稿的默认视图，也是最常用的视图方式，如图 5-1 所示，几乎所有编辑操作都可以在普通视图下进行。普通视图包括幻灯片编辑区、大纲窗格和备注窗格，拖动各窗格间的分隔边框，可以调节各窗格的大小。

2. 幻灯片浏览视图

幻灯片浏览视图占据了整个 PowerPoint 文档窗口，如图 5-4 所示，演示文稿的所有幻灯片以缩略图方式显示，可以方便地完成以整张幻灯片为单位的操作，如复制、删除、移动、隐藏幻灯片、设置幻灯片切换效果等。这些操作只需在相应的灯片上右击，在弹出的快捷菜单中选择相应命令即可实现。幻灯片浏览视图不能针对幻灯片内部的具体对象进行操作，例如不能插入或编辑文字、图形，不能自定义动画。

图 5-4 幻灯片浏览视图

3. 幻灯片放映视图

幻灯片放映视图模式下，幻灯片布满整个计算机屏幕，幻灯片的内容、动画效果等都体现出来，但是不能修改幻灯片的内容。放映过程中按 Esc 键可立刻退出放映视图。

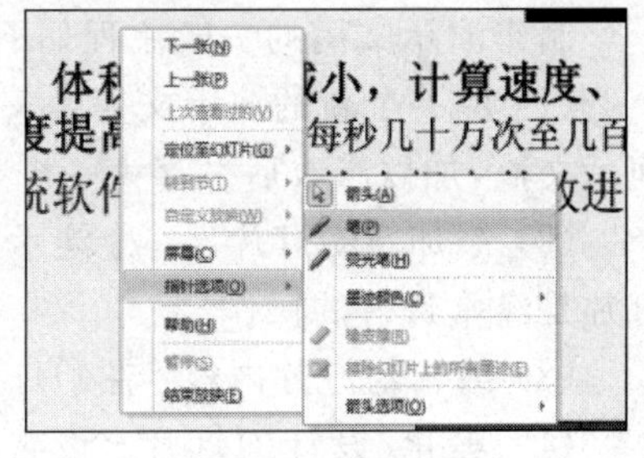

图 5-5 使用绘画笔

在放映视图下右击，在快捷菜单中选择“指针选项”→“笔”命令，如图 5-5 所示，指针形状改变，切换成“绘画笔”形式，这时按住鼠标左键拖动鼠标可以在屏幕上写字、做标记（此项功能对演说者非常有用）。通过快捷菜单命令还可以设置墨迹颜色，也可以用“橡皮擦”命令擦除标记。退出放映视图模式时，系统会弹出对话框询问“是否保留墨迹注释”。

4. 备注页视图

备注页视图用于显示和编辑备注页内容，程序窗口没有对应的视图切换按钮，需要通过单击“视图”→“备注页”实现。备注页视图如图 5-6 所示，上方显示幻灯片，下方显示该幻灯片的备注信息。

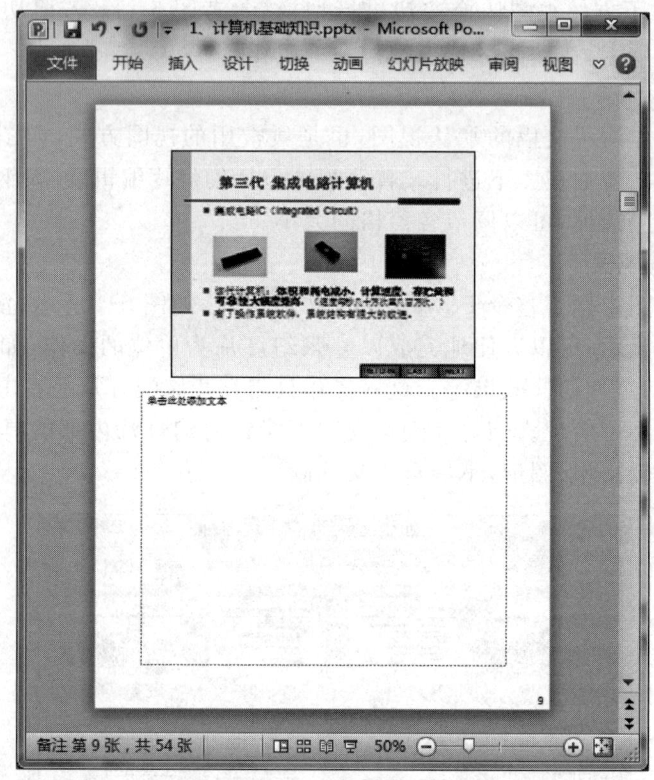

图 5-6 备注页视图

5.2 PowerPoint 2010 演示文稿的制作

制作演示文稿的一般流程如下。

(1) 建一个新的演示文稿：毫无疑问，这是制作演示文稿的第一步；也可以打开已有的演示文稿，加以修改后另存为一个新的演示文稿。

(2) 添加新幻灯片：一个演示文稿往往由若干张幻灯片组成，在制作过程中添加新幻灯片是经常进行的操作。

(3) 编辑幻灯片内容：在幻灯片上输入必要的文本，插入相关图片、表格等媒体信息。

(4) 美化、设计幻灯片：设置文本格式，调整幻灯片上各对象的位置，设计幻灯片的外观。

(5) 放映演示文稿：设置放映时的动画效果，编排放映幻灯片的顺序，录制旁白，选择合适的放映方式，检验演示文稿的放映效果。如不满意则返回普通视图进行修改。

(6) 保存演示文稿：没有保存则前功尽弃，为防止信息意外丢失，建议在制作过程中随时保存。

(7) 将演示文稿打包：这一步并非必须，需要时才操作，本书 5.6 节有详细介绍。

【建议】 在制作演示文稿前应做好准备工作，例如构思文稿的主题、内容、结构、演说流程，收集好音乐、图片等素材。

5.2.1 创建演示文稿

单击程序窗口中的"文件"→"新建"命令，在右侧窗格选项面板中选择新建演示文稿的方式，如图 5-7 所示，创建方式主要有"空白演示文稿""样本模板""主题"和"根据现有内容新建"，本书只介绍前两种。

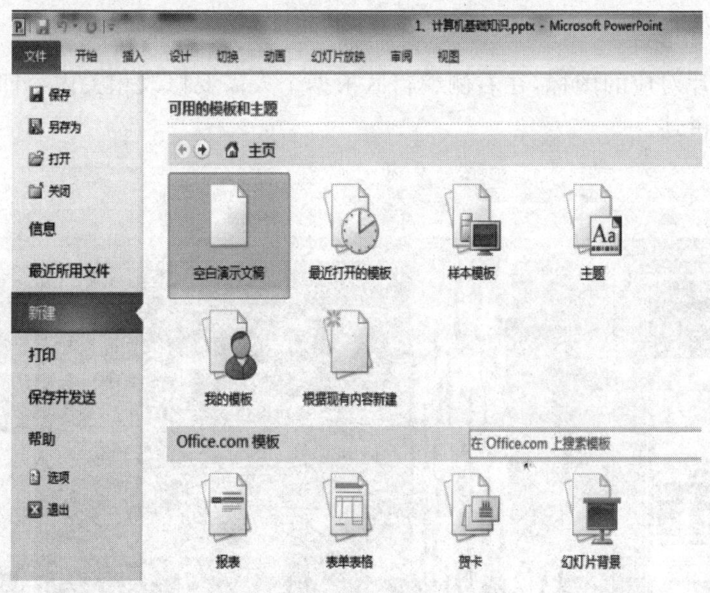

图 5-7 新建演示文稿

1. 根据模板创建演示文稿

PowerPoint 2010 为用户提供了模板功能，根据已有模板来创建演示文稿能自动、快速地形成每张幻灯片的外观，而且风格统一、色彩搭配合理、美观大方，能大大提高制作效率。

【例 5.1】 根据系统提供的模板创建演示文稿，取名为"都市映象"，保存在 D 盘根目录下。

根据模板创建演示文稿的步骤如下。

(1) 启动 Microsoft PowerPoint 2010，选择"文件"→"新建"选项，在图 5-7 所示的窗口右侧窗格中单击"样本模板"图标。

(2) 如图 5-8 所示，在弹出的样本模板列表框中双击要应用的模板按钮，例如"都市相册"，一个演示文稿就创建好了。PowerPoint 2010 内置的样本模板有"PowerPoint 2010 简介""都市相册""培训""项目状态报告"及"小测试报告"等。

(3) 创建好的演示文稿如图 5-9 所示，系统自动生成了若干张幻灯片，单击左侧缩略图

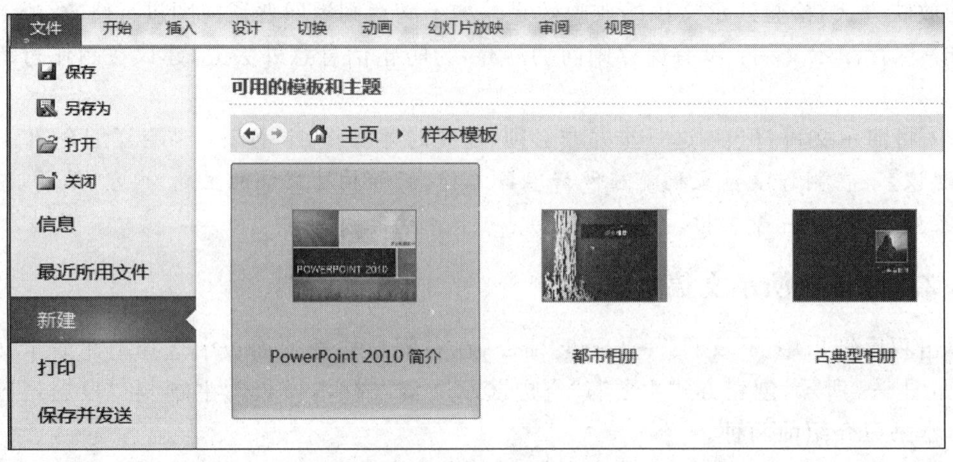

图 5-8　选择应用模块

窗格中每张幻灯片对应的图标，在右侧编辑区根据个人需要修改相关内容即可，对于幻灯片的编辑将在后文讲述。

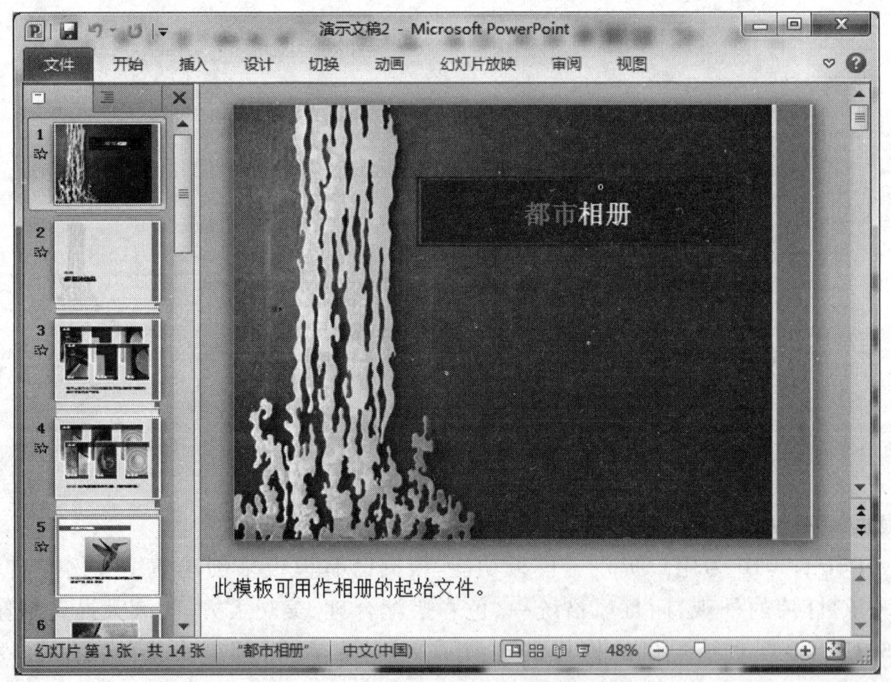

图 5-9　通过应用模板创建的演示文稿

(4) 保存演示文稿，方法与 Word 文档类似，单击“文件”→“保存”命令，弹出“另存为”对话框，如图 5-10 所示，在“文件名”文本框中填入文件名“都市映象”，再选择保存类型（这里不需要改动，因为保存类型默认为演示文稿类型），选择正确的保存位置（本例为 D 盘根目录下）后单击“保存”按钮。

2. 新建空白演示文稿

启动 PowerPoint 2010 后，系统会自动新建一个名为“演示文稿 1”的空白演示文稿，且

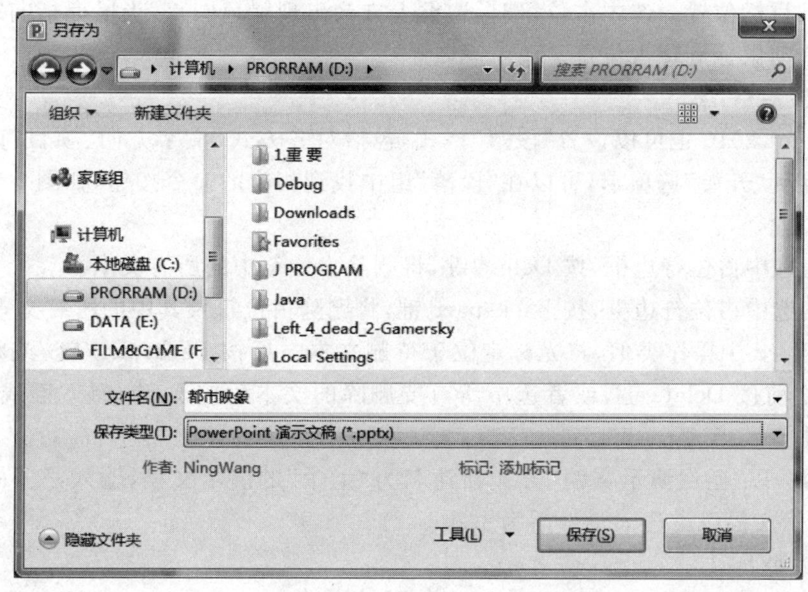

图 5-10 保存演示文稿

默认有一张标题幻灯片。用户也可以用图 5-7 所示方法来创建空白演示文稿。

空白演示文稿的幻灯片没有任何背景图片和内容，给予用户最大的自由，用户可以根据个人喜好设计独具特色的幻灯片，可以更加精确地控制幻灯片的样式和内容，因此空白演示文稿具有更大的灵活性。

5.2.2 文本的输入与编辑

新建演示文稿之后，就可以在幻灯片中加入文字内容了。幻灯片一般是配合讲演者演说时播放用的，建议文字简明扼要、条理清晰、重点突出。文本的输入与编辑通常在普通视图下的幻灯片编辑区进行。

1. 输入文本

与 Word 不同的是，PowerPoint 不能直接在幻灯片上输入文字(用户可以将鼠标移动到幻灯片的不同区域，观察鼠标指针的形状，当指针呈“I”字形时输入文字才有效)，可以采取以下几种方法实现文本输入。

(1) 单击占位符，直接录入文字。所谓“占位符”，即如图 5-11 所示幻灯片中的虚线框，一般里面包含提示语句，如“单击此处添加标题”。占位符是幻灯片中信息的主要载体，可以容纳文本、表格、图表、SmartArt 图形、图片、影片及声音等。

(2) 在幻灯片中插入“文本框”，然后在文本框中输入文字。

(3) 在幻灯片中添加“形状”图形，然后在其中添加文字。

2. 编辑文本

PowerPoint 2010 设置文本格式的方法与 Word 操作类似。字形增设了“阴影”效果。

1) 改变位置

在 PowerPoint2010 中，文本的位置可以改变，方法是：在文本区域内任意位置单击，呈现占位符边框，将鼠标指针移到占位符的边框上，当指针呈现十字箭头形状时按住鼠标左键拖动占位符到目标位置。选中占位符时，边框上方会出现绿色圆点，当鼠标指向它变成弧形的时候可以拖动鼠标旋转占位符。

2）设置段落格式

PowerPoint 2010 也可以设置“段落”格式，包括对齐方式、文字方向、项目符号和编号、行距等。切换到“开始”选项卡，可以在“段落”组中找到相应的命令按钮，如图 5-13 所示。

3）删除文本

（1）单击选中占位符边框，按 Delete 键，将删除占位符中的所有文本。

（2）单击选中占位符边框，按 Backspace 键，将删除占位符及其中的所有文本。

（3）与 Word 中操作类似，将光标定位于待删文本之后按 Backspace 键，或将光标定位于待删文本之前按 Delete 键，或者选中所有要删除的文本后按 Backspace 键或 Delete 键，即可删除文本。

【例 5.2】 以“空白演示文稿”方式新建名为“大学”的演示文稿，输入必要的标题文字后保存，该演示文稿以讲述大学生活为主题。

操作步骤如下：

（1）启动 PowerPoint 2010，系统自动创建一个空白演示文稿，如图 5-1 所示。

（2）输入文本：现在看到的幻灯片是演示文稿的首张幻灯片，叫作“标题幻灯片”，单击上面的占位符，可以看到光标闪烁，如图 5-11 所示，输入演说的题目，比如“我的大学生活”；然后单击下面的占位符，输入副标题文本“——演讲者：张三”，效果如图 5-12 所示。

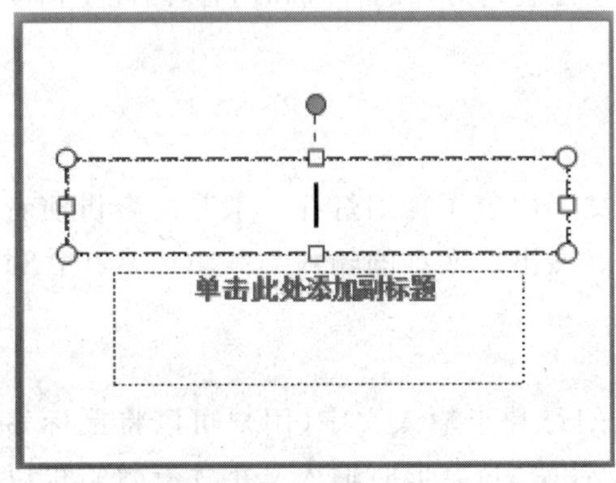

图 5-11 在占位符中输入文字

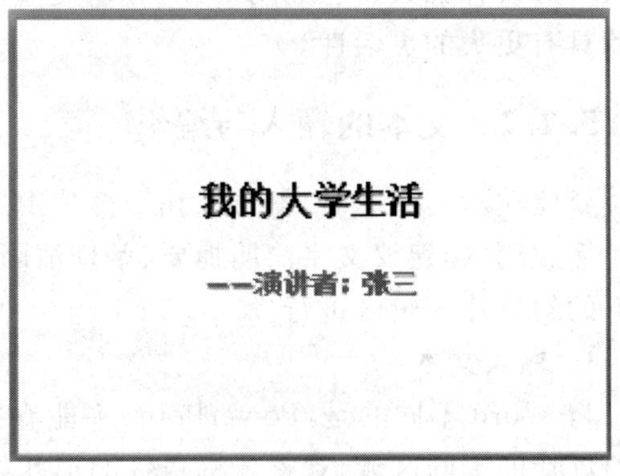

图 5-12 输入文字后的效果

（3）编辑文本：单击标题占位符的边框或者拖动鼠标选中文本“我的大学生活”，然后设置字体格式，在“开始”选项卡的“字体”组中可以选择恰当的字体、字号、颜色等，如图 5-13 所示；然后单击“字体”组的 S 标志“阴影”按钮，给文字添加阴影效果，使之更有立体感。

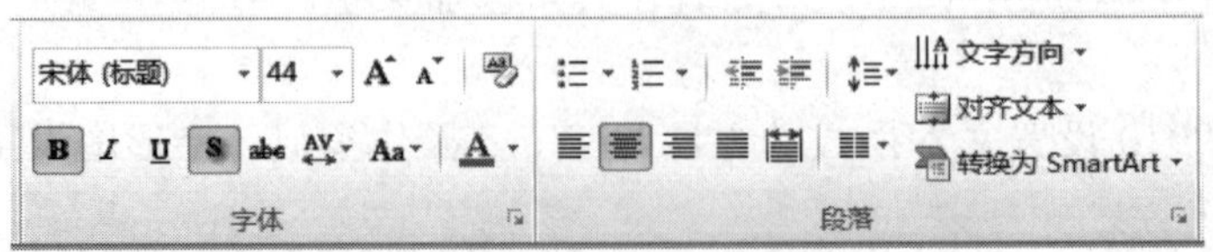

图 5-13 “字体”组和“段落”组

(4) 用类似的方法设置副标题格式,然后以“大学”为名保存,保存位置自定。

5.2.3 幻灯片的处理

1. 选择幻灯片

选择操作也叫选中操作,是对幻灯片进行各种编辑操作的第一步。

(1) 选择一张幻灯片:单击某张幻灯片,该幻灯片就会切换成当前幻灯片。

(2) 选择连续的多张幻灯片:先选中第一张幻灯片,再按住 Shift 键单击最后一张幻灯片。

(3) 选择不连续的多张幻灯片:按住 Ctrl 键单击各张待选幻灯片。

【注意】 一般而言,选择操作单击的是普通视图大纲窗格中的幻灯片缩略图或者幻灯片浏览视图中的幻灯片缩略图。

2. 添加新幻灯片

例 5.2 制作的演示文稿只包含一张幻灯片,添加更多的幻灯片才能展现丰富的内容。

【例 5.3】 为例 5.2 制作的演示文稿添加两张幻灯片。

插入新幻灯片之前,应该先确定插入的位置,插入后,新幻灯片会成为当前幻灯片。设置插入位置,既可以选中已有的某张幻灯片将新幻灯片出现在它后面,也可以单击两个幻灯片缩略图之间的灰白区域将新幻灯片放在两者之间。

插入新幻灯片的方法有以下几种。

(1) 在“开始”选项卡的“幻灯片”组中单击“新建幻灯片”按钮,如图 5-14 所示。

【注意】 该按钮分为上下两部分,单击上部可直接新建一张幻灯片,单击下部文字部分则可以选择幻灯片的版式后完成新建。

(2) 按 Ctrl+M 键。

(3) 右击缩略图窗格,在快捷菜单中选择“新建幻灯片”命令,如图 5-15 所示。

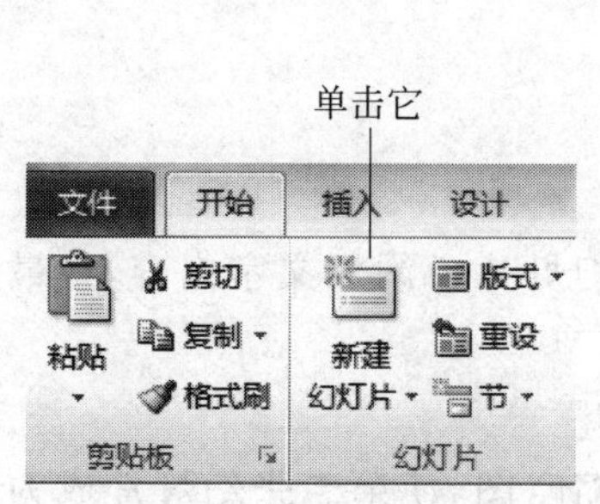

图 5-14 “幻灯片”组

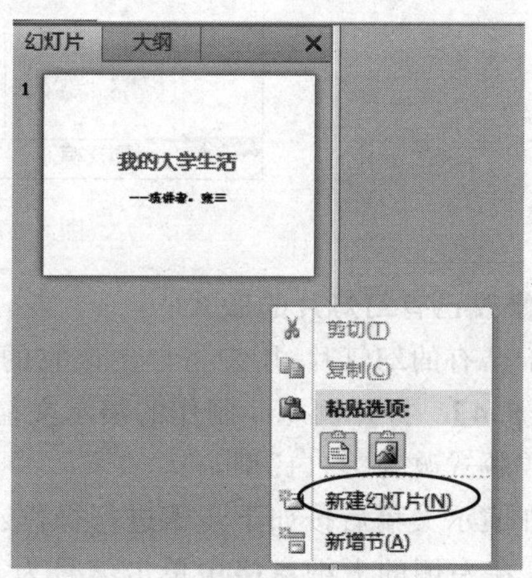

图 5-15 在缩略图窗格用快捷菜单

插入两张幻灯片后的效果如图 5-16 所示,插入完毕后保存演示文稿即可。

3. 选择新建幻灯片的版式

版式即排版方式,PowerPoint 提供的版式大方适用,合理利用可以提高编排效率。

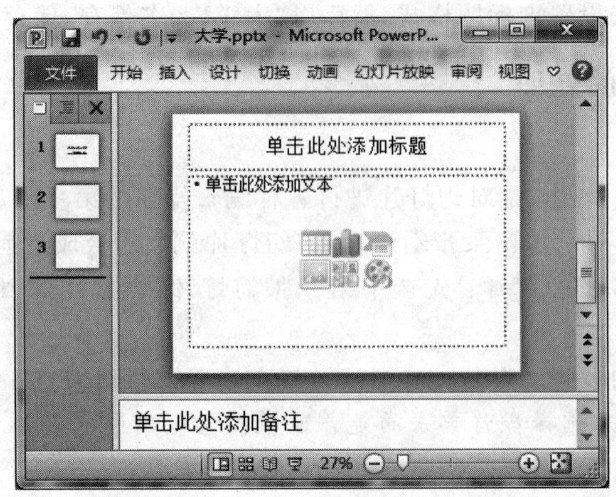

图 5-16 插入新幻灯片之后的效果图

使用“开始”选项卡的“新建幻灯片”按钮插入新幻灯片时，可以同时选择幻灯片的版式，单击“新建幻灯片”按钮下方的三角按钮，如图 5-17 所示，在弹出的下拉列表中可以选择需要的版式。

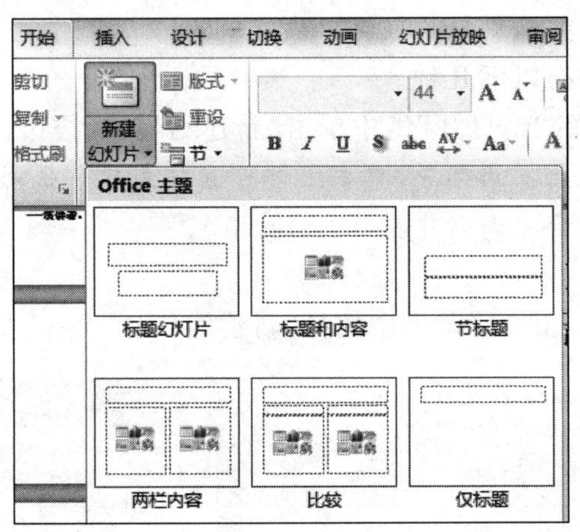

图 5-17 选择版式

4. 修改已有幻灯片的版式

对于已有的幻灯片，用户可以更改它的版式。

【例 5.4】 打开例 5.3 制作的演示文稿，在第二张幻灯片中添加文字内容，将最后一张幻灯片的版式改为“空白”型。

打开演示文稿后按如下步骤进行操作：

(1) 在左侧的大纲窗格中单击编号为 2 的幻灯片缩略图，使第二张幻灯片成为当前幻灯片。

(2) 在幻灯片编辑区单击占位符，然后输入适当文字，先在上方占位符输入标题，再单击下面的占位符输入正文文本，按 Enter 键可分段，系统会自动给各段添加项目符号，如图 5-18 所示。

【提示】 在占位符输入文本时，系统会自动添加项目符号；用户也可以按喜好更改、取消项目符号。方法是选中目标文本后，在“开始”选项卡的“段落”组左上方找到“项目符号”命令按钮，单击它右边的三角按钮，在弹出的下拉列表中选择适当的符号，如图 5-19 所示。在“段落”组中还有“编号”“降低列表级别”“增加列表级别”等按钮。

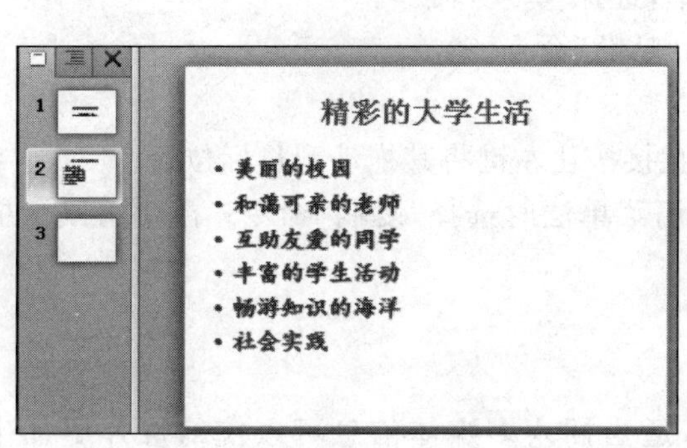

图 5-18 添加文本内容

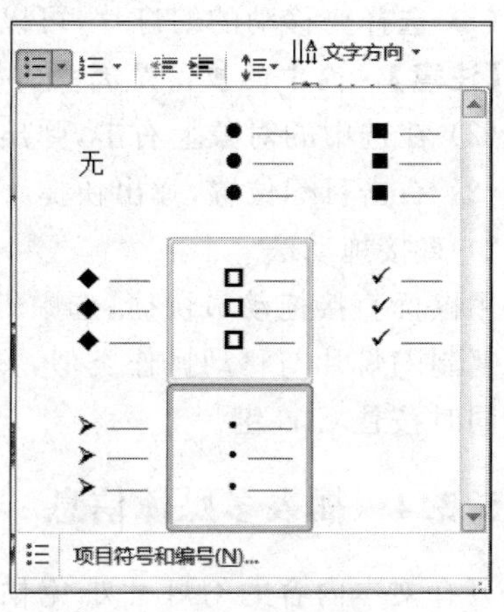

图 5-19 更改项目符号

(3) 在大纲窗口单击最后一张幻灯片，使它成为当前幻灯片。

(4) 在第 3 张幻灯片的缩略图上右击(或者在编辑区的幻灯片空白处右击)，弹出如图 5-20 所示的快捷菜单，选择“版式”→“空白”命令。

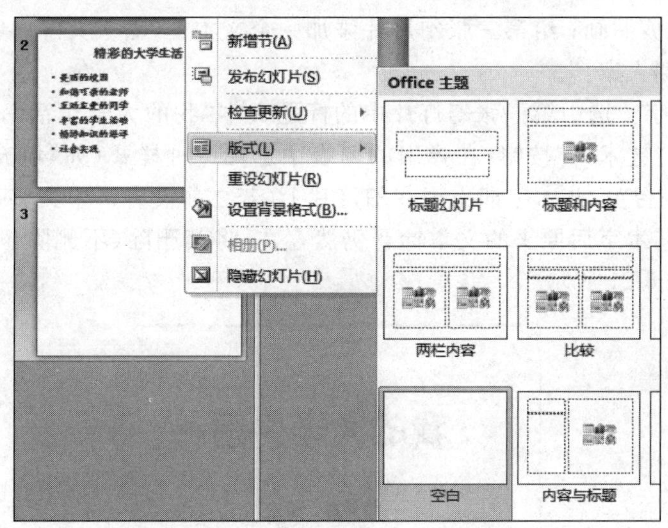

图 5-20 更改幻灯片版式

(5) 至此，本例制作完成，选择“开始”→“保存”命令保存演示文稿。

5. 删除幻灯片

如果要删除幻灯片，首先在左侧的缩略图窗格中选中待删幻灯片，然后在选中对象上右击，在弹出的快捷菜单中选择“删除幻灯片”命令即可；也可以选中待删幻灯片后直接按 Delete 键或 Backspace 键将其删除。

6. **移动/复制幻灯片**

移动幻灯片会改变幻灯片的位置,影响放映的先后顺序。移动幻灯片的方法有如下两种。

1) 鼠标单击法

(1) 选择要移动的幻灯片,可以是一张,也可以是多张。

【注意】 选中的应该是大纲窗格或者幻灯片浏览视图下的幻灯片缩略图。

(2) 在选中的对象上右击,弹出快捷菜单,选择“剪切”命令。

(3) 右击目标位置,弹出快捷菜单,选择“粘贴”命令。

2) 直接拖动法

用鼠标直接拖动最快捷,选中幻灯片后直接按住左键将其拖动到目标位置。

复制幻灯片与移动操作类似,只需在使用菜单法时选择“复制”命令;在使用鼠标拖动法时同时按住 Ctrl 键。

5.2.4 插入多媒体信息

只有文本内容的幻灯片难免枯燥乏味,适当插入多媒体信息可以使幻灯片更加生动形象。

1. **插入艺术字、图片、形状、文本框**

插入艺术字、图片、形状、文本框的方法与在 Word 中操作类似,在“插入”功能区可以找到相应按钮。

【例 5.5】 打开例 5.4 制作的“大学”演示文稿,将标题样式改为艺术字;给第二张幻灯片插入一张适当的剪贴画;给第三张幻灯片添加一个文本框,输入文字内容“请与我联系”,再插入艺术字“谢谢大家!”。

(1) 添加艺术字。选中第一张幻灯片中的标题文本“我的大学生活”,在“插入”选项卡的“文本”组中单击“艺术字”按钮,在弹出的列表中选择一种样式(如“填充-红色,强调文字颜色 2,暖色粗糙棱台”),艺术字即出现在幻灯片上(若之前没有选中文字,则此时需要输入文字内容)。添加艺术字后原来的文本标题仍然存在,将其删除(不删除也不会影响放映效果),最终效果如图 5-21 所示。

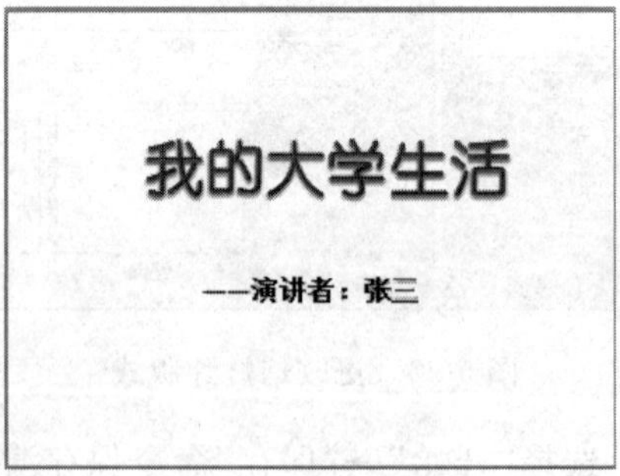

我的大学生活

——演讲者:张三

图 5-21 艺术字效果

(2) 编辑艺术字。对于艺术字,用户可以像编辑普通文本那样快速设置颜色、字体、大小;也可以对其属性进行更精确、详细的设置。比如要将艺术字定位于“水平:4.9 厘米,度量依据左上角；垂直 5.1 厘米，度量依据左上角”，方法是选中艺术字后右击，在弹出的快捷菜单中选择“设置形状格式”命令(参考图 5-22)，在打开的对话框左侧单击“位置”选项，在右侧填入相关参数即可。

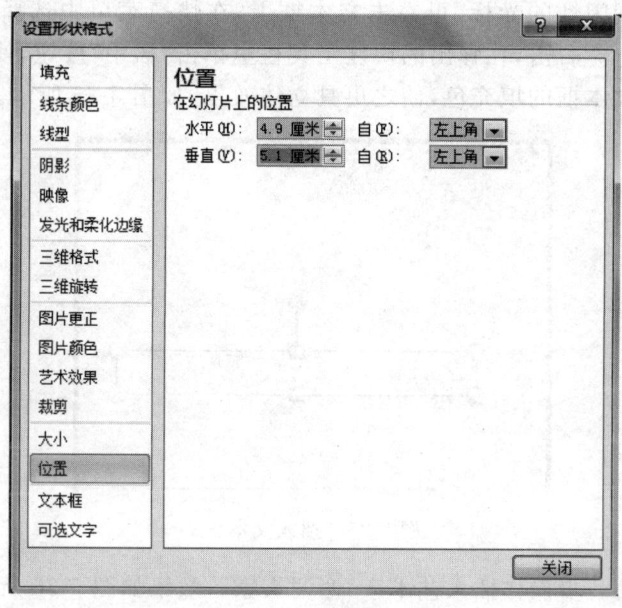

图 5-22 “设置形状格式”对话框

(3) 插入剪贴画。在大纲窗格中单击第二张幻灯片的缩略图，使其成为当前幻灯片。在“插入”选项卡的“图像”组中选择“剪贴画”命令，程序窗口右侧出现“剪贴画”任务窗格，如图 5-23 所示，单击“搜索”按钮，系统提供的剪贴画以缩略图的形式呈现在列表框中，单击合适的缩略，剪贴画就可以插入当前幻灯片中，然后适当调整大小和位置，效果如图 5-24 所示。

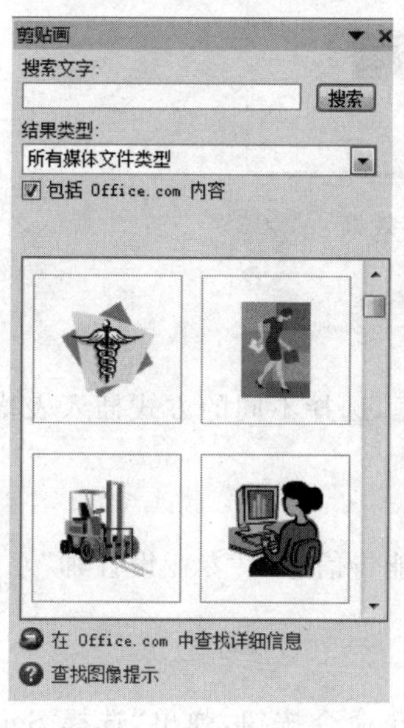

图 5-23 “剪贴画”任务窗格

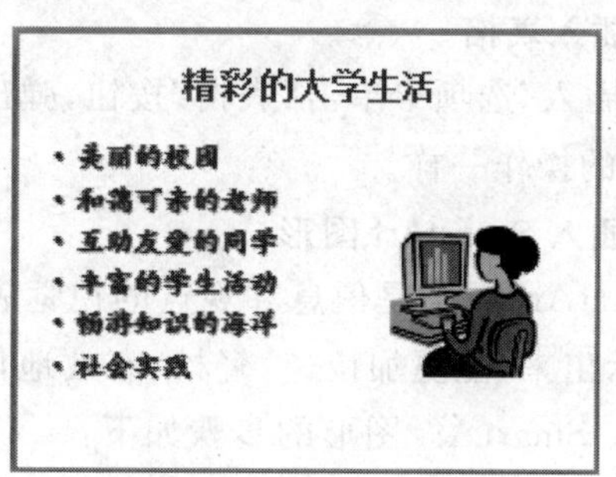

图 5-24 插入剪贴画的效果

(4) 在大纲窗格中单击第三张幻灯片,使其成为当前幻灯片。在“插入”选项卡找到“文本”组中的“文本框”命令按钮,鼠标指针变为细“十”形状时在幻灯片空白处单击或者拖动画出一个横向文本框,如图 5-25 所示,可以看到有光标在文本框内闪烁,直接输入文字“请与我联系”(若没有出现闪烁的光标,可右击文本框上,在快捷菜单中选择“编辑文字”命令)。添加文字后在文字上方右击,在弹出的快捷工具栏里单击“居中”按钮,使文字居中对齐;然后调整文字格式与文本框的填充色,使之更具立体效果,如图 5-26 所示。

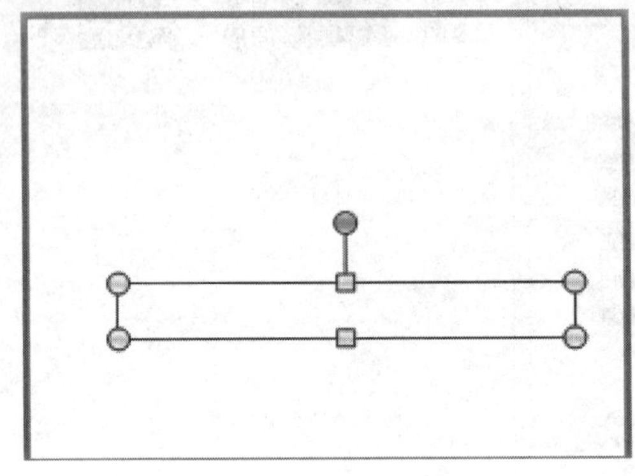

图 5-25　插入文本框

(5) 参照本例第一步操作插入艺术字“谢谢大家”,效果如图 5-26 所示。

图 5-26　文本框及艺术字效果

(6) 选择“文件”→“保存”命令保存演示文稿。

2. 插入表格

在“插入”选项卡单击“表格”按钮,弹出下拉列表框,选择不同的方式插入表格,方法同 Word 中的操作一样。

3. 插入 SmartArt 图形

SmartArt 图形是信息和观点的视觉表示形式,它能将信息以“专业设计师”水准的插图形式展示出来,能更加快速、轻松、有效地传达信息。

插入 SmartArt 图形的步骤如下:

(1) 在“插入”选项卡的“插图”组中单击 SmartArt 命令按钮,弹出“选择 SmartArt 图形”对话框,如图 5-27 所示。

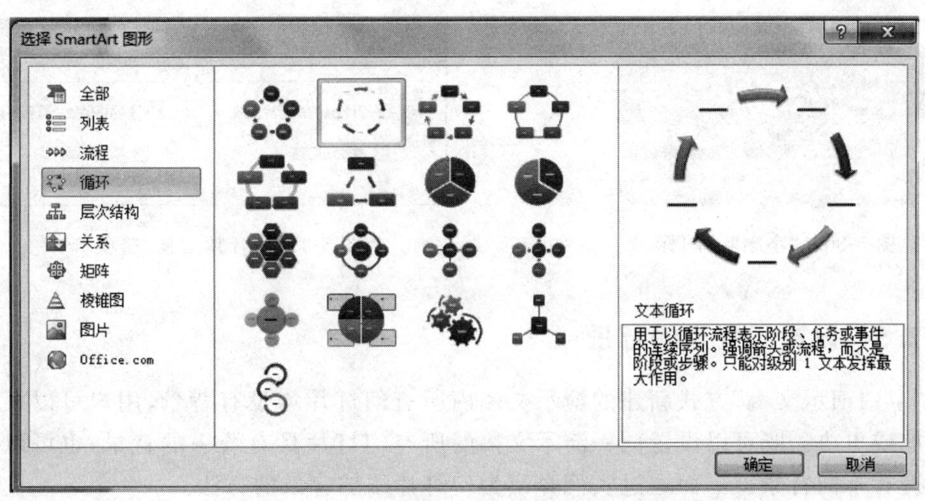

图 5-27 “选择 SmartArt 图形”对话框

(2) 根据要表达的信息内容选择合适的布局，例如要表达一个循环的食物链，选择“循环”选项界面中的“文本循环”样式，再单击“确定”按钮，效果如图 5-28 所示。

(3) 单击文本占位符，然后输入文字，最终效果参考图 5-29 所示。

(4) 当 SmartArt 图形处于编辑状态时，窗口上方会出现“SmartArt 工具”选项卡，在“设计”或“格式”功能区可以进一步编辑美化图形。

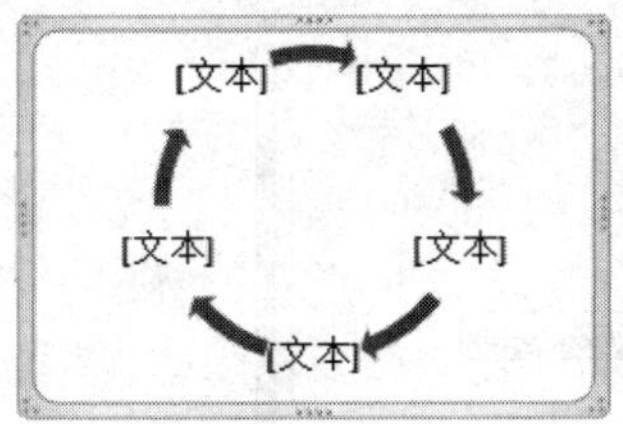

图 5-28 插入的 SmartArt 图形

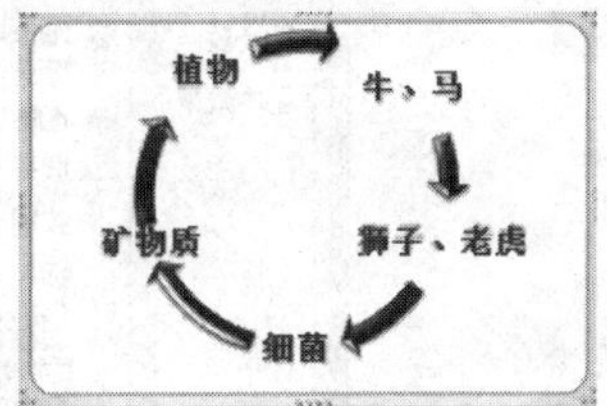

图 5-29 SmartArt 图形的效果

4. 插入声音和影片文件

PowerPoint 2010 支持插入 MP3、WMA、MIDI、WAV 等多种格式的声音文件。这里以插入文件中的声音为例进行介绍，操作步骤如下：

(1) 在“插入”选项卡单击“媒体”组中的“音频”命令按钮下的三角按钮，在下拉列表中选择音频的来源(如“文件中的音频”)。

(2) 在对话框中找到存放声音文件的位置，选中要插入的声音文件后单击“确定”按钮。

(3) 幻灯片上出现“小喇叭”图标，如图 5-30 所示，单击小喇叭，出现插入控制条，可以单击播放按钮试听插入的音乐。

(4) 进一步设置插放方式。“小喇叭”处于选中状态时，窗口上方会多出一个“音频工具”选项卡，如图 5-31 所示，在“格式”功能区可以更改小喇叭的样貌，单击“播放”可以设置音乐的播放方式。

插入影片的方法与插入声音的方法类似，这里不再赘述。

图 5-30 “小喇叭”图标

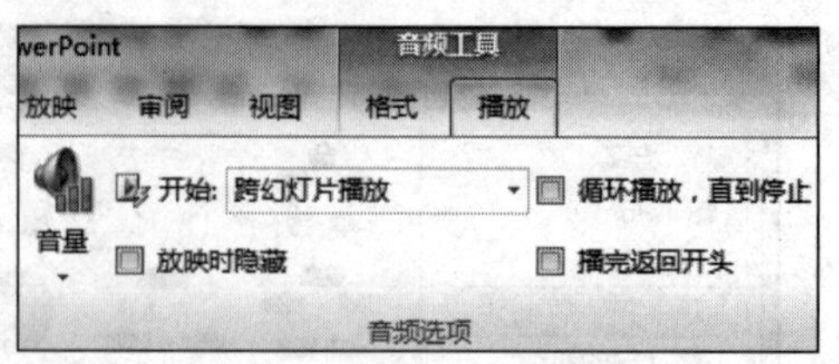

图 5-31 “音频工具”选项卡

5.2.5 设置幻灯片的背景

以“空白演示文稿”方式新建的演示文稿内所有幻灯片均没有背景，用户可以根据需要自行添加或更改。既可以设置同一演示文稿的所有幻灯片具有统一的背景，也可以让不同幻灯片拥有不同背景。下面通过实例介绍为幻灯片添加背景的方法。

【例 5.6】 为例 5.5 制作的演示文稿的各张幻灯片分别配上不同的背景。

要为幻灯片添加背景，首先要将待添加背景的幻灯片切换为当前幻灯片，然后在幻灯片空白处右击，在快捷菜单中选择“设置背景格式”命令，在弹出的对话框中进行一系列设置，如图 5-32 所示。

图 5-32 设置背景格式

- 以文件图片为第一张幻灯片的背景。在“设置背景格式”对话框左侧窗格选择“填充”项，在右侧选中“图片或纹理填充”单击按钮，再单击“文件”按钮。弹出“插入”对话框，找到并选中要当作背景的图片(建议用户事先准备好图片)，单击“插入”按钮回到对话框，然后单击“关闭”按钮，效果如图 5-33 所示。若单击“全部应用”按钮，则演示文稿中的所有幻灯片都会以此图片为背景。
- 用“渐变色”作为第二张幻灯片的背景。渐变色也叫渐近色，在“设置背景格式”对话框右侧窗格选择“渐变填充”选项，然后在右侧单击“预设颜色”下拉按钮，在下拉列

图 5-33 图片背景效果

表中选择一种颜色，如"麦浪滚滚"。用户还可以在对话框中进一步设置颜色、亮度、透明度等。

- 使用"纹理"作为第三张幻灯片的背景。在"设置背景格式"对话框左侧窗格选择"填充"选项，然后在右侧单击"纹理"下拉按钮，在下拉列表中选择合适的纹理样式(如"花束")，最后单击"关闭"按钮。

5.3 放映幻灯片

放映幻灯片是制作幻灯片的最终目标，在幻灯片放映视图下才可以放映幻灯片。

5.3.1 幻灯片放映操作

1. 启动放映与结束放映

放映幻灯片的方法有以下几种。

(1) 单击"幻灯片放映"选项卡，选择"开始放映幻灯片"组中的"从头开始"命令按钮，即可从第一张幻灯片开始放映；单击"从当前幻灯片开始"命令按钮，可以从当前幻灯片开始放映。

(2) 单击窗口右下方的"幻灯片放映"按钮，从当前幻灯片开始放映。

(3) 按 F5 键，从第一张幻灯片开始放映。

(4) 按 Shift+F5 组合键，从当前幻灯片开始放映。

放映幻灯片时，幻灯片会占满整个计算机屏幕，在屏幕上右击，弹出的快捷菜单中有一系列命令可以实现幻灯片翻页、定位、结束放映等功能，单击屏幕左下方的 4 个透明按钮也能实现对应功能。为了不影响放映效果，建议演说者使用以下常用功能快捷键。

(1) 切换到下一张(触发下一对象)：单击，或者按↓键、→键、PageDown 键、Enter 键、Space 键之一，或者鼠标滚轮向后拨。

(2) 切换到上一张(回到上一步)：按↑键、←键、PageUp 键或 Backspace 键皆可，或者鼠标滚轮向前拨。

(3) 鼠标功能转换：按 Ctrl+P 组合键转换成"绘画笔"，此时可按住鼠标左键在屏幕上勾画做标记；按 Ctrl+A 组合键可还原成普通指针状态。

(4) 结束放映：按 Esc 键。

在默认状态下，放映演示文稿时幻灯片将按序号顺序播放，直到最后一张，然后计算机黑屏,退出放映状态。

2. **设置放映方式**

用户可以根据不同需要设置演示文稿的放映方式,单击"幻灯片放映"选项卡中的"设置放映方式"命令按钮,弹出对话框,如图 5-34 所示,可以设置放映类型、需要放映的幻灯片的范围等。其中,"放映选项"组中的"循环放映,按 Esc 键终止"适合于无人控制的展台、广告等幻灯片放映,能实现演示文稿反复循环播放,直到按 Esc 键终止的功能。

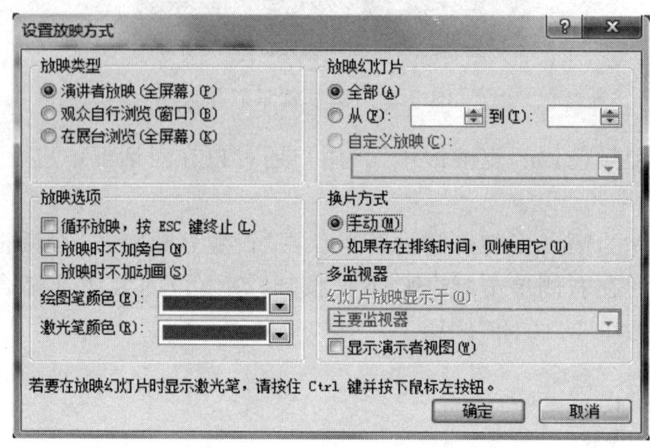

图 5-34 设置放映方式

PowerPoint 2010 有如下 3 种放映类型可供选择。

1) 演讲者放映

演讲者放映是默认的放映类型,是一种灵活的放映方式,以全屏幕的形式显示幻灯片。演说者可以控制整个放映过程,也可用"绘画笔"勾画,适用于演说者一边讲解一边放映(如会议、课堂等)的场合。

2) 观众自行浏览

该方式以窗口的形式显示幻灯片,观众可以利用菜单自行浏览、打印,适用于终端服务设备且同时被少数人使用的场合。

3) 在展台浏览

该方式以全屏幕的形式显示幻灯片。放映时,键盘和鼠标的功能失效,只保留鼠标指针最基本的指示功能,因而不能现场控制放映过程,需要预先将换片方式设为自动方式或者通过"幻灯片放映"选项卡中的"排练计时"命令按钮设置时间和次序。该方式适用于无人看守的展台。

3. **隐藏幻灯片**

如果希望某些幻灯片在放映时不显示,却又不想删除它,可以将它们"隐藏"起来。

隐藏幻灯片的方法是选中需要隐藏的幻灯片缩略图,右击,在快捷菜单中选择"隐藏幻灯片"命令;或者单击"幻灯片放映"功能区中的"隐藏幻灯片"命令按钮。

若要取消幻灯片的隐藏属性,按照上述操作步骤再做一次即可。

5.3.2 设置幻灯片的切换效果

幻灯片的切换效果是指放映演示文稿时从上一张幻灯片切换到下一张幻灯片的过渡效

果，为幻灯片间的切换加上动画效果会使放映更加生动自然。

下面通过实例说明设置幻灯片切换效果的步骤。

【例 5.7】 打开例 5.6 制作的演示文稿，为各幻灯片添加切换效果，各幻灯片每隔 5 秒自动切换。然后将文件更名为"大学 1.pptx"进行保存。

在添加幻灯片切换效果之前，建议先将演示文稿以默认的演讲者放映方式放映一次，以便体会添加切换效果之后的不同之处。

(1) 选中要设置切换效果的幻灯片。

(2) 切换到"切换"选项卡，功能区出现设置幻灯片切换效果的各项命令，如图 5-35 所示。

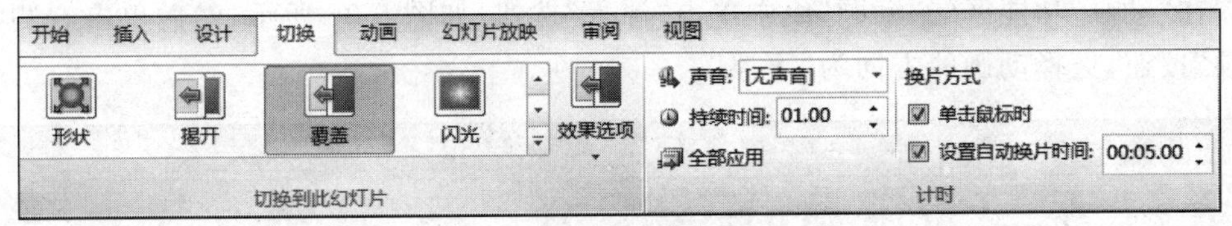

图 5-35　设置幻灯片切换效果命令按钮

(3) 选择切换动画。例如需要"覆盖"效果，可在"切换到此幻灯片"组中单击"覆盖"命令按钮，列表框右侧有向上、向下的三角按钮，单击它们可以看见更多效果选项。这里设置的切换效果只针对当前幻灯片。

(4) 在"计时"组中设置切换"持续时间""声音"等效果。持续时间会影响动画播放速度，在"声音"下拉列表中可以选择幻灯片切换时出现的声音。

(5) 在"计时"组中设置"换片方式"，默认为"单击鼠标时"，即单击鼠标时会切换到下一张幻灯片，这里按题目要求，勾选"设置自动换片时间"复选框，然后单击数字框的向上按钮，调整时间为 5 秒。

(6) 选择应用范围。单击"全部应用"按钮，使自动换片方式应用于演示文稿中的所有幻灯片；若不单击该按钮，则仅应用于当前幻灯片。

(7) 设置完毕后建议读者将演示文稿再放映一次，体会幻灯片的切换效果。

(8) 本例的演示文稿需要更名另外保存，选择"文件"→"另存为"命令，弹出"另存为"对话框，将文件名更改为"大学 1"，文件类型不变，单击"保存"按钮即可。

【提示】 *若要取消幻灯片的切换效果，选中该幻灯片，在"幻灯片切换方案"下拉列表中选择"无"选项即可。*

5.3.3　设置幻灯片中各对象的动画效果

一张幻灯片中可以包含文本、图片等多个对象，可以为它们添加动画效果，包括进入动画、退出动画、强调动画；还可以设置动画的动作路径，编排各对象动画的顺序。

设置动画效果一般在普通视图模式下进行，动画效果只有在幻灯片放映视图或阅读视图下有效。

1. 添加动画效果

如果要为对象设置动画效果，应先选择对象，然后在"动画"选项卡进行各种设置。可以设置的动画效果有如下几类。

- “进入”效果：设置对象以怎样的动画效果出现在屏幕上。
- “强调”效果：对象将在屏幕上展示一次设置的动画效果。
- “退出”效果：对象将以设置的动画效果退出屏幕。
- “动作路径”：放映时对象将按设置好的路径运动，路径可以采用系统提供的，也可以自己绘制。

【例 5.8】 打开例 5.7 制作的“大学 1. pptx”演示文稿，为各张幻灯片中的对象添加动画效果，设置第一张幻灯片的动画在单击鼠标时开始播放，第二张幻灯片的动画延时 1 秒自动播放，然后将文件另存为“大学 2. pptx”。

(1) 先为第一张幻灯片上的两个对象设置动画效果。单击选中艺术字对象“我的大学生活”，在“动画”功能区的“动画”组中单击“浮入”按钮，如图 5-36 所示，然后单击右侧的“效果选项”按钮，选择动画的方向为“下浮”。

图 5-36 “动画”组中的动画列表框

(2) 选中副标题，为它设置“强调”动画。单击动画列表框右侧的下拉按钮，可以展开更多动画效果选项，如图 5-37 所示，单击“强调”栏中的“跷跷板”按钮。

图 5-37 动画效果列表框

(3) 切换第二张幻灯片为当前幻灯片，为各对象设置“进入”动画。先选中标题，单击动的“擦除”按钮；再设置动画进入方式为延时 1 秒自动播放，如图 5-38 所示，在“计时”组的“开始”下拉列表中选择“上一动画之后”选项(如果不选择，默认为“单击时”，例如第一张幻灯片动画设置就是默认)，然后在“延迟”微调框中设置时间为一秒。

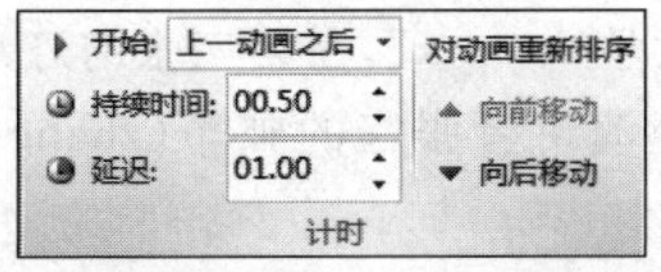

图 5-38　动画“计时”组

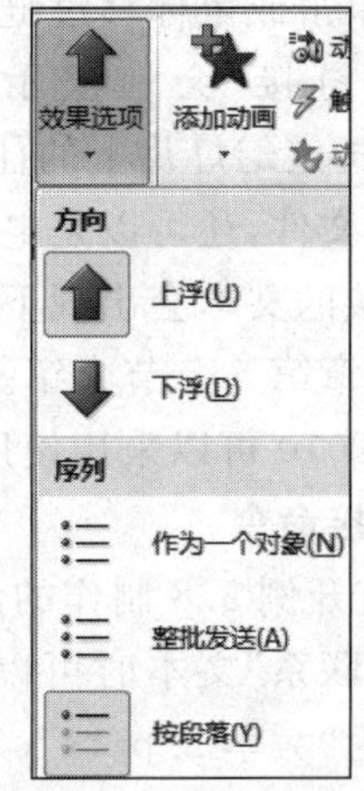

图 5-39　效果选项

(4) 选中幻灯片中的剪贴画，在“高级动画”中单击“添加动画”按钮，在下拉列表中选择“更多进入效果”选项，弹出的对话框中有更丰富的效果选项，这里选择“华丽型”→“玩具风车”。然后仿照步骤(3)的操作，将该剪贴画进入的动画也设置为延时1秒自动播放。

(5) 设置第二张幻灯片中正文文本的动画效果为“浮入”，延时1秒自动播放。方法与前述步骤类似，唯一特别的是，对于这种有多段文字的对象，可以单击“效果选项”按钮，在下拉列表中选择是以整个对象为单位，还是以一个段落为单位来演绎动画，如图5-39所示。

(6) 本例动画设置完毕后按F5键放映演示文稿，体验动画效果(第三张幻灯片没有设置对象的动画效果，请注意感受它与前两张幻灯片放映时的区别)，然后选择“文件”→“另存为”命令将文件按要求保存。

2. 编辑动画效果

如果对动画效果不满意，还可以重新编辑。

1) 调整动画的播放顺序

设有动画效果的对象前面具有动画顺序标志，如0、1、2、3这样的数字，表示该动画出现的顺序，选中某动画对象，单击“计时”组的“向前移动”或“向后移动”按钮，就可以改变动画播放顺序。

另一个方法是在“高级动画”组中单击“动画窗格”按钮，窗口右侧出现任务窗格，在其中进行相应设置，这种界面类似于PowerPoint 2003的设置方法。

2) 更改动画效果

选中动画对象，在“动画”组的列表框中另选一种动画效果即可。

【注意】 不要选成了“高级动画”组中的“添加动画”。

3) 删除动画效果

选中对象的动画顺序标志，按Delete键，或者在动画列表中选择“无”即可。

5.3.4 超链接的设置

应用超链接可以为两个位置不相邻的对象建立链接关系。超链接必须选定某一对象作为链接点，当该对象满足指定条件时触发超链接，从而引出作为链接目标的另一对象。触发条件一般为鼠标单击或鼠标移过链接点。

适当采用超链接,会使演示文稿的控制流程更具逻辑性,使其功能更加丰富。PowerPoint 可以选定幻灯片上的任意对象做链接点,链接目标可以是本文档中的某张幻灯片,也可以是其他文件,还可以是电子邮箱或者某个网页。

设置了超链接的文本会出现下画线标志,并且变成系统指定的颜色,可以通过一系列设置改变,方法在本章第 5.5 节介绍。

PowerPoint 2010 可以采用使用超链接命令和使用动作设置两种方法创建超链接。

1. 使用超链接命令

【例 5.9】 打开例 5.8 制作的演示文稿"大学 2. pptx",在第三张幻灯片上插入超链接,使得单击"请与我联系"文本时可以发送邮件至演讲者张三的邮箱(zhangsan@163. com),最后将文件另存为"大学 3. pptx"。

(1) 选中链接点。本例是将文字"请与我联系"作为链接点,选中文字后在"插入"选项卡的"链接"组中单击"超链接"命令按钮,如图 5-40 所示。

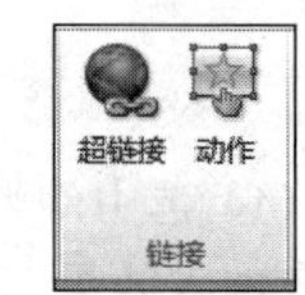

图 5-40 "链接"组

(2) 在弹出的"插入超链接"对话框中设置链接目标,如图 5-41 所示。如果要链接到某个文件或网页,则选择"现有文件或网页"选项,然后导航至所需要的文件或者在"地址"文本框中直接输入 URL 地址;如果要链接到本文档中的某张幻灯片,则选择"本文档中的位置"选项,然后在列表框中选择希望链接到的幻灯片;若要链接到某个新文件,则选择"新建文档"选项;本例要求链接到邮箱,单击左下角的"电子邮件地址"选项。

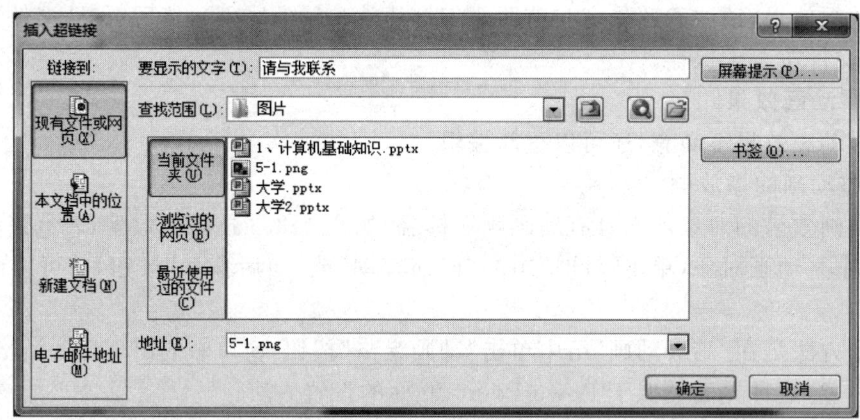

图 5-41 选择链接目标

(3) 设置链接的细节。如图 5-42 所示,输入电子邮件地址 zhangsan@163. com(系统将自动在前面加"mailto:",请勿删除);输入邮件的主题,如"交个朋友吧!"。单击"屏幕提示"按钮,可以在对话框中输入提示文本,放映时,当鼠标指针移动到链接点上时将出现这些提示文本。

(4) 设置完成后单击"确定"按钮关闭对话框,可以看到文本"请与我联系"下方出现了下画线。

(5) 选择"文件"→"另存为"命令,按要求更名为"大学 3"保存。

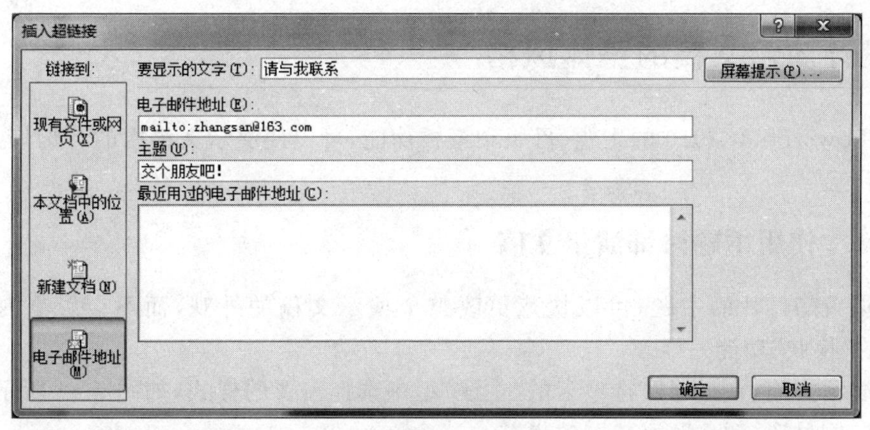

图 5-42 链接到邮箱

超链接在演示文稿放映时才会生效。按 Shift＋F5 组合键放映当前幻灯片，可以看到鼠标指针移至链接点文本“请与我联系”上时，指针形状变为“手”状，这是超链接的标志，单击即可触发链接目标，系统会自动启动收发邮件的软件 Microsoft Outlook。

2．使用“动作设置”对话框

【例 5.10】 在例 5.9 的基础上为第三张幻灯片上的艺术字“谢谢大家”添加一个动作，使得鼠标指针移过它时发出“掌声”。

(1) 选中艺术字“谢谢大家”，选择“插入”→“动作”命令。

(2) 弹出“动作设置”对话框，如图 5-43 所示，切换到“鼠标移过”选项卡，勾选“播放声音”复选框，在下拉列表中，选择“鼓掌”选项，单击“确定”按钮。可以发现“谢谢大家”文字下面出现了下画线，这是超链接的标志。

图 5-43 添加动作按钮

(3) 放映幻灯片体验效果，然后保存演示文稿。

5.4 设计演示文稿的整体风格

使用 PowerPoint 2010 的主题、母版和模板功能，可以使演示文稿内的各幻灯片格调一致、独具特色。

5.4.1 使用主题修饰演示文稿

通过设置幻灯片的主题，可以快速更改整个演示文稿的外观，而不会影响内容，就像 QQ 空间的“换肤”功能一样。

打开演示文稿，在“设计”选项卡的“主题”组中选择需要的样式，如图 5-44 所示，还可以在列表框右侧另选“颜色”“字体”“效果”。

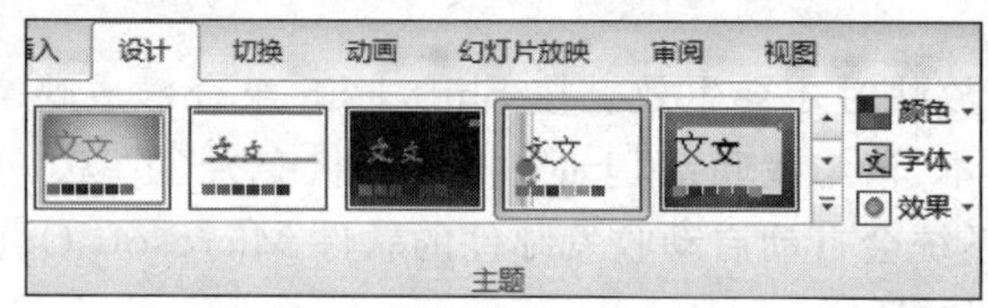

图 5-44 为幻灯片选择“主题”

在幻灯片中设置了超链接的文本下方会出现下画线，并且颜色会变成指定颜色。如果想更改超链接的颜色怎么办呢？这就需要重新编辑幻灯片的配色方案、更改主题颜色。方法如下。

(1) 单击“设计”选项卡的“主题”组中的“颜色”按钮，出现下拉列表，如图 5-45 所示，在列表中选择一种喜欢的配色方案。

(2) 如果对系统提供的方案不满意，用户可以自己配置，单击“新建主题颜色”选项，弹出对话框，如图 5-46 所示。

(3) 单击“超链接”项右边的三角按钮，在弹出的颜色列表中选择需要的颜色。

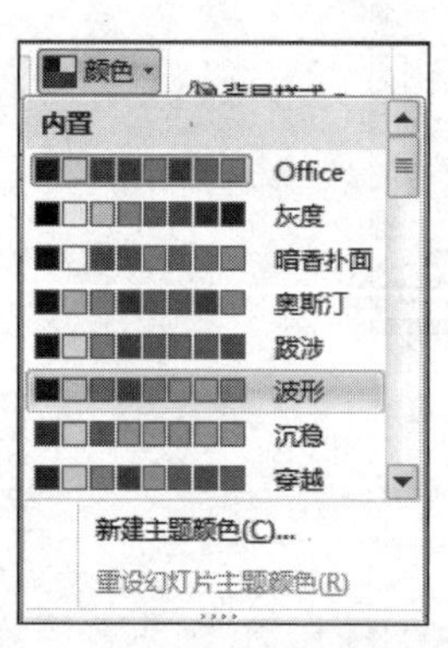

图 5-45 选择主题颜色

图 5-46 配置主题颜色

5.4.2 设计、使用幻灯片母版

母版用于设置演示文稿中幻灯片的默认格式，包括每张幻灯片的标题、正文的字体格式和位置、项目符号的样式、背景设计等。母版有“幻灯片母版”“讲义母版”“备注母版”，本书只介绍常用的“幻灯片母版”。单击“视图”选项卡的“母版版式”组中的“幻灯片母版”命令按钮，就可以进入幻灯片母版编辑环境，如图 5-47 所示，母版视图不会显示幻灯片的具体内容，只显示版式及占位符。

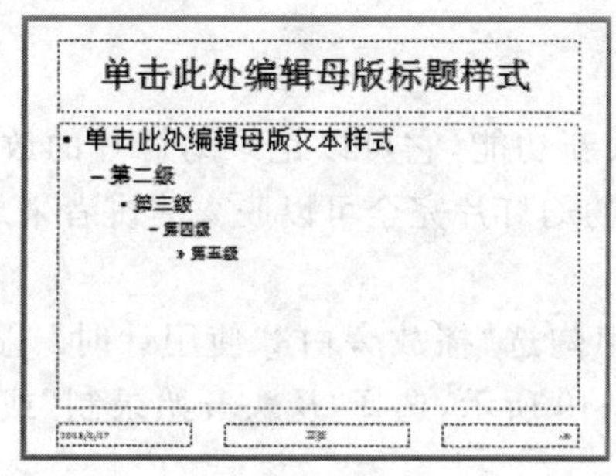

图 5-47　幻灯片母版

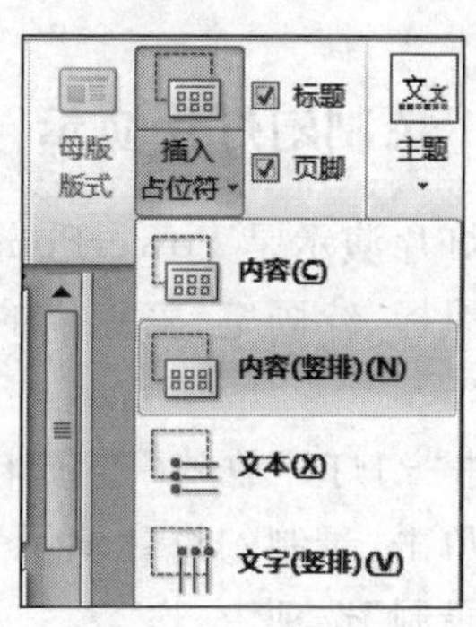

图 5-48　插入占位符

幻灯片母版的常用功能如下。

(1) 预设各级项目符号和字体：按照母版上的提示文本单击标题或正文各级项目所在位置，可以配置字体格式和项目符号，设置的格式将成为本演示文稿每张幻灯片上文本的默认格式。

【注意】 占位符标题和文本只用于设置样式，内容则需要在普通视图下另行输入。

(2) 调整或插入占位符：单击占位符边框，鼠标移到边框线上变成“＋”字形状时按住左键拖动可以改变占位符的位置；单击“视图”选项卡的“母版版式”组中的“插入占位符”命令，如图 5-48 所示，在下拉列表中选择需要的占位符样式(此时鼠标变成细“十”字形)，然后拖动鼠标在母版幻灯片上绘制占位符。

(3) 插入标志性图案或文字(例如插入某公司的 logo)：在母版上插入的对象(如图片、文本框)将会在每张幻灯片上的相同位置显示出来。在普通视图下，这些插入的对象不能删除、移动、修改。

(4) 设置背景：设置的母版背景会在每张幻灯片上生效。设置的方法和普通视图下设置幻灯片背景的方法相同。

(5) 设置页脚、日期、幻灯片编号：幻灯片母版下面有 3 个区域，分别是日期区、页脚区、数字区，单击它们可以设置对应项的格式，也可以拖动它们改变位置。

要退出母版编辑状态，可以单击“视图”选项卡的“关闭母版视图”按钮。

5.4.3 创建自己的模板

除了应用系统提供的模板，用户还可以自己创建模板文件。

创建模板最快捷的方法是将已有模板按实际需要改动，然后选择“文件”→“另存为”命令，将文件以“PowerPoint 模板”类型保存。PowerPoint 模板文件的扩展名是“. potx”，模板

的默认保存位置是工作文件夹下的 Templates 文件夹。

需要使用自己的模板时,选择"文件"→"新建"命令,在弹出的面板中选择"我的模板"项,在弹出的对话框中选择需要的模板文件即可。

目前网络上有很多免费提供的精美的 PowerPoint 模板资源,用户也可以下载后存放于电脑上,方便以后创建演示文稿时使用。

5.5 PowerPoint 的其他操作

5.5.1 录制幻灯片演示

录制幻灯片演示是 PowerPoint2010 的一项新功能,它可以记录幻灯片的放映效果,包括用户使用鼠标、绘画笔、麦克风的痕迹。录好的幻灯片完全可以脱离演讲者来放映。方法如下:

(1) 单击"幻灯片放映"选项卡,在"设置"组勾选"播放旁白""使用计时""显示媒体控件"选项,再单击"录制幻灯片演示"命令,如图 5-49 所示,选择"从头开始录制"或者"从当前幻灯片开始录制"选项。

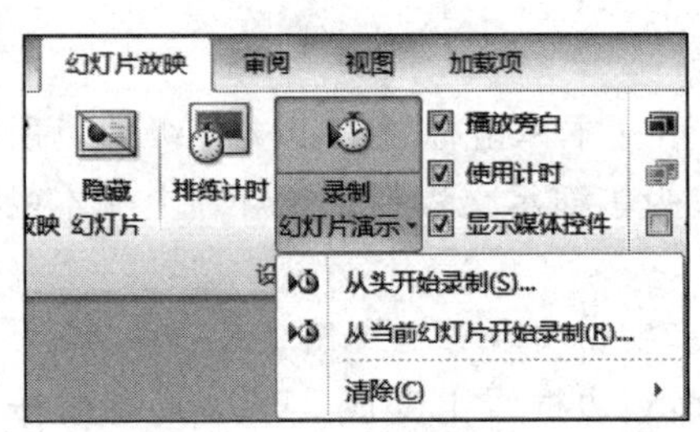

图 5-49 创建讲义

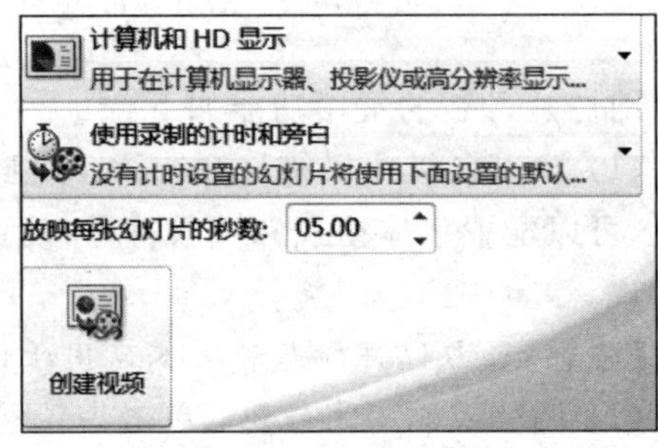

图 5-50 选择讲义的版式

(2) 在弹出的"录制幻灯片演示"对话框中点击"开始录制"按钮。

(3) 幻灯片进入放映状态,开始录制。注意,如果要录制旁白,需要提前准备好麦克风。

(4) 如果对录制效果不满意,可以单击"录制幻灯片演示"按钮,选择"清除"计时或旁白,重新录制。

(5) 保存为视频文件,单击"文件"→"保存并发送"→"创建视频"选项,在右侧面板中设置视频参数(视频的分辨率、是否使用录制时的旁白),单击"创建视频"按钮,如图 5-50 所示。最后,在弹出的"保存"对话框中选择视频的存放路径。

5.5.2 将演示文稿创建为讲义

演示文稿可以被创建为讲义,保存为 Word 文档格式。创建方法如下:

(1) 选择"文件"→"保存并发送"命令,在"文件类型"栏中选择"创建讲义"选项,如图 5-51 所示。

(2) 单击右侧的"创建讲义"命令按钮。

(3) 弹出图 5-52 所示的对话框,选择创建讲义的版式,单击"确定"按钮。

图 5-51　创建讲义

(4) 系统自动打开 Word 程序,并将演示文稿内容转换至其中,用户可以直接保存该 Word 文档或者再做适当编辑。

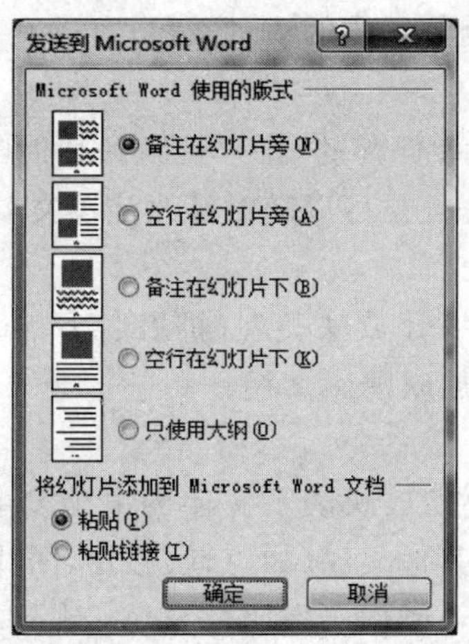

图 5-52　选择讲义的版式

从图 5-51 所示的选项面板中可以看出,PowerPoint2010 还提供了多种共享演示文稿的方式,如“广播幻灯片”“创建 PDF/XPS 文档”等。

5.5.3　打印演示文稿

将演示文稿打印出来,不仅方便演讲者,也可以发给听众以供交流。

选择“文件”→“打印”命令,如图 5-53 所示,在选项面板中设置好打印信息,例如打印份数、打印机、要打印的幻灯片范围以及每页纸打印的幻灯片张数等。

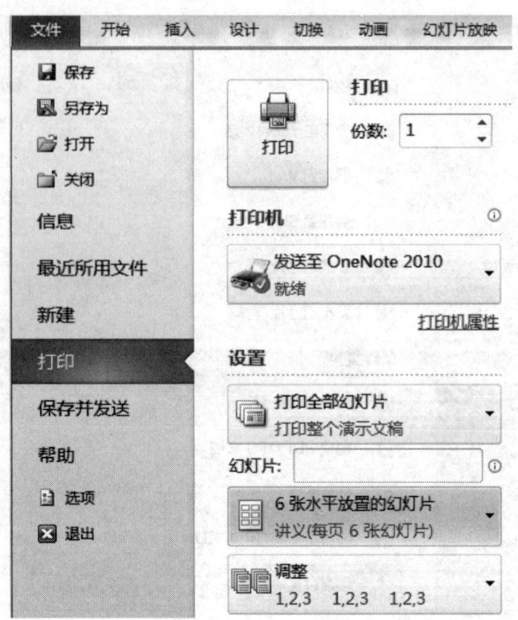

图 5-53 打印演示文稿

5.5.4 将演示文稿打包

如果要在其他电脑上放映制作完成的演示文稿,可以有 3 种途径。

1. PPTX 形式

通常演示文稿是以.pptx 类型保存的,将它复制到其他电脑上,双击打开后即可人为控制进入放映视图。这种方式的好处是可以随时修改演示文稿。

2. PPSX 形式

将演示文稿另存为 PowerPoint 放映类型(扩展名为.ppsx),再将该 PPSX 文件复制到其他电脑上,双击该文件可立即放映演示文稿。

3. 打包成 CD 或文件夹

PPTX 形式和 PPSX 形式要求放映演示文稿的电脑安装 Microsoft Office PowerPoint 软件,如果演示文稿中包含指向其他文件(如声音、影片、图片)的链接,还应该将这些资源文件同时复制到电脑的对应目录下,操作起来比较麻烦。在这种情况下建议将演示文稿"打包成 CD"。

"打包成 CD"功能能更有效地发布演示文稿,可以直接将放映演示文稿所需要的全部资源打包,刻录成 CD 或者打包到文件夹。

【例 5.11】 将例 5.10 制作完成的名为"大学 3"的演示文稿打包到文件夹。

(1) 打开演示文稿,选择"文件"→"保存并发送"命令。

(2) 在右侧窗格选择"将演示文稿打包成 CD"选项,再单击右侧的"打包成 CD"命令按钮。

(3) 弹出图 5-54 所示的对话框,可以更改 CD 的名字,如果还要将其他演示文稿包含进来,可单击"添加"按钮,本例不用这一步。

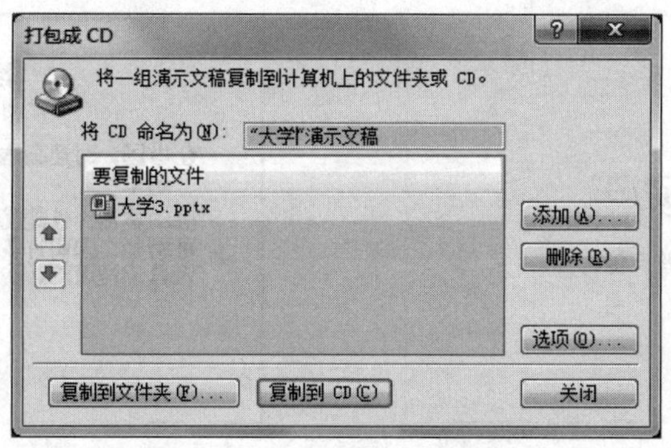

图 5-54 “打包成 CD”对话框

(4) 单击“复制到文件夹”按钮，弹出如图 5-55 所示的对话框。如果需要将演示文稿打包到 CD，则单击“复制到 CD”按钮。

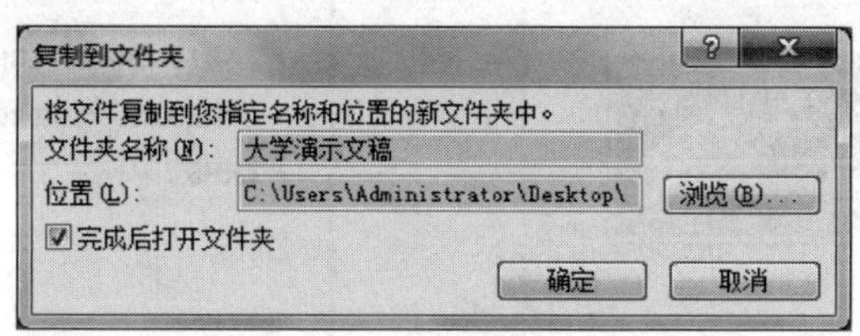

图 5-55 “复制到文件夹”对话框

(5) 单击“浏览”按钮，选择文件夹的保存位置。

(6) 单击“确定”按钮关闭对话框，完成操作。

打包的文件夹中包含放映演示文稿的所有资源，包括演示文稿、链接文件和 PowerPoint 播放器等，在保存位置找到它，将该文件夹复制到其他电脑上，即使其他电脑没有安装 PowerPoint 软件也仍然可以正常放映。

习题

1. 按下列要求创建演示文稿，并以“CRH. pptx”保存。所需文字和图片素材文件均保存在“第 5 章素材库\习题 5\习题 5.1”文件夹下。

(1) 创建含有 4 张幻灯片的演示文稿。

版式和内容如下：

第 1 张幻灯片：版式为“标题幻灯片”；主标题为“国产动车”；副标题为“——科普宣传”，如图 P5-1-1 所示。

第 2 张幻灯片：版式为“标题和内容”；标题和正文内容参考图 P5-1-2。

第 3 张幻灯片：版式为“内容与标题”；标题和正文内容参考图 P5-1-3，在右侧插入一幅来自文件的图片。

第 4 张幻灯片：版式为“标题和内容”；标题和正文内容参考图 P5-1-4，在右下方插入一幅剪贴画。

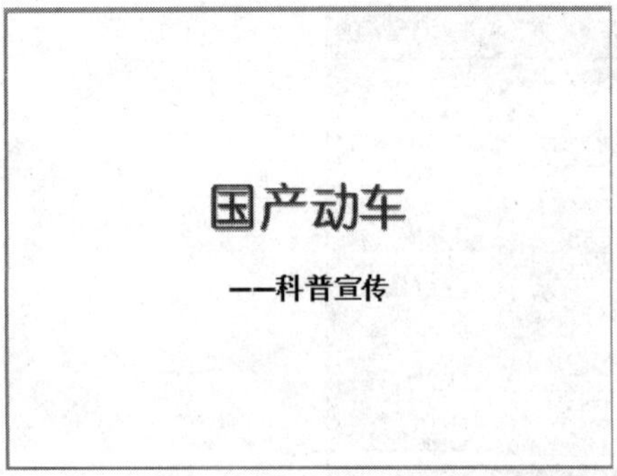

国产动车

——科普宣传

图 P5-1-1　第 1 张幻灯片

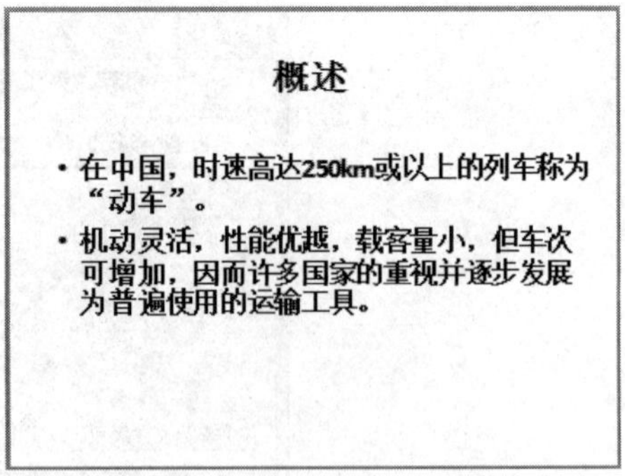

概述

- 在中国，时速高达250km或以上的列车称为“动车”。
- 机动灵活，性能优越，载容量小，但车次可增加，因而许多国家的重视并逐步发展为普遍使用的运输工具。

图 P5-1-2　第 2 张幻灯片

和谐号动车组

时速300公里“和谐号”动车组，是在引进消化吸收国外时速200公里动车组技术平台的基础上，由中国自主研发制造，是目前世界上运营速度最高的动车组列车之一，其国产化率超过70%。

图 P5-1-3　第 3 张幻灯片

中国的动车型号

- CRH1、CRH2、CRH3、CRH5
- CRH380A、CRH380B、CEH380C、CRH380D
- CRH6

图 P5-1-4　第 4 张幻灯片

(2) 使用“视点”主题修饰演示文稿，所有幻灯片采用“推进”切换效果，效果选项为“自右侧”。

(3) 字体、段落格式的设置，具体如下。

第 1 张幻灯片：主标题文字为加粗、加阴影的 72 磅、幼圆、深红色字体，副标题文字加粗、黑色、32 磅、仿宋。

第 2 张幻灯片：所有文字内容加粗，正文各段的段前间距 18 磅，1.5 倍行距。

第 3 张幻灯片：标题文字 36 磅，红色(用自定义选项卡的红色 255、绿色 45、蓝色 45)，正文文字为楷体 26 磅，并加“点虚线”下画线。

第 4 张幻灯片：所有文字内容加粗，正文各段的段前间距为 20 磅。

(4) 背景设置：第 3 张幻灯片的背景设置为“蓝色面巾纸”纹理，并隐藏主题的背景图形。

(5) 版式：更改第 2 张幻灯片的版式为“垂直排列标题与文本”。

(6) 动画设置，具体如下。

第 1 张幻灯片：主标题动画为“飞入”“自左侧”，持续时间 1.5 秒；副标题动画为“形状”，效果选项为“加号”“放大”，自上一动画后延时 0.5 秒自动播放；动画顺序是先主标题后副标题。

第 2 张幻灯片：正文动画为“百叶窗”，效果为“垂直”“按段落”。

(7) 超链接：为第 4 张幻灯片上的文字“CRH2”设置超链接，使得单击它可以链接到第

3 张幻灯片。

(8) 为第 4 张幻灯片上的剪贴画指定位置：水平 15.1 厘米，度量依据为左上角，垂直 10.2 厘米，度量依据为左上角。

(9) 设置幻灯片的放映类型为“观众自行浏览”。

2. 进入“第 5 章素材库\习题 5\习题 5.2”文件夹，并按照题目要求完成下面的操作。

为进一步提升北京旅游行业整体队伍素质，打造高水平、懂业务的旅游景区建设与管理队伍，北京旅游局将为工作人员进行一次业务培训，主要围绕“北京主要景点”进行介绍，包括文字、图片、音频等内容。请根据习题 5.2 文件夹下的素材文档“北京主要景点介绍—文字.docx”帮助主管人员完成制作任务，具体要求如下。

(1) 新建一份演示文稿，并以“北京主要旅游景点介绍.pptx”为文件名保存到习题 5.2 文件夹下。

(2) 第一张标题幻灯片中的标题设置为“北京主要旅游景点介绍”，副标题为“历史与现代的完美结合”。

(3) 在第一张幻灯片中插入歌曲“北京欢迎你.mp3”，设置为自动播放，并设置声音图标在放映时隐藏。歌曲素材已存放于习题 5.2 文件夹下。

(4) 第二张幻灯片的版式为“标题和内容”，标题为“北京主要景点”，在文本区域中以项目符号列表方式依次添加内容天安门、故宫博物院、八达岭长城、颐和园、鸟巢。

(5) 自第三张幻灯片开始按照天安门、故宫博物院、八达岭长城、颐和园、鸟巢的顺序依次介绍北京各主要景点，相应的文字素材“北京主要景点介绍—文字.docx”以及图片文件均存放于习题 5.2 文件夹下，要求每个景点介绍占用一张幻灯片。

(6) 最后一张幻灯片的版式设置为“空白”，并插入艺术字“谢谢”。

(7) 将第二张幻灯片列表中的内容分别超链接到后面对应的幻灯片，并添加返回到第二张幻灯片的动作按钮。

(8) 为演示文稿选择一种设计主题，要求字体和整体布局合理、色调统一，为每张幻灯片设置不同的幻灯片切换效果以及文字和图片的动画效果。

(9) 除标题幻灯片外，其他幻灯片的页脚均包含幻灯片编号、日期和时间。

(10) 设置演示文稿放映方式为“循环放映，按 Esc 键终止”，换片方式为“手动”。

第6章 计算机网络概述与网络安全

6.1 计算机网络概述

当计算机出现在企业内，软件程序几乎都是为单机用户而设计的。由于技术还不能足以将计算机联系起来，所以没有明显的优点；随着技术的不断发展以及用户对设备功能的需求的变化，不少组织和个人认识到将计算机连接起来的重要性。计算机之间信息的传递变得重要，也随之成为计算机行业的焦点。

6.1.1 计算机网络的发展

在过去的三百年中，每个世纪都有一种技术占据主要的地位。18 世纪伴随着工业革命而来的是伟大的机械时代；19 世纪是蒸汽机时代；20 世纪的关键技术是信息的获取、存储、传送、处理和利用；而在 21 世纪的今天，人们则进入了一个网络信息时代，使我们周围的信息更加高速地传递着。

计算机是 20 世纪人类最伟大的发明之一，它的产生标志着人类开始迈进一个崭新的信息社会，新的信息产业正以强劲的势头迅速崛起。为了提高信息社会的生产力，提供一种全社会的、经济的、快速的存取信息的手段是十分必要的，因而，计算机网络这种手段也应运而生，并且在我们以后的学习生活中，它都起着举足轻重的作用，其发展趋势更是可观。随着需求的不断变化，计算机网络的发展演变历史可概括地分成四个阶段。

第一阶段　诞生阶段(计算机终端网络)

20 世纪 60 年代中期之前的第一代计算机网络是以单个计算机为中心的远程联机系统。典型应用是由一台计算机和全美范围内 2000 多个终端组成的飞机订票系统。终端是一台计算机的外部设备包括显示器和键盘，无 CPU 和内存。随着远程终端的增多，在主机前增加了前端机(FEP)。当时，人们把计算机网络定义为“以传输信息为目的而连接起来，实现远程信息处理或进一步达到资源共享的系统”，但这样的通信系统已具备网络的雏形。

早期的计算机为了提高资源利用率，采用批处理的工作方式。为适应终端与计算机的连接，出现了多重线路控制器。

第二阶段　形成阶段（计算机通信网络）

20 世纪 60 年代中期至 70 年代的第二代计算机网络是由多个主机通过通信线路互联起来的，为用户提供服务，兴起于 60 年代后期，典型代表是美国国防部高级研究计划局协助开发的 ARPANET。主机之间不是直接用线路相连，而是由接口报文处理机（IMP）转接后互联的。IMP 和它们之间互联的通信线路一起负责主机间的通信任务，构成了通信子网。通信子网互联的主机负责运行程序，提供资源共享，组成资源子网。这个时期，网络概念为"以能够相互共享资源为目的，互联起来的具有独立功能的计算机之集合体"，形成了计算机网络的基本概念。ARPA 网是以通信子网为中心的典型代表。在 ARPA 网中，负责通信控制处理的 CCP 称为接口报文处理机 IMP（或称节点机），以存储转发方式传送分组的通信子网称为分组交换网。

第三阶段　互联互通阶段（开放式的标准化计算机网络）

20 世纪 70 年代末至 90 年代的第三代计算机网络是具有统一的网络体系结构并遵守国际标准的开放式和标准化的网络。ARPANET 兴起后，计算机网络发展迅猛，各大计算机公司相继推出自己的网络体系结构及实现这些结构的软硬件产品。由于没有统一的标准，不同厂商的产品之间互联很困难，人们迫切需要一种开放性的标准化实用网络环境，在这种情况下应运而生了两种国际通用的最重要的体系结构，即 TCP/IP 体系结构和国际标准化组织的 OSI 体系结构。

第四阶段　高速网络技术阶段（新一代计算机网络）

20 世纪 90 年代至今的第四代计算机网络，由于局域网技术发展成熟，出现光纤及高速网络技术、多媒体网络、智能网络，整个网络就像一个对用户透明的大的计算机系统，发展为以 Internet 为代表的互联网。而其中 Internet（因特网）的发展也分三个阶段。

1. 从单一的 APRANET 发展为互联网

1969 年，创建的第一个分组交换网 ARPANET 只是一个单个的分组交换网（不是互联网）。20 世纪 70 年代中期，ARPA 开始研究多种网络互连的技术，这导致互联网的出现。1983 年，ARPANET 分解成两个：一个是实验研究用的科研网 ARPANET（人们常把 1983 年作为因特网的诞生之日），另一个是军用的 MILNET。1990 年，ARPANET 正式宣布关闭，实验完成。

2. 建成三级结构的因特网

1986 年，NSF 建立了国家科学基金网 NSFNET。它是一个三级计算机网络，分为主干网、地区网和校园网。1991 年，美国政府决定将因特网的主干网转交给私人公司来经营，并开始对接入因特网的单位收费。1993 年因特网主干网的速率提高到 45Mb/s。

3. 建立多层次 ISP 结构的因特网

从 1993 年开始，由美国政府资助的 NSFNET 逐渐被若干个商用的因特网主干网（即服务提供者网络）所替代。用户通过因特网提供者 ISP 上网。1994 年开始创建了 4 个网络接入点 NAP（Network Access Point），分别由 4 个电信公司支持。1994 年起，因特网逐渐演变成多层次 ISP 结构的网络。1996 年，主干网速率为 155MB/s（OC-3）。1998 年，主干网速率为 2.5GB/s（OC-48）。

我国计算机网络起步于20世纪80年代。1980年进行联网试验，并组建各单位的局域网。1989年11月，第一个公用分组交换网建成运行。1993年建成新公用分组交换网CHINANET。80年代后期，相继建成各行业的专用广域网。1994年4月，我国用专线接入因特网(64kb/s)。1994年5月，设立第一个WWW服务器。1994年9月，中国公用计算机互联网启动。目前已建成9个全国性公用性计算机网络(2个在建)。2004年2月，建成我国下一代互联网CNGI主干试验网CERNET2开通并提供服务(2.5～10Gb/s)。

6.1.2 计算机网络的定义和局域网的分类

1. 计算机网络的定义

1) 概念

计算机网络是将分布在不同一地理位置、具有独立功能的多台计算机及其外部设备，用通信设备和通信线路连接起来，在网络操作系统和网络通信协议管理软件的管理协调下，实现资源共享、信息传递的系统。

计算机网络也可以简单地定义为一个互连的、自主的计算机集合。所谓互连是指相互连接在一起，所谓自主是指网络中的每台计算机都是相对独立的，可以独立工作。

2) 由定义可知：

(1) 计算机网络是“通信技术”与“计算机技术”的结合产物。

(2) 数据交换是基础，资源共享为目的。

3) 网络资源

所谓的网络资源包括硬件资源(如大容量磁盘、打印机等)、软件资源(如工具软件、应用软件等)和数据资源(如数据库文件和数据库等)。

用于计算机网络分类的标准很多，如拓扑结构、应用协议等。但是这些标准只能反映网络某方面的特征，最能反映网络技术本质特征的分类标准是分布距离，按分布距离分为LAN、MAN、WAN、INTERNET。

(1) 局域网

局域网分布距离一般在十千米以内，它是经过微机大量推广后发展起来的小型机，配置容易，速率为4Mbps～2Gbps，主要位于一个建筑物或一个单位内，不存在寻径问题，不包括网络层。

(2) 城域网

城域网分布距离一般在十千米至一百千米，对一个城市的LAN互联，采用IEEE802.6标准，速率为50kbps～100kbps，主要运用在城市中。

(3) 广域网

广域网也称为远程网，分布距离一般在几百千米至几千千米。发展较早，租用专线，通过IMP和线路连接起来，构成网状结构，解决循径问题，速率为9.6kbps～45Mbps，如邮电部的CHINANET、CHINAPAC和CHINADDN网。

(4) 互联网

互联网并不是一种具体的网络技术，它是将不同的物理网络技术按某种协议统一起来的一种高层技术。

2. 局域网的分类

虽然目前我们所能看到的局域网主要是以双绞线为代表传输介质的以太网，但那只不过是因为我们所看到的基本上是企、事业单位的局域网。在网络发展的早期或在其他各行各业中,因其行业特点所采用的局域网不一定都是以太网,目前在局域网中常见的有以太网(Ethernet)、令牌网(Token Ring)、FDDI网、异步传输模式网(ATM)等几类,下面分别做一些简要介绍。

1) 以太网(Ethernet)

以太网最早是由Xerox(施乐)公司创建的,在1980年由DEC、Intel和Xerox三家公司联合开发为一个标准。以太网是应用最为广泛的局域网,包括标准以太网(10Mbps)、快速以太网(100Mbps)、千兆以太网(1000Mbps)和10Gb以太网,它们都符合IEEE802.3系列标准规范。

(1) 标准以太网。

最开始以太网只有10Mbps的吞吐量,它所使用的是CSMA/CD(带有冲突检测的载波侦听多路访问)的访问控制方法,通常把这种最早期的10Mbps以太网称之为标准以太网。以太网主要有两种传输介质,那就是双绞线和同轴电缆。所有的以太网都遵循IEEE 802.3标准,下面列出是IEEE 802.3的一些以太网络标准,在这些标准中前面的数字表示传输速度,单位是“Mbps”,最后的一个数字表示单段网线长度(基准单位是100m),Base表示“基带”,Broad代表“带宽”。

- 10Base-5:使用粗同轴电缆,最大网段长度为500m,基带传输方法。
- 10Base-2:使用细同轴电缆,最大网段长度为185m,基带传输方法。
- 10Base-T:使用双绞线电缆,最大网段长度为100m。
- 1Base-5:使用双绞线电缆,最大网段长度为500m,传输速度为1Mbps。
- 10Broad-36:使用同轴电缆(RG-59/U CATV),最大网段长度为3600m,是一种宽带传输方式。
- 10Base-F:使用光纤传输介质,传输速率为10Mbps。

(2) 快速以太网(Fast Ethernet)。

随着网络的发展,传统标准的以太网技术已难以满足日益增长的网络数据流量速度需求。在1993年10月以前,对于要求10Mbps以上数据流量的LAN应用,只有光纤分布式数据接口(FDDI)可供选择,但它是一种价格非常昂贵的、基于100Mpbs光缆的LAN。1993年10月,Grand Junction公司推出了世界上第一台快速以太网集线器FastSwitch10/100和网络接口卡FastNIC100,快速以太网技术正式得以应用。随后Intel、SynOptics、3COM、BayNetworks等公司亦相继推出自己的快速以太网装置。与此同时,IEEE802工程组亦对100Mbps以太网的各种标准,如100BASE-TX、100BASE-T4、MII、中继器、全双工等标准进行了研究。1995年3月IEEE宣布了IEEE802.3u 100BASE-T快速以太网标准(Fast Ethernet),就这样开始了快速以太网的时代。

快速以太网与原来在100Mbps带宽下工作的FDDI相比具有许多的优点,最主要体现在快速以太网技术可以有效地保障用户在布线基础实施上的投资,它支持3、4、5类双绞线以及光纤的连接,能有效地利用现有的设施。

快速以太网的不足其实也是以太网技术的不足,那就是快速以太网仍然基于载波侦听多路访问和冲突检测(CSMA/CD)技术,当网络负载较重时,会造成效率的降低,当然这可以使用交换技术来弥补。

100Mbps快速以太网标准又分为100BASE-TX 、100BASE-FX、100BASE-T4三个子类。

100BASE-TX：是一种使用5类数据级无屏蔽双绞线或屏蔽双绞线的快速以太网技术。它使用两对双绞线，一对用于发送，一对用于接收数据。在传输中使用4B/5B编码方式，信号频率为125MHz。符合EIA586的5类布线标准和IBM的SPT 1类布线标准。使用与10BASE-T相同的RJ-45连接器。它的最大网段长度为100m。它支持全双工的数据传输。

100BASE-FX：是一种使用光缆的快速以太网技术，可使用单模和多模光纤(62.5和125um)连接的最大距离为550m。单模光纤连接的最大距离为3000m。在传输中使用4B/5B编码方式，信号频率为125MHz。它使用MIC/FDDI连接器、ST连接器或SC连接器。它的最大网段长度为150m、412m、2000m或更长至10千米，这与所使用的光纤类型和工作模式有关，它支持全双工的数据传输。100BASE-FX特别适合于有电气干扰的环境、较大距离连接或高保密环境等情况。

100BASE-T4：是一种可使用3、4、5类无屏蔽双绞线或屏蔽双绞线的快速以太网技术。它使用4对双绞线，3对用于传送数据，1对用于检测冲突信号。在传输中使用8B/6T编码方式，信号频率为25MHz，符合EIA586结构化布线标准。它使用与10BASE-T相同的RJ-45连接器，最大网段长度为100米。

(3) 千兆以太网(GB Ethernet)。

随着以太网技术的深入应用和发展，企业用户对网络连接速度的要求越来越高，1995年11月，IEEE802.3工作组委任了一个高速研究组(HigherSpeedStudy Group)，研究将快速以太网速度增至更高。该研究组研究了将快速以太网速度增至1000Mbps的可行性和方法。1996年6月，IEEE标准委员会批准了千兆位以太网方案授权申请(Gigabit Ethernet Project Authorization Request)。随后IEEE802.3工作组成立了802.3z工作委员会。IEEE802.3z委员会的目的是建立千兆位以太网标准，包括在1000Mbps通信速率的情况下的全双工和半双工操作、802.3以太网帧格式、载波侦听多路访问和冲突检测(CSMA/CD)技术、在一个冲突域中支持一个中继器(Repeater)、10BASE-T和100BASE-T向下兼容技术，千兆位以太网具有以太网的易移植、易管理特性。千兆以太网在处理新应用和新数据类型方面具有灵活性，它是在赢得了巨大成功的10Mbps和100Mbps IEEE802.3以太网标准的基础上的延伸，提供了1000Mbps的数据带宽。这使得千兆位以太网成为高速、宽带网络应用的战略性选择。

1000Mbps千兆以太网目前主要有以下3种技术版本：1000BASE-SX、-LX和-CX版本。1000BASE-SX系列采用低成本短波的CD(Compact Disc，光盘激光器)或者VCSEL(Vertical Cavity Surface Emitting Laser，垂直腔体表面发光激光器)发送器；而1000BASE-LX系列则使用相对昂贵的长波激光器；1000BASE-CX系列则打算在配线间使用短跳线电缆把高性能服务器和高速外围设备连接起来。

(4) 10G以太网。

现在10Gbps的以太网标准已经由IEEE 802.3工作组于2000年正式制定，10Gb以太网仍使用与以往10Mbps和100Mbps以太网相同的形式，它允许直接升级到高速网络。同样使用IEEE 802.3标准的帧格式、全双工业务和流量控制方式。在半双工方式下，10Gb

以太网使用基本的CSMA/CD访问方式来解决共享介质的冲突问题。此外，10Gb以太网使用由IEEE 802.3小组定义的和以太网相同的管理对象。总之，10Gb以太网仍然是以太网，只不过更快。但由于10Gb以太网技术的复杂性及原来传输介质的兼容性问题（目前只能在光纤上传输，与原来企业常用的双绞线不兼容了），以及造价太高（一般为29万美元），所以这类以太网技术目前还处于研发的初级阶段，还没有得到实质应用。

2）令牌环网

令牌环网是IBM公司于20世纪70年代发展的，现在这种网络比较少见。在老式的令牌环网中，数据传输速度为4Mbps或16Mbps，新型的快速令牌环网速度可达100Mbps。令牌环网的传输方法在物理上采用了星形拓扑结构，但逻辑上仍是环形拓扑结构。节点间采用多站访问部件（Multistation Access Unit，MAU）连接在一起。MAU是一种专业化集线器，它是用来围绕工作站计算机的环路进行传输的。由于数据包看起来像在环中传输，所以在工作站和MAU中没有终结器。

在这种网络中，有一种专门的帧称为“令牌”，在环路上持续地传输来确定一个节点何时可以发送包。令牌为24位长，有3个8位的域，分别是首定界符（Start Delimiter，SD）、访问控制（Access Control，AC）和终定界符（End Delimiter，ED）。首定界符是一种与众不同的信号模式，作为一种非数据信号表现出来，用途是防止它被解释成其他东西。这种独特的8位组合只能被识别为帧首标识符（SOF）。由于目前以太网技术发展迅速，令牌网存在固有缺点，令牌在整个计算机局域网已不多见，原来提供令牌网设备的厂商多数也退出了市场，所以在目前局域网市场中令牌网可以说是“明日黄花”了。

3）FDDI网（Fiber Distributed Data Interface）

FDDI的英文全称为“Fiber Distributed Data Interface”，中文名为“光纤分布式数据接口”，它是20世纪80年代中期发展起来的一项局域网技术，它提供的高速数据通信能力要高于当时的以太网（10Mbps）和令牌网（4或16Mbps）的能力。FDDI标准由ANSI X3T9.5标准委员会制订，为繁忙网络上的高容量输入输出提供了一种访问方法。FDDI技术同IBM的Tokenring技术相似，并具有LAN和Tokenring所缺乏的管理、控制和可靠性措施，FDDI支持长达2千米的多模光纤。FDDI网络的主要缺点是价格，同前面所介绍的“快速以太网”相比贵许多，且因为它只支持光缆和5类电缆，所以使用环境受到限制，从以太网升级更是面临大量移植问题。

当数据以100Mbps的速度输入输出时，当时的FDDI与10Mbps的以太网和令牌环网相比，性能有相当大的改进。但是随着快速以太网和千兆以太网技术的发展，用FDDI的人就越来越少了。因为FDDI使用的通信介质是光纤，这一点它比快速以太网及现在的100Mbps令牌网传输介质要贵许多，然而FDDI最常见的应用只是提供对网络服务器的快速访问，所以在目前FDDI技术并没有得到充分的认可和广泛的应用。

FDDI的访问方法与令牌环网的访问方法类似，在网络通信中均采用“令牌”传递。它与标准的令牌环又有所不同，主要在于FDDI使用定时的令牌访问方法。FDDI令牌沿网络环路从一个节点向另一个节点移动，如果某节点不需要传输数据，FDDI将获取令牌并将其发送到下一个节点中。如果处理令牌的节点需要传输，那么在指定的称为“目标令牌循环时间”（Target Token Rotation Time，TTRT）的时间内，它可以按照用户的需求来发送尽可能多的帧。因为FDDI采用的是定时的令牌方法，所以在给定时间中，来自多个节点的多个帧可能都在网络上，为用户提供高容量的通信。

FDDI 可以发送两种类型的包，同步的和异步的。同步通信用于要求连续进行且对时间敏感的传输(如音频、视频和多媒体通信)；异步通信用于不要求连续脉冲串的普通的数据传输。在给定的网络中，TTRT 等于某节点同步传输需要的总时间加上最大的帧在网络上沿环路进行传输的时间。FDDI 使用两条环路，所以当其中一条出现故障时，数据可以从另一条环路上到达目的地。连接到 FDDI 的节点主要有两类，即 A 类和 B 类。A 类节点与两个环路都有连接，由网络设备如集线器等组成，并具备重新配置环路结构以在网络崩溃时使用单个环路的能力；B 类节点通过 A 类节点的设备连接在 FDDI 网络上，B 类节点包括服务器或工作站等。

4) ATM 网

ATM 的英文全称为"Asynchronous Transfer Mode"，中文名为"异步传输模式"，它的开发始于 20 世纪 70 年代后期。ATM 是一种较新型的单元交换技术，同以太网、令牌环网、FDDI 网络等使用可变长度包技术不同，ATM 使用 53 字节固定长度的单元进行交换。它是一种交换技术，它没有共享介质或包传递带来的延时，非常适合音频和视频数据的传输。ATM 主要具有以下优点：

(1) ATM 使用相同的数据单元，可实现广域网和局域网的无缝连接。

(2) ATM 支持 VLAN(虚拟局域网)功能，可以对网络进行灵活的管理和配置。

(3) ATM 具有不同的速率，分别为 25、51、155、622Mbps，从而为不同的应用提供不同的速率。

ATM 采用"信元交换"来替代"包交换"进行实验，发现信元交换的速度是非常快的。信元交换将一个简短的指示器称为虚拟通道标识符，并将其放在 TDM 时间片的开始。这使得设备能够将它的比特流异步地放在一个 ATM 通信通道上，使得通信变得能够预知且持续，这样就为时间敏感的通信提供了一个预 QoS，这种方式主要用在视频和音频上。通信可以预知的另一个原因是 ATM 采用的是固定的信元尺寸。ATM 通道是虚拟的电路，并且 MAN 传输速度能够达到 10Gbps。

5) 无线局域网(Wireless Local Area Networks，WLAN)

无线局域网是目前最新，也是最为热门的一种局域网，特别是自 Intel 2003 年 3 月份推出首款自带无线网络模块的迅驰笔记本处理器以来。无线局域网与传统的局域网主要不同之处就是传输介质不同，传统局域网都是通过有形的传输介质进行连接的，如同轴电缆、双绞线和光纤等，而无线局域网则是采用空气作为传输介质的。正因为它摆脱了有形传输介质的束缚，所以这种局域网的最大特点就是自由，只要在网络的覆盖范围内，可以在任何一个地方与服务器及其他工作站连接，而不需要重新铺设电缆。这一特点非常适合那些移动办公一族，有时在机场、宾馆、酒店等(通常把这些地方称为"热点")，只要无线网络能够覆盖到，它都可以随时随地连接上无线网络，甚至 Internet。

无线局域网所采用的是 802.11 系列标准，它也是由 IEEE 802 标准委员会制定的。目前这一繁育列标准主要有 4 个标准，分别为 802.11b、802.11a、802.11g 和 802.11z，前三个标准都是针对传输速度的热异常进行的改进，最开始推出的是 802.11b，它的传输速度为 11MB/s，因为它的连接速度比较低，随后推出了 802.11a 标准，它的连接速度可达 54MB/s。但由于两者不互相兼容，致使一些早已购买 802.11b 标准的无线网络设备在新的 802.11a

网络中不能用，所以正式推出了兼容 802.11b 与 802.11a 两种标准的 802.11g，这样原有的 802.11b 和 802.11a 两种标准的设备都可以在同一网络中使用。802.11z 是一种专门为了加强无线局域网安全的标准。因为无线局域网的"无线"特点，致使任何进入此网络覆盖区的用户都可以轻松以临时用户身份进入网络，给网络带来了极大的不安全因素，为此 802.11z 标准专门就无线网络的安全性方面作了明确规定，加强了用户身份论证制度，并对传输的数据进行加密。

6.2　网络安全

6.2.1　网络安全简介

1. 计算机网络环境下的用户隐私

1）个人信息范畴

（1）基本信息。为了完成大部分网络行为，消费者会根据服务商要求提交包括姓名、性别、年龄、身份证号码、电话号码、Email 地址及家庭住址等在内的个人基本信息，有时甚至会包括婚姻、信仰、职业、工作单位、收入、病历、生育等相对隐私的个人基本信息。

（2）设备信息。主要是指消费者所使用的各种计算机终端设备（包括移动和固定终端）的基本信息，如位置信息、WIFI 列表信息、Mac 地址、CPU 信息、内存信息、SD 卡信息、操作系统版本等。

（3）账户信息。主要包括网银账号、第三方支付账号、社交账号和重要邮箱账号等。

（4）隐私信息。主要包括通信录信息、通话记录、短信记录、IM 应用软件聊天记录、个人视频、照片等。

（5）社会关系信息。这主要包括好友关系、家庭成员信息、工作单位信息等。

（6）网络行为信息。主要是指消费者在网络上的各种活动行为，如上网时间、上网地点、输入记录、聊天交友、网站访问行为、网络游戏行为等个人信息。

2）个人信息安全现状

随着互联网应用的普及和人们对互联网的依赖，互联网的安全问题也日益凸显。恶意程序、各类钓鱼和欺诈继续保持高速增长，同时黑客攻击和大规模的个人信息泄露事件频发，与各种网络攻击大幅增长相伴的是大量网民个人信息的泄露与财产损失的不断增加。

《经济参考报》记者采访获悉，目前信息安全"黑洞门"已经到触目惊心的地步，网站攻击与漏洞利用正在向批量化、规模化方向发展，用户隐私和权益遭到侵害，特别是一些重要数据甚至流向他国，不仅是个人和企业，信息安全威胁已经上升至国家安全层面。

从某漏洞响应平台上收录的数据显示，目前该平台已知漏洞就可导致 23.6 亿条隐私信息泄露，包括个人隐私信息、账号密码、银行卡信息、商业机密信息等。导致大量数据泄露的最主要来源是互联网网站、游戏以及录入了大量身份信息的政府系统。根据公开信息，2011 年至今，已有 11.27 亿用户隐私信息被泄露。"这个数据意味着，我们几乎每一个上网的人，自己的信息都可能已经在不知不觉中被窃取甚至利用。"

2010 年金山爆 360 收集用户隐私；2011 年天涯、CSDN 用户账号泄露；2015 年互联网金融平台"铜掌柜"60 万用户隐私泄露；2015 年美医疗保险公司 CareFirst 被黑，110 万用户信息泄露。

2017 年 WannaCry 勒索病毒全球大爆发，至少 150 个国家、30 万名用户中招，造成损失达 80 亿美元，已经影响到金融、能源、医疗等众多行业，造成严重的危机管理问题。中国部分 Windows 操作系统用户遭受感染，校园网用户首当其冲，受害严重，大量实验室数据和毕业设计被锁定加密。

2. 病毒与木马

计算机安全常识：安装主流杀毒软件；定时对操作系统升级；重要数据的备份；设置健壮密码；安装防火墙；不要在互联网上随意下载软件；不要轻易打开电子邮件的附件；不要轻易访问带有非法性质网站或很诱惑人的小网站；尽量避免在无防毒软件的机器上使用可移动储存介质；培养基本计算机安全意识，包括其他使用者，否则设置再安全系统也可能受到破坏。

1）计算机病毒

(1) 基本定义。计算机病毒(Computer Virus)在《中华人民共和国计算机信息系统安全保护条例》中被明确定义，病毒指“编制或者在计算机程序中插入的破坏计算机功能或者破坏数据，影响计算机使用并且能够自我复制的一组计算机指令或者程序代码”。

计算机病毒具有传播性、隐蔽性、感染性、潜伏性、可激发性、表现性或破坏性。计算机病毒的生命周期：开发期→传染期→潜伏期→发作期→发现期→消化期→消亡期。

计算机病毒是一个程序，一段可执行码。就像生物病毒一样，具有自我繁殖、互相传染以及激活再生等生物病毒特征。计算机病毒有独特的复制能力，它们能够快速蔓延，又常常难以根除。它们能把自身附着在各种类型的文件上，当文件被复制或从一个用户传送到另一个用户时，它们就随同文件一起蔓延开来。

(2) 发展。

(3) 感染策略。

(4) 病毒征兆。

2）木马

(1) 基本定义

计算机木马(又名间谍程序)是一种后门程序，常被黑客用作控制远程计算机的工具。英文单词“Trojan”，直译为“特洛伊”。

“木马”程序是目前比较流行的病毒文件。与一般的病毒不同，它不会自我繁殖，也并不“刻意”地去感染其他文件，它通过将自身伪装吸引用户下载执行，向施种木马者提供打开被种主机的门户，使施种者可以任意毁坏、窃取被种者的文件，甚至远程操控被种主机。木马病毒的产生严重危害着现代网络的安全运行。

(2) 原理

一个完整的“木马”程序包含了两部分，即“服务器”和“控制器”。植入电脑的是它的“服务器”部分，而所谓的“黑客”正是利用“控制器”进入运行了“服务器”的电脑。

计算机木马一般由两部分组成，服务端和控制端，也就是常用的 C/S(CONTROL/SERVE)模式。

服务端(S 端，Server)：远程计算机机运行。一旦执行成功就可以被控制或者造成其他的破坏，这就要看种木马的人怎么想和木马本身的功能。这些控制功能，主要采用调用

Windows 的 API 实现，在早期的 DOS 操作系统，则依靠 DOS 终端和系统功能调用来实现(INT 21H)。服务段设置哪些控制，视编程者的需要，各不相同。

控制端(C 端，Client)：也叫客户端，客户端程序主要是配套服务段端程序的功能，通过网络向服务端发布控制指令，控制段运行在本地计算机。

正像历史上的"特洛伊木马"一样，被称作"木马"的程序也是一种掩藏在美丽外表下打入我们电脑内部的东西。确切地说，"木马"是一种经过伪装的欺骗性程序，它通过将自身伪装吸引用户下载执行，从而破坏或窃取使用者的重要文件和资料。

(3) 传播途径

木马的传播途径很多，常见的有如下几类：

• 通过电子邮件的附件传播

这是最常见，也是最有效的一种方式，大部分病毒(特别是蠕虫病毒)都用此方式传播。首先，木马传播者对木马进行伪装，方法很多，如变形、压缩、加壳、捆绑、取双后缀名等，使其具有很大的迷惑性。一般的做法是先在本地机器将木马伪装，再使用杀毒程序将伪装后的木马查杀测试，如果不能被查到就说明伪装成功。然后利用一些捆绑软件把伪装后的木马藏到一幅图片内或者其他可运行脚本语言的文件内，发送出去。

• 通过下载文件传播

从网上下载的文件，即使大的门户网站也不能保证任何时候它的文件都安全，一些个人主页、小网站等就更不用说了。下载文件传播方式一般有两种，一种是直接把下载链接指向木马程序，也就是说你下载的并不是你需要的文件。另一种是采用捆绑方式，将木马捆绑到你需要下载的文件中。

• 通过网页传播

大家都知道很多 VBS 脚本病毒(著名的 VBS 病毒是暴风一号)就是通过网页传播的，木马也不例外。网页内如果包含了某些恶意代码，使得 IE 自动下载并执行某一木马程序，那么你在不知不觉中就被人种上了木马。顺便说一句，很多人在访问网页后 IE 设置被修改甚至被锁定，也是网页上用脚本语言编写的恶意代码作怪。

• 通过聊天工具传播

目前，QQ、ICQ、MSN 等网络聊天工具盛行，而这些工具都具备文件传输功能，不怀好意者很容易利用对方的信任传播木马和病毒文件。

(4) 运行征兆

电脑莫名其妙地死机或重启；

硬盘在无操作的情况下频繁被访问；

系统无端搜索软驱、光驱；

系统速度异常缓慢，系统资源占用率过高……

6.2.2　网络安全基础

1. 个人隐私保护与病毒防治

1) 个人隐私泄露十大危害

①垃圾短信源源不断；②骚扰电话接二连三；③垃圾邮件铺天盖地；④冒名办卡透支欠款；⑤案件事故从天而降；⑥不法人员前来诈骗；⑦冒充公安要求转账；⑧坑蒙拐骗乘

虚而入；⑨账户钱款不翼而飞；⑩个人名誉无端受损。

2）个人隐私防泄露手段

公共场合 WIFI 不要随意链接，更不要使用这样的无线网进行网购等活动。如果确实有必要，最好使用自己手机的 3G 或者 4G 网络。

手机、电脑等都需要安装安全软件，每天至少进行一次对木马程序的扫描，尤其在使用重要账号密码前。每周定期进行一次病毒查杀，并及时更新安全软件。

来路不明的软件不要随便安装，在使用智能手机时，不要修改手机中的系统文件，也不要随便参加注册信息获赠品的网络活动。

设置高保密强度密码，不同网站最好设置不同的密码。网银、网购的支付密码最好定期更换。

尽量不要使用“记住密码”模式，上网后注意个人使用记录。

到正规网站购物。查看消息或者浏览视频时，一定要去正规的网站，有时安装了杀毒软件，也不能保证电脑不会感染病毒。尤其是购物的时候，会涉及网上支付，使用正规且有保障的网站，安全系数更高。

不随意打开陌生邮件。不随意接收或打开陌生邮件，看到陌生人发来的邮件千万不能轻易打开，尤其是看到中奖或者是奖品认领等带有诱惑性信息的内容。

在处理快递单、各种账单和交通票据时，最好先涂抹掉个人信息部分再丢弃，或者集中起来定时统一销毁。

在使用公共网络工具时，下线要先清理痕迹。如到复印店打印材料，打印完毕后要确保退出邮箱，有 QQ 号码的，退出时要更改登录区设置有“记住密码”的电脑设置。

在上网评论朋友微博、日志、图片时，不要随意留下朋友的个人信息，更不要故意公布他人的个人信息。

在网络上留电话号码，数字之间可以用“-”隔开，避免被搜索引擎搜到。

身份证、户口本等有个人信息的证件，一定要保存好。

一些软件具有手机签到功能，能显示机主所处位置，不少年轻人热衷于晒地点、晒自拍照，还有家长喜欢晒孩子照片等。这种手机签到可能被别有用心的人盯上。一方面暴露了个人隐私，比如姓名、工作单位、家庭住址等，另一方面可能招致犯罪，在网上使用手机签到时，需要谨慎。

3）病毒木马防治

注意对系统文件、可执行文件和数据写保护；不使用来历不明的程序或数据；尽量不用软盘进行系统引导。

不轻易打开来历不明的电子邮件；使用新的计算机系统或软件时，先杀毒后使用；备份系统和参数，建立系统的应急计划等。安装杀毒软件。分类管理数据。

多媒体技术基础与应用

多媒体技术是当今计算机发展的一项新技术，是一门综合性信息技术，它把电视的声音和图像功能、印刷业的出版能力、计算机的人机交互能力、因特网的通信技术有机地融于一体，对信息进行加工处理后再综合地表达出来。多媒体技术改善了信息的表达方式，使人们通过多种媒体得到实体化的形象，从而吸引了人们的注意力。多媒体技术也改变了人们使用计算机的方式，进而改变了人们的工作和学习方式。多媒体技术涉及的知识面非常广泛，随着计算机软件和硬件技术、大容量存储技术、网络通信技术的不断发展，多媒体技术应用领域不断扩大，实用性也越来越强。

学习目标：

- 了解多媒体及多媒体技术的概念。
- 了解多媒体技术的基本组成以及发展趋势。
- 了解图形图像的基本概念。
- 掌握利用 Photoshop 对图像进行处理的基本方法。
- 了解动画制作原理。
- 掌握利用 Flash 制作动画的技能。
- 了解音频和视频的基础知识。
- 掌握利用 Cool Edit 处理音频的方法。
- 掌握利用快剪辑软件处理视频的方法。

7.1 多媒体技术概述

7.1.1 多媒体的基本概念

1. 媒体

媒体(media)是指承载或传递信息的载体。在日常生活中，大家熟悉的报纸、书刊、杂志、广播、电影及电视均是媒体，都以它们各自的媒体形式进行着信息的传播。它们中有的以文字作为媒体，有的以图像作为媒体，有的以声音作为媒体，还有的将文、声、图、像综合在一起作为媒体。同样的信息内容，在不同领域中采用的媒体形式是不同的，报纸书刊领域采用的媒体形式为文字、表格和图片；绘画领域采用的媒体形式是图形、文字和色彩；摄影领域采用的媒体形式是静止图像、色彩；电影、电视领域采用的是图像或运动图像、声音和色彩。

根据国际电信联盟(ITU)的定义，媒体可分为表示媒体、感觉媒体、存储媒体、显示媒体和传输媒体 5 大类，如表 7-1 所示。

表 7-1　媒体的表现形式

媒体类型	媒体特点	媒体形式	媒体实现方式
表示媒体	信息的处理方式	计算机数据格式	ASCII 码、图像、音频、视频编码等
感觉媒体	人们感知客观环境的信息	视、听、触觉	文字、图形、图像、动画、视频和声音等
存储媒体	信息的存储方式	存取信息	内存、硬盘、光盘、纸张等
显示媒体	信息的表达方式	输入、输出信息	显示器、投影仪、数码摄像机、扫描仪等
传输媒体	信息的传输方式	传输介质	电磁波、电缆、光缆等

人类利用视觉、听觉、触觉、味觉和嗅觉感受各种信息。其中通过视觉得到的信息最多，其次是听觉和触觉，三者一起得到的信息达到了人们感受到的信息的 95%。因此感觉媒体是人们接受信息的主要来源，而多媒体技术充分利用了这种优势。

2. 多媒体

多媒体一词译自英语 Multimedia，它是多种媒体信息的载体，信息借助载体得以交流传播。多媒体是信息的多种表现形式的有机结合，即利用计算机技术把文字、图形、图像、声音等多种媒体信息综合为一体，并进行加工处理，即录入、压缩、存储、编辑、输出等。广义上的多媒体概念中不但包括多种的信息形式，也包括了处理和应用这些信息的硬件和软件。与传统媒体相比，多媒体具有以下特征。

- 信息载体的多样性：指信息媒体的多样化和多维化。计算机利用数字化方式，能够综合处理文字、声音、图形、图像、动画和视频等多种信息，从而为用户提供一种集多种表现形式为一体的全新的用户界面，便于用户更全面、更准确地接受信息。
- 信息的集成性：指将多媒体信息有机地组织在一起，共同表达一个完整的概念。如果只是将各种信息存储在计算机中而没有建立各种媒体之间的联系，如只能显示图形或只能播出声音，则不能算是媒体的集成。
- 多媒体的交互性：指用户可以利用计算机对多媒体的呈现过程进行干预，从而更加个性化地获得信息。
- 实时性：指由于多媒体集成时，其中的声音及活动的视频图像是和时间密切相关的，因此，多媒体技术支持对声音和视频等时基媒体提供实时处理的能力。
- 非线性：以往人们读/写文本时，大都采用线性顺序读/写，循序渐进地获取知识。多媒体的信息结构形式一般是一种超媒体的网状结构，它改变了人们传统的读/写模式，借用超媒体的方法，把内容以一种更灵活、更具变化的方式呈现给用户。超媒体不仅为用户浏览信息和获取信息带来极大的便利，也为多媒体的制作带来了极大的便利。

- 数字化：实际应用中必须要将各种媒体信息转换为数字化信息后，计算机才能对数字化的多媒体信息进行存储、加工、控制、编辑、交换、查询和检索，所以多媒体信息必须是数字化信息。

3. 多媒体技术

多媒体技术是一种基于计算机技术处理多种信息媒体的综合技术，包括数字化信息的处理技术、多媒体计算机系统技术、多媒体数据库技术、多媒体通信技术和多媒体人机界面技术等。多媒体技术具有多样性、集成性、交互性、实时性、非线性和数字化等特点，其应用产生了许多新的应用领域。多媒体技术融合了计算机硬件技术、计算机软件技术以及计算机美术、计算机音乐等多种计算机应用技术。多种媒体的集合体将信息的存储、传输和输出有机地结合起来，使人们获取信息的方式变得丰富，引领人们走进了一个多姿多彩的数字世界。

多媒体关键技术包括数据压缩技术和解压缩技术、大规模集成电路制造技术、大容量光盘存储器、实时多任务操作系统以及多种多媒体应用软件等。

4. 多媒体基本组成元素

多媒体是多种信息的集成应用，其基本元素主要有文本、图形、图像、音频、动画及视频等。文本(text)是文字、字符及其控制格式的集合。通过对文本显示方式(包括字体、大小、格式、颜色及文本效果等)的控制，多媒体系统可以使显示的文字信息更容易理解。图形(graphic)、图像(image)的信息表现形式更为生动形象，符号、插图、颜色等丰富的信息量，让接收者快速接受信息并做出反应。音频(audio)是指音乐、语言及其他的声音信息。为了在计算机中表示声音信息，必须把声波的模拟信息转换成数字信息。动画(animation)是运动的图画，实质是一幅幅静态图像或图形快速连续播放。视频(video)的实质就是一系列有联系的图像数据连续播放。视频图像可来自录像带、摄像机等视频信号源的影像，如录像带、影碟上的电影/电视节目、电视、摄像等。

7.1.2 多媒体技术的应用

随着多媒体技术日新月异的发展，多媒体技术的应用也越来越广泛，几乎涉及社会和人们生活的各个领域。多媒体技术的标准化、集成化以及多媒体软件技术的发展使信息的接收、处理和传输更加方便、快捷。多媒体技术的典型应用包括以下几个方面。

1. 教育和培训

由于多媒体具有非线性和多样性的特点，提供了丰富多彩的人机交流方式，而且反馈及时，所以学习者可以按自己的学习基础和学习兴趣选择自己所要学习的内容，提高学习的自主性与参与性。利用多媒体技术开展培训教学工作内容直观、寓教于乐，有助于提高学习效率。

2. 咨询和演示

在销售、导游或宣传等活动中，使用多媒体技术编制的软件能够图文并茂地展示产品、游览景点和宣传丰富多彩的内容，观者可获得自己感兴趣的相关信息。并且公司、企业、学校、政府部门以及个人等还可以建立自己的信息网站进行自我展示和信息服务。

3. 娱乐和游戏

多媒体技术的出现使得影视作品和游戏产品制造发生了巨大的变化。计算机和网络游戏由于具有多媒体的感官刺激,游戏者通过与计算机的交互,体会到身临其境的感觉,趣味性和娱乐性大大增强。

4. 电子出版

电子出版物以数字代码方式将图、文、声、像等信息编辑加工后存储在磁、光、电介质上,通过计算机或者具有类似功能的设备读取使用,用以表达思想、普及知识和积累文化,具有多媒体、交互性、高容量、易检索等特征。例如以光盘形式发行的电子图书,集文字、图像、声音、动画和视频于一身,具有容量大、体积小、成本低等特点。随着多媒体技术的发展,光盘出版物逐渐呈现快速发展的趋势。

5. 视频会议系统

视频会议系统(Video Conferencing System)是人们的交流方式和科技相融合的产物。它是一个不受地域限制、建立在宽带网络基础上的双向、多点、实时的音视频交互系统。它使在地理上分散的用户可以通过图像、声音、文本等多种方式交流信息,支持人们进行远距离实时信息交流与共享,开展协同学习和工作,就如同所有人都在同一个房间面对面地工作一样,极大地方便了协作成员之间的直观交流,从而真正实现"天涯共一室"的梦想。充分利用网络视频会议系统,将信息传递生动化,建立基于视/音频多媒体技术互动的对话渠道,是对现有网络平台价值的一种提升。

6. 视频服务系统

诸如视频点播、视频购物、电子商务等的视频服务系统拥有大量的用户,是多媒体技术的又一个应用热点。

多媒体技术的应用远不止上面所列举的这些,只要大家用心去观察、感受,就会发现一个绚丽多姿的多媒体世界正在形成,让人流连忘返,更加热爱生活、享受生活。

7.2 图像处理技术

7.2.1 图像原理

1. 矢量图和位图

矢量图,即是平时我们所说的图形,是一组描述几何中点、线、面大小、形状和位置的指令集合,主要通过勾画形状和轮廓来表现事物的特征和意义,因此其具有存储空间小,任意缩放都依然清晰的优点;不足之处则在于色彩的单调和细节不够丰富。常用于设计 Logo、插画、卡通和艺术字效果等,如图 7-1～图 7-3 所示。常用的矢量绘图软件有 Illustrator 和 CorelDRAW 等。

图 7-1 卡通插图

图 7-2 环境图标

图 7-3 商品 Logo

位图，又称点阵图或图像，由一个个像素点构成，像素(pixel)是组成位图的最小单位。将位图放大后便可直观看到，每个像素点就是具有特定位置和颜色值的小方块，呈现马赛克效果，如图 7-4 和图 7-5 所示。与矢量图相比，位图图像的优点就在于细节表达丰满，色彩细腻且表现力强；这势必导致位图图像文件占用较大的存储空间，缩放图像会失真，且与分辨率有关。日常生活中，所拍摄的数码照片、扫描的图像都属于位图。

图 7-4　显示比例为 100%时的显示效果

图 7-5　显示比例为 800%时的显示效果

图像分辨率，是指图像中每平方英寸所包含的像素数，其单位是“像素/英寸”或“像素/厘米”(pixel/inch 或 pixel/cm，ppi)。它与图像的输出质量密切相关，当图像尺寸固定时，分辨率越高，意味着图像中所包含的像素越多，图像越清晰；反之，分辨率越低时，图像中包含的像素越少，图像的清晰度也会降低。一般情况下，仅用于显示时，图像分辨率设置为 72ppi 即可；若用于印刷输出，则需将图像的分辨率设置为 300ppi 或更高。

2. 色彩模式

色彩，是人根据物体遇到并分解可见光所产生的知觉。光，是感知的条件；色，是感知的结果。构成色彩的三个基本要素有色相、明度和纯度。色相是指色彩所呈现出的相貌，光谱中的红、橙、黄、绿、青、蓝、紫为基本色相；明度是指色彩的明亮程度；纯度是指色彩的鲜艳程度。

色彩模式，是一种记录图像颜色的方式。RGB 模式(Red、Green、Blue，RGB)，如图 7-6 所示，是一种色光加色模式，用于彩色屏幕或显示器的输出。R、G、B 代表三种颜色的光，三种光的取值范围都是(0～255)，三种光通过相互叠加形成 1670 万种颜色；CMYK 模式(Cyan，Magenta，Yellow，Black，CMYK)，如图 7-7 所示，是一种颜料减色模式，常用于打印输出。C、M、Y 代表三种基本油墨颜色，三种颜料的取值范围都是(0～100)。理论上三者加在一起应该得到黑色，但由于目前制造工艺还不能造出高纯度的黑色油墨，因此 K 代表一种专门的黑色油墨颜料。

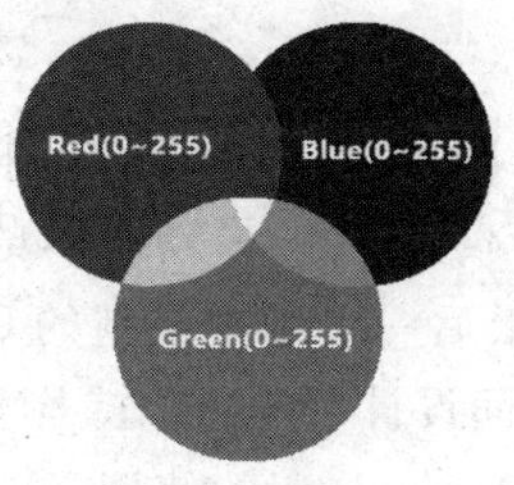

图 7-6　RGB 模式

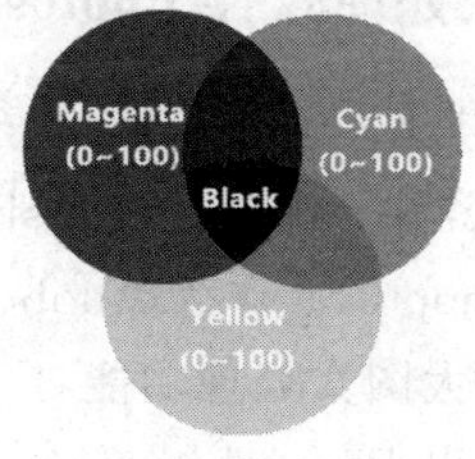

图 7-7　CMYK 模式

7.2.2 图像文件

1. 图像文件格式

图像文件格式用于记录和存储图像信息，它也是图像处理的重要依据，同一幅图像采用不同的文件格式保存时，图像颜色和层次的还原效果不同，这与采用不同压缩算法也有关系。表 7-2 中列出了多种图像文件格式及其说明。其中提到的颜色深度是指图像中描述每个像素所需的二进制位数，以 bit 作为单位。彩色或灰度图像的颜色分别为 4bit、8bit、16bit 和 32bit 二进制数表示。当彩色深度达到或高于 24bit 时，图像被叫作"真彩色"图像。

表 7-2 图像文件格式

文件格式	扩展名	最大颜色深度	描 述
JPEG	jpg	32	图像压缩格式
PNG	png	24	是一种无损压缩的位图片形格式，支持透明效果
GIF	gif	8	是一种基于 LZW 算法的连续色调的无损压缩格，常用于动图
PSD	psd	24	Photoshop 自带文件格式，保留图层、通道、图像模式等所有文件数据
TIFF	tif	24	通用图像文件格式
BMP	bmp	24	Windows 图像格式

2. 图像文件的数据量

图像文件的数据量就是指图像所需要的存储空间大小，影响图像文件数据量大小的因素有颜色深度、画面尺寸和文件格式，而与图像所表现的内容无关。图像文件数据量的计算公式为：

$$s = (h \cdot w \cdot c)/8$$

式中，s 是图像文件的数据量，h 是图像水平方向的像素数，w 是图像垂直方向的像素数，c 是颜色深度值；8 是将二进制位(bit)转换成以字节(Byte)为单位。

【例 7.1】 一幅可做桌面壁纸的图像尺寸为 1024 * 768，颜色深度为 24bit(真彩色图像)，则该图像文件的数据量为多少 MB?

代入公式：

$$s = (1024 * 768 * 24)/8 = 2359296\text{B}$$

又 1KB=1024B，1MB=1024KB，上式中图像文件的数据量 s=2359296B 通过单位转化，为 2.25MB。

7.2.3 图像处理软件 Photoshop CS5

Photoshop 是美国 Adobe 公司开发的一款图形图像处理软件。2003 年，Adobe Photoshop 8 被更名为 Adobe Photoshop CS。2013 年 7 月，最新版本的 Photoshop CC 被推出，自此 Photoshop CS6 作为 Adobe CS 系列的最后一个版本被新的 CC 系列取代。它具有丰富的内容和强大图文处理功能，广泛应用于平面设计、网页制作、影像处理、广告设计等多个领域。本书将以 Photoshop CS5 为版本介绍 Photoshop 的使用。

如图 7-8 所示为 Photoshop SC5 的工作界面。

图 7-8　Photoshop CS5 工作界面

1. 菜单栏

菜单栏由“文件”“编辑”“图像”“图层”“选择”“滤镜”“分析”“3D”“视图”“窗口”“帮助”11 个菜单项组成，如图 7-9 所示。每个菜单项内置多个命令，若要执行某功能，首先单击主菜单名打开下一级菜单，然后再选择某个菜单项即可。

文件(F)　编辑(E)　图像(I)　图层(L)　选择(S)　滤镜(T)　分析(A)　3D(D)　视图(V)　窗口(W)　帮助(H)

图 7-9　菜单栏

2. 操作面板

在菜单栏中选择“窗口”可以选择打开或关闭相应的面板，或者如图 7-10 所示，单击面板右上角的 显示或隐藏面板按钮。Photoshop CS5 中的面板可用于观察信息，选择颜色，管理图层、通道、路径和历史记录等，如图 7-10 所示，这些面板的位置是可以自由移动的，用户可根据自己的使用习惯对面板进行个性化重组。

图 7-10　操作面板

3. 工具栏和工具属性栏

工具栏是所有操作工具的集合。工具栏中共有工具 73 个，由于有些工具是被隐藏起来的，我们不能直观看到全部工具。依据工具的功能将其分为 4 组，从上往下依次为移动和选区工具、绘画和修复工具、矢量工具、辅助工具，如图 7-11 所示。工具箱中大部分工具图标的右下角都有一个小三角，表示其中还有其他工具，右击该工具或按住不放都可弹出一个工具组，如图 7-12 所示。

每个工具都会有相应的属性，属性选项各不相同。工具结合属性应用才能更好地发挥工具的作用。如图 7-13 所示为“仿制图章”工具的属性栏，最左侧的图标即为所选工具，后面依次为对应的属性值。

4. 文件基本操作

(1) 新建文件

在 Photoshop 中新建文件的方法有两种，执行“文件”→“新建”命令或使用 Ctrl＋N 组合键都会弹出“新建”对话框，通过设置其中各个参数可完成文件的新建。

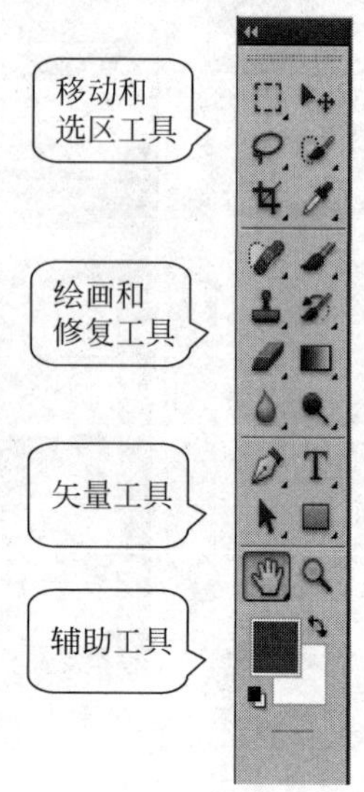

图 7-11 工具栏功能介绍

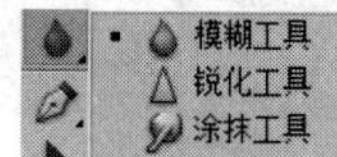

图 7-12 工具组展开

图 7-13 “仿制图章”属性栏

(2) 文件存储和存储为

在菜单栏中选择“文件”弹出下拉菜单，包括“文档存储”和“存储为”，“存储为”又分为“存储”“存储为”和“存储为 Web 所用格式”3 种。

“存储”：当对打开的文档进行了修改和再编辑，存储的作用就在于可以保存操作内容。

“存储为”：其作用在于更改原有文件的信息时使用，例如文件重命名、改变文件的存储地址、改变文件的格式等。例如想将一个 JPEG 的图像文件存储为 PNG 的文件，就可利用此操作。

“存储为 Web 所有格式”：其作用有两个，一是将制作好的网页图片利用切片工具分割成独立图块存储，以便嵌入网页中；二是在动画制作中存储为.gif 文件格式。

(3) 文件的打开与置入

打开文件的方法有 3 个，一是在菜单栏中选择“文件”→“打开”；二是使用 Ctrl+O 组合键；三是在灰色的 Photoshop 窗口中双击。此 3 种操作，都会弹出“打开”对话框，如图 7-14 所示，按住 Ctrl 键单击可同时选择多个文件打开。

在菜单栏中选择“文件”→“置入”，可将照片、图片等位图，以及 EPS、PDF、AI 等矢量文件作为智能对象置入 Photoshop 中。

7.2.4 图像合成

图像合成，简单地说，就是将两幅或更多幅图像中的内容抠取出来，通过重新合成或拼接制作形成新图像输出。此过程会综合运用到移动工具、选区工具、图层工具等。下面将对这些工具进行简单介绍，然后通过剖析和演示一寸证件照的制作案例介绍图像工具的应用。

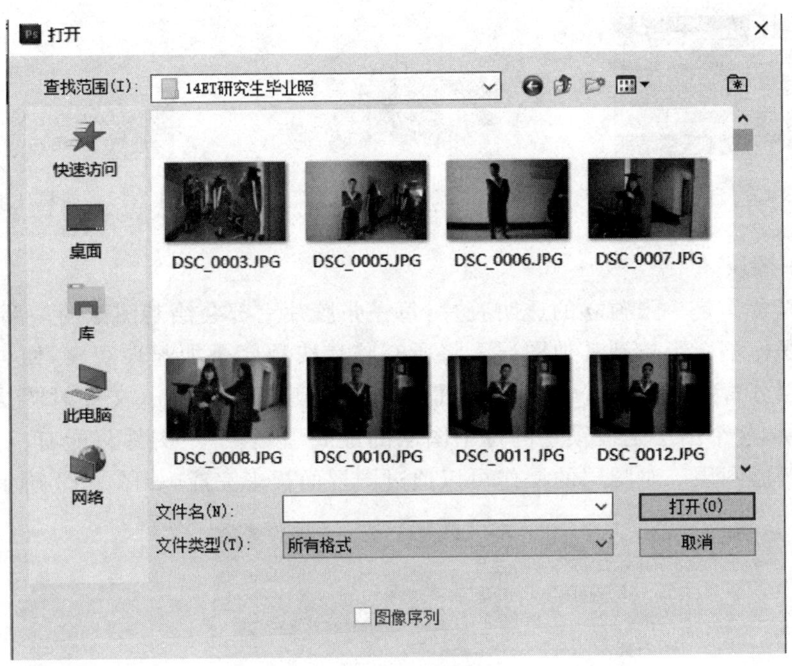

图 7-14 打开窗口

1. 知识讲解

(1) 移动工具

移动工具，应用频率最高的工具。主要用于图像、图层、选区的移动，使用它可以完成排列、组合、移动和复制等操作。

- Alt＋移动工具，按住 Alt 键拖动移动工具，可以完成对象的复制。
- Shift＋移动工具，按住 Shift 键拖动移动工具，可以沿水平、垂直和 45 度方向移动对象。

(2) 选区工具

选区工具，既可为图像创建选区，又可结合描边或填充等操作绘制简单的图形；选区一旦被创建，其边框会出现虚线边框；若要取消当前选区，可使用 Ctrl＋D 的组合键。依据选区创建原理的差异，选区工具分为用于规则选区创建的选框工具组、用于不规则选区创建的套索工具组和魔棒工具组。

选框工具组：包含一组选区工具，主要用于创建矩形、椭圆形等规则形状选区，如图 7-15 所示。

- Shift＋矩形/椭圆选框工具，拖动矩形/椭圆选框工具同时按住 Shift 键可创建圆形或正方形选区。
- Alt＋矩形/椭圆选框工具，拖动矩形/椭圆选框工具同时按住 Alt 键从中心绘制选区。

套索工具组和魔棒工具组：两者都是包含一组选区工具，用于不规则选区的创建，差别在于魔棒工具利用颜色区域创建选区，如图 7-16 和图 7-17 所示。

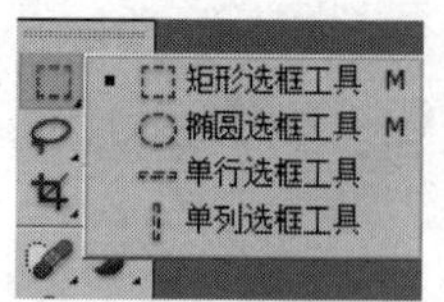

图 7-15 选框工具组

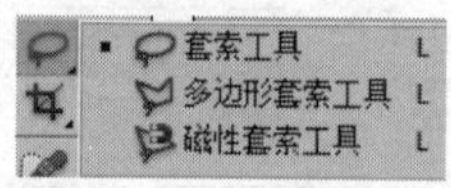

图 7-16 套索工具组

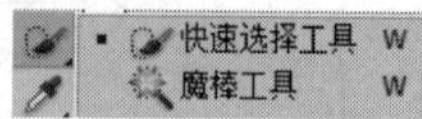

图 7-17 魔棒工具组

(3) 认识图层

图层可以看作是一张独立的透明胶片，每一张胶片上都会绘制图像的一部分内容，单独对某个图层操作不会影响到其他图层。将所有胶片按顺序叠加起来观察，便可以看到完整的图像。图层分背景图层和普通图层，背景图层是新建 Photoshop 文件时图层会自动建立一个背景图层，这个图层是被锁定的位于图层的最底层，且一个文件只能有一个背景图层，其他的都是普通图层。对图层的操作可以通过图层面板来完成，如图 7-18 所示。

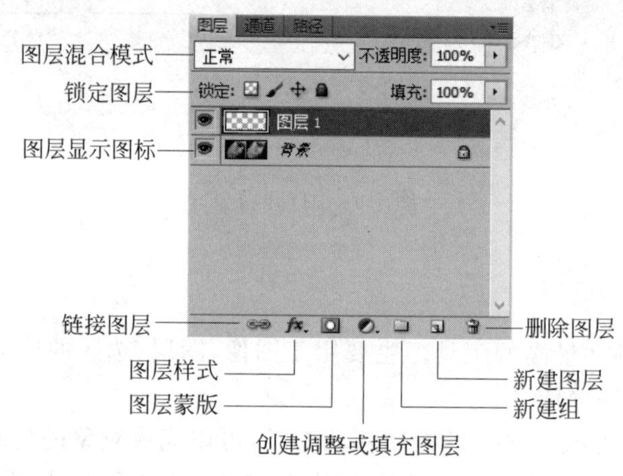

图 7-18 图层面板

2. 证件照的制作

证件照即各种证件上用来证明身份的照片，如对大学生来说，进行各种考试的报名和简历投递都离不开证件照使用。大部分人对于证件照的印象仍是古板而单调的，掌握利用 Photoshop 制作证件照的方法，同学们就可以制作出令自己满意的证件照。

【例 7.2】 请为生活大爆炸中的人物制作一寸证件照，如图 7-19 所示。

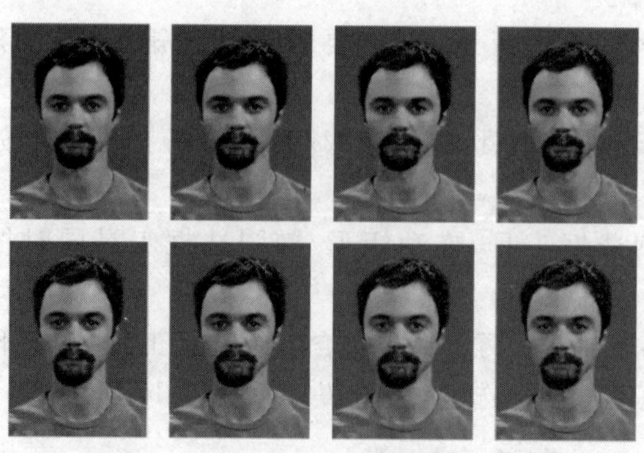

图 7-19 一寸证件照

操作步骤如下：

(1) 执行“文件”→“打开”命令，弹出“打开”对话框，选择名为“生活大爆炸生活照.jpg”的文件。

(2) 在工具箱中选择裁切工具 ，在图片中选择一个人物进行裁切，如图 7-20 所示。单击右上角的“√”或双击所选区域，完成截图，如图 7-21 所示。

图 7-20　选择裁切工具

图 7-21　裁切完成

(3) 在工具箱中选择魔棒工具，如图7-22所示，将魔棒工具对应属性栏中选区的状态调到“添加到选区”，容差设置为27，其他参数不变。

图7-22 “魔棒工具”属性栏

(4) 利用或Ctlr++组合键将图片放大，便于选区创建。选择魔棒工具，单击图像的背景区域，将图像中除人物外的背景选取出来，此时背景区域为虚线选框效果。

(5) 执行“图像”→“调整”→“反向”命令，将图像中的选区反相输出，即人物区域产生虚线框效果。

(6) 在魔棒工具的属性栏中，单击“调整边缘”按钮，弹出“调整边缘”对话框，通过设置各个参数来对选区的边缘进行调整，然后单击“确定”按钮，如图7-23所示。

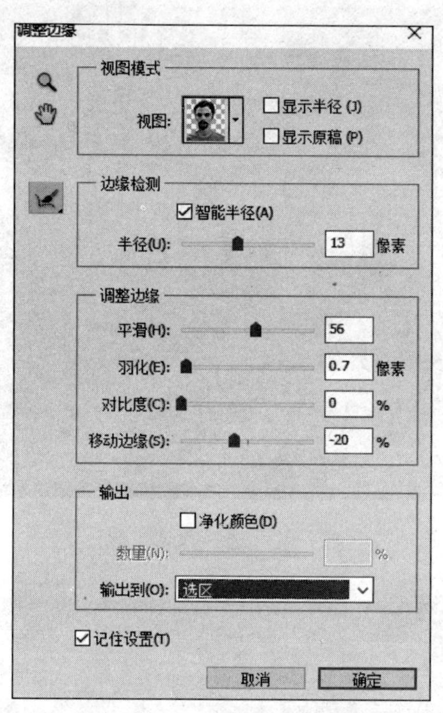

图7-23 对选区调整边缘

(7) 右击图像，执行“通过拷贝的图层”命令或Ctrl+J组合键将选区拷贝到新的图层。双击“图层1”3个字，将图层1重命名为“人物”。

(8) 执行“文件”→“新建”命令，弹出“新建”对话框，依据一寸照的标准，新建尺寸为2.5cm×3.5cm，背景颜色为红色，分辨率为300像素/厘米，颜色模式为CMYK的文件。

(9) 切换到“生活大爆炸生活照.jpg”文件，右键单击“人物图层”，执行“复制”→“复制图层”命令，设置其参数，如图7-24所示。将“人物图层”复制到“一寸照.jpg”文件中，设置成功后“一寸照.jpg”文件的图层面板如图7-25所示。

(10) 单击“人物图层”，执行Ctrl+T组合键调出自由变换工具；同时按住Shift键拖拉图像可实现对图像的等比例缩放，调整图像大小以适应背景。

图 7-24　将人物图层复制到一寸照文件

图 7-25　复制成功后的图层面板

(11) 右击“人物”图层，在弹出的菜单中执行“合并图层”，将“背景”和“人物”两图层合并为一个图层。

(12) 对一寸照进行排版，执行“图像”→“画布大小”命令，弹出“画布大小”对话框，分别设置宽度为 0.4cm，高度 0.4cm，勾选“相对”选项，画布扩展颜色为白色，效果如图 7-26 所示。

(13) 执行“编辑”→“定义图案”→“图案名称”命令，将其定义为图案，如图 7-27 所示。

图 7-26　一寸照排版后效果

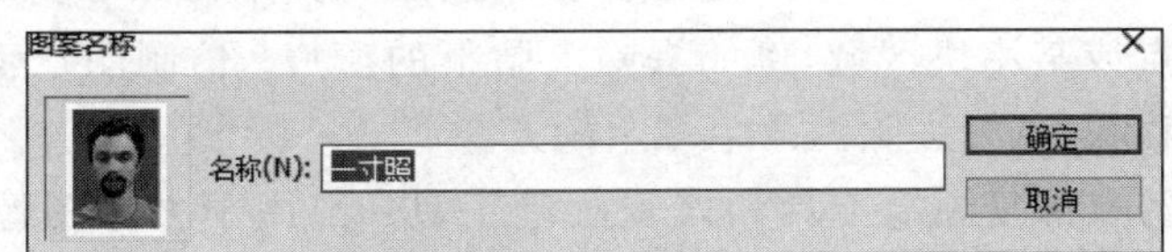

图 7-27　定义为图案

(14) 执行“文件”→“新建”命令，弹出“新建”对话框，设置具体的参数如图 7-28 所示；执行“编辑”→“填充”命令，设置“填充”对话框中各参数，设置“使用”为“图案”选项，设置“自定图案”为“一寸照图案”选项，然后单击“确定”按钮，完成填充，如图 7-29 所示。

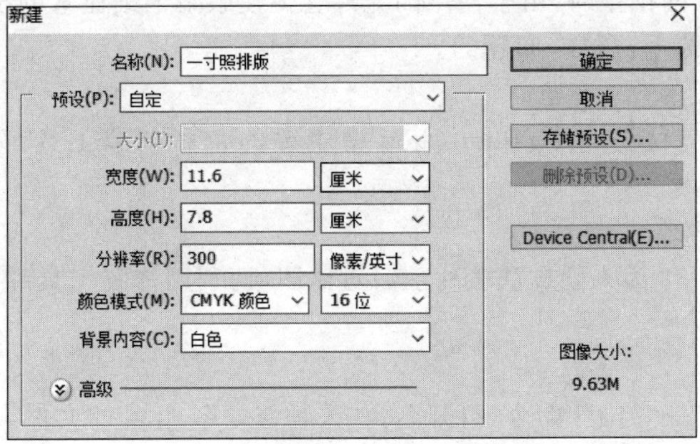

图 7-28　新建文件

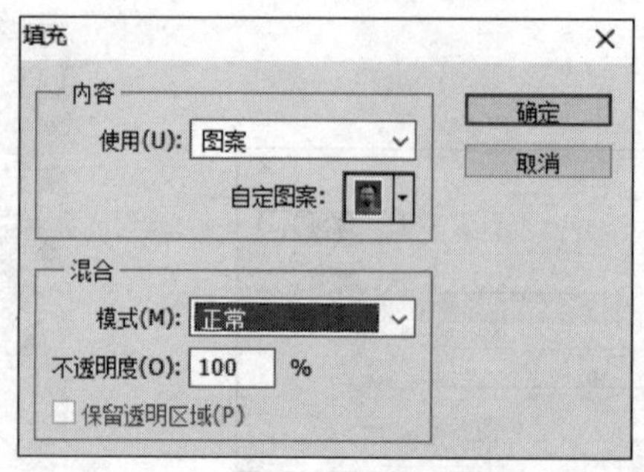

图 7-29 填充图案

(15) 执行"文件"→"存储为"命令，在存储为的对话框中设置"文件名"为"一寸证件照"，"图像格式"为"JPEG"，保存成功后，"一寸证件照.jpg"文件被保存在指定位置。

7.2.5 图像修复

图像修复，是日常生活中较为常用的功能。此过程会综合运用修复工具和色调调节工具等。下面将对这两个工具进行介绍，然后通过剖析和演示人物照片的美化案例介绍工具的应用。

1. 知识讲解

(1) 修复工具

修复工具主要分布在工具箱的第二层，其中包括污点修复画笔工具组、仿制图章工具组、模糊工具、加深工具等，如图 7-30 所示。其中污点修复画笔工具组主要用于去除图像中的某点或某小块区域，例如去除人脸上的痘痘；仿制图章工具更多用于大块区域的内容恢复或移除，例如去除图片中多余的人。

污点修复画笔工具和修复画笔工具：都用于去除图像中的污点，前者单击污点即可去除；后者在使用时需结合 Alt 键同时使用，按住 Alt 键在图像上单击选取"源点"，然后松开 Alt 键，在污点处单击，源点处的像素就会复制遮盖污点。

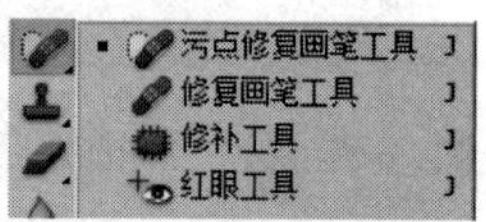

图 7-30 修复工具

修补工具：可快速对画面进行修复。直接在画面上选出要剔除的内容，将选区内容移动到其他位置，那么后面的像素内容将替换选区里的内容。

红眼工具：在夜间拍摄时，由于使用闪光灯会促使眼睛毛细血管的扩张，眼睛会呈现红色，红颜工具就是用来解决这个问题的。

(2) 色彩调节工具

执行"图像"→"调整"命令，Photoshop 中主要的色彩调节工具都位于此菜单中，如图 7-31 所示。

2. 人物照片的美化

【例 7.3】 图 7-32 为人物皮肤美化前后对比图，请利用修复工具和色彩调节工具美化原图。

操作步骤如下：

(1) 执行"文件"→"打开"命令，打开名为"人物修复图.jpg"的文件。

(2) 右击"背景图层"，在"选项菜单"中选择"复制图层"，并设置复制图层的名称为"人物"。

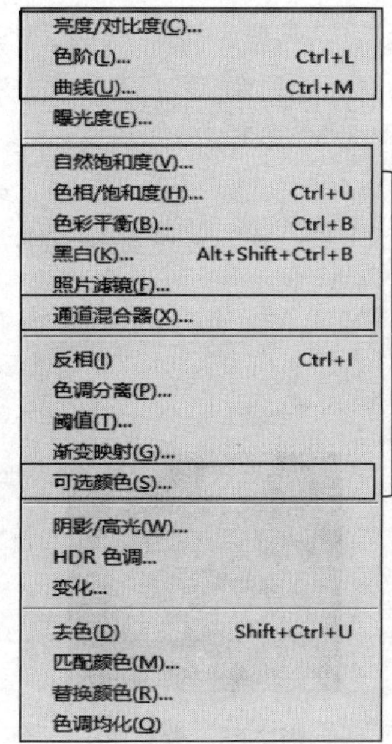

图 7-31　色彩调节工具

(3) 在工具栏中选择“污点修复画笔工具”,去除人脸上的痘痘、痦子、眼袋等,如图 7-33 所示。

图 7-32　人物皮肤美化对比图

图 7-33　去除污点

(4) 在工具栏中选择“模糊工具”,在人物面部皮肤粗糙的地方进行涂抹。

(5) 执行“图像”→“调整”→“曲线”命令,利用曲线工具将人物面部调亮,如图 7-34 和 7-35 所示。

7.2.6　创意艺术字之鲜花字

艺术字的创建,是平面和广告设计、海报制作中的重要应用。此过程会综合运用到文字工具和图层蒙版等。下面将对这两个工具进行介绍,然后通过剖析和演示鲜花字的制作案例介绍工具的应用。

1. 知识讲解

(1) 创建字体

作为一个矢量工具,文字工具 T. 位于工具栏的第三层,横排文字是最常用的文字添加形式,以此介绍文字工具的使用方法。选择横排文字工具后,在画面中单击,出现输入光标

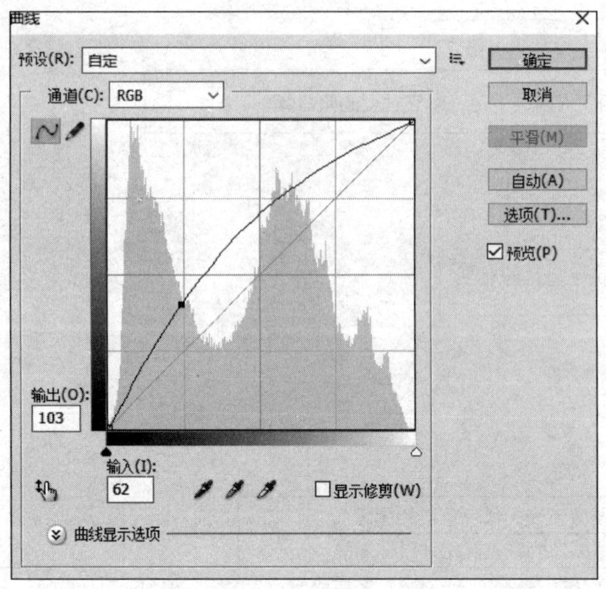

图 7-34 曲线命令

图 7-35 效果图

后即可输入文字。点击上方属性栏的提交按钮“√”结束输入。文字是以独立图层的形式存放的,图层名称就是文字的内容。文字属性的设置可通过文字面板或文字工具的属性栏来完成,如图 7-36 和图 7-37 所示。

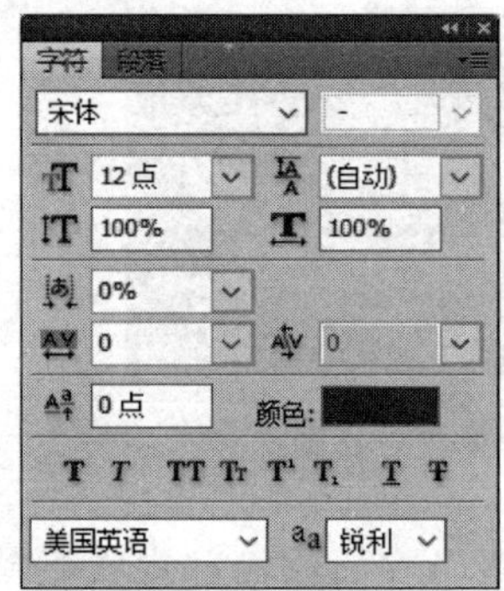

图 7-36 文字面板

图 7-37 文字工具的属性栏

(2) 蒙版

蒙版是进行图像合成时常用的技术,使用该技术在不更改原图的基础上控制图层的部分显示或者隐藏。在蒙版中,利用画笔工具在蒙版上涂画,控制图像的显示和隐藏。黑色表示隐藏,白色表示显示,渐变表示图层中的图像。蒙版包括图层蒙版、矢量蒙版和剪贴蒙版。

图层蒙版:为某个图层添加蒙版。图层蒙版的添加方法为选中某个图层,在图层面板的下方单击创建蒙版的图标，添加成功后，在图层面板中该图层后面便会增加一块白色的面板，即为图层蒙版，如图 7-28 所示。

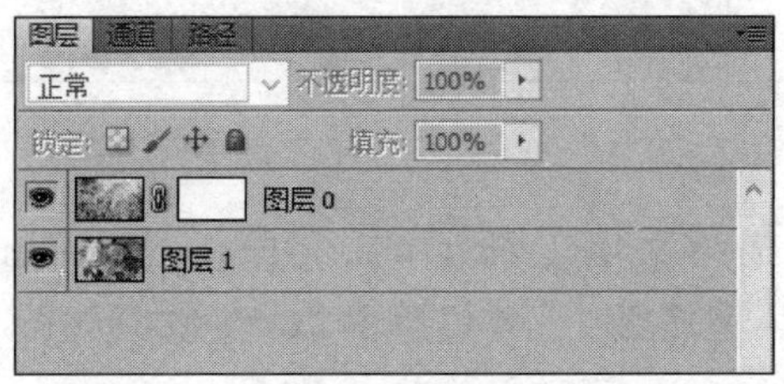

图 7-38　图层蒙版

矢量蒙版：是指根据路径创建的蒙版。矢量蒙版的添加方法为选中某图层，按住 Ctrl 键的同时单击创建蒙版的图标，即可为该图层创建矢量蒙版。

剪贴蒙版：将当前图层与其相邻图层联系起来，最终在下一个图层中看到当前图层的效果。如图 7-39 所示的瓶中画的效果就是其重要应用，画要放到瓶子中显示出来，因此画所在的图层应置于上面，瓶子所在的图层放在下面。剪贴蒙版的创建方法为右击上面的图层，在弹出的选项菜单中单击“创建剪贴蒙版”即可完成创建，如图 7-40 所示。

图 7-39　瓶中画

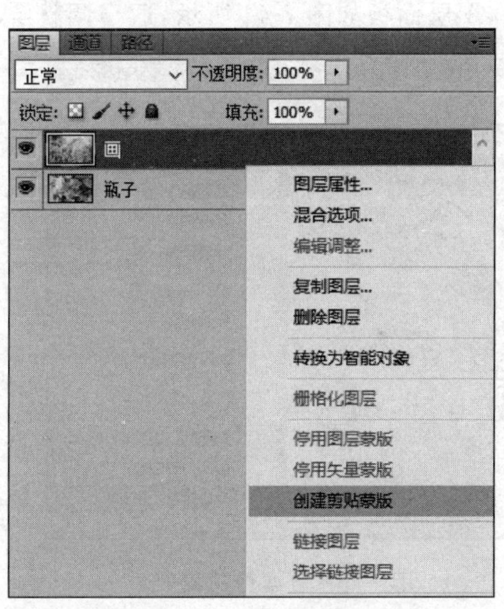

图 7-40　创建剪贴蒙版

2. 创意鲜花字

艺术字广泛应用于宣传、广告、商标、标语、黑板报商品包装和书籍的装帧上，越来越被大众喜欢。艺术字是经过设计、艺术加工的汉字变形字体，字体特点符合文字含义、具有美观有趣、易认易识、醒目张扬等特性，是一种有图案意味或装饰意味的字体变形。

【例 7.4】　制作如图 7-41 所示的鲜花字。

操作步骤如下：

(1) 执行“文件”→“新建”命令，设置参数分别为名称：鲜花字；预设：自定；宽度：700 像素；高度：200 像素；分辨率：72 像素英寸；颜色模式：RGB；背景：白色。

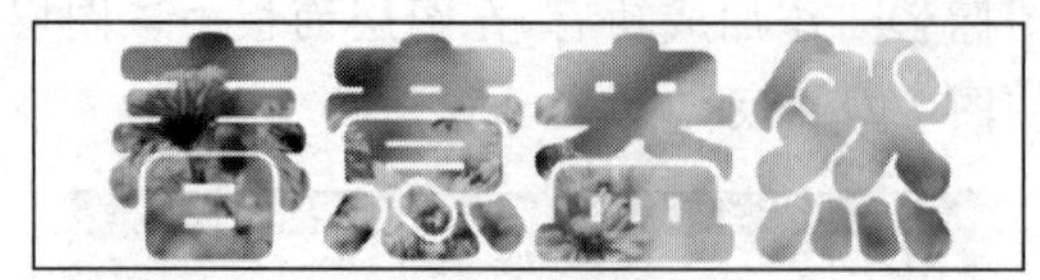

图 7-41　鲜花字

(2) 在工具栏中选择横排文字工具 T，在文档任意处单击，输入文字“春意盎然”。并在文字属性栏中，设置其字体大小、颜色等参数，参数值如图 7-42 所示，单击“√”完成设置。

图 7-42　文字属性栏

(3) 执行“文件”→“打开”命令，打开“鲜花.jpg”文件。

(4) 右击“背景”图层，在弹出的菜单中选择“复制图层”，并在“复制图层”对话框中设置各个参数，单击“确定”按钮后“鲜花图层”被复制到“鲜花字.jpg”文件。

(5) 右击“鲜花图层”弹出选项菜单，选择“创建剪贴蒙版”，如图 7-43 所示；设置成功后，图层面板如图 7-44 所示，适当调整鲜花的位置即可。

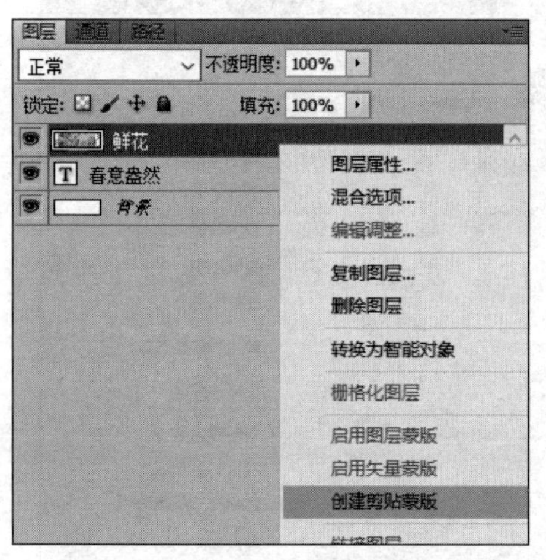

图 7-43　创建剪贴蒙版

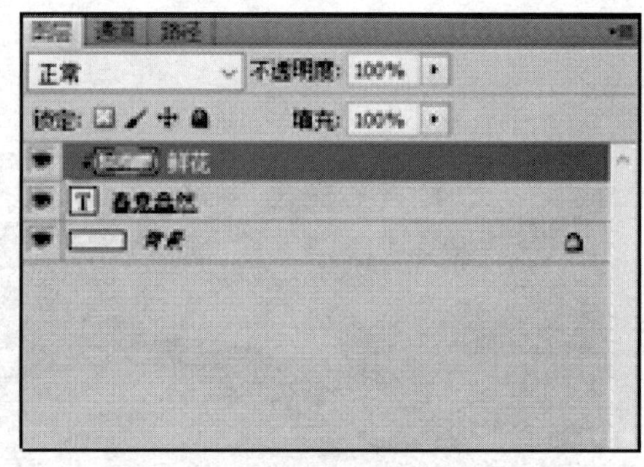

图 7-44　创建剪贴蒙版后的图层

7.3　动画制作技术

7.3.1　动画基础

动画是通过把人物的表情、动作、变化等分解后画成许多动作瞬间的画幅，再用摄影机连续拍摄成一系列画面，给视觉造成连续变化的图画。它的基本原理与电影、电视一样，都是视觉暂留原理。医学证明人类具有“视觉暂留”的特性，人的眼睛看到一幅画或一个物体后，在 0.34 秒内不会消失。利用这一原理，在一幅画还没有消失前播放下一幅画，就会给人造成一种流畅的视觉变化效果。一般要形成连续的效果，每秒至少要播放 12 个连续的画面，即一般动画最低的帧频为12。计算机动画是借助计算机生成一系列动态实时播放的连续图像的技术，计算机动画处理技术的出现不仅缩短了动画制作周期，而且能产生传统动画不能比拟的效果。

7.3.2 二维动画制作软件 Flash

1. Flash 简介

Flash 是 Macromedia 公司开发的一款二维动画制作软件。它是一种交互式动画设计工具，用它可以将音乐、声效、动画以及富有新意的界面融合在一起，以制作出高品质的动态效果，并广泛应用于网络中的多种领域。

2. Flash CS5.5 工作界面

其工作界面由几个主要部分组成，如图 7-45 所示。位于最上方的菜单栏，它分类提供了 Flash CS5.5 所有的操作指令；舞台处于工作界面的中心，主要用于放置图形、文字或按钮等；时间轴位于舞台下方，用于组织和控制文档内容在一定时间播放的图层数和帧数；浮动面板和工具箱位于舞台右侧，工具箱中包含了 Flash 中所有的操作工具。

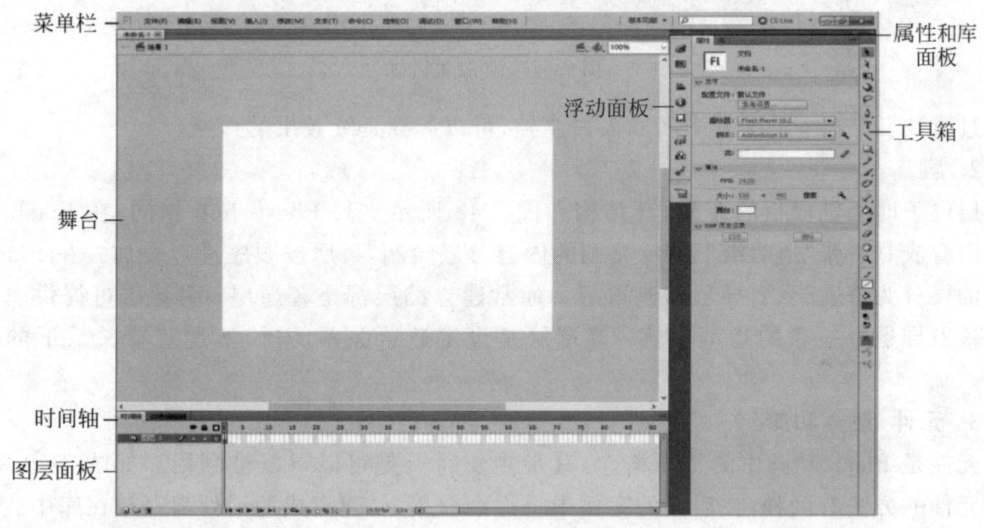

图 7-45 Flash CS5.5 工作界面

7.3.3 Flash 的基本概念

1. 帧

在 Flash 中帧是进行动画制作的基本单位。在时间轴上，每一行代表一个层，层内的每一个小单元格代表帧，每一帧都可以包含需要显示的所有内容。帧的类型主要包括关键帧、空白关键帧和过渡帧。插入帧的方法是一致的，在时间轴上，右击单元格，在弹出的选项菜单中即可找到适合的帧插入。

关键帧：是制作补间动画的必要条件。一般放在动画开始、转折点或结束点。关键帧在时间轴上显示为带有黑色实心圆点的单元格，如图 7-46 所示。

空白关键帧：默认的新建文件会含有一个空白关键帧，在时间轴上显示为空心单元格，

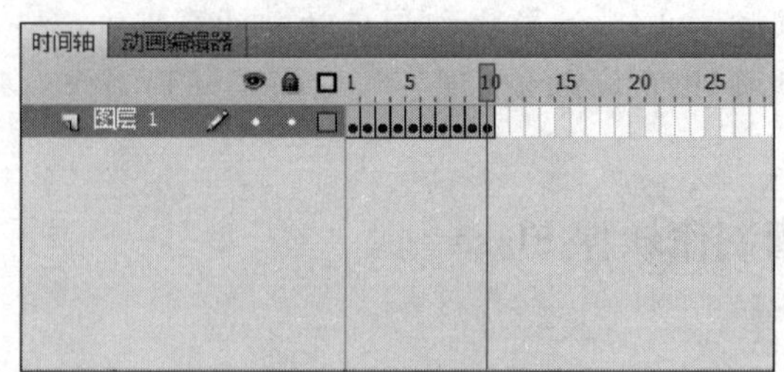

图 7-46 关键帧

如图 7-47 所示，当将空白关键帧中添加了内容后就变成了关键帧。

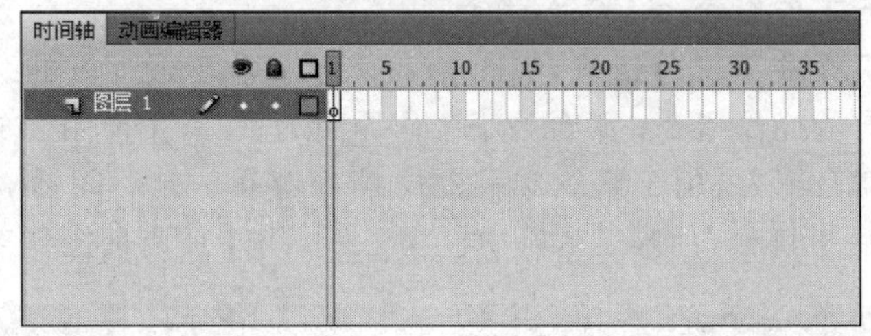

图 7-47 空白关键帧

过渡帧：在两个关键帧中间插入过渡帧，可以起到延续效果的作用。

2. 层

层位于时间轴面板的左侧，其结构如图 7-48 所示。与 Photoshop 相同，在 Flash 中也可将层看成是一张"透明纸"，将一幅画的内容分层绘制，最后按顺序进行叠加。在 Flash 中常用的层分为普通层、引导层和遮罩层。通常建立的层都是普通层；引导层可提供引导线作为被引导层中对象的运动轨迹；遮罩层是设定遮罩关系的层，实现遮罩关系下的特定效果。

3. 元件、散件和库

元件是 Flash 动画中的重要概念，其最主要特点是可以重复被利用。如图 7-49 所示，创建元件的方法有两种，在后面的案例中将详细介绍，创建完成的元件都存放在库中。在动画制作过程中，元件用于制作动作补间动画，例如一个球经过 50 帧从 a 点移动到 b 点。

散件是相对于元件而言的，在外观上两者还是存在很明显的差异。如图 7-50 所示，元件被边框包围，且中心有个圆；而散件表面附着点点，如图 7-51 所示。在舞台上直接利用工具绘制出来的都是散件，元件和散件之间也是可以转化的。在动画制作过程中，散件用于制作形状补间动画，例如绽放的礼花经过 20 帧变成一串文字。

7.3.4 补间动画的制作

补间动画包括动作补间动画和形状补间动画。动作补间动画是通过改变对象的位置、大小或状态做出物体运动的各种效果。形状补间动画是通过改变对象的形状将其转变为各种样式。补间动画的制作过程可总结为"三步"：第一步，创建首关键帧，确定内容；第二步，创建转折点或尾关键帧，确定内容；第三步，为收尾两帧创建补间动画。

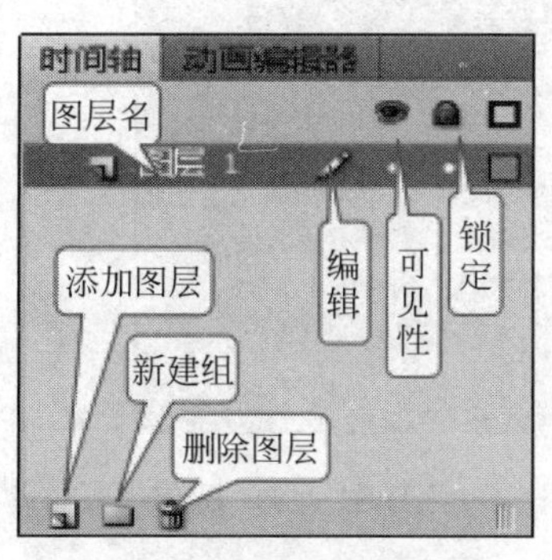

图 7-48　Flash 图层面板

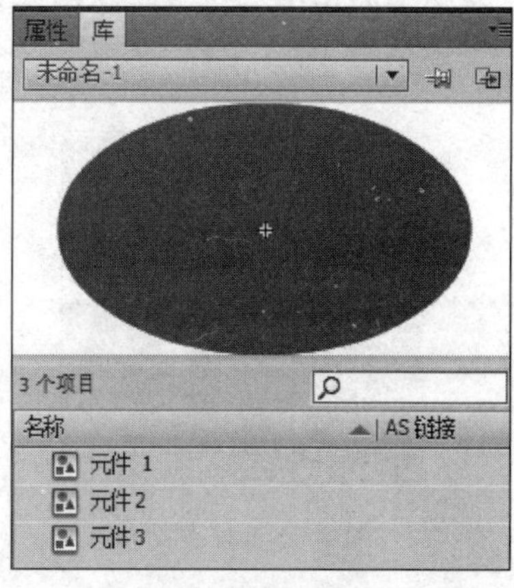

图 7-49　创建元件

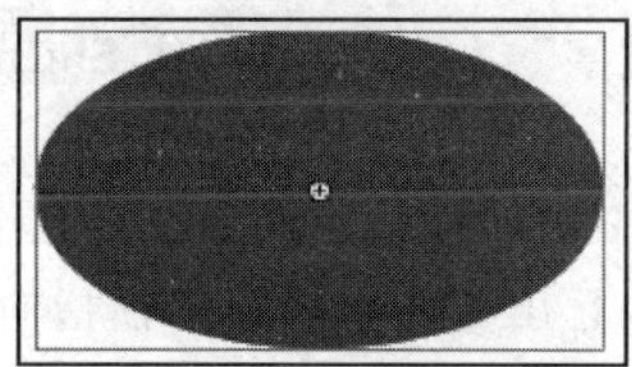

图 7-50　元件

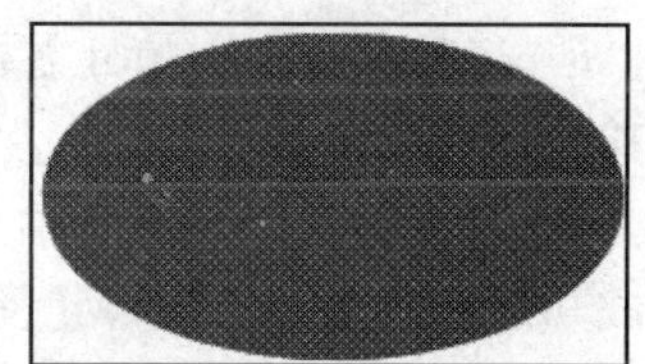

图 7-51　散件

【例 7.5】　如图 7-52 所示，制作足球投网的动画效果。

图 7-52　效果图

操作步骤如下：

(1) 执行“文件”→“新建”命令，创建宽为 605 像素，高为 378 像素，帧频为 24fps，背景颜色为白色的文件。

(2) 执行“文件”→“导入”→“导入到库”命令，分别将“足球.png”和“足球场.jpg”两张图片导入到库中。

(3) 将“足球场.jpg”从库中拖到舞台，双击“图层 1”将其重命名为“足球场”。

(4) 足球场作为整个动画的背景，右击第四十帧，在菜单中执行“插入帧”命令，以延续足球场的存在。

(5) 单击对齐按钮，在对齐面板中勾选“与舞台对齐”，设置图片相对舞台水平居中对齐和垂直居中对齐，如图 7-53 所示。

(6) 在图层面板中,执行"新建图层"命令,并将新图层命名为"足球",如图 7-54 所示。

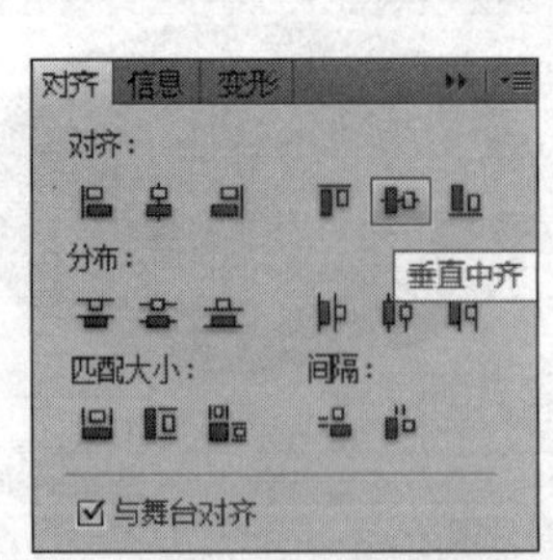

图 7-53 对齐面板

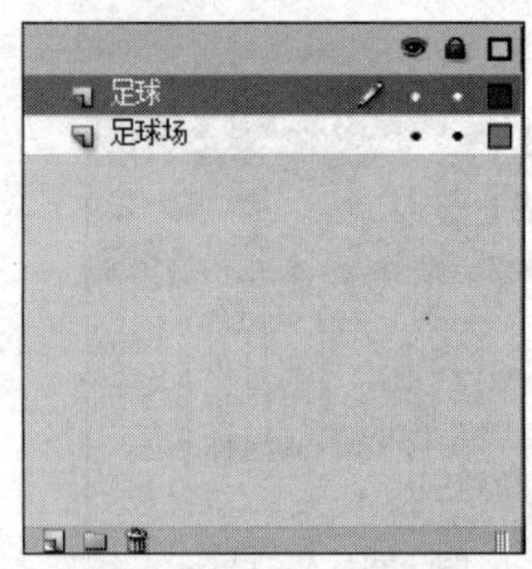

图 7-54 新建"足球"图层

(7) 足球图层第一帧默认为空白关键帧,将"足球.png"文件从库中拖到舞台,第一帧的空心圆变为实心。适当调整图层的位置。

(8) 在"足球"图层的四十帧处右击,执行"插入关键字"命令;同时按住 Shift 键缩放足球,并将其移至球门处。

(9) 在"足球"图层对应的时间轴上,右击第一帧到第四十帧任意处,执行"创建传统补间"。创建成功后如图 7-55 所示,此段图层的颜色变蓝,且出现一条从第一帧指向第四十帧的线段。

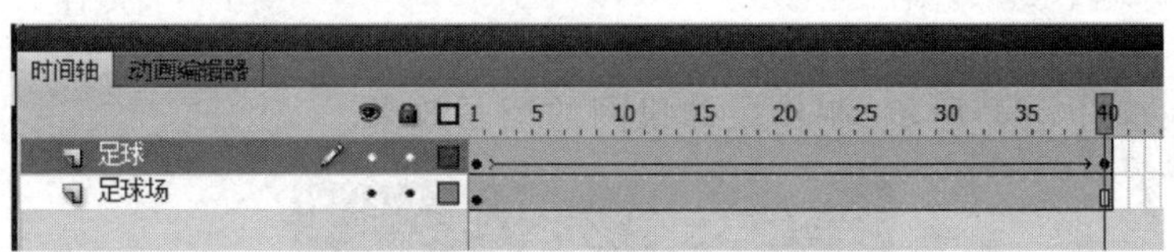

图 7-55 创建补间动画

(10) 执行"文件"→"导出"→"导出影片"命令,设置视频文件名为"足球飞",文件格式为"swf","足球飞.swf"的文件被存放在指定位置。

7.3.5 引导层动画的制作

【例 7.6】 请利用引导层,为例 7.5 中的足球添加运动路线。

操作步骤如下:

(1) 执行"文件"→"打开"命令,打开"补间动画制作"中的"足球飞.fla"项目文件。

(2) 右击"足球"图层,执行"新建图层"命令,在"足球"图层上方新建图层,并将其命名为"路径"。

(3) 在右侧的工具箱中,单击"画笔工具",为足球绘制飞行路径。

(4) 在"路径"图层,右击第四十帧,在菜单中执行"插入帧"命令,以延续路径的存在。

(5) 在"足球"图层调整始终的位置,即足球所在第一帧中心点的位置处于路径起点,最后一帧中心的位置处于路径终点,如图 7-56 和图 7-57 所示。

(6) 右击"路径"图层,执行"引导层"命令,路径图层前出现小锤子图标 路径 。

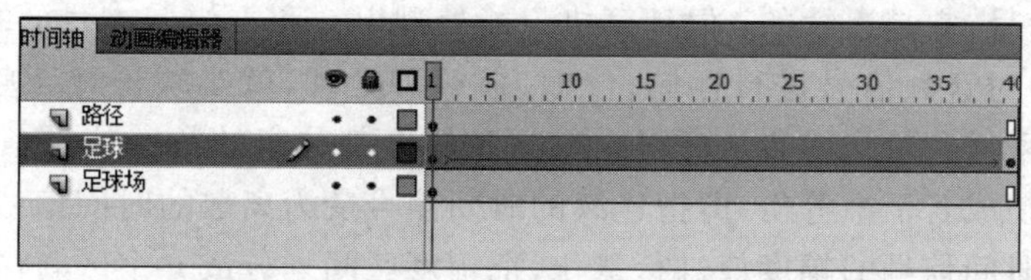

图 7-56　图层面板

图 7-57　添加路径

(7) 拖动"足球"图层,将其拖至路径图层下,图层如图 7-58 所示。

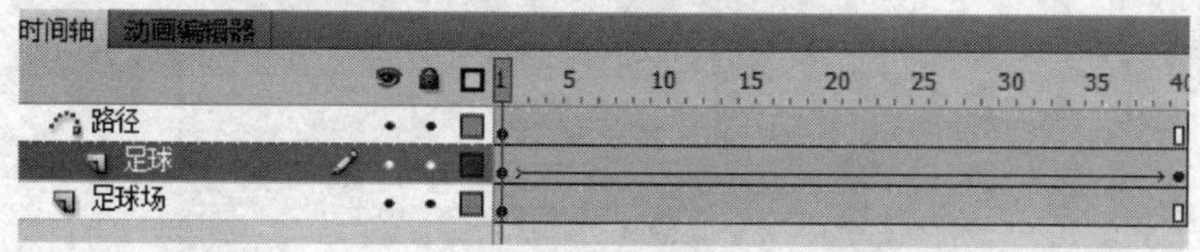

图 7-58　创建引导层

(8) 执行"文件"→"导出"→"导出影片"命令,设置视频文件名为"足球沿路径飞",文件格式为"swf"。

7.4　数字音视频的处理技术

7.4.1　数字音频的处理

1. 理论基础

声音是通过一定介质(如空气、水等)传播的一种连续的波。声音的本质是空气振动,由空气振动引起耳膜的振动,然后被人耳所感知。声音信号的频率是指声音信号每秒钟变化的次数,用 Hz 表示。人耳能感觉到的空气振动的频率范围在 20Hz～20KHz 之间,这就是人耳能识别的声音。声音具有音调、音强和音色三个要素。音调,即音乐中的音高,由声音信号的频率所决定;音强,即音量的高低,以分贝(dB)为单位,由声音信号的幅度决定;音色,即不同乐器发出不同的声音,就是依据音色辨别出来的,它由声音的频谱决定。

为了将生活中的声音存储和传输,需要将声音信号转换为电信号;我们所听到的真实声音，就是模拟信号，它是连续的；但计算机只能处理以0和1的形式表示的离散信号。因此，要在计算机中对音频信号进行存储、传输、播放和处理，就必须进行音频的模/数转换。这个过程要经过采样和量化两步从而得到时间和幅度都分离的数字信号。采样，在时间坐标上把一个波形切成若干个等份，即把连续的时间信号变为离散的时间信号；量化，就是将采样获得的离散时间信号的幅度值进行量化，把幅度区间划分成n个区间，并赋予每个区间同一个幅度值。

数字音频的常用文件格式有WAV格式、VOC格式、MP3格式、RA格式、MIDI格式等，其中WAV格式的音频音质较好，但数据量大；MP3格式的音质也很好，并且文件的数据量较小；MIDI是电子合成乐器的标准声音格式。

2. 音频编辑软件——Cool Edit

Cool Edit Pro是美国Syntrillium软件公司开发的，Cool Edit Pro 2.1为该软件的最高版本，之后被Adobe公司收购，推出Adobe Audition。Cool Edit的主要功能有音频录制、编辑音频、音频特效添加等，如图7-59为Cool Edit Pro的工作界面，最上方是功能菜单栏，涵盖了大部分的操作功能；菜单栏下方是一排快捷功能键；音频轨道是用于编辑声音，每条轨道左侧都有一个轨道面板，可切换轨道的状态。

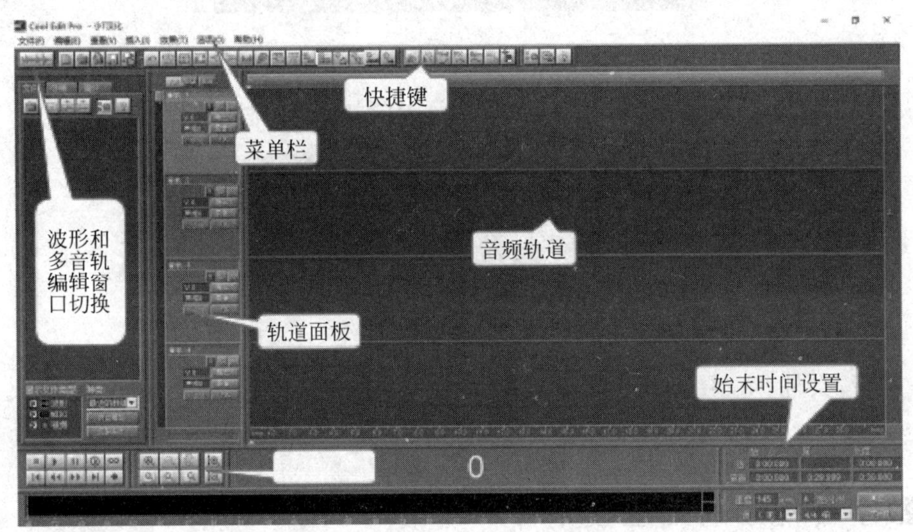

图7-59　Cool Edit工作界面

3. 操作实践

某同学即将参加一个演讲比赛，于是他想利用音频编辑软件，为自己的演讲音频配上旋律动听的背景音乐。

【例7.7】 录制音频。

操作步骤如下：

(1) 执行"文件"→"新建工程"命令创建音频工程文件，选择采样频率为44.1kHz。

(2) 选择音轨1，单击轨道面板上的 R 按钮，切换该轨道为录音状态。

(3) 单击"操作面板"上的录音按钮 ● ，开始录音，最后将声音保存为名为"演讲.mp3"的音频文件。

【例 7.8】 合成音频。

操作步骤如下：

(1) 单击打开按钮，打开名为“背景音乐.mp3”的音频文件。

(2) 将“演讲.mp3”和“背景音乐.mp3”的音频文件分别添加到轨道 1 和轨道 2。

(3) 在已添加的音频文件上右击，在弹出的快捷菜单中选择“混缩为音频”→“全部波形”，对声音进行合成。

(4) 合成音频文件默认名为“mixdown.wav”，保存文件为“配音演讲.mp3”。

7.4.2 数字视频的处理

1. 理论基础

视频是一组连续画面的信息集合，与加载的同步声音共同呈现动态的视觉和听觉效果。视频用于电影时，采用的播放速率为 24 帧/s；用于电视时，采用的播放速率(PAL 制)为 25 帧/s。视频文件的常用格式有 AVI 格式、MPG 压缩数据格式、RM 格式、RMVB 格式、WMV 格式等。

非线性编辑是指用计算机系统取代传统的 A/B 卷编辑机、特技机、编辑控制器等专业设备，实现视频的数字化编辑、特技与合成。由于数字视频编辑可在时间轴上随意修改视频信号，任意度大，具有非线性，因此叫“非线性编辑”。

2. 视频编辑软件——快剪辑

快剪辑是一款功能齐全、操作便捷的视频剪辑软件，支持录制视频，在线边看边剪，水印文字的添加，可跨平台分享。其工作界面如图 7-60 所示。菜单栏，用于添加音频音效、转场、文字等；素材库，可从本地或网络获取视频或图片素材；快捷键，用于编辑、截切、删除视频等作用；播放窗口，用于预览视频；音频和视频轨道，可以将视频与音频分离，分别编辑与合成。视频的剪辑主要包括视频剪切和合成。下面将列举两个案例介绍具体操作。

1) 快剪辑认识

快剪辑是一款服务于 PUGC 群体的视频剪辑工具。

主要为了达到如下目的：

- 降低二次创作视频门槛。
- 降低获取视频素材难度。
- 提高 PUGC 用户发布视频到各大平台的效率。

2) 软件的架构

快剪辑包括浏览器录屏模块、快剪辑客户端、发布服务器端三层架构。

(1) 浏览器录屏模块

浏览器录屏模块随附于 360 安全浏览器，提供对网络视频播放过程中的屏幕录制功能。主要负责提供视频素材获取能力，并充当快剪辑客户端的入口之一。打开 360 安全浏览器，随意访问任意视频网站，当视频播放时鼠标移动至视频播放器时右上角会浮出工具条(见图 7-60)，点击录制小视频，即可进入录屏界面(见图 7-61)。

操作步骤如下：

(1) 点击工具栏中间的大按钮开始录制，再点则停止录制并进入素材编辑界面，打开快剪辑。

图 7-60　快剪辑工作界面

图 7-61　浏览器录屏模块

（2）工具栏右侧显示当前录制时长、已录制视频大小、CPU 占用率、帧率、码率和分辨率级别。

（3）工具栏左侧可选超清（1080P）、高清（720）、标清（480P）三种录制标准，当检测到用户电脑配置较低时会提示用户可能卡顿，对配置过低的用户会禁用超清录制并默认选择标清录制。

（4）点击区域录制模式用户可以用类似QQ截屏时绘制截屏区域的操作来绘制录屏区域。区域选取完成后点完成则仅会录制区域内画面。区域右上角随录制状态切换提示“录制中”或“准备录制”，录制时长最长支持30分钟（见图7-62）。

图7-62　选取区域

（2）快剪辑客户端

快剪辑客户端提供编辑视频文件所需要的各种功能，并为上传发布功能提供用户界面。可在有网情况下与浏览器录屏模块配合工作，在没有浏览器时也可以独立完成绝大部分操作。主要包括素材剪辑与添加特效、时间轴编辑、绑定发布平台等功能。

（3）发布服务器端

主要负责在用户已授权的情况下提供中转发布到各大视频网站的功能（见图7-63）。

3）软件安装

（1）硬件要求

中央处理器（CPU）：台式机i3、四核2.5G以上或标压笔记本i5以上四核3.0处理器以上。内存：不低于2GB，建议8GB以上。硬盘：300M以上空闲空间。

（2）安装软件平台

Windows XP SP3；Windows 7；Windows 8；Windows 10。

图 7-63 发布服务器端

(3) 网络要求

快剪辑客户端对网络要求较低,可断网使用;如需使用录屏功能、添加网络素材功能及上传发布功能则必须联网。使用录屏功能,应同时安装 360 安全浏览器 9.1 以上版本。

(4) 下载安装

访问 360 安全浏览器官网 se.360.cn,点击 9.1beta 版下载浏览器+快剪辑或点击快剪辑 beta 版,下载独立安装包(见图 7-64)。

图 7-64 下载快剪辑

4) 快剪辑基本操作和使用

安装完成后,用户可通过以下方式启动快剪辑。

（1）桌面快捷方式。

（2）在使用 360 录屏工具过程结束后会自动拉起快剪辑。

（3）360 安全浏览器工具栏点击快剪辑图标。

界面如图 7-65 所示，单击右上“新建视频”进入编辑工作模式，可选择“专业模式”或“快速模式”，两个模式可随意转换选择（见图 7-66）。

图 7-65　快剪辑界面

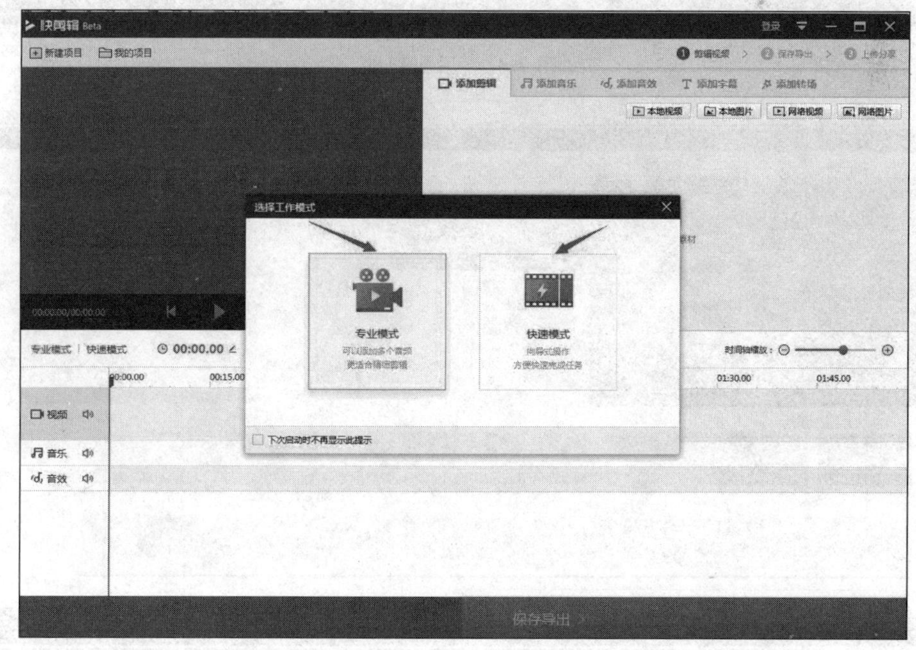

图 7-66　选择工作模式

(1) 添加素材

进入快剪辑主界面后可以在添加素材区添加各种来源的素材(见图 7-67),添加后的素材可在我的视频素材区域进行管理,同时也默认进入时间线(见图 7-68),按添加顺序排列。支持编辑视频格式有 AVI、MPG、VOB、MP4、WMV、3GPP、MKV、MOV、WEBM 等,添加视频有时长限制;支持编辑图片格式有 jpg、png、bmp、webp、tga 等,添加图片后默认持续时间为 2 秒。

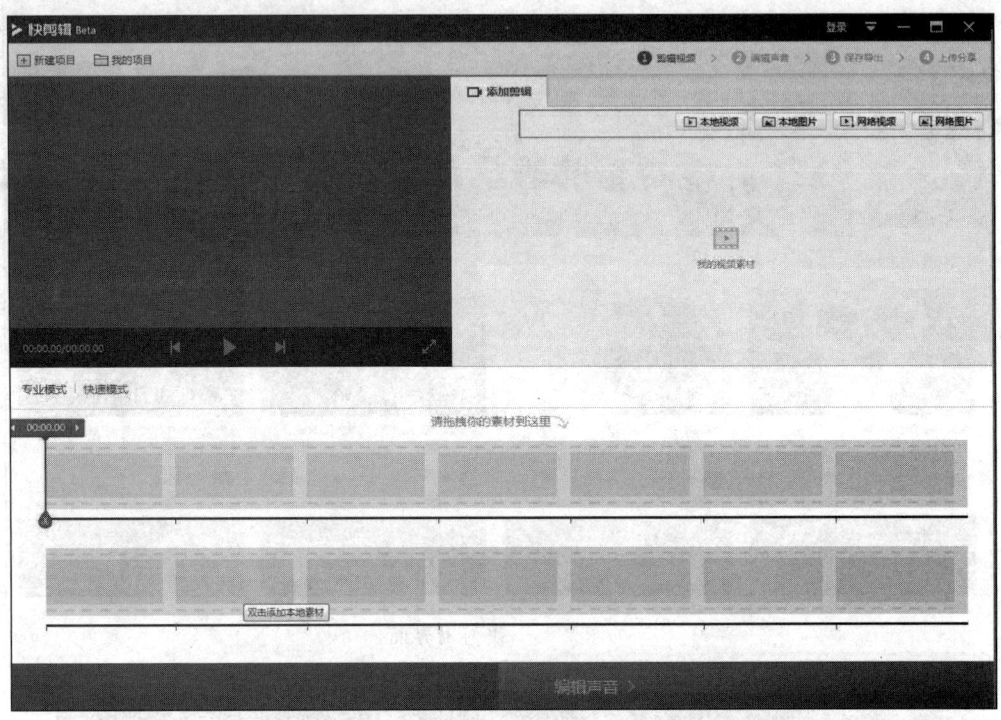

图 7-67　添加素材

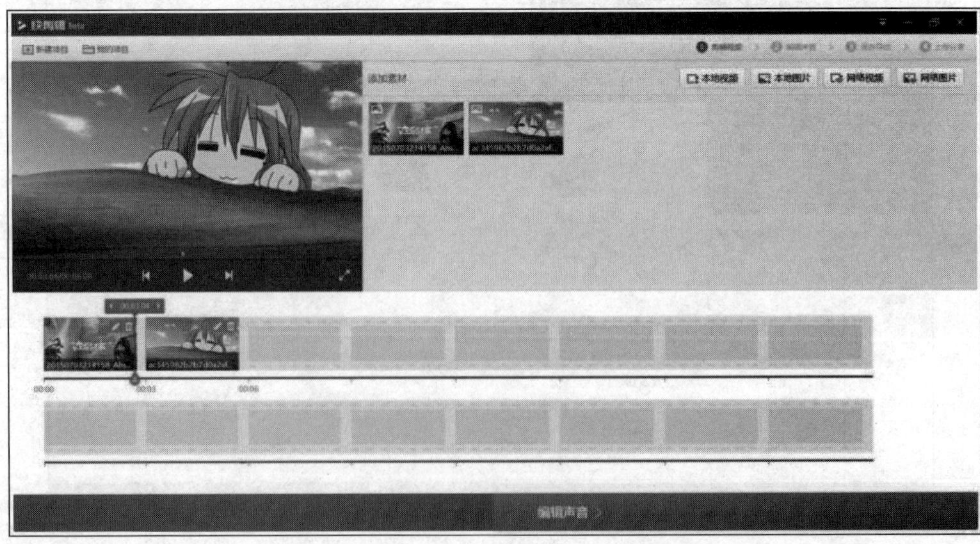

图 7-68　素材管理

(2) 视频素材剪辑

(a) 入口

打开软件或录屏后直接进入；双击时间线上的视频素材或点击素材缩略图上的编辑按钮进入素材剪辑。

(b) 基本设置

中央播放器窗口支持播放、暂停、拖动进度和显示播放时长/总时长等功能。

下方拖动左右滑块可以截取完整视频素材中的一部分。截取时长显示在下方右侧，显示视频基本信息(见图 7-69)。

- 素材名称：本地素材显示文件名，录屏素材显示视频名。
- 文件大小。
- 分辨率。
- 总时长。

原声音量区域可以调整视频原本的音量，默认 100%，最大 200%，可选择直接静音。

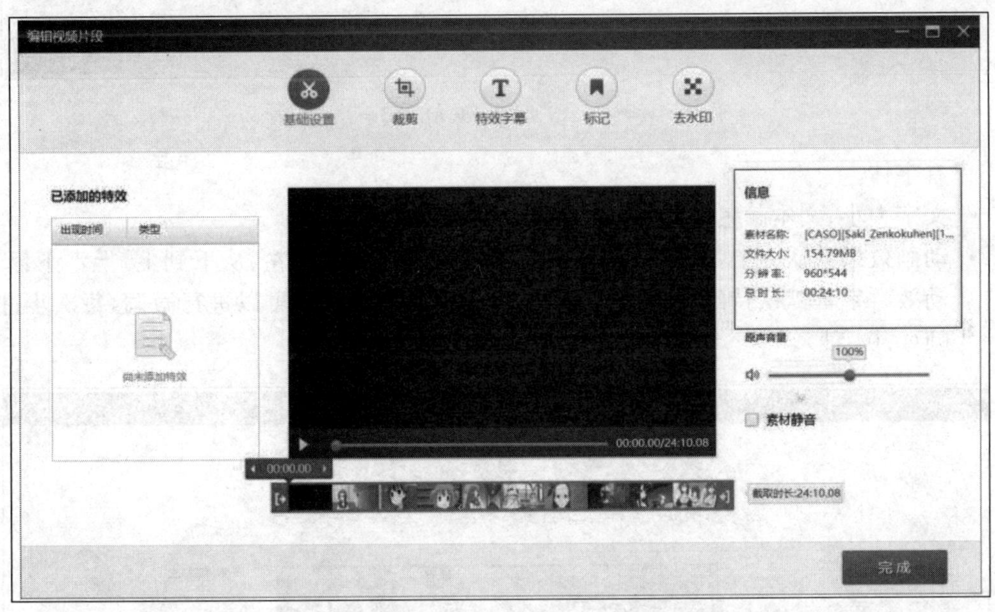

图 7-69　视频基本信息

(c) 裁剪

通过拖动鼠标在预览区域绘制一个矩形区域，单击右上角删除图标可取消裁剪。裁剪区域默认比例为 16：9，可选多种裁剪比例。当选择自由裁剪时，不仅可以改变区域大小，也可改变区域形状(见图 7-70)。

注：只有本页面一直显示全部视频画面，其他页面显示的视频画面仅为裁剪后的画面。

(d) 特效字幕

- 通过拖动鼠标绘制字幕区域(可以创建多个字幕)，默认文字为编辑特效字幕(见图 7-71)。
- 底部时间条可通过拖动改变字幕出现时间点及时长，目前支持字幕模版为醒目黄色大字、常规白色小字、蓝色清爽大字三种，字体默认为微软雅黑，可选其他系统里已

图 7-70　裁剪

有字体。

- 文字大小、文本颜色、背景颜色默认值跟随字幕模版。
- 动画效果默认为上浮，支持从左到右、从上到下、从右到左、从下到上、上浮下浮 5 种动效。字幕默认持续时间为 3 秒，出现时间和持续时间可以进行微调，每次步进为 1 帧(0.04 秒)。

图 7-71　特效字幕

(e) 标记

- 通过拖动来改变标记区域大小(可绘制多个标记)(见图 7-72)。
- 目前支持矩形、圆形、箭头等形状绘制,默认为矩形。
- 默认颜色为红色,默认不透明度为 100%(即不透明),默认线条粗细为 5。
- 出现时间和持续时间同字幕。

图 7-72　标记

(f) 马赛克

通过绘制一个矩形区域来添加马赛克,目前仅支持模糊样式。、

(3) 图片素材剪辑

默认放大动效,可调整开始时的比例和结束时的比例,其他基础设置中时间和信息显示基本等同于视频素材剪辑。

(4) 工具栏

单击新建项目可以新建一个空项目,单击我的项目可以打开项目管理。

(5) 预览窗

显示当前播放时长和总时长,支持播放暂停和最大化。

(6) 素材管理

已添加的素材在素材管理区可以进行添加到时间线和删除两种操作。点击"+"号按钮,则在当前时间线最后位置新增一个素材拷贝,按左键拖动一个素材到时间线,则插入至蓝线标识的位置。

(7) 时间线

双击素材或单击笔状图标可以进入素材剪辑页面,单击删除会从时间线里删除该素材,但不会删除素材管理中的素材。选中视频素材后可以拖动素材的左右滑块来改变视频片段时长,该时长默认为在视频剪辑页面中截取后的时长(见图 7-73)。

单击剪刀图标则在上方的时间标记所示位置将一个视频素材剪成两段视频素材,拖动时间标记可以改变当前预览位置。

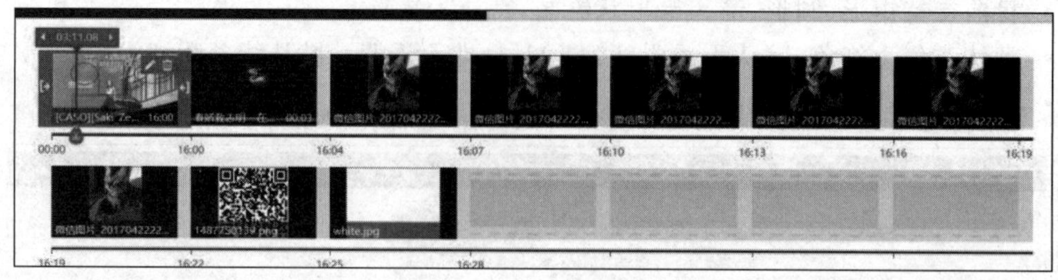

图 7-73　时间线

(8) 编辑声音

单击右侧的使用按钮可以添加背景音乐。

- 当前已添加过背景音乐,再点添加会弹窗提示用户是否要替换背景音乐,背景音乐默认音量为 100%,默认效果为淡出,默认循环播放。
- 单击背景音乐后面的下载按钮则将背景音乐先下载到本地;单击背景音乐前面的播放按钮则会播放该背景音乐。
- 单击添加音乐素材则会添加到当前分类中,目前支持 WAV、MP3、FLAC、AAC、WMA、OGG 等主流音频格式。

(9) 保存导出

- 默认保存路径为 360 安全浏览器下载\快剪辑视频,点击选择目录可以更改路径和文件名(见图 7-74)。

图 7-74　保存导出

- 默认文件格式为 MP4,支持 MP4、AVI、MOV、WMV、FLV 和 GIF 动图导出。
- 默认尺寸为 720P,支持 480P、720P、1080P 和适应视频尺寸四种方案。
- 默认码率为 1.5M,可调 800k 和 1M。

- 默认视频帧率为 25P,可调 15 和 30。
- 默认音频质量为 44.1KHZ 和 128kbps,目前仅支持该质量,该模块主要是对控制中心和终端的相关参数进行设置。

(10) 特效片头

默认无片头,根据需要可添加标题、副标题和创作者;同时目前支持快剪辑、快视频、北京时间、黑底白字、总局龙标、新闻联播等 6 种片头。

(11) 上传分享

- 用户可在视频导出过程中填写要上传和发布的视频信息。
- 目前支持填写标题、简介(描述)、标签三种通用信息。
- 单击打开视频则可以用默认播放器播放已导出的视频文件,单击打开文件夹可以查看视频文件所在文件夹中的内容。
- 目前支持爱奇艺、头条、优酷、企鹅号、360 众媒聚合 5 家视频发布平台。

3. 操作实践

【例 7.9】 某同学在观看"梦想合伙人"电影时,意外发现电影的片头很好,他想把它剪切下来作为素材以便日后制作微课使用。

操作步骤如下:

(1) 单击"本地视频"按钮,弹出"打开"对话框,在素材文件夹中找到"中国合伙人.MP4"视频文件,将视频导入软件。

(2) 观看视频,确定片头视频的开始时间和结束时间,分别为 00:06.28 和 00:16.76。

(3) 单击播放窗口下的时间编辑图标,设置起始时间 00:06.28。此时,时间轴上的帧已定位在这一时刻,单击快捷菜单中的分割键,此时视频在 00:06.28 这一时刻被分开。

(4) 继续重复(3)的操作,设置结束时间为 00:16.76,分割后,视频轨道上有三个时间段的视频为 0-00:06.28,00:06.28- 00:16.76 和 00:16.76-最后,只保留 00:06.28- 00:16.76,删除其他两个。

(5) 单击右下角的"保存导出"按钮,进入到保存界面,如图 7-75 所示,保存地址、文件格式、尺寸大小、分辨率等都需要进行设置,值得一提的是该软件自带片头和水印效果,也可以作为特效添加。参数设置完成后,再次单击开始导出,最终生成名为"片头.mp4"的视频文件。

【例 7.10】 这位同学成功地将片头剪切下来,于是他迫不及待地想将其作为片头放到自己做的微课中,需要做的就是将两段视频合成输出。

操作步骤如下:

(1) 单击"本地视频"按钮分别导入"片头.mp4"和"微课.mp4"两段视频。

(2) 先将片头文件拖至视频轨道,微课文件放置其后,视频轨道如图 7-76 所示。

(3) 将帧定位到两个视频之间,在两个视频衔接处添加专场,以便视频之间衔接更为自然流畅。执行"菜单栏"→"添加转场"命令,选择交融点并单击右上角的添加按钮"+",如图 7-77 所示;添加成功后如图 7-78 所示。

(4) 单击右下角的"保存导出"按钮,进入到保存界面,保存地址、文件格式、尺寸大小、分辨率等都需要进行设置。参数设置完成后,再次单击开始导出,生成名为"微课带片头.mp4"的视频文件。

图 7-75　导出文件

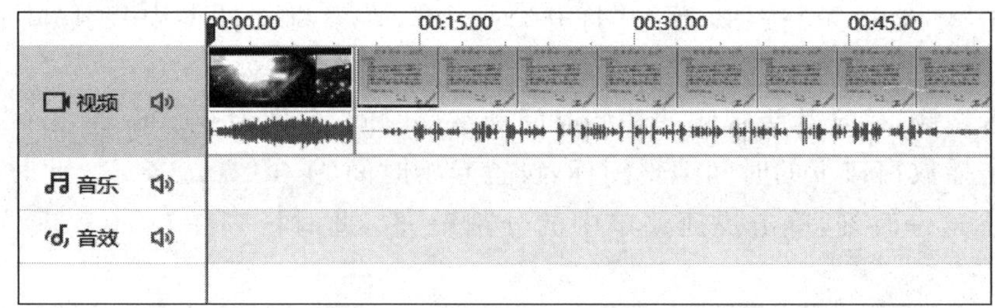

图 7-76　视频轨道

图 7-77　添加转场

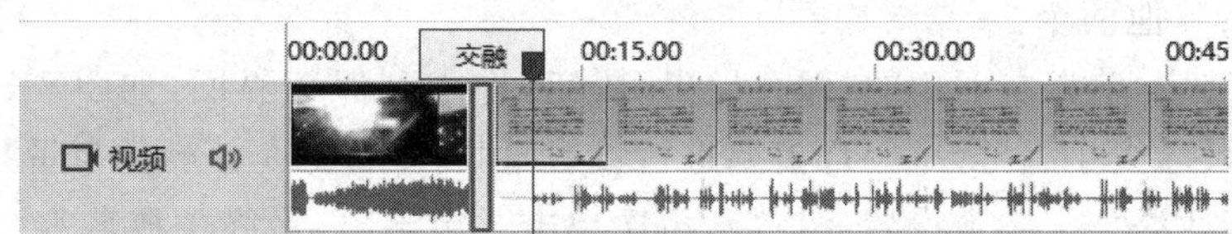

图 7-78　添加转场成功

习题

1. 单项选择题

(1) 多媒体应用最为全面的典型体现是(　　)。

A. 多媒体大词典　　B. 产品展　　C. 视频会议　　D. 电子游戏

(2) 多媒体信息不包括(　　)。

A. 音频、视频　　B. 动画、图像　　C. 声卡、光盘　　D. 文字、图像

(3) 人的听觉范围大约在(　　)。

A. 10Hz—20KHz　　B. 20Hz—20KHz

C. 20Hz—30KHz　　D. 300Hz—3000Hz

(4) 通常,计算机显示器采用的颜色模型是(　　)。

A. RGB模型　　B. CMYB模型　　C. Lab模型　　D. HSB模型

(5) 一幅640×480的256色的自然风景图的大小为(　　)KB。

A. 600　　B. 300　　C. 240　　D. 307200

(6) 把时间连续的模拟信号转换为在时间上离散,幅度上连续的模拟信号的过程称为(　　)。

A. 数字　　B. 信号采样　　C. 量化　　D. 编码

(7) 一同学运用Photoshop加工编辑照片,但未能加工完毕,他准备下次接着做,他最好将照片保存成(　　)格式。

A. bmp　　B. swf　　C. psd　　D. gif

(8) Flash动画制作中,要将一只青蛙变成王子,需要采用的制作方法是(　　)。

A. 设置运动动画　　B. 设置变形动画　　C. 逐帧动画　　D. 增加图层

(9) MIDI音频文件是(　　)。

A. 一种波形文件

B. 一种采用PCM压缩的波形文件

C. MP3的一种格式

D. 一种符号化的音频信号,记录的是一种指令序列

(10) 视频信息的最小单位是(　　)。

A. 比率　　B. 帧　　C. 赫兹　　D. 位(bit)

2. 请利用Photoshop软件,制作主题为"青春飞扬"的海报。

3. 一年一度的高考即将来临,莘莘学子也正在如火如荼地准备,请利用Flash软件,为备考的学生们制作一个倒计时时钟。

4. 请对未来十年的自己说一段话,并利用Cool Edit软件将内容录制下来,为其选择一首合适的背景音乐,制作一个配有背景音乐的音频文件。

5. 请利用自己的手机拍摄一段介绍自己学校的视频,录制好后为视频添加片头。

参考文献

[1] 王文博.最新计算机应用基础培训教程[M].北京：清华大学出版社，2006.
[2] 梁其文.大学计算机应用基础[M].北京：中国水利水电出版社，2010.
[3] 洪汝渝.大学计算机应用基础[M].重庆：重庆大学出版社，2008.
[4] 邹水龙.大学计算机应用基础[M].北京：研究出版社，2011.
[5] 隋红建，张青春.计算机导论[M].北京：北京大学出版社，1996.
[6] 杨振山，龚沛曾.大学计算机基础简明教程[M].北京：高等教育出版社，2006.
[7] 谭世语.计算机应用基础[M]. 重庆：重庆大学出版社，2006.
[8] 褚宁琳.大学计算机应用基础[M].北京 中国铁道出版社，2010.
[9] 杨振山，龚沛曾.大学计算机基础[M].4 版.北京：高等教育出版社，2004.
[10] 王移芝，罗四维.大学计算机基础教程[M].北京：高等教育出版社，2004.
[11] 李秀.计算机文化基础[M].5 版.北京：清华大学出版社，2005.
[12] 乔桂芳.计算机文化基础[M].北京：清华大学出版社，2005.
[13] 白煜.Dreamweaver 4.0 网页设计[M].北京：清华大学出版社，2001.
[14] 曾宪文.大学计算机应用基础[M].北京：研究出版社，2008.